高等教育工程造价专业“十三五”规划系列教材

工程造价软件应用

GONGCHENG ZAOJIA RUANJIAN YINGYONG

主　编⊙李云春　徐　静

副主编⊙李敬民　王　瑞

参　编⊙张必超　容绍波　刘瑞刚　杨志诚　张宇帆
叶美英　夏屿馨　王　佳　任彦华　董自才
宋爱苹　蔡学梅　段胜军　马文杰　郭春丽
孙俊玲　程　静　肖　峰　裴婉君　林　迟
杨忠杰　杨张鉴镜　余宗丞　李　凤

西南交通大学出版社

·成　都·

图书在版编目（CIP）数据

工程造价软件应用 / 李云春，徐静主编. —成都：西南交通大学出版社，2016.2
高等教育工程造价专业“十三五”规划系列教材
ISBN 978-7-5643-4560-0

Ⅰ. ①工… Ⅱ. ①李… ②徐… Ⅲ. ①建筑工程 – 工程造价 – 应用软件 – 高等学校 – 教材 Ⅳ. ①TU723.3-39

中国版本图书馆 CIP 数据核字（2016）第 032054 号

高等教育工程造价专业“十三五”规划系列教材

工程造价软件应用

主编　李云春　徐　静

责任编辑	孟苏成
封面设计	墨创文化
出版发行	西南交通大学出版社 （四川省成都市二环路北一段 111 号 西南交通大学创新大厦 21 楼）
发行部电话	028-87600564　028-87600533
邮政编码	610031
网址	http://www.xnjdcbs.com
印刷	成都蓉军广告印务有限责任公司
成品尺寸	185 mm × 260 mm
印张	20
字数	496 千
版次	2016 年 2 月第 1 版
印次	2016 年 2 月第 1 次
书号	ISBN 978-7-5643-4560-0
定价	44.00 元

课件咨询电话：028-87600533
图书如有印装质量问题　本社负责退换

高等教育工程造价专业“十三五”规划系列教材

建设委员会

序

21世纪，中国高等教育发生了翻天覆地的变化，从相对数量上看中国已成为全球第一高等教育大国。

自20世纪90年代中国高校开始出现工程造价专科教育起，到1998年在工程管理本科专业中设置工程造价专业方向，再到2003年工程造价专业成为独立办学的本科专业，如今工程造价专业已走过了25个年头。

据天津理工大学公共项目与工程造价研究所的最新统计，截至2014年7月，全国约140所本科院校、600所专科院校开办了工程造价专业。2014年工程造价专业招生人数为本科生11 693人，专科生66 750人。

如此庞大的学生群体，导致工程造价专业师资严重不足，工程造价专业系列教材更显匮乏。由于工程造价专业发展迅猛，出版一套既能满足工程造价专业教学需要，又能满足本专、科各个院校不同需求的工程造价系列教材已迫在眉睫。

2014年，由云南大学发起，联合云南省20余所高等学校成立了“云南省大学生工程造价与工程管理专业技能竞赛委员会”，在共同举办的活动中，大家感到了交流的必要和联合的力量。

感谢西南交通大学出版社的远见卓识，愿意为推动工程造价专业的教材建设搭建平台。2014年下半年，经过出版社几位策划编辑与各院校反复地磋商交流，成立工程造价专业系列教材建设委员会的时机已经成熟。2015年1月10日，在昆明理工大学新迎校区专家楼召开了第一次云南省工程造价专业系列教材建设委员会会议，紧接着召开了主参编会议，落实了系列教材的主参编人员，并在2015年3月，出版社与系列教材各主编签订了出版合同。

我以为，这是一件大事也是一件好事。工程造价专业缺教材、缺合格师资是我们面临的急需解决的问题。组织教师编写教材，一是可以解教材匮乏之急，二是通过编写教材可以培养教师或者实现其他专业教师的转型发展。教师是一个特殊的职业——是一个需要不断学习更新自我的职业，教师也是特别能接受新知识并传授新知识的一个特殊群体，只要任务明确，有社会需要，教师自会完成自身的转型发展。因此教材建设一举两得。

我希望：系列教材的各位主参编老师与出版社齐心协力，在一两年内完成这一套工程造价专业系列教材编撰和出版工作，为工程造价教育事业添砖加瓦。我也希望：各位主参编老师本着对学生负责、对事业负责的精神，对教材的编写精益求精，努力将每一本教材都打造成精品，为培养工程造价专业合格人才贡献力量。

中国建设工程造价管理协会专家委员会委员
云南省工程造价专业系列教材建设委员会主任　张建平
2015 年 6 月

前　言

本书（《工程造价软件应用》）是高等学校工程造价、工程管理、土木工程专业及其他相关专业的本、专科教材。《工程造价软件应用》以目前云南省住建厅认定的 3 款软件——“广联达预算软件”“斯维尔软件”“雪飞翔软件”为工具，介绍利用软件进行工程项目计量、计价以及编制工程项目招标控制价、投标报价的基本原理和方法。本书涉及工程识图、构造、施工、材料、AutoCAD 等专业基础知识，综合性较强，主要内容包括：广联达系列软件、斯维尔系列软件、雪飞翔计价软件等。

本书在内容精炼、实用，图文并茂的基础上，配合每章学习目标，以大量的实例操作图例等帮助同学们快速掌握软件操作的基本原理和方法，具有较强的实用性。通过本教材的学习，学习者能够独立、系统、完整地用软件进行钢筋工程量、图形工程量的计算，并能快速编制工程的招标控制价和投标报价。本书也可作为建设、设计、施工和工程咨询等单位从事工程造价的专业人员参考用书。

本书由云南农业大学建筑工程学院李云春和云南经济管理学院徐静任主编，云南农业大学建筑工程学院李敬民、王瑞任副主编。参编人员有：昆明融众建筑工程技术咨询有限公司张必超、容绍波，昆明利建工程造价咨询有限公司刘瑞刚、杨志诚，昆明理工大学津桥学院张宇帆，云南农业大学建筑工程学院任彦华、董自才、程静、肖锋，云南经济管理学院叶美英、宋爱苹、夏屿馨、王佳、蔡学梅、裴婉君、林迟、杨忠杰、杨张鉴镜、余宗丞，中国建设银行昆明东聚支行段胜军，云南双鼎工程造价咨询有限公司马文杰，西南林业大学郭春丽，昆明冶金高等专科学校孙俊玲。

本书在编写过程中，虽然反复斟酌和校对，但由于编写时间仓促，编者水平有限，定有疏漏或不足之处，敬请同行专家和广大读者批评指正。

编　者

2015 年 11 月

目　录

第1章 概 论

学习目标：

1. 工程造价软件应用意义；
2. 工程造价软件应用原理；
3. 软件的安装及系统维护。

1.1 工程造价软件应用意义

工程造价软件是随建筑业信息化应运而生的软件。随着计算机技术的高速发展，工程造价软件也随之快速发展起来。目前，工程造价软件在全国的应用已经比较广泛。工程造价软件应用的意义主要体现在以下几个方面：

工程造价软件的广泛应用不仅把造价人员从繁重的手工劳动中解脱出来，效率得到成倍提高，提升了建筑业信息化的水平，同时也取得了巨大的社会效益和经济效益。

计算机软件在工程造价领域的应用，可以大幅度地提高工程造价的工作效率，帮助企业建立完整的工程资料库，进行各种历史资料的整理与分析，及时发现问题，改进有关的工作程序，从而对造价的科学管理与决策起到良好的促进作用。

工程造价软件实现了工程造价管理与软件技术的整合，达到了两个方面的目标：一是建立在计算机技术上的数据处理，节省人力，加快数据处理速度；二是建立在网络平台上的数据和资源可以共享。

工程造价软件不仅可以编制工程概预算，并且可以对概预算定额、单位估价表和材料价格进行即时、动态的管理，提高对工程造价的管理水平。工程造价计量软件计算工程量结果准确，并且使用简便，加快了概预算的编制速度，极大地提高了工作效率。

1.2 工程造价软件应用原理

工程造价软件是应用面相对较窄的专业软件。目前，国内广泛应用的工程造价软件，主要包括广联达工程造价系列软件（如土建算量软件、钢筋算量软件、计价软件）、清华斯维尔工程造价系列软件（如图形三维算量软件、工程量清单计价软件、招标文件编制软件）、雪飞翔计价软件、鲁班算量软件、神机妙算计价软件等。纵观这些软件产品，它们的共同特点是：操作界面简单、输入方便、功能完善、计算速度快、结果精度较高等。其应用原理主要体现在：

1. 计价软件应用原理

虽然各地、各行业的定额差异较大，但计价的基本方法相同。通用的计价软件，可以使定额库和计价程序分离，做到使用统一的造价计算程序外挂不同地区、不同行业的定额库，用户可任意选用不同的定额库，相应的操作界面也符合定额特点的变化，各种参数的调整由软件自动完成，软件的整体操作比较简单。通常情况下，计价软件在全国各地的实际应用，一般都要进行“本地化”开发，并且应符合本地的计价规范和要求，需要挂接当地现行的“定额库”和“价格库”，并按当地建设行政主管部门规定的计价规则进行运算。

2. 图形算量软件应用原理

手工算量时，既要读图，提取数据，又要熟悉当地计算规则，分析构件之间的关系，提取扣减量。例如计算砌体墙体积工程量，手工计算时，常先按轴线净长减去柱子所占的宽度得出墙体长度，乘以墙高计算出墙面积，扣减墙上单个面积大于 0.3 ㎡的门窗、孔洞，再乘以墙厚得到墙的体积，之后扣减墙体埋件如圈梁、过梁、构造柱等的体积。光是墙的工程量计算就需要提取大量的数据组合成计算式。

而运用软件进行工程算量的原理，即按照以上构件类型建立工程计算模型，并对各构件挂接清单、定额做法，由软件根据清单、定额所规定的工程量计算规则提取模型的各种工程量数据，最后按一定的归并条件统计出建筑工程量。

现有的算量软件均利用了“虚拟施工”的可视化技术建立构件三维模型，在生成模型的同时提供构件的各种属性变量与变量值，并按计算规则自动计算出构件工程量。

3. 钢筋算量软件应用原理

手工计算钢筋时，计算钢筋的所有信息都是从结构图和结构说明中获得的，通过与结构中有关构件的基本数据结合，再遵循结构规范、构造，确定钢筋在各类构件内的锚固、搭接、弯钩长度，以及保护层厚度等，计算出每根钢筋的长度，然后根据不同钢筋的密度计算出相应的钢筋质量。最后将钢筋质量按级别、直径等为条件归并统计，制作各类报表。

钢筋算量软件的应用原理，是通过在软件中建立三维建筑模型，按照结构图设计要求，给各种类型的构件布置钢筋，由软件提取构件基本数据，并结合软件内置好的钢筋标准及规范确定钢筋的锚固、搭接、弯钩、密度值、保护层厚度、钢筋计算方法等，计算出钢筋长度与质量，最后按一定的归并条件统计出钢筋工程量。

1.3 软件的安装及系统维护

1.3.1 软件的安装

以广联达计价软件安装与维护为例。

1. 硬件环境要求

1）最低配置要求

（1）处理器：PentiumⅢ 800 MHz 或更高。

（2）内存：512 MB。

（3）硬盘：200 MB 可用硬盘空间。

（4）显示器：VGA、SVGA、TVGA 等彩色显示器，分辨率 800×600，16 位真彩各种针式、喷墨和激光打印机。

2）推荐配置要求

（1）处理器：Pentium4 2.0 GHz 或更高。

（2）内存：1 GB。

（3）硬盘：1 GB 可用硬盘空间。

（4）显示器：VGA、SVGA、TVGA 等彩色显示器，分辨率 1 024×768 或者以上，24 位真彩各种针式、喷墨和激光打印机。

2. 软件环境要求

操作系统：简体中文版 Windows 2000、简体中文版 Windows XP、简体中文版 Windows Vista。

浏览器：建议使用 Internet Explorer6.0 以上版本。

3. 安装软件

以广联达 GBQ4.0 计价软件的安装为例：将光盘放进光驱，等待光盘自启动。点击“安装广联达计价软件 GBQ4.0”后，将弹出图 1.3.1 所示的窗口。点击“下一步”，直至出现“完成”，如图 1.3.2 所示。

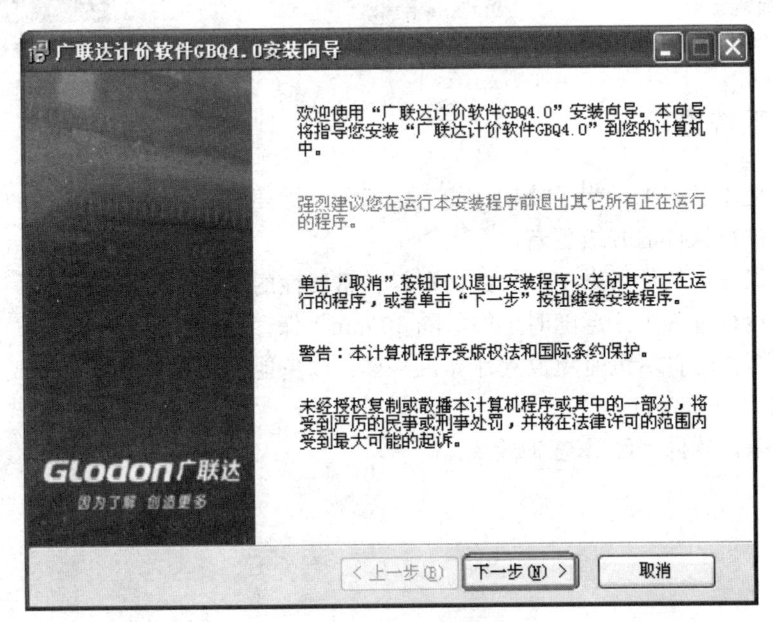

图 1.3.1 软件安装界面

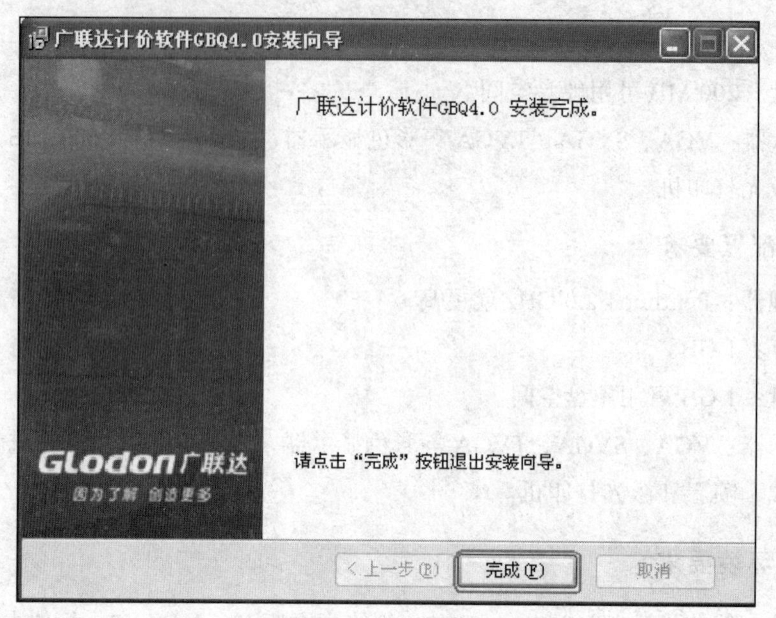

图 1.3.2　安装完成界面

计价软件 GBQ 4 .0 默认的安装目录为 C：\ Program Files\GrandSoft\。安装完成后，返回 Windows 桌面，可看见应用软件在桌面的快捷图标，如图 1.3.3 所示。其他广联达钢筋算量软件和图形算量软件的图标分别如图 1.3.4 和图 1.3.5 所示。

图 1.3.3　计价软件快捷图标

图 1.3.4　钢筋软件快捷图标

图 1.3.5　土建算量软件快捷图标

1.3.2　软件系统维护

在软件的使用过程中，为了使软件能正常运行，需要对软件进行经常性的系统维护。

（1）及时进行软件的升级更新。

（2）妥善保存用软件所做工程的数据资料，重要性的资料注意多备份。

（3）软件运行过程中注意随时（如每隔 30 min）保存文件。

（4）联网工作时，尽量避免设置计算机共享，以免他人入侵计算机，造成工程数据的损坏或丢失。

（5）安装杀毒软件，经常查杀病毒。

第2章　广联达钢筋算量

学习目标：

1. 了解钢筋算量软件的基本原理；
2. 熟悉钢筋算量软件的功能操作；
3. 掌握广联达钢筋算量软件在工程中的应用；
4. 掌握进行框架结构一般构件钢筋算量的基本操作；
5. 掌握正确输入钢筋信息，绘制钢筋图形，计算出相应的工程量；
6. 掌握工程量的核对和报表的输出。

2.1　钢筋工程量计算基本原理

钢筋算量软件能计算的工程量包括：柱、剪力墙、梁、板、基础、楼梯、圈梁、过梁、构造柱、压顶、砌体等构件的钢筋工程量。

软件算量并不是单独存在的，而是将手工算量的方法完全内置在软件中，只是将过程利用软件实现，依靠已有的计算扣减规则，利用计算机这个高效的运算工具快速、完整地计算出所有的细部工程量，让工程人员从繁琐的背规则、列式子、按计算器中解脱出来。

钢筋的主要计算依据为混凝土结构施工图平面整体表示方法制图规则和构造详图 11G101—1（现浇混凝土框架、剪力墙、梁、板）、混凝土结构施工图平面整体表示方法制图规则和构造详图 11G101—2（现浇混凝土板式楼梯）、混凝土结构施工图平面整体表示方法制图规则和结构详图 11G101—3（独立基础、条形基础、阀板基础及桩承台），算量软件的实质是将钢筋的计算规则内置，通过建立工程、定义构件的钢筋信息、建立结构模型、钢筋工程量汇总计算，最终形成报表。

2.2　钢筋软件操作流程

启动软件→新建工程→工程设置→楼层设置→绘图输入→单构件输入→汇总计算→报表打印。

不同结构类型的绘制流程如下：

砖混结构：砖墙→门窗洞→构造柱→圈梁。

框架结构：柱→梁→板→基础。

剪力墙结构：剪力墙→门窗洞→暗柱/端柱→暗梁/连梁。

框剪结构：柱→剪力墙板块→梁→板→砌体墙板块。

总的绘制顺序为：首层→地上→地下→基础。

2.3 钢筋算量软件工作界面

广联达钢筋算量软件 GGJ2013 工作界面主要有“绘图输入”界面和“单构件输入”界面。

2.3.1 绘图输入界面

“绘图输入”界面如图 2.3.1 所示。

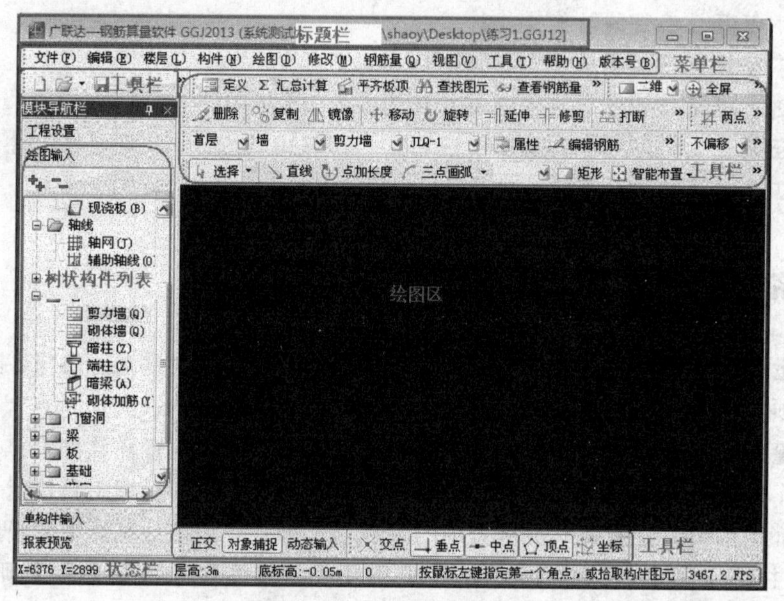

图 2.3.1 绘图输入界面

（1）标题栏：标题栏从左向右分别显示 GGJ2013 的图标，当前所操作的工程文件的名称（软件缺省的文件名及存储路径），最小化、最大化、关闭按钮。

（2）菜单栏：标题栏下方为菜单栏，点击每一个菜单名称将弹出相应的下拉菜单。

（3）工具栏：依次为“工程工具栏”“常用工具栏”“视图工具栏”“修改工具栏”“轴网工具栏”“构件工具栏”“偏移工具栏”“辅助功能设置工具栏”和“捕捉工具栏”。

（4）树状构件列表：在软件的各个构件类型、各个构件间切换。

（5）绘图区：绘图区是用户进行绘图的区域。

（6）状态栏：显示各种状态下的绘图信息。

2.3.2 单构件输入界面

“单构件输入”界面如图 2.3.2 所示。图中“单构件钢筋计算结果”可以在其中直接输入钢筋数据；也可以通过“梁平法输入”“柱平法输入”和“参数法输入”等方式进行钢筋计算。

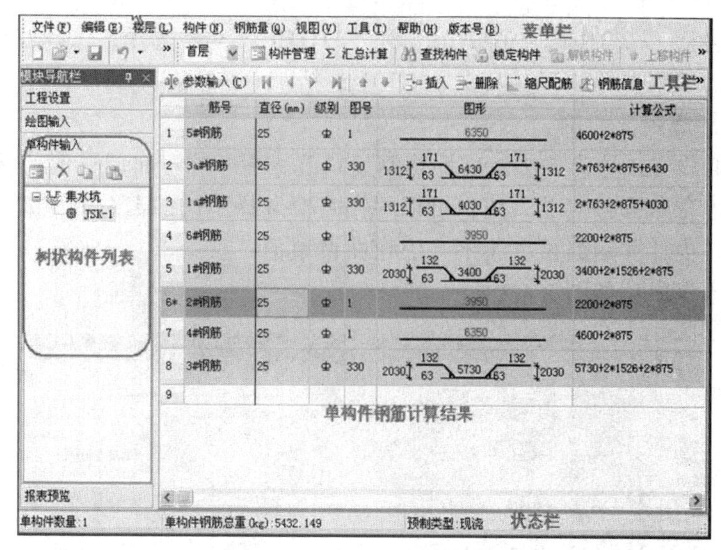

图 2.3.2 单构件输入界面

2.4 新建工程

2.4.1 新建工程

双击桌面 GGJ2013 广联达钢筋算量软件图标，进入新建工程界面。

点击“新建向导”按钮，进入“工程名称”界面，如图 2.4.1 所示，修改相关信息。

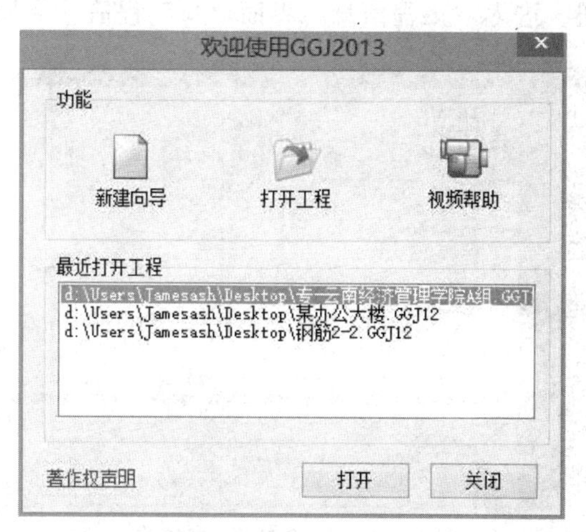

图 2.4.1 新建工程向导

在“新建工程”界面中，输入各项工程信息。

工程名称：软件默认新建工程的名称为“工程 1”，建议根据实际情况输入实际的工程名称，以便于管理。工程名称可以由文字、数字和特殊字符组成，但是不能为空。

损耗模板：在损耗模板中存有所有地区的损耗类型和不计算损耗，用户可以根据工程所在地区选择不同的损耗模板，新工程默认的损耗模板为“不计算损耗”。

计算规则：包括“03G101”“01G101”和“11G101”3 种选择，选择好计算规则后，软件默认采用选定的规则进行计算，其中 11G101 包括 11G101-1、11G101-2、11G101-3；本工程以“11 系新平法规则”为例。

汇总方式：汇总方式分为“按外皮计算钢筋长度（不考虑弯曲调整值）”和“按中轴线计算钢筋长度（考虑弯曲调整值）”，用户可以根据需要选择不同的汇总方式，新建工程的汇总方式默认为“按外皮计算钢筋长度（不考虑弯曲调整值）”。

相关信息输入完成后如图 2.4.2 所示。

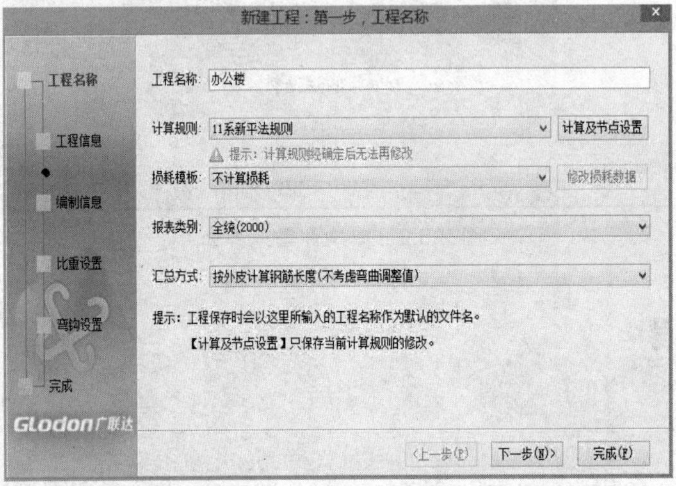

图 2.4.2　新建工程 第一步

点击“下一步”按钮，进入“工程信息”界面填写工程信息，如图 2.4.3 所示。

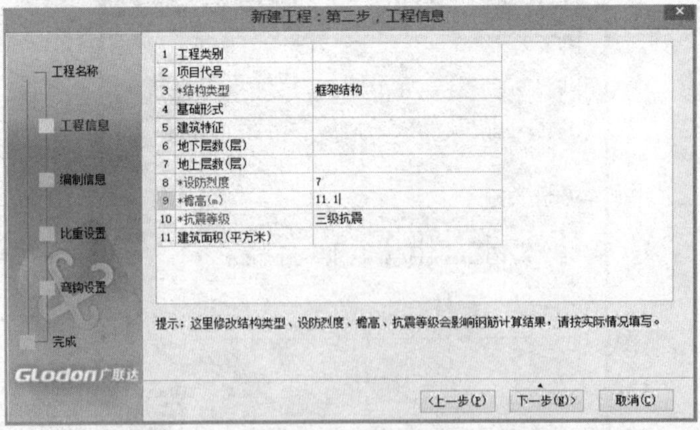

图 2.4.3　新建工程 第二步

在图 2.4.3 所示界面中，蓝色字体显示行的内容如结构类型、设防烈度、檐高、抗震等级会影响钢筋计算结果，必须按工程实际填写。其他黑色字体显示行如工程类别、项目代号等可不需填写。

本工程结构类型“框架结构”，设防烈度“7 度”，檐高“11.1”，抗震等级“三级抗震” 是必须填写的内容。

2.4.2 计算设置

点击“下一步”按钮，进入“比重设置”界面，如图 2.4.4 所示，可对各类钢筋的密度进行设置。密度设置会影响到钢筋质量的计算，因此需要准确设置。目前，国内市场上没有 Φ6 的钢筋，一般用 Φ6.5 的钢筋代表，需要将 Φ6 的钢筋密度修改成 Φ6.5 钢筋密度。

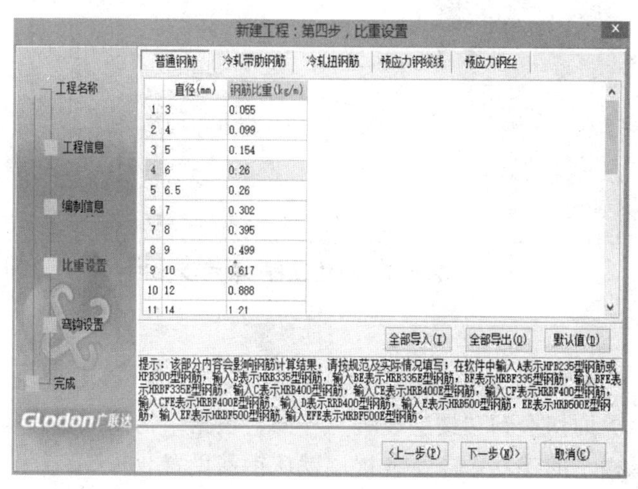

图 2.4.4　新建工程 第四步

点击导航栏“计算设置”按钮，计算设置中包含计算设置、节点设置、箍筋设置、搭接设置和箍筋公式。按照图纸中结构设计说明设置，如图 2.4.5 所示。一般情况下，如果施工图中没有特殊说明，不必对计算设置部分的内容进行调整，按照软件默认的常用参数计算即可。

在图 2.4.5 所示界面中点击“完成”按钮，完成新建工程，切换到“工程信息”界面，该界面显示了新建工程的工程信息，供用户查看和修改，如图 2.4.6 所示。

计算设置　节点设置　箍筋设置　搭接设置　箍筋公式

柱/墙柱　剪力墙　框架梁　非框架梁　板　基础　基础主梁/承台梁　基础次梁　砌体结构　其它

	类型名称	
1	− 公共设置项	
2	起始受力钢筋、负筋距支座边距离	s/2
3	分布钢筋配置	A6@200
4	分布钢筋长度计算	和负筋(跨板受力筋)搭接计算
5	分布筋与负筋(跨板受力筋)的搭接长度	150
6	温度筋与负筋(跨板受力筋)的搭接长度	ll
7	分布钢筋根数计算方式	向下取整+1
8	负筋(跨板受力筋)分布筋、温度筋是否带弯勾	否
9	负筋/跨板受力筋在板内的弯折长度	板厚-2*保护层
10	纵筋搭接接头错开百分率	50%
11	温度筋起步距离	s
12	− 受力筋	
13	板底钢筋伸入支座的长度	max(ha/2,5*d)
14	板受力筋/板带钢筋按平均长度计算	否
15	面筋(单标注跨板受力筋)伸入支座的锚固长度	能直锚就直锚,否则按公式计算:ha-bhc+15*d
16	受力筋根数计算方式	向上取整+1
17	受力筋遇洞口或端部无支座时的弯折长度	板厚-2*保护层
18	柱上板带/板带暗梁下部受力筋伸入支座的长度	la
19	柱上板带/板带暗梁上部受力筋伸入支座的长度	0.6*Lab+15*d
20	跨中板带下部受力筋伸入支座的长度	max(ha/2,12*d)
21	跨中板带上部受力筋伸入支座的长度	0.6*Lab+15*d
22	柱上板带受力筋根数计算方式	向上取整+1
23	跨中板带受力筋根数计算方式	向上取整+1
24	柱上板带/板带暗梁的箍筋起始位置	距柱边50mm

提示信息：输入格式：级别+直径@间距。

图 2.4.5　操作流程计算设置

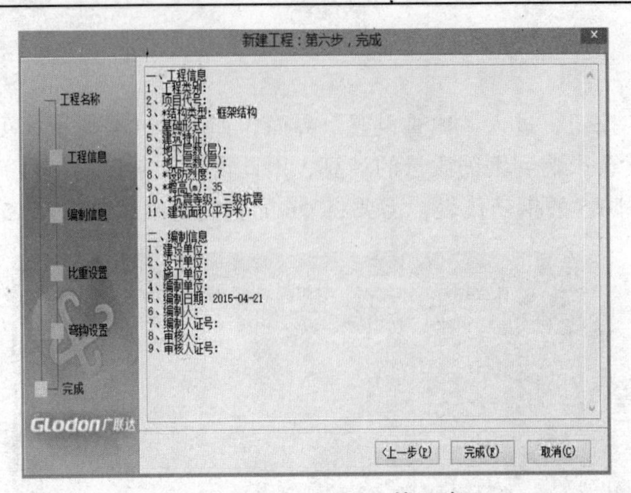

图 2.4.6　新建工程 第六步

2.4.3　建楼层

从“工程信息”界面切换到“楼层设置”界面，根据结构图纸进行楼层的建立。楼层设置包括两部分：一是楼层的建立，二是各楼层默认钢筋设置。

1. 楼层的建立

（1）插入楼层。鼠标左键选择楼层所在的行，点击“插入楼层”，如在“基础层”点击“插入楼层”，可插入-1 层，如在“首层”点击“插入楼层”，插入 2 层。

（2）删除楼层。已经建立的楼层可根据“删除楼层”进行删除。

（3）首层标记，该楼层作为首层，相邻楼层的编码自动变化，基础层的编码为 0，编码为负值表示地下层，编码为正值表示地上层，基础层和标准层不能作为首层。

根据所附工程图可知工程楼层设置信息如图 2.4.7 所示。

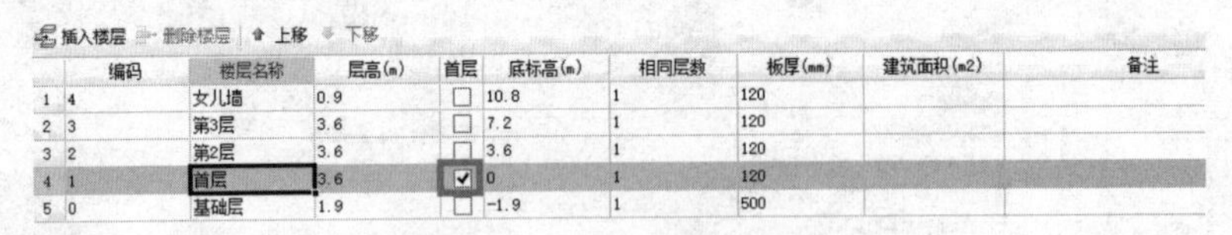

插入楼层　删除楼层　上移　下移

	编码	楼层名称	层高(m)	首层	底标高(m)	相同层数	板厚(mm)	建筑面积(m2)	备注
1	4	女儿墙	0.9	☐	10.8	1	120		
2	3	第3层	3.6	☐	7.2	1	120		
3	2	第2层	3.6	☐	3.6	1	120		
4	1	首层	3.6	☑	0	1	120		
5	0	基础层	1.9	☐	-1.9	1	500		

图 2.4.7　楼层设置示意图

在楼层设置界面中应注意以下几点：

（1）底标高，是指每层的结构标高。

（2）基础层底标高是基础底的标高，不含垫层标高。

（3）当有标准层时，在相同层数中输入数量，会显示标准的层数。

（3）板厚可在“楼层设置”中设置，也可在各层中按图纸定义。

2. 各楼层默认钢筋设置

各楼层默认钢筋设置，包括砼标号的设置，钢筋锚固长度和搭接长度以及各构件的保护层厚度的设置。具体内容根据工程图纸信息进行设置，如图 2.4.8 所示。

楼层默认钢筋设置(首层, 0.00m~3.60m)

	抗震等级	砼标号	锚固						搭接						保护层厚(mm)	
			HPB235(A) HPB300(A)	HRB335(B) HRB335E(BE) HRBF335(BF) HRBF335E(BFE)	HRB400(C) HRB400E(CE) HRBF400(CF) HRBF400E(CFE) RRB400(D)	HRB500(E) HRB500E(EE) HRBF500(EF) HRBF500E(EFE)	冷轧带肋	冷轧扭	HPB235(A) HPB300(A)	HRB335(B) HRB335E(BE) HRBF335(BF) HRBF335E(BFE)	HRB400(C) HRB400E(CE) HRBF400(CF) HRBF400E(CFE) RRB400(D)	HRB500(E) HRB500E(EE) HRBF500(EF) HRBF500E(EFE)	冷轧带肋	冷轧扭		
基础	(三级抗震)	C30	(32)	(31/34)	(37/41)	(46/50)	(37)	(35)	(45)	(44/48)	(52/58)	(65/70)	(52)	(49)	(40)	包含所有的基
基础梁/承台梁	(三级抗震)	C30	(32)	(31/34)	(37/41)	(46/50)	(37)	(35)	(45)	(44/48)	(52/58)	(65/70)	(52)	(49)	(40)	包含基础主梁
框架梁	(三级抗震)	C30	(32)	(31/34)	(37/41)	(46/50)	(37)	(35)	(45)	(44/48)	(52/58)	(65/70)	(52)	(49)	25	包含楼层框架
非框架梁	(非抗震)	C30	(30)	(29/32)	(35/39)	(43/48)	(35)	(35)	(42)	(41/45)	(49/55)	(61/68)	(49)	(49)	25	包含非框架梁
柱	(三级抗震)	C30	(32)	(31/34)	(37/41)	(46/50)	(37)	(35)	(45)	(44/48)	(52/58)	(65/70)	(52)	(49)	30	包含框架柱、
现浇板	(非抗震)	C30	(30)	(29/32)	(35/39)	(43/48)	(35)	(35)	(42)	(41/45)	(49/55)	(61/68)	(49)	(49)	(15)	现浇板、螺旋
剪力墙	(三级抗震)	C35	(30)	(29/32)	(34/37)	(41/46)	(37)	(35)	(36)	(35/39)	(41/45)	(50/56)	(45)	(42)	(15)	仅包含墙身
人防门框墙	(三级抗震)	C30	(32)	(31/34)	(37/41)	(46/50)	(37)	(35)	(45)	(44/48)	(52/58)	(65/70)	(52)	(49)	(15)	人防门框墙
墙梁	(三级抗震)	C35	(30)	(29/32)	(34/37)	(41/46)	(37)	(35)	(42)	(41/45)	(48/52)	(58/65)	(52)	(49)	(20)	包含连梁、暗
墙柱	(三级抗震)	C35	(30)	(29/32)	(34/37)	(41/46)	(37)	(35)	(42)	(41/45)	(48/52)	(58/65)	(52)	(49)	(20)	包含暗柱、端
圈梁	(三级抗震)	C25	(36)	(35/39)	(42/47)	(51/56)	(42)	(40)	(51)	(49/55)	(59/66)	(72/79)	(59)	(56)	(25)	包含圈梁、过
构造柱	(三级抗震)	C25	(36)	(35/39)	(42/47)	(51/56)	(42)	(40)	(51)	(49/55)	(59/66)	(72/79)	(59)	(56)	(25)	构造柱
其它	(非抗震)	C15	(39)	(38/42)	(40/44)	(48/53)	(45)	(45)	(55)	(54/59)	(56/62)	(68/75)	(63)	(63)	(25)	包含除以上构

图 2.4.8　各楼层默认钢筋设置

图 2.4.8 中，钢筋锚固为（23/37），表示直径≤25 的钢筋锚固长度为 34*d*，直径 > 25 的钢筋锚固长度为 37*d*；“( )”表示软件默认的数值，手动修改时，要把“( )”及其中内容删除。

以首层为例，在“各楼层默认钢筋设置”界面中进行修改和输入。

（1）根据实际需要修改各构件的抗震等级，软件默认的为“工程设置”中的抗震等级。

（2）根据结构说明的砼标号说明，修改各层的各种构件的砼标号。

（3）根据实际情况修改钢筋的锚固和搭接长度，软件默认为规范规定的基本锚固长度和基本搭接长度。

（4）根据结构说明输入各层各类构件的保护层厚度。

完成首层楼层钢筋设置后，根据需要选择页面右下角的“复制到其他楼层”，将定义好的楼层的数值复制到参数相同的其他楼层，可快速完成其他楼层钢筋设置。

楼层设置完成后，就可以进入“绘图输入”进行钢筋工程量的计算。

2.5　首层结构钢筋工程量的计算

2.5.1　建立轴网

“工程设置”所有内容完成后，切换到“绘图输入”界面，根据结构图进行轴网的定义及绘制。

1. 轴网建立的基本步骤

第 1 步：点击导航栏中“轴网”按钮，打开“轴网”界面。

第 2 步：点击“新建”，新建“正交轴网”。

第 3 步：按照图纸依次输入下开间、左进深、上开间、右进深。例如，在上开间轴距处输入“3000”后回车，“2000”回车、“3000*2”（表示有两个相同的连续轴线）回车，轴网的下开间即建立好了。利用“轴号自动排序”功能对轴号进行排序。

第 4 步：在“类型选择”处点击“左进深”，在轴距处输入“3400*2”回车、“2200”回车、“3000”回车、“4000”回车，轴网的左进深即建立好了，此时在左边预览区域出现新建的轴网。

第 5 步：点击“确认”按钮，新的轴网就建立成功了。

根据图纸信息建立的轴网如图 2.5.1 所示。

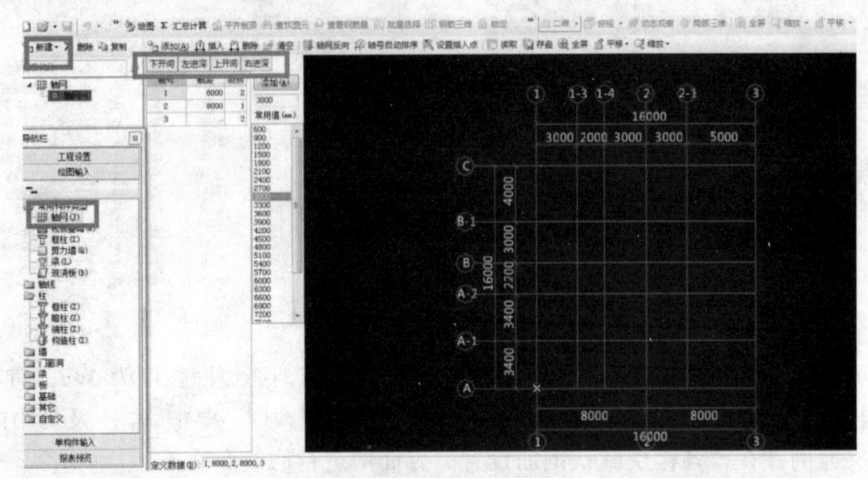

图 2.5.1 新建轴网

2. 轴网的修改

如果建立的轴网与图纸不相符合，可以利用“修改轴距”“修改轴号”“修改轴号位置”等轴网功能进行修改，如图 2.5.2 所示。其基本操作为：

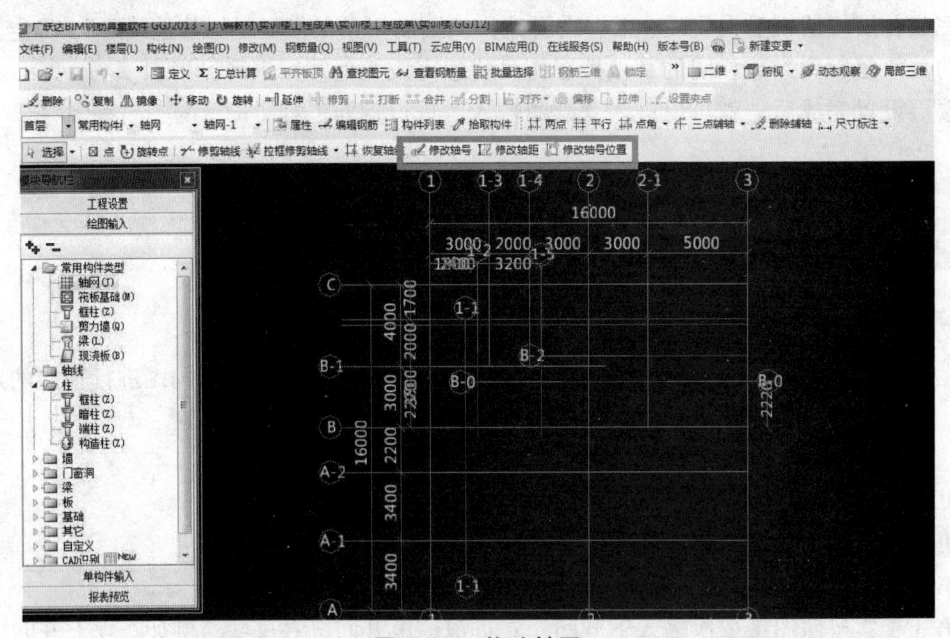

图 2.5.2 修改轴网

点击工具栏中“绘图”按钮，打开“轴网绘图”界面；点击“修改轴号”按钮进入“修改轴号”窗口，点击图上需要修改的轴号，进行修改后确认即可，如图 2.5.3 所示；若轴距错误，需要修改轴距，则点击“修改轴距”按钮，再在绘图界面点击需要修改的轴线进行修改输入数值，点击确认即可，如图 2.5.4 所示；点击“修改轴号位置”左键拉框选择整个轴网，右键确认，弹出修改轴网对话框，选择需要的修改选项，确认即可，如图 2.5.5 所示。

广联达BIM钢筋算量软件 GGJ2013 - [J:\编教材\实训楼工程成果\实训楼工程成果\实训楼.GGJ12]
文件(F) 编辑(E) 楼层(L) 构件(N) 绘图(D) 修改(M) 钢筋量(Q) 视图(V) 工具(T) 云应用(Y) BIM应用(I) 在线服务(S) 帮助(H) 版本号(B) 新建变更
定义 Σ 汇总计算 平齐板顶 查找图元 查看钢筋量 批量选择 钢筋三维 锁定 二维 俯视 动态观察
删除 复制 镜像 移动 旋转 延伸 修剪 打断 合并 分割 对齐 偏移 拉伸 设置夹点
首层 常用构件 轴网 轴网-1 属性 编辑钢筋 构件列表 拾取构件 两点 平行 点角 三点辅轴 删除辅轴 尺寸标
选择 点 旋转点 修剪轴线 拉框修剪轴线 恢复轴线 修改轴号 修改轴距 修改轴号位置
模块导航栏
工程设置
绘图输入
常用构件类型
轴网(J)
筏板基础(M)
框柱(Z)
剪力墙(Q)
梁(L)
现浇板(B)
轴线
柱
框柱(Z)
暗柱(Z)
端柱(Z)
构造柱(Z)
墙
门窗洞
梁
板
基础
其它
自定义
CAD识别 NEW
单构件输入
报表预览
1 1-3 1-4 2 2-1 3
16000
3000 2000 3000 3000 5000
3200
C B-1 B A-2 A-1 A
4000 3000 2200 3400 3400 16000
1700 2000
1-1 B-0
请输入轴号
请输入轴号
轴号: 2
确定
取消

图 2.5.3　修改轴号

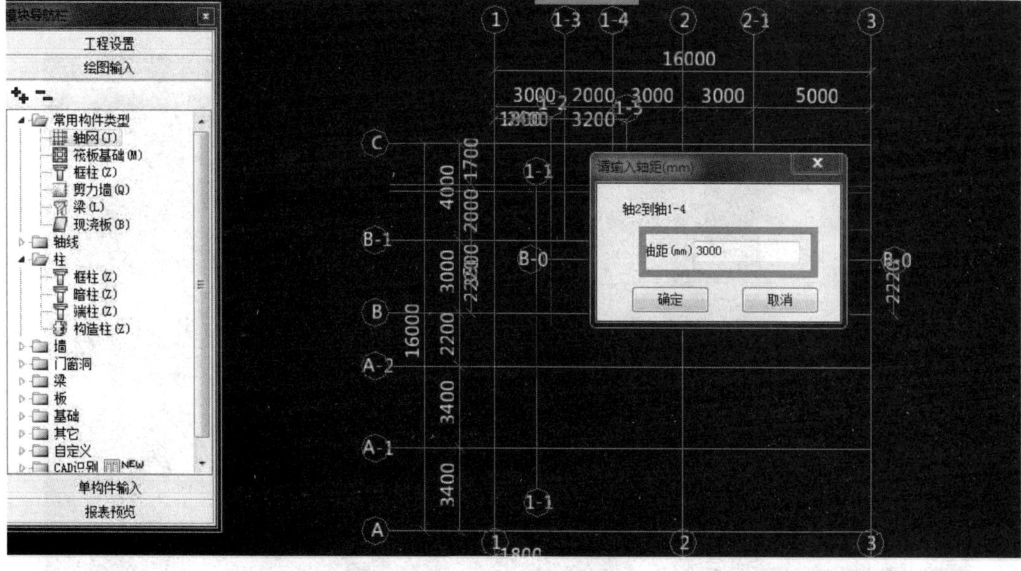

图 2.5.4　修改轴距

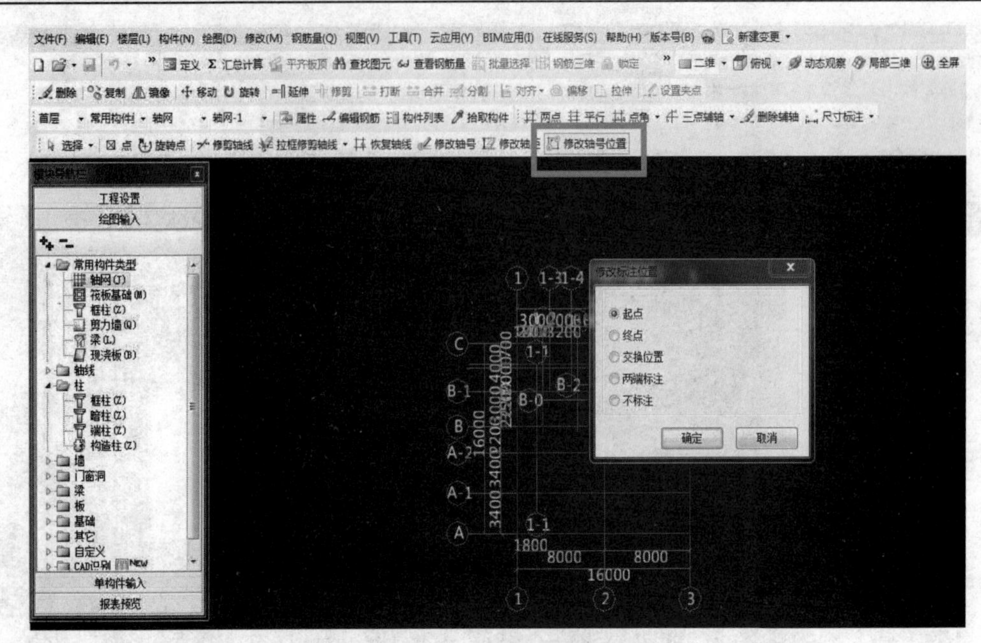

图 2.5.5 修改标注位置

3. 轴网的删除

当需要删除轴网时，点击工具栏中的“删除”按钮，左键拉框选择需要删除的轴网，右键确认即可；如果只是部分需要删除，则选择“修剪轴线”按钮，左键选择需要修剪的位置，再左键确认即可，也可以选择拉框修剪，如图 2.5.6 所示。

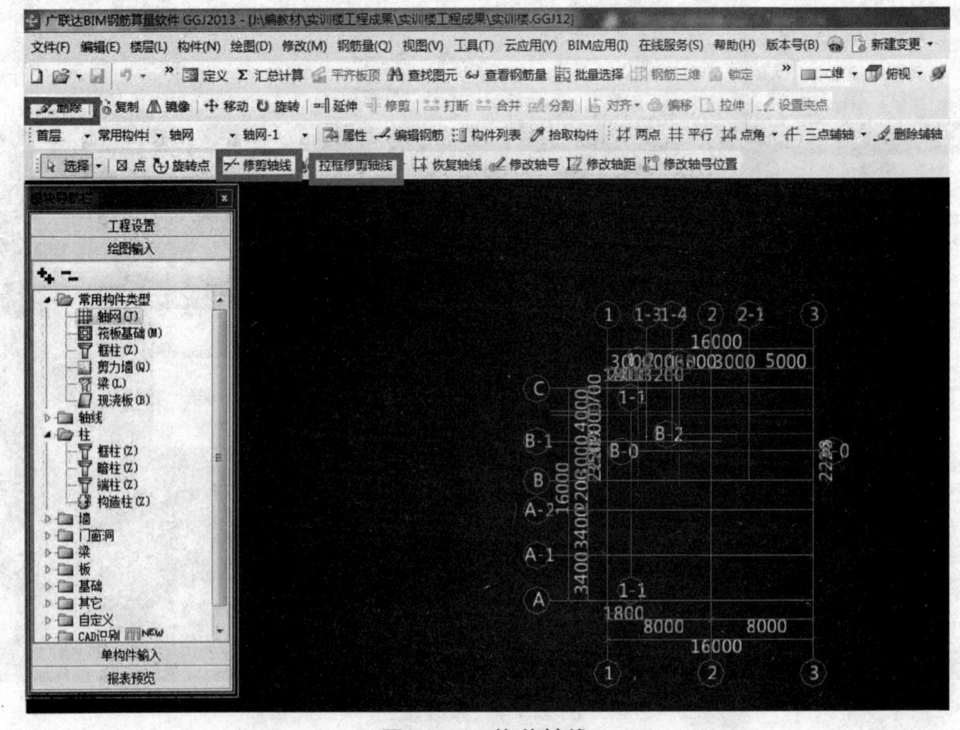

图 2.5.6 修剪轴线

2.5.2 柱构件的定义与绘制

柱构件的定义与绘制主要有两种方法：直接定义柱法和柱表定义法。

1. 直接定义柱法

以首层 KZ-1 为例，直接定义柱法的操作步骤为：

第 1 步：点击菜单栏中的“定义”，按照柱表中首层 KZ-1 的信息，在“属性编辑”界面编辑柱的信息。柱的属性主要为柱的类别、截面尺寸以及配筋信息等，如图 2.5.7 所示。

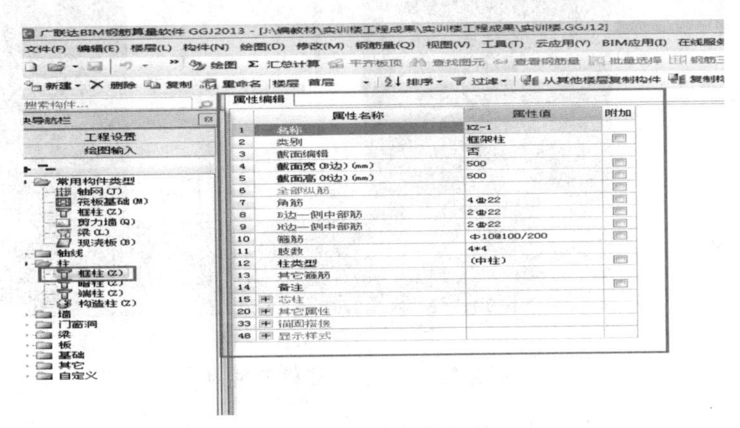

图 2.5.7 定义框架柱

注意：

（1）在“属性编辑”界面中的“全部纵筋”与“角筋”“B 边一侧中部筋”“H 边一侧中部筋”这 3 项不允许同时输入，只有这 3 项为空时才允许输入。

（2）在“属性编辑”界面中蓝色字体属性是构件的公有属性，在属性中修改信息会对图中所有同名构件生效；黑色字体属性是构件的私有属性，修改信息只会对选中构件生效。

第 2 步：点击菜单栏中“绘图”，按照 KZ-1 所在相应的位置选择“点”画上，如图 2.5.8 所示。其余柱子按照同样的方法完成。

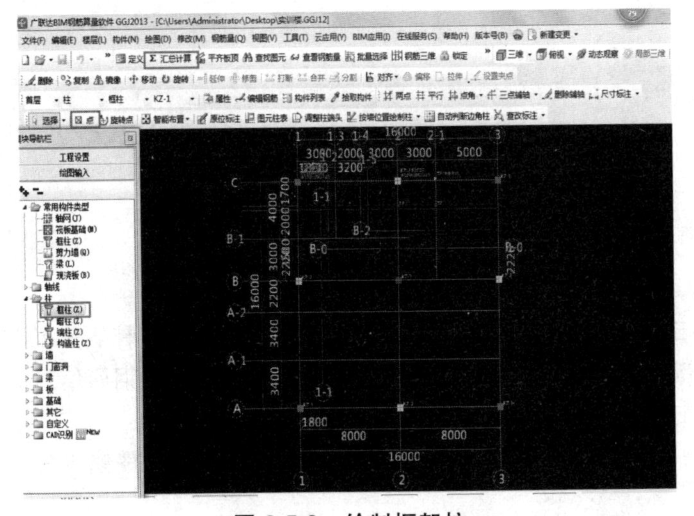

图 2.5.8 绘制框架柱

第 3 步：点击工具栏中的“汇总计算”，在弹出的汇总计算对话框中选择首层，点击计算按钮，就可以计算首层所有柱子的工程量，如图 2.5.9 所示。

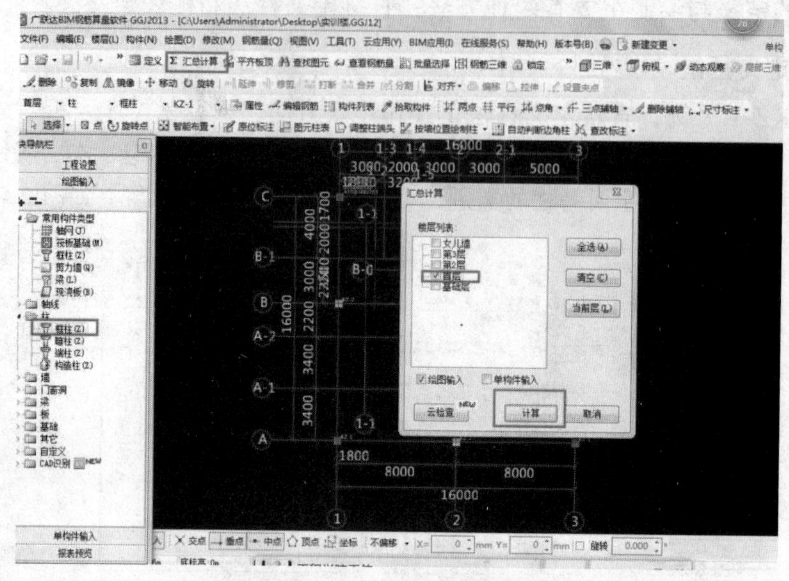

图 2.5.9　汇总计算框架柱

2. 柱表定义法

软件中利用柱表可以快速建立构件，操作步骤如图 2.5.10 所示。

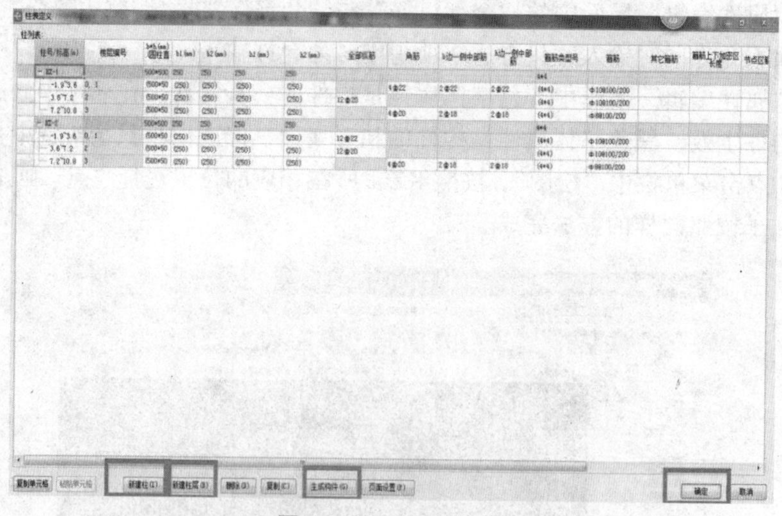

图 2.5.10　建立柱表

第 1 步：点击菜单栏中“构件”，选择“柱表”选项进入“柱表定义”窗口。

第 2 步：点击“新建柱”按钮，如新建 KZ-1，输入相应的钢筋信息。

第 3 步：点击“新建柱层”按钮，建立各楼层的柱构件。

第 4 步：选中 KZ-1，点击“复制”按钮，把复制出来的构件修改为“KZ-2”，同理新建“KZ-3”。

第 5 步：点击“生成构件”按钮，软件自动在对应楼层建立柱构件，而无需一一建立。

第 6 步：点击“确定”按钮，退出“柱表定义”窗口。

第 7 步：定义完柱构件后，切换到基础层，从基础层开始绘制柱构件，柱可以直接用画点的方式进行绘制。完成的首层柱的绘制如图 2.5.11 所示。

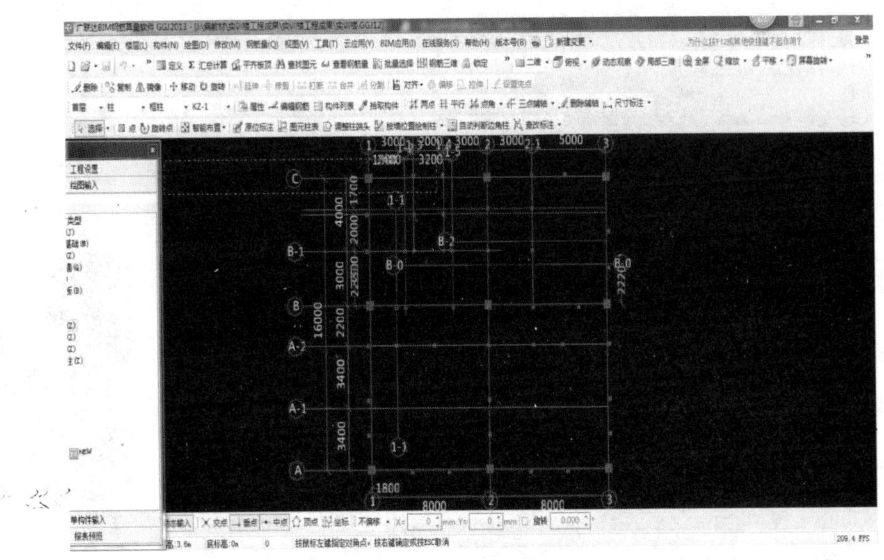

图 2.5.11　绘制框架柱

偏心柱的画法有“Ctrl＋鼠标左键、查改标注、改变插入点 F4、调整柱端头方向 F3、设置柱靠墙边、设置柱靠梁边、调整柱端头”6 种方式，操作中按状态提示栏完成即可。

利用“钢筋三维”可以显示所绘柱子的三维图，便于查看所绘柱子的准确性，如图 2.5.12 所示。

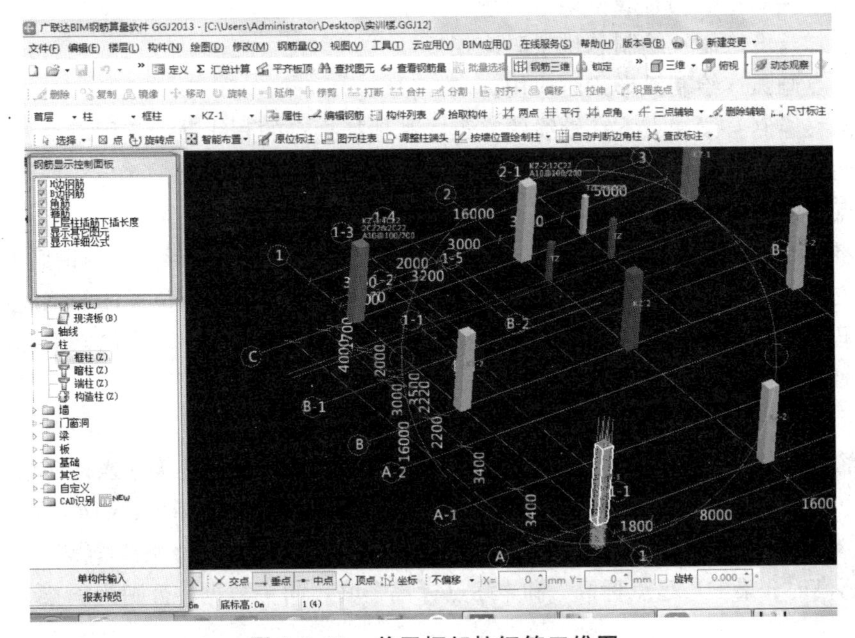

图 2.5.12　首层框架柱钢筋三维图

2.5.3 梁构件的定义与绘制

1. 梁构件定义与绘制的基本步骤

第 1 步：切换到首层，在构件属性定义中新建框架梁 KL-1、KL-2、KL-3、KL-4、L-1、L-2、L-3，以 KL-1 为例，在“属性编辑”界面修改梁的名称、截面尺寸、配筋信息，如图 2.5.13 所示。

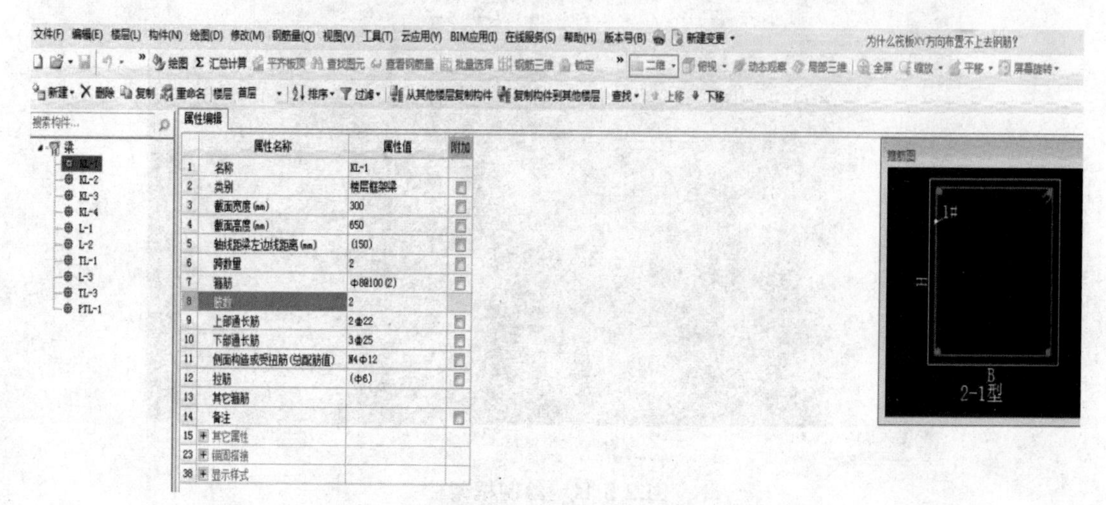

图 2.5.13 定义框架梁

第 2 步：梁属于线性构件，可以用画线的方式进行绘制。

梁在绘制时，要先主梁后次梁，按先上后下、先左后右方向进行，以保证所有的梁能够全部计算。常用的梁的绘制方法有：

（1）直线绘制：绘制直线型梁时应用。

（2）点加长度绘制：绘制悬挑梁时应用。

（3）三点画弧：绘制弧形梁时应用。

（4）偏移绘制：梁端点不在轴线的交点或其他捕捉点的直线型梁应用。

（5）捕捉绘制：对于非框架梁，其两个端点位于两端框架梁上，并与之垂直，可以采用捕捉“垂点”的方法来绘制。

第 3 步：梁绘制好以后需要对梁进行“原位标注”，才能对梁进行正确的钢筋工程量计算。点击“原位标注”按钮，左键选择要标注的梁，根据梁配筋图上原位标注的钢筋信息，在支座对话框里填写原位标注信息。梁的原位标注信息有：支座钢筋、跨中筋、下部钢筋、架立筋、次梁加筋，按梁结构配筋图实际输入，如图 2.5.14 所示。

原位标注也可以用“平法表格”的形式完成，点击工具栏中的“原位标注”，然后选择需要配置钢筋信息的梁，如 KL-3，直接在“平法表格”中相应位置直接输入钢筋信息即可，同时在梁图上会把钢筋信息显示在相应的位置上，方便进行检查，如图 2.5.14 所示。

第 4 步：如果梁的标高低于或高于本层楼高度，可以利用 修改梁段标高 按钮进行修改，修改标高时，梁的“起点标高”和“终点标高”填入同一数据，否则为斜梁，如图 2.5.15 所示。

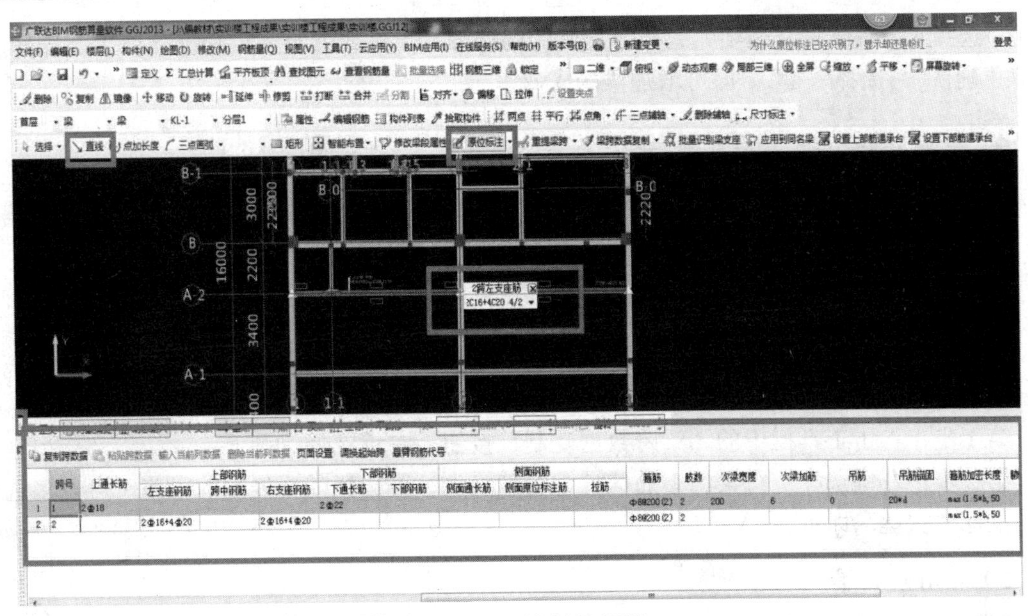

图 2.5.14　绘制框架梁

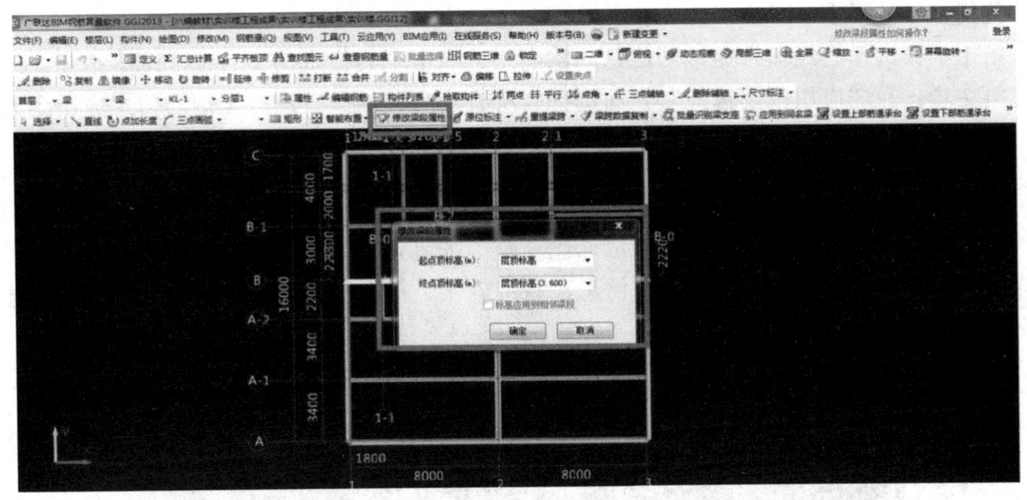

图 2.5.15　修改梁段标高

2. 梁构件的识别及修改

在输入梁钢筋信息时，有时梁的跨数与图纸标注不同，可以利用“识别梁跨”功能进行修改。基本步骤为：

第 1 步：点击工具栏中的 识别梁跨▾ 按钮，选择“重新提取梁跨”选项，选择需要修改的梁，软件将重新识别梁的跨数。

第 2 步：通过“重新提取梁跨”后，如果发现梁的跨数比图纸标注要多，选择梁图元，点击工具栏中的 识别梁跨▾ 按钮，选择“删除梁支座”选项，选择需要删除的梁支座点，点击鼠标右键“确认”，选择“是”，即可删除多余的梁支座。

第 3 步：如果发现梁的跨数比图纸标注要少或支座设置错误，点击工具栏中的 识别梁跨▾

按钮，选择“设置支座”选项，选择为支座的构件图元（柱或者与该梁相交的梁），点击鼠标右键“确认”，选择“是”，即可增加梁的支座。

3. 梁钢筋原位标注的其他方法

在输入钢筋原位标注信息时，还可以配合选择以下 3 种方式进行原位标注：梁跨数据复制、梁原位标注复制、应用同名梁。

1）梁跨数据复制

相同梁跨的数据，不需要重新输入，可以通过“梁跨数据刷”功能把梁钢筋信息从一跨复制到另一跨，其操作步骤为：

第 1 步：点击工具栏中的“梁跨数据复制”按钮，左键选择梁图元。

第 2 步：左键选择一跨梁的钢筋信息，右键确认，再选择需要复制的梁跨（可以多选），点击鼠标“右键”即可。

2）应用同名梁

输入完一根梁的钢筋信息后，可以通过“应用同名梁” 功能把梁钢筋信息从一根梁复制到其他同名称的梁上，操作步骤为：

第 1 步：选择已经输入完钢筋信息的梁图元，点击工具栏中的 应用同名梁 按钮。

第 2 步：在“应用范围选择”界面选择“所有同名称的梁”即可把钢筋信息应用到其他同名称的梁上。

3）梁原位标注复制

第 1 步：点击工具栏中的“梁原位标注复制”按钮。

第 2 步：左键选择一跨梁的钢筋信息，右键确认，再选择需要复制的梁跨（可以多选），点击鼠标“右键”即可。

绘制完成后可选择“动态观察”显示首层框架梁三维图进行查看，如图 2.5.16 所示。

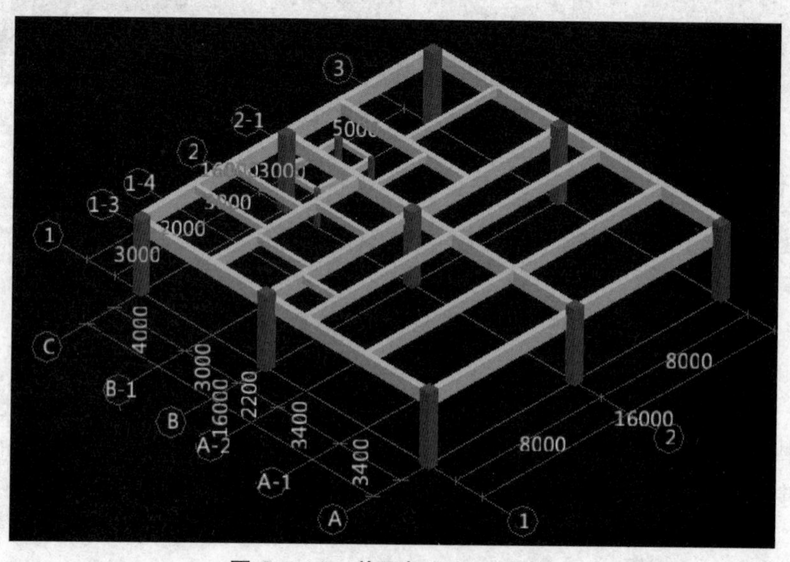

图 2.5.16 首层框架梁三维图

2.5.4　板构件的定义与绘制

1. 板构件定义与绘制的基本步骤

第 1 步：新建板构件，名称为“B120”，板厚为“120”，如图 2.5.17 所示。

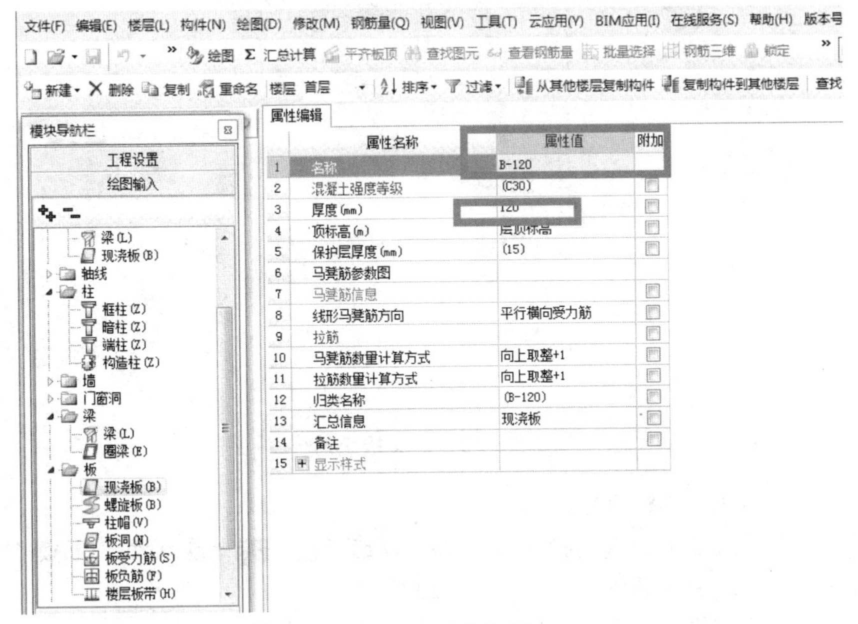

图 2.5.17　定义板

第 2 步：点击工具栏中的**自动生成板**按钮，软件将在封闭区域（墙、梁为边线）内生成板，而无需用画点的方式逐块布置；当遇到不同板厚的楼面板时，可以选择数量最多的构件进行布置，然后在“构件属性编辑器”中进行修改。

第 3 步：按照图纸信息定义板受力钢筋，在构件管理中建立名称为 C8@200-T 和 Φ8@200 的受力钢筋，如图 2.5.18 所示。

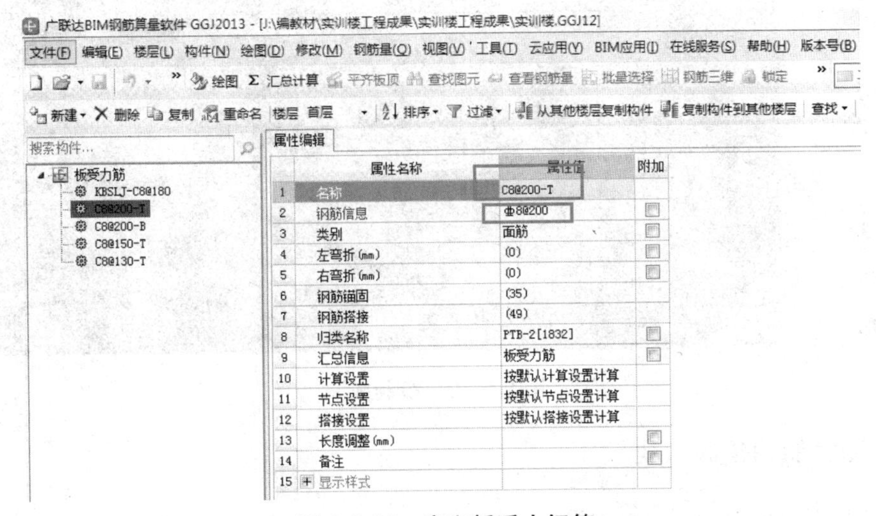

图 2.5.18　定义板受力钢筋

第 4 步：定义板负筋在构件管理中建立名称为 C8@200 的板负筋，如图 2.5.19 所示。

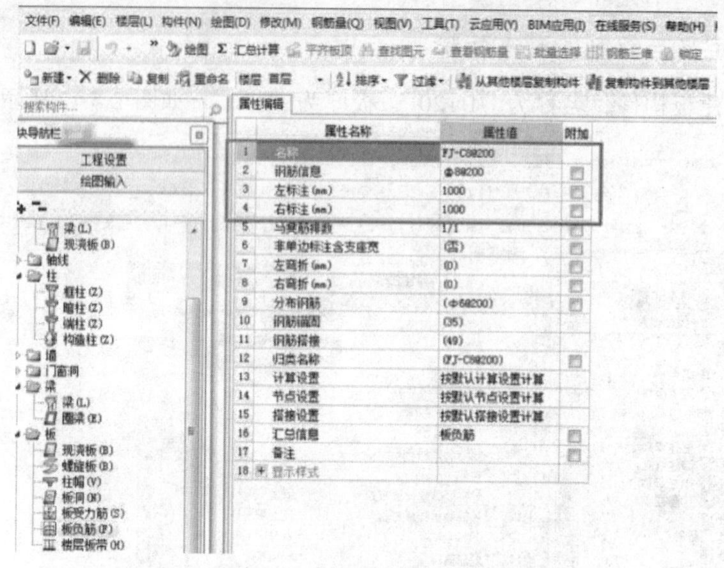

图 2.5.19 定义板负筋

第 5 步：选择板负筋 C8-200。

第 6 步：点击工具栏中的 按梁布置（也可以选择 按墙布置或者 按板边线布置）按钮，按鼠标左键选中需要布筋的梁，如图 2.5.20 所示。

第 7 步：按鼠标左键确定负筋左标注的方向即可布置负筋。

第 8 步：在布置过程中，负筋的左右标注在画图时标注反了，无需删除，只要点击工具栏中的 交换左右标注按钮，选择板负筋即可交换负筋左右标注的位置。

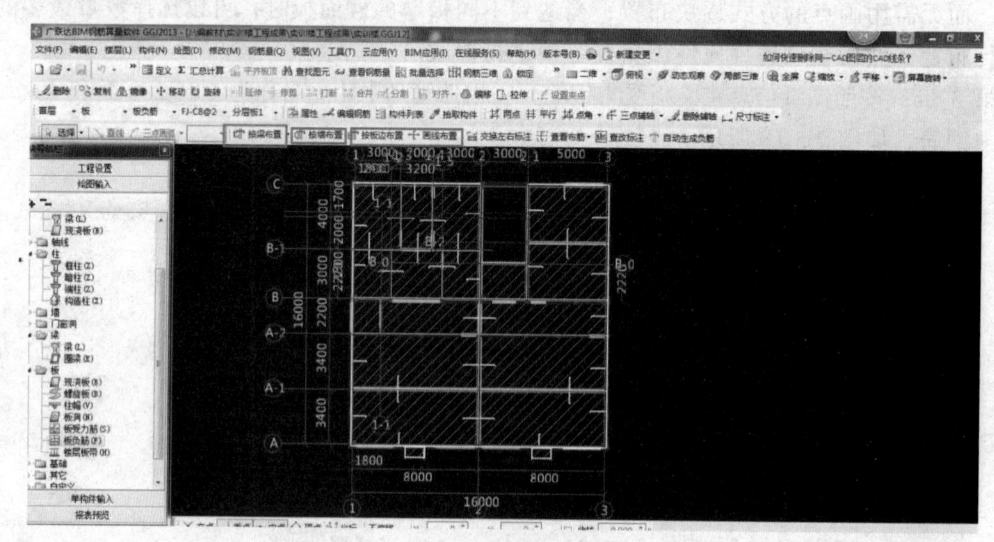

图 2.5.20 绘制板

2. 板受力筋的绘制方式

常用的板受力筋的几种绘制方式。

1）“单板范围”布置受力筋

第 1 步：板受力钢筋分为底筋、中层筋、面筋和温度筋，其画法相同。根据实际工程选择钢筋类型，点击工具栏中的 水平布置（水平筋）按钮或者 垂直布置（垂直筋）按钮。

第 2 步：点击工具栏中的 单板范围按钮。

第 3 步：按鼠标左键点击需要布筋的板即可布置板受力筋。

2）“XY 方向布置” 布置受力筋

当板的受力筋为双层双向时，可以利用“XY 方向布置”功能布置受力筋，操作步骤为：

第 1 步：在构件管理中建立钢筋，修改类别为底筋、面筋，如图 2.5.21 所示。

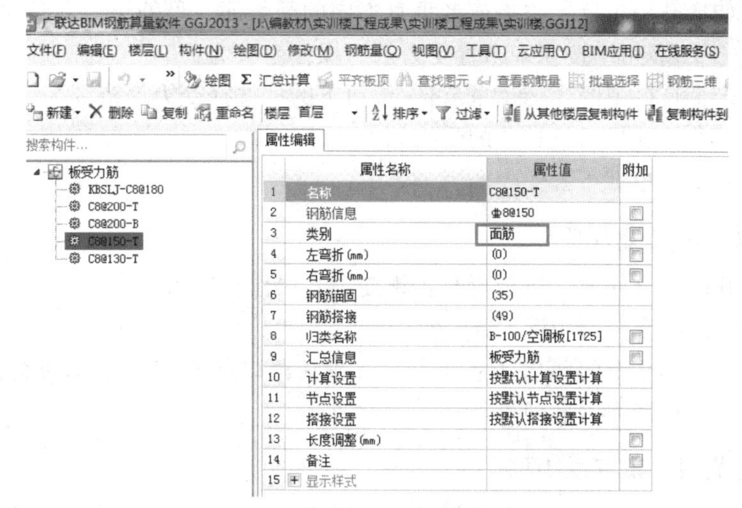

图 2.5.21　定义底筋及面筋

第 2 步：点击工具栏中的 XY方向布置▾按钮选择“XY 方向布置受力筋”。

第 3 步：点击工具栏中的 单板范围按钮。

第 4 步：鼠标“左键”选择需要布置受力筋的板。

第 5 步：选择配筋内容即可，如图 2.5.22 所示。

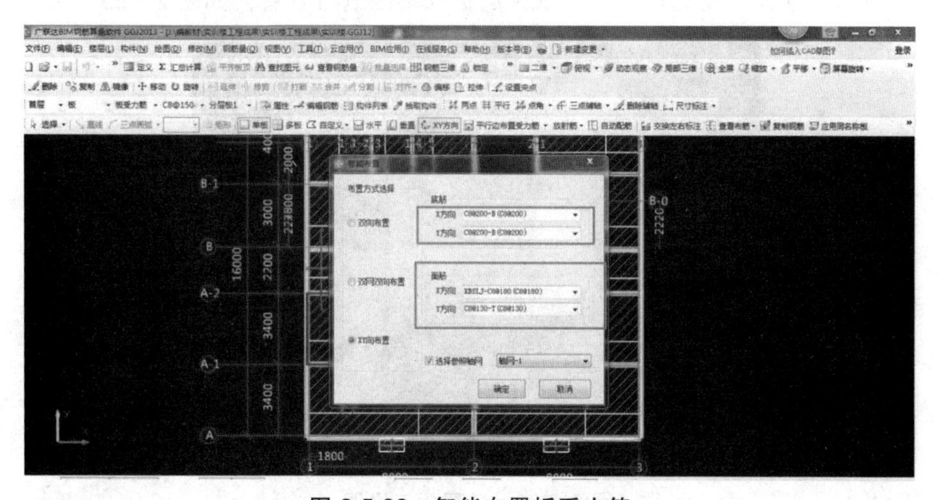

图 2.5.22　智能布置板受力筋

3）"多板范围"布置受力筋

利用"自动生成板"功能会自动按照梁或墙围成的最小区域布置板，如果有跨板钢筋时可以采用"多板范围"布置受力筋，操作步骤为：

第 1 步：选择受力筋，点击工具栏中的 水平布置（水平筋）按钮。

第 2 步：点击工具栏中的 多板范围 按钮。

第 3 步：鼠标左键选择需要布筋的板，点击鼠标右键"确认"。

第 4 步：在板范围内点击鼠标左键即可布置板受力筋。

4）"选择受力筋范围布置"受力筋

在一块板中如果已经布置了水平或者垂直方向的受力筋，另外一个方向的钢筋则可以点击工具栏中的 受力筋范围 按钮来布置受力筋，操作步骤为：

第 1 步：点击工具栏中的 受力筋范围 按钮下的"选择受力筋范围"。

第 2 步：鼠标左键选择已经布置的受力筋。

第 3 步：点击鼠标左键布置受力筋。

5）"合并板"布置受力筋

如果需要把几块板合并成一块板再布置钢筋，其操作步骤为：

第 1 步：选择需要合并的板图元。

第 2 步：点击工具栏中的 合并板 按钮，在确认窗口点击"是"，即可合并选中的板。

第 3 步：直接布置受力钢筋即可。

6）"自定义范围"布置受力筋

如果按照以上方式不能直接布置板钢筋时，还可以利用"自定义范围"布置受力筋，操作步骤为：

第 1 步：点击工具栏中的 受力筋范围 按钮下的"自定义范围"。

第 2 步：画出需要布置钢筋的范围（要求在板范围内画闭合的范围）。

第 3 步：布置受力筋。

绘制完成后可选择"动态观察"显示首层板三维图进行查看，如图 2.5.23 所示。

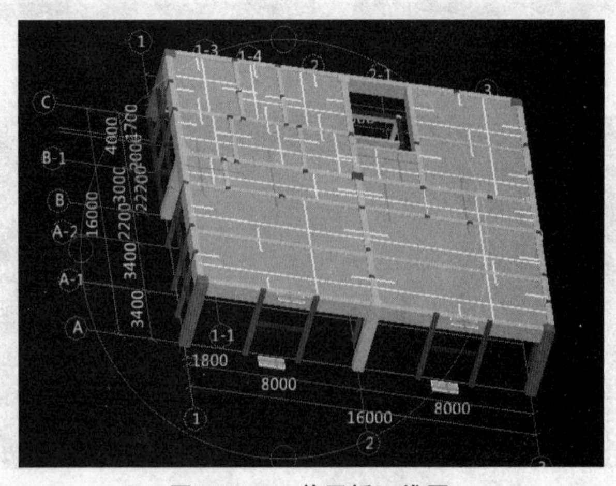

图 2.5.23　首层板三维图

2.5.5 砌体墙的定义与绘制

砌体墙定义与绘制的基本步骤为：

第 1 步：在“工具导航栏”中切换到定义界面，选中“砌体墙”，然后点击“新建”按钮，在“属性编辑”中输入砌体墙的名称、厚度、砌体通长筋等信息，如图 2.5.24 所示。

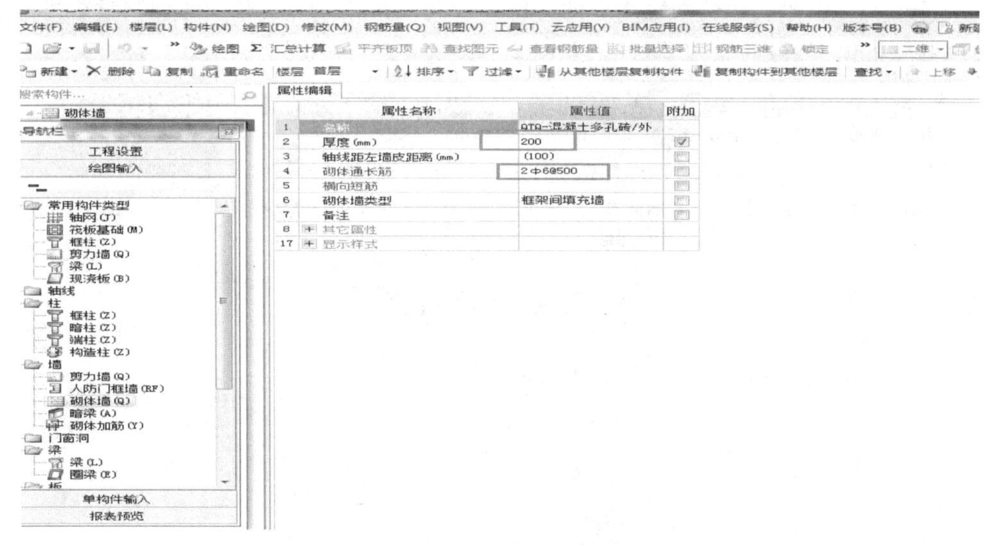

图 2.5.24 定义砌体墙

第 2 步：墙属于线性构件，可以采用画直线方法进行绘制，如图 2.5.25 所示。对于断头墙，可以采用“点加长度”的方式进行绘制；对于不在轴线上的墙，可使用“shift + 鼠标左键”偏移绘制的方法进行绘制。

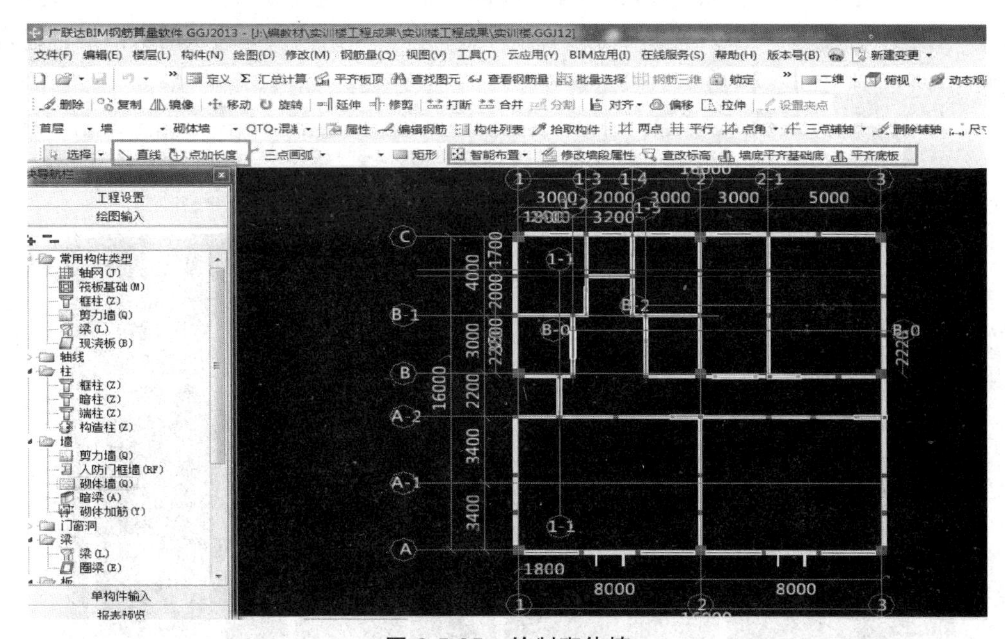

图 2.5.25 绘制砌体墙

2.5.6 门窗、洞口的定义与绘制

门窗属于依附构件，必须依附到墙上，没有墙就没有门窗，因此门窗的绘制必须在墙体绘制完成后再进行其定义与绘制。门窗定义与绘制的基本步骤为：

第 1 步：定义门窗，将导航栏切换到“门”或“窗”构件，双击“门”或“窗”，点击工具栏上的“定义”按钮，切换到定义界面。例如按图纸新建 M-1，在“属性编辑”界面编辑洞口宽度为 1 000，洞口高度为 2 100，如图 2.5.26 所示。

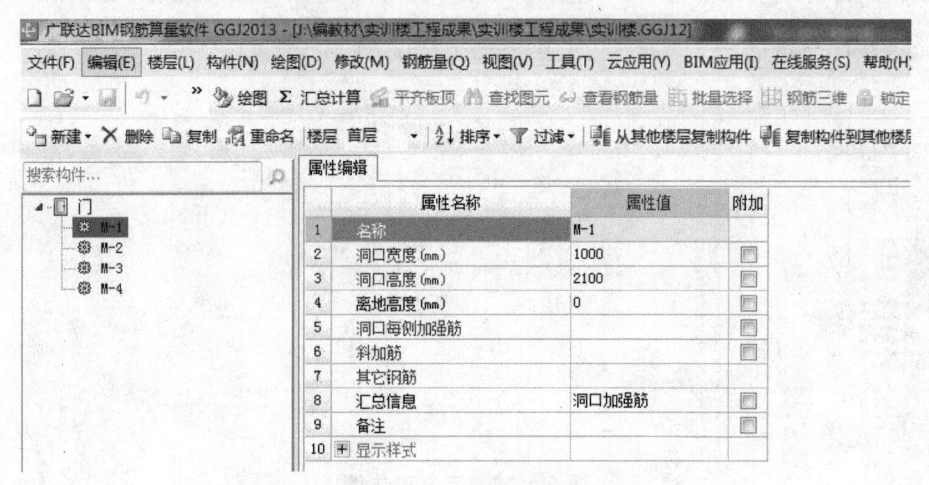

图 2.5.26 定义门窗

第 2 步：绘制门窗。门窗洞口最常用的绘制方式是“点”绘制，“点”绘制提供了输入定位尺寸的方法。使用“点”绘制命令，会出现两个尺寸提示框，可以用“Tab”键切换左右提示框，在提示框里面输入门窗距轴线的位置，进行精确布置；也可以直接选择工具栏上的“精确布置”按钮，左键选择需要布置门窗的墙体，点右键，弹出输入偏移量的对话框，输入偏移量确定即可，如图 2.5.27 所示。

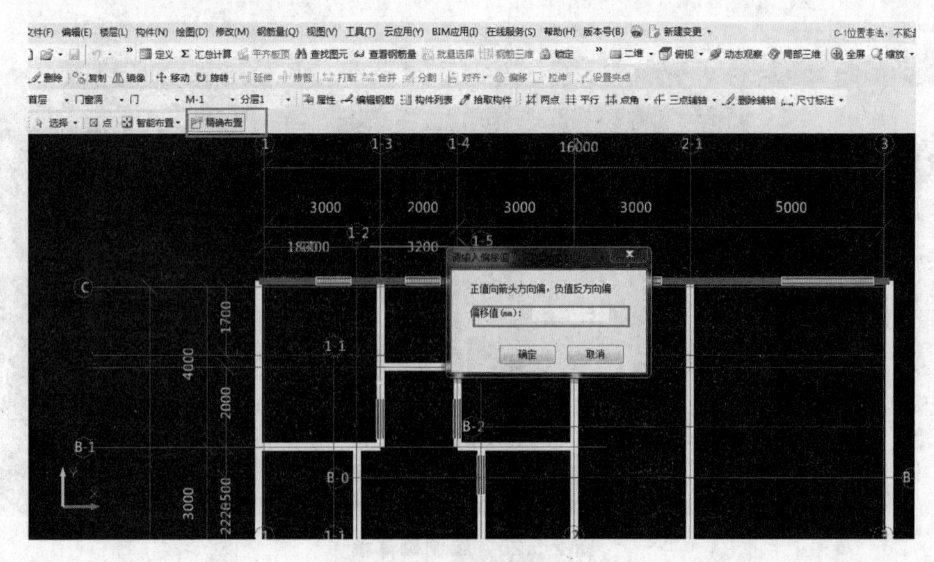

图 2.5.27 精确布置门窗

墙体及门窗绘制完成后可选择“动态观察”显示首层砌体墙及门窗三维图进行查看，如图 2.5.28 所示。

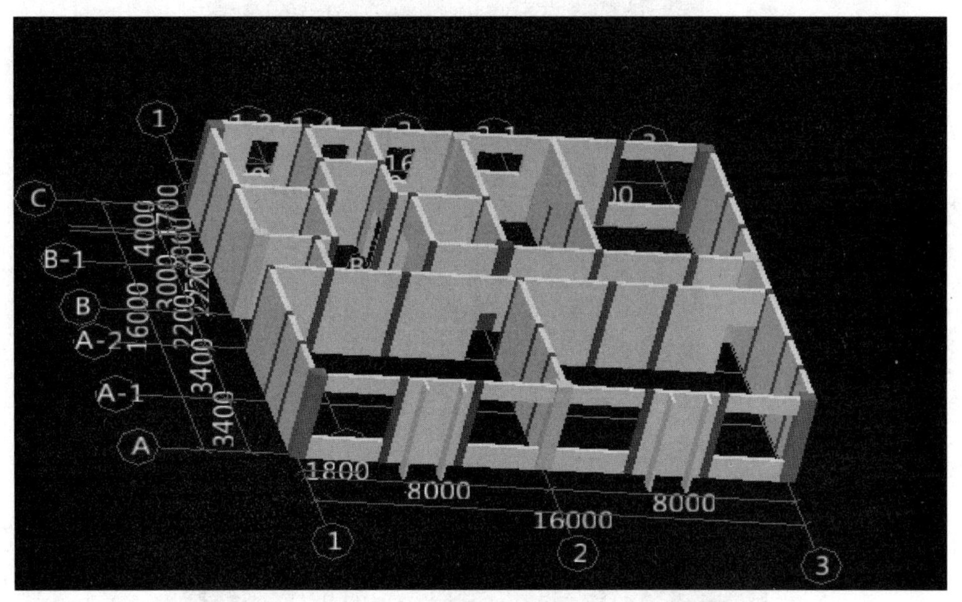

图 2.5.28 首层砌体墙及门窗三维图

2.5.7 过梁、圈梁、构造柱的定义与绘制

1. 过梁的定义与绘制

第 1 步：定义过梁。如图 2.5.29 所示，进入“门窗洞”→“过梁”→“新建”，在“属性编辑”中输入过梁的名称、截面尺寸、钢筋信息。

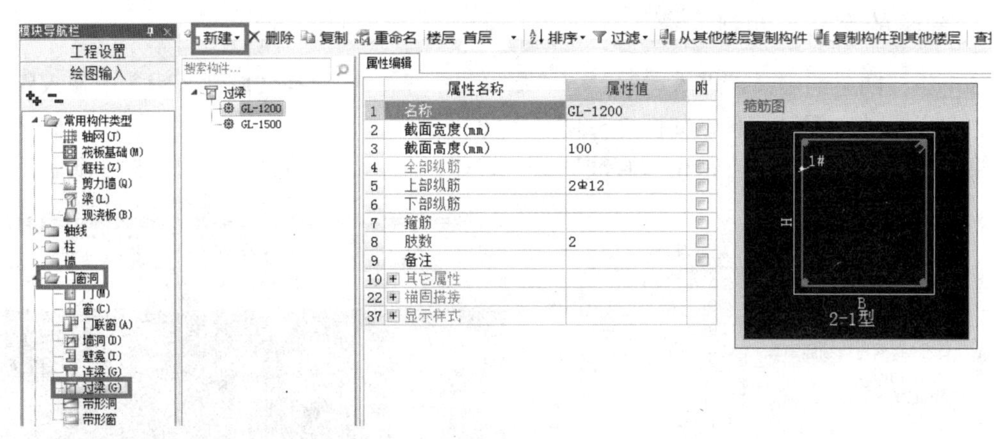

图 2.5.29 定义过梁

第 2 步：过梁的绘制。直接使用“点”画在门窗洞口上，或者使用“智能布置”里的“门、窗、门联窗、墙洞、带形窗、带形洞”，左键拉框选择需要绘制过梁的门窗，点“右键”确认即可。也可使用“智能布置”里按洞口宽度布置过梁，在弹出的对话框里按照图纸信息填好布置条件，确认即可。如图 2.5.30 所示。

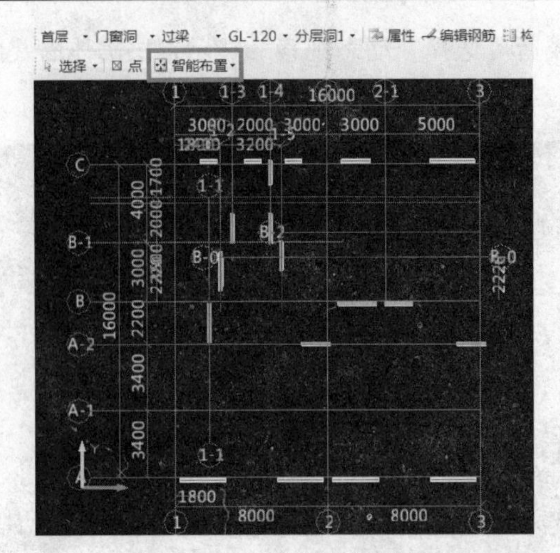

图 2.5.30　智能布置过梁

绘制完成后选择“动态观察”显示首层过梁三维图进行查看，如图 2.5.31 所示。

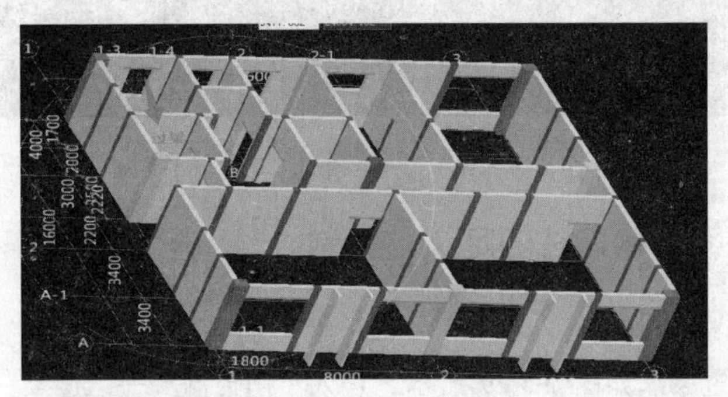

图 2.5.31　首层过梁三维图

2. 圈梁的定义与绘制

第 1 步：圈梁的定义。进入“梁”→“圈梁”→“新建”，在“属性编辑”中输入圈梁的名称、截面尺寸、钢筋信息，如图 2.5.32 所示。

第 2 步：圈梁的绘制。采用“直线”或“智能布置”绘制圈梁，如图 2.5.33 所示。

属性编辑

	属性名称	属性值	附
1	名称	水平系梁	
2	截面宽度(mm)	200	□
3	截面高度(mm)	120	□
4	轴线距梁左边线距离(mm)	(100)	□
5	上部钢筋	2Φ12	□
6	下部钢筋	2Φ12	□
7	箍筋	Φ6@200	□
8	肢数	2	
9	其它箍筋		
10	备注		□
11	+ 其它属性		
23	+ 锚固搭接		
38	+ 显示样式		

图 2.5.32　定义圈梁图

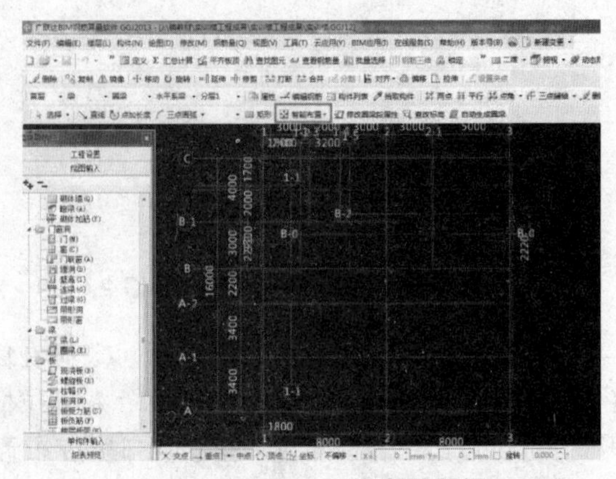

2.5.33　智能布置圈梁

绘制完成后的首层圈梁三维图，如图 2.5.34 所示。

图 2.5.34　首层圈梁三维图

3. 构造柱的定义与绘制

第 1 步：构造柱的定义。进入“柱”→“构造柱”→“新建”，在“属性编辑”中输入构造柱的名称、截面尺寸、钢筋信息，如图 2.5.35 所示。

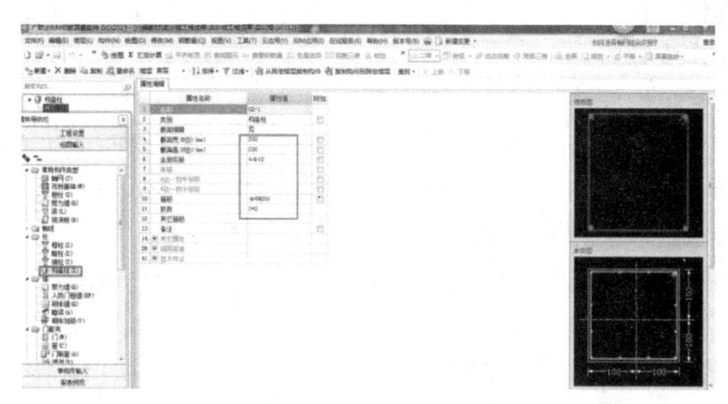

图 2.5.35　定义构造柱

第 2 步：构造柱的绘制。构造柱除了可以按框架柱的方法绘制外，还可选择更便捷的“自动生成构造柱”的方法进行绘制，如图 2.5.36 所示。

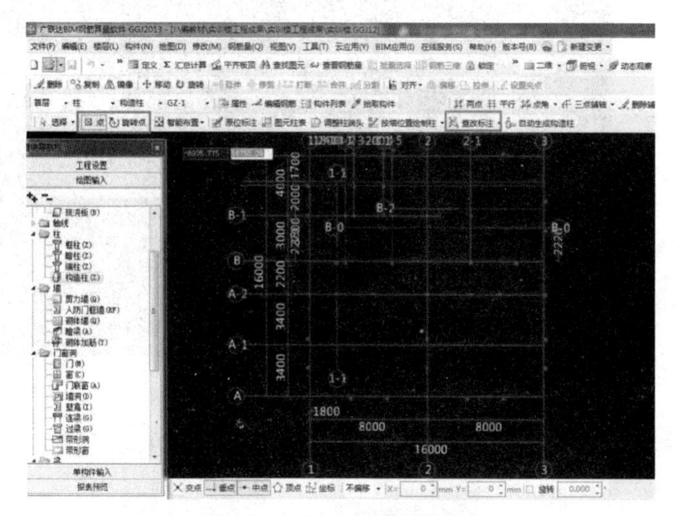

图 2.5.36　绘制构造柱

绘制完成后的首层构造柱三维图，如图 2.5.37 所示。

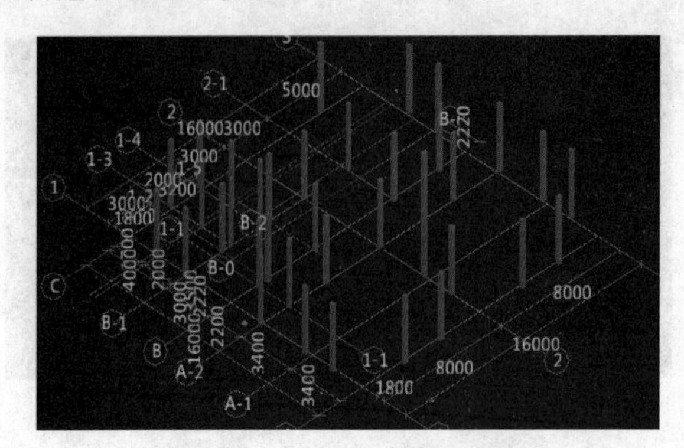

图 2.5.37 首层构造柱三维图

2.5.8 其他构件的定义与绘制

一些零星的构件工程量可以利用软件中的单构件输入进行计算，下面以楼梯为例讲解参数输入的方法，操作步骤为：

第 1 步：切换到单构件输入界面，点击按钮打开“构件管理”窗口。

第 2 步：选择楼梯，点击工具栏中的“添加构件”按钮，软件自动增加 LT-1 构件。

第 3 步：选择 LT-1，点击工具栏中的参数输入按钮，进入参数输入界面。

第 4 步：点击工具栏中的选择图集按钮，打开标准图集。

第 5 步：在图集列表中选择与图纸相对应的图形（如“AT 型楼梯”）后，点击“选择”按钮退出。

第 6 步：在图形上输入钢筋锚固、搭接、构件尺寸和钢筋信息后，点击工具栏中的 f_x 计算退出按钮，楼梯钢筋就汇总完了，如图 2.5.38 所示。

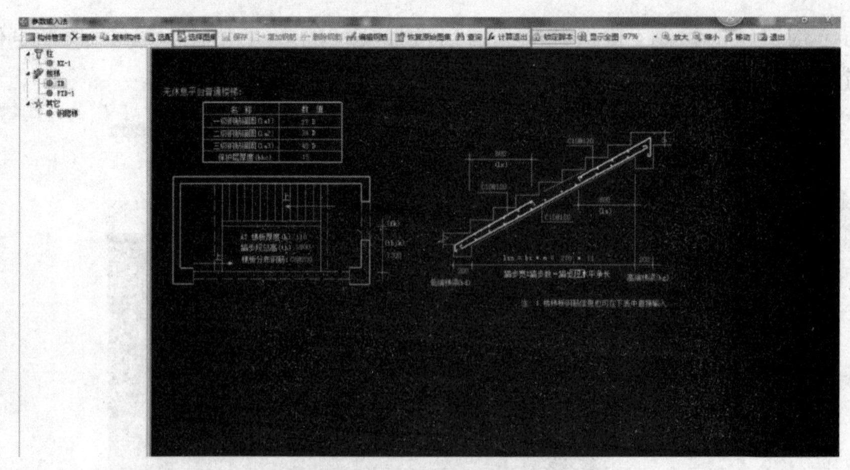

图 2.5.38 定义楼梯

选择完图集后，利用鼠标可以放大、缩小图形，同时在输入钢筋信息后点击“回车”键确认输入。

首层 ~ 女儿墙层钢筋汇总表见表 2.5.1。

表 2.5.1 楼层构件级别直径汇总表（首层～女儿墙层）

单位：kg

楼层名称	构件类型	钢筋总重/kg	HPB300					HRB335	HRB400									
			6	8	10	12	20	12	6	8	10	12	14	16	18	20	22	25
首层	柱	2 429.793			1 095.496					32.55				37.667			1 264.08	
	构造柱	808.889	130.073			678.816												
	砌体墙	384.918	384.918															
	过梁	45.524	7.138					38.386										
	梁	4 933.037	76.546	494.346	618.004	358.681						26.734		277.434	249.776	504.386	824.089	1 503.04
	圈梁	529.196	83.356			445.84												
	现浇板	1 716.102	155.737							1 560.365								
	楼梯	320.335							39.624	90.932	189.779							
	其他	27.788					27.788											
	合计	11 195.581	837.768	494.346	1 713.5	1 483.337	27.788	38.386	39.624	1 683.846	189.779	26.734		315.101	249.776	504.386	2 088.169	1 503.04
第 2 层	柱	1 795.218			766.225					25.62				52.374		950.999		
	构造柱	808.889	130.073			678.816												
	砌体墙	386.306	386.306															
	过梁	45.473	7.138					38.335										
	梁	4 901.422	65.988	451.625	618.004	358.681						26.734		277.908	250.176	504.386	824.089	1 523.83
	圈梁	528.863	83.037			445.826												
第 2 层	现浇板	1 706.314	155.737							1 550.576								
	合计	10 172.485	828.28	451.625	1 384.23	1 483.322		38.335		1 576.196		26.734		330.282	250.176	1 455.386	824.089	1 523.83

续表

楼层名称	构件类型	钢筋总重/kg	HPB300					HRB335	HRB400									
			6	8	10	12	20	12	6	8	10	12	14	16	18	20	22	25
第 3 层	柱	1 160.796		475.204											410.928	274.664		
	构造柱	847.886	141.606			706.28												
	砌体墙	390.616	390.616															
	过梁	45.518	7.138					38.379										
	梁	4 837.358	89.744	352.739	1 049.35	298.446						60.427	19.045	284.365	518.408	439.655	495.103	1 230.075
	圈梁	535.245	88.297			446.948												
	现浇板	3 627.835								2 390.664	1 237.171							
	板洞加筋	33.322												33.322				
	合计	11 478.575	717.401	827.943	1 049.35	1 451.674		38.379		2 390.664	1 237.171	60.427	19.045	317.687	929.336	714.319	495.103	1 230.075
女儿墙	构造柱	232.081	20.098			211.983												
	砌体墙	70.824	70.824															
	砌体加筋	49.587	49.587															
	圈梁	218.589	48.716		169.872													
	合计	571.081	189.226		169.872	211.983												

2.6 标准层结构钢筋工程量的计算

2.6.1 层间复制

标准层构件钢筋工程量的计算同首层，对于标准层可以不需要每一层都绘制，绘制好首层以后可以复制到其他楼层。其基本步骤为：

第 1 步：在工具栏中点击“批量选择”，在弹出的“批量选择构件图元”对话框中勾选全部图元或者勾选需要复制的图元，如图 2.6.1 所示。

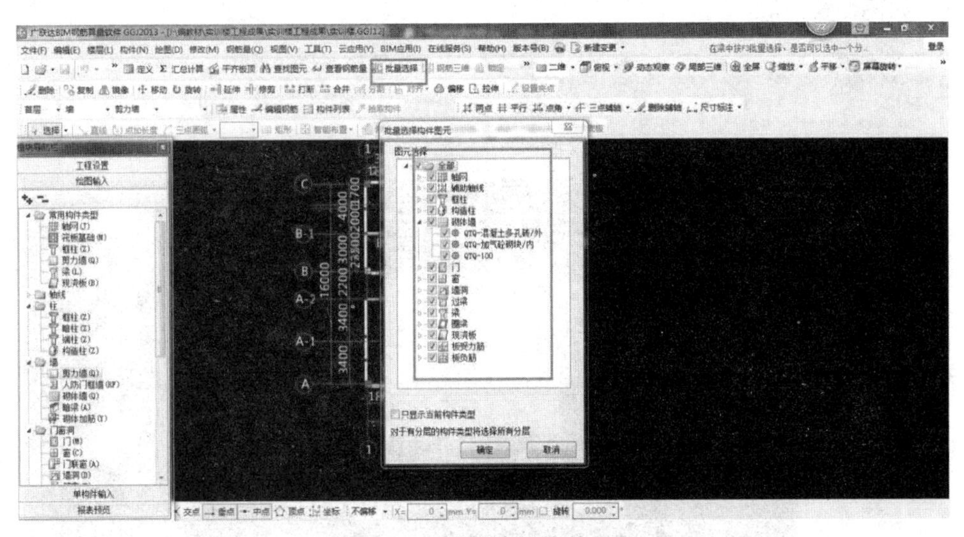

图 2.6.1 批量选择构件图元

第 2 步：在工具栏中点击“楼层”按钮，选择“复制图元到其他楼层”，在弹出的“复制图元到其他楼层”对话框中勾选需要复制到的楼层，确认即可，如图 2.6.2 所示。

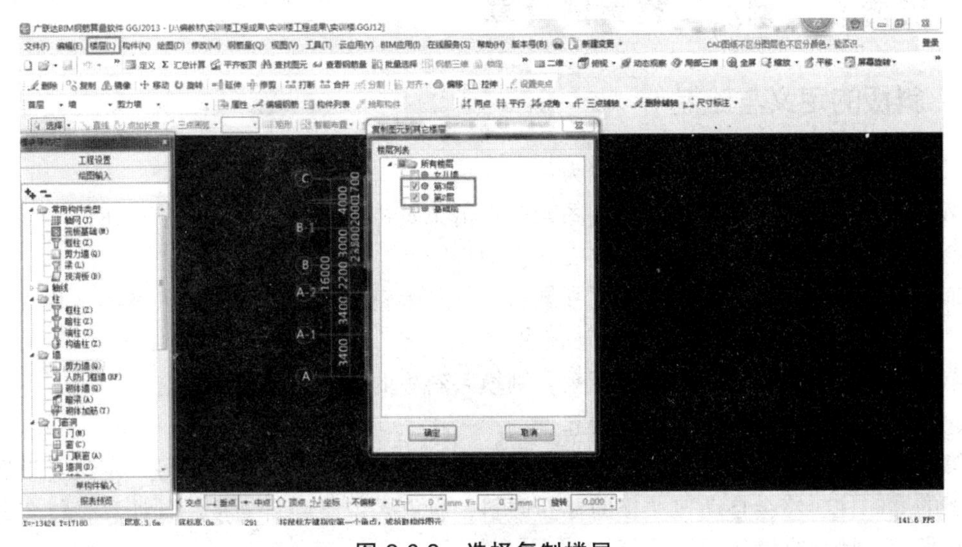

图 2.6.2 选择复制楼层

2.6.2 构件的修改

在绘图过程中，往往需要选择已经画过的构件图元进行修改。构件修改的基本步骤为：

第 1 步：点击工具栏中的 查找图元 按钮，在菜单中选择“按名称选择构件图元”选项。

第 2 步：在弹出的窗口中选择需要的构件名称，点击“确定”按钮，所选择的构件即被选中。

以上两步操作也可以直接点击键盘上的“F3”键也能实现。

第 3 步：找到该图元后，选中该图元，点击工具栏上的“属性”在属性编辑器里进行修改即可，如图 2.6.3 所示。

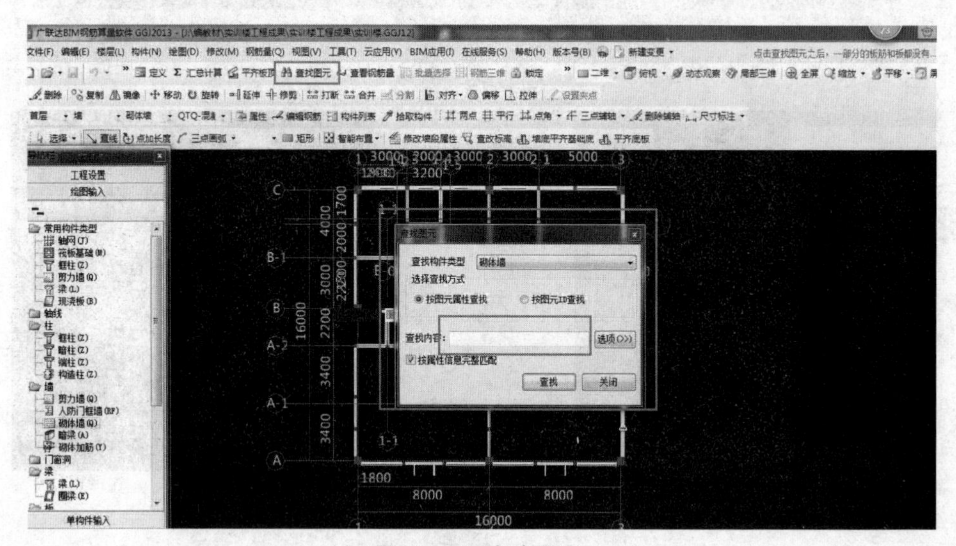

图 2.6.3 查找图元

2.7 屋面结构钢筋工程量的计算

2.7.1 斜板的定义与绘制

斜板的定义与绘制，其基本步骤为：

第 1 步：选择需要定义斜板的板图元，点击工具栏中的“定义斜板”按钮。

第 2 步：按鼠标左键选择需要定义斜板的板图元。

第 3 步：按鼠标左键选择斜板的基准边，打开编辑斜板的方式（输入坡度系数或选择抬起点）。

第 4 步：如果选择“输入坡度系数”则填入斜板的坡度系数斜板就定义完成了，如果选择抬起点则按鼠标左键选择斜板的抬起点。

第 5 步：输入“抬起点高度”或者“基准边和抬起点的顶标高”即可。定义斜板后，斜板下面的梁、柱、墙会自动按照板的标高倾斜，也就是说梁会自动按斜长计算，柱会自动延伸到斜板底，墙会自动按斜墙计算。

2.7.2　边、角柱的识别与计算

实际工程中，框架柱的顶层锚固分为边柱、角柱和中柱 3 种类型，在软件中为了快速识别，提供了“自动判断柱类型”功能来实现快速、准确算量，操作步骤为：

第 1 步：点击工具栏中的 自动判断柱类型 按钮，软件即可自动进行边柱、角柱和中柱的识别和判断并以不同颜色进行标注，如图 2.7.1 所示。

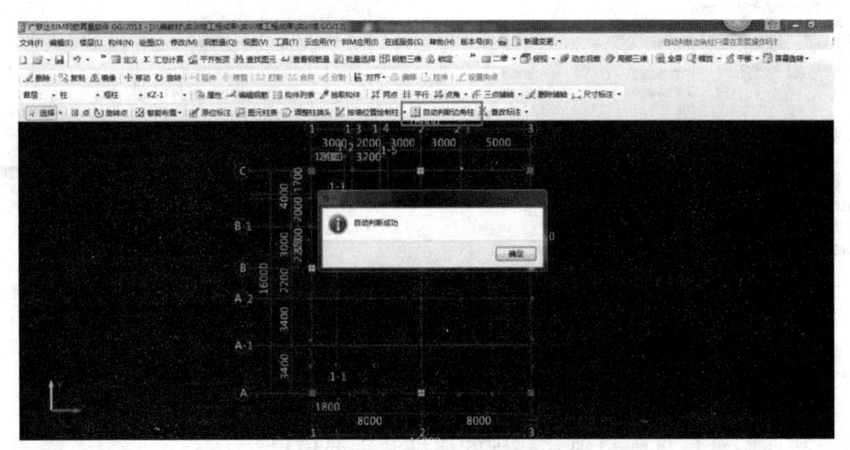

图 2.7.1　自动判断边角柱

第 2 步：要让软件自动判断柱类型的前提条件是：要有梁构件才能判断出柱的类型；顶层的锚固构造可以在构件属性编辑器中的“节点设置”中进行修改。

2.8　基础层结构钢筋工程量的计算

2.8.1　独立基础的定义与绘制

独立基础定义与绘制的基本步骤为：

第 1 步：独立基础的定义。切换到基础层，在左边导航栏上选择“基础”中的“独立基础”，双击“独立基础”进入属性定义界面，如图 2.8.1 所示。

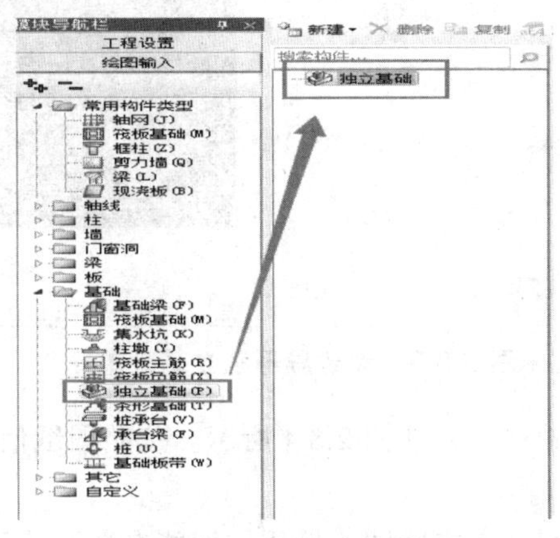

图 2.8.1　定义独立基础

第 2 步：新建独立基础。新建独立基础包含“新建独立基础”和“新建独立基础单元”两部分，先定义“新建独立基础”，右键单击再定义“新建独立基础单元”，如图 2.8.2 所示。

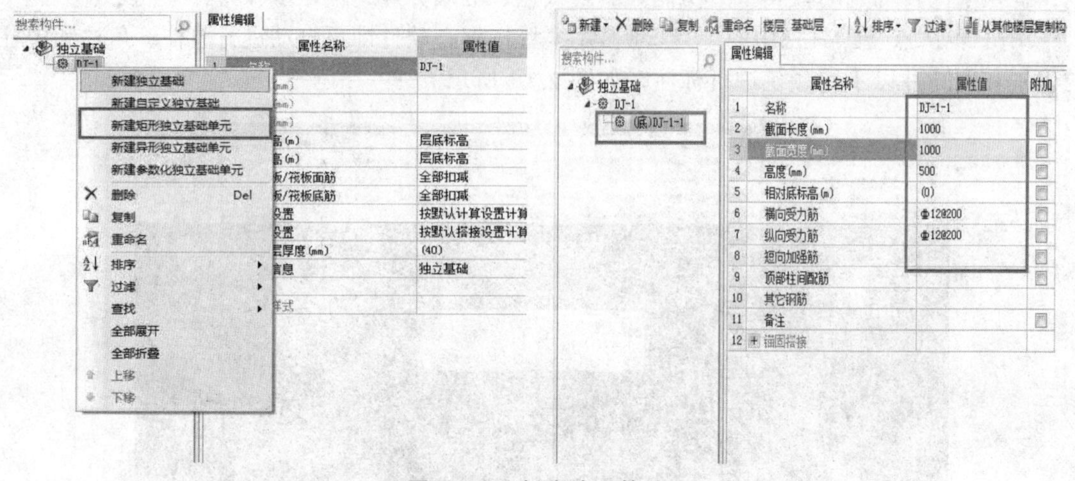

图 2.8.2　新建独立基础

第 3 步：按照图纸信息编辑独立基础的属性及钢筋信息。

新建独立基础单元包括：

（1）新建自定义独立基础单元。

（2）新建矩形独立基础单元。

（3）新建异形独立基础单元，如图 2.8.3 所示。

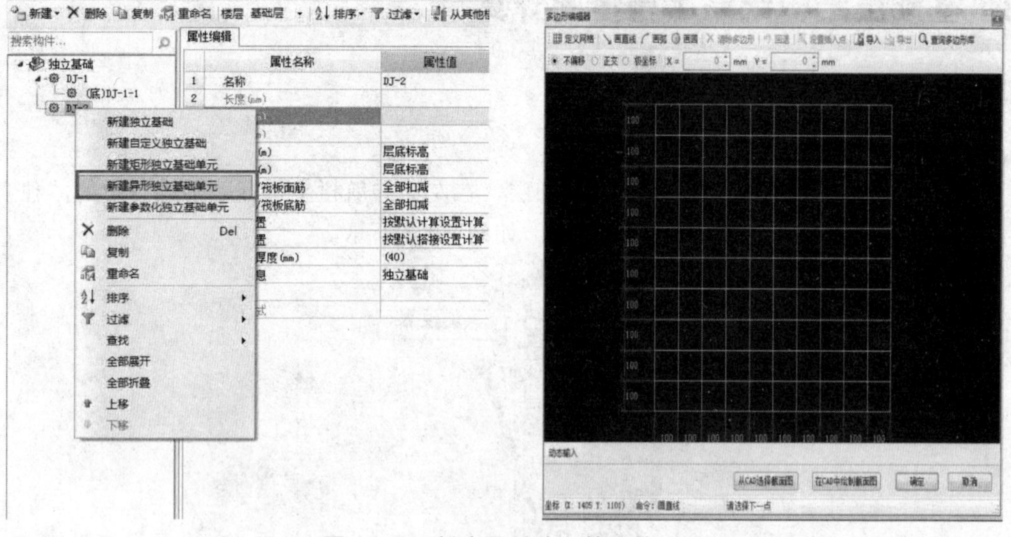

图 2.8.3　新建异形独立基础单元

（4）新建参数化独立基础单元，如图 2.8.4 所示。按照图纸信息，选择正确的独立基础，编辑截面属性及钢筋信息。

第 4 步：独立基础的绘制。点击绘图，使用“智能布置”绘制独立基础。点击工具栏的

“智能布置”中的“柱”，点击“批量选择”，找好对应柱子信息，如图2.8.5所示，点击确定，单击右键，完成绘制。

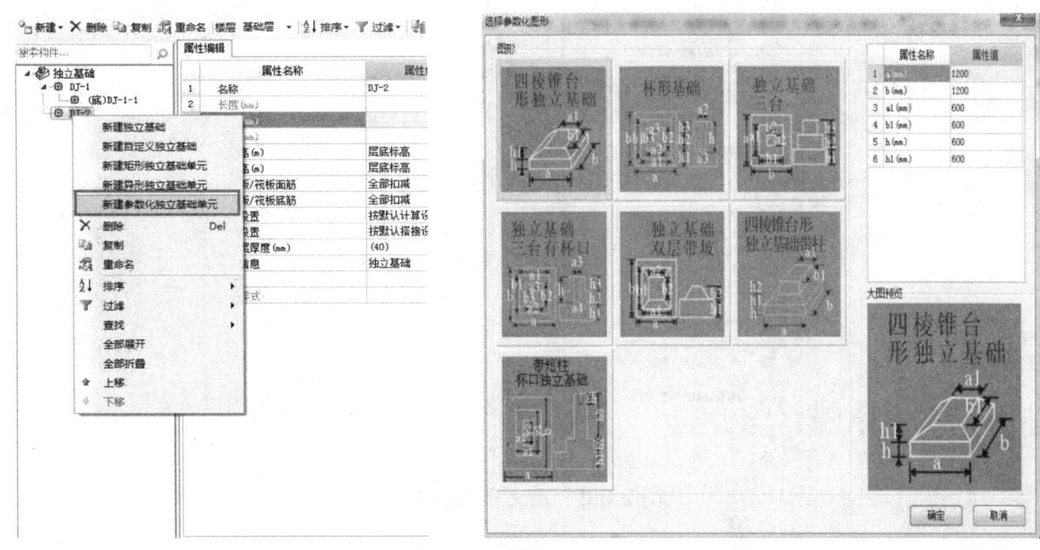

图 2.8.4 新建参数化独立基础单元

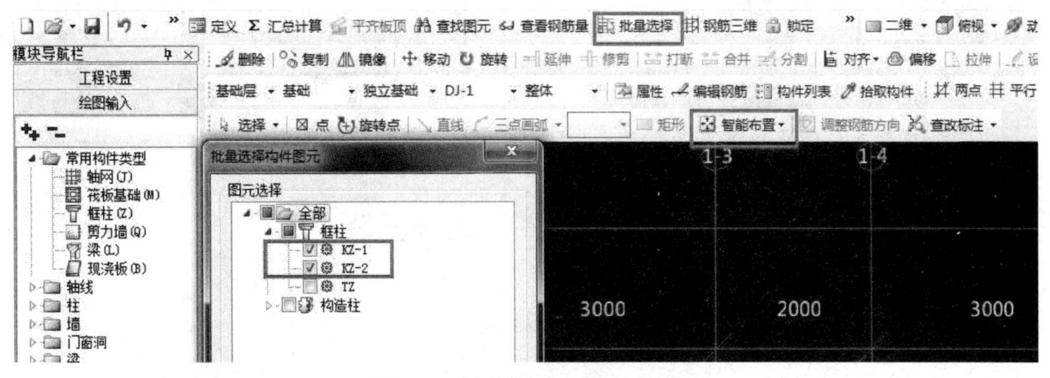

图 2.8.5 绘制独立基础单元

这一步的操作步骤可总结为：“智能布置”→“按柱布置”→“批量选择”→“选择对应柱子”→点击“确定”→单击右键，完成操作。

2.8.2 条形基础的定义与绘制

条形基础的定义与绘制的基本步骤：

第1步：条形基础的定义。在左边导航栏上选择“基础”中的“条形基础”，双击“条形基础”进入属性定义界面，如图2.8.6所示。

第2步：新建条形基础。新建条形基础包含“新建条形基础”和“新建条形基础单元”两部分，先定义“新建条形基础”，右键单击再定义“新建独立基础单元”，如图2.8.7所示。

第3步：按照图纸信息编辑条形基础的属性及钢筋信息，如图2.8.8所示。

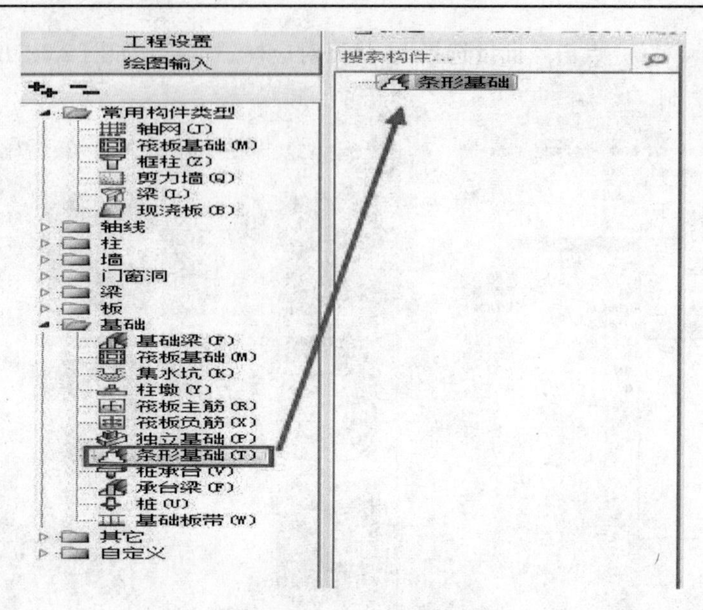

图 2.8.6　定义条形基础

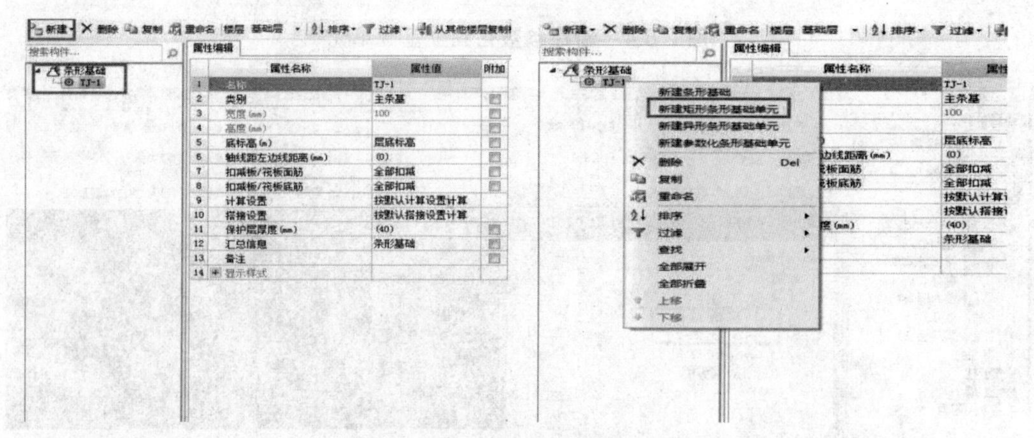

图 2.8.7　新建条形基础

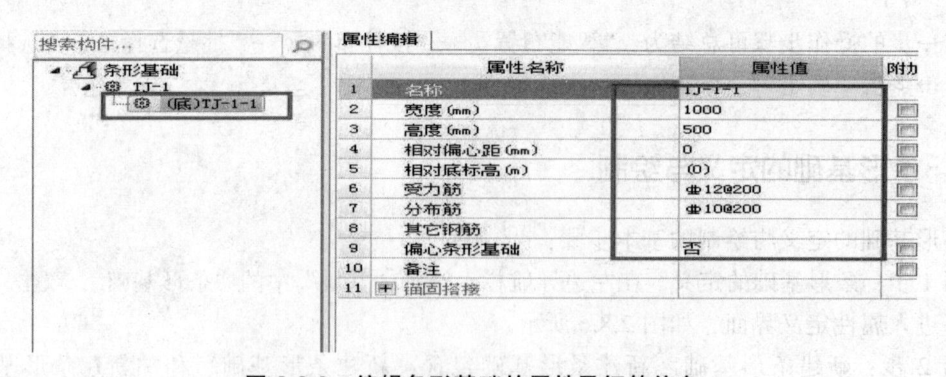

图 2.8.8　编辑条形基础的属性及钢筋信息

新建条形基础单元包括新建自定义条形基础单元、新建矩形条形基础单元、新建异形条形基础单元、新建参数化条形基础单元 4 种情况。

（1）“新建异形条形基础单元”如图 2.8.9 所示，按照图纸信息输入截面属性及钢筋信息。

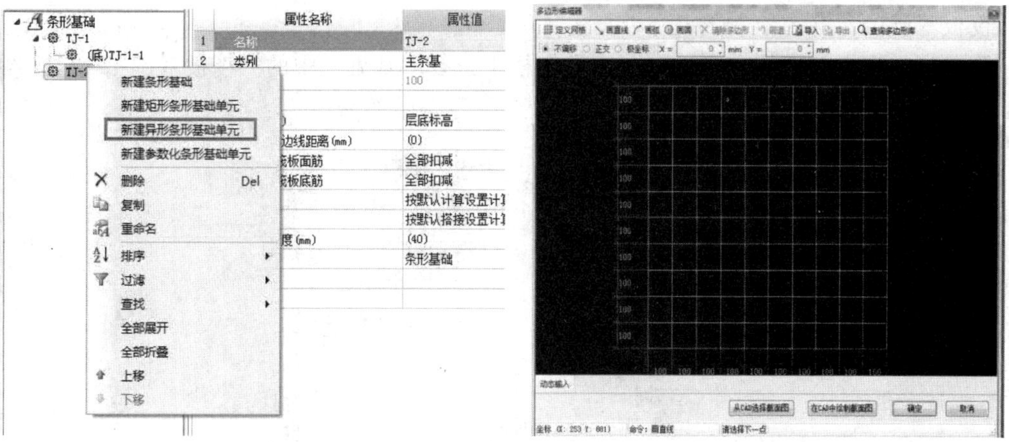

图 2.8.9 新建异形条形基础单元

（2）“新建参数化条形基础单元”如图 2.8.10 所示，按照图纸信息，选择正确的条形基础，编辑截面属性及钢筋信息。

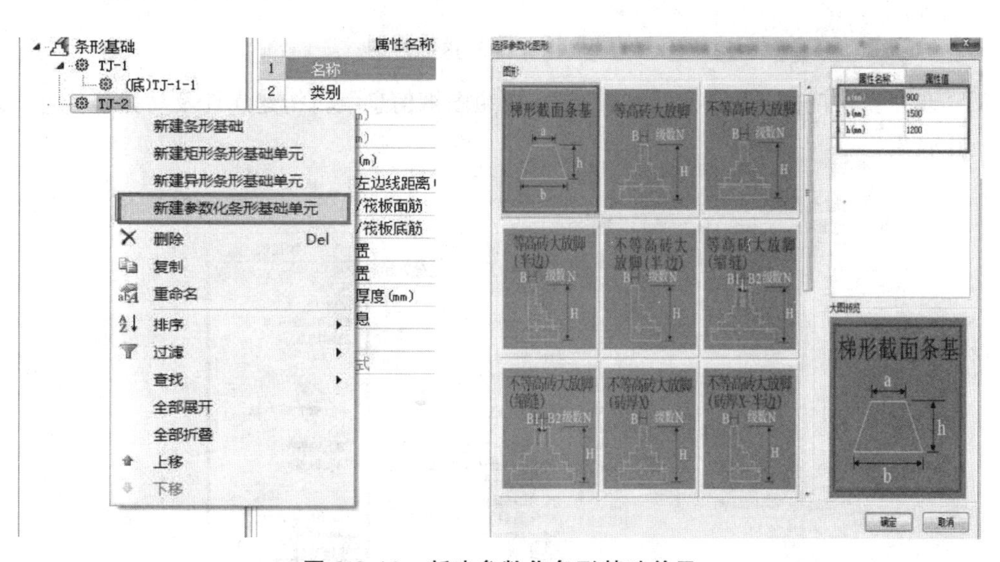

图 2.8.10 新建参数化条形基础单元

第 4 步：点击绘图，使用“直线”或者是“智能布置”绘制独立基础，如图 2.8.11 所示，按照图纸信息绘图，完成绘制。

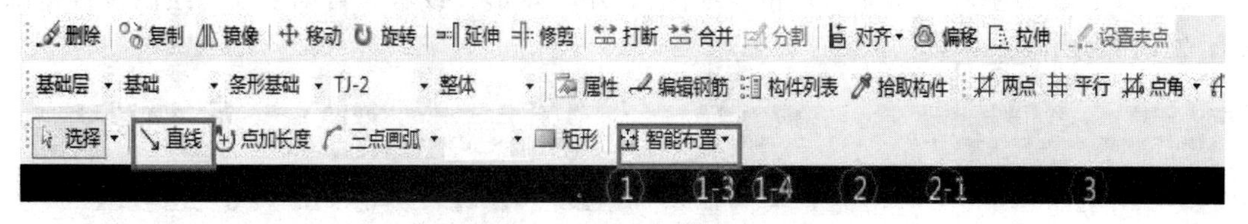

图 2.8.11 绘制条形基础

2.8.3 筏板基础的定义与绘制

筏板基础的定义与绘制的基本步骤：

第 1 步：筏板基础的定义。在左边导航栏上选择“基础”中的“筏板基础”，双击“筏板基础”进入属性定义界面，如图 2.8.12 所示。

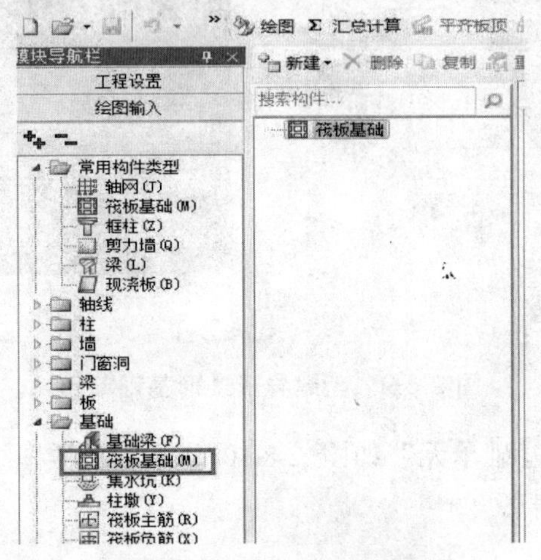

图 2.8.12 定义筏板基础

第 2 步：新建筏板基础。点击“新建”，按照图纸信息编辑构建属性及马凳筋信息，如图 2.8.13 所示。

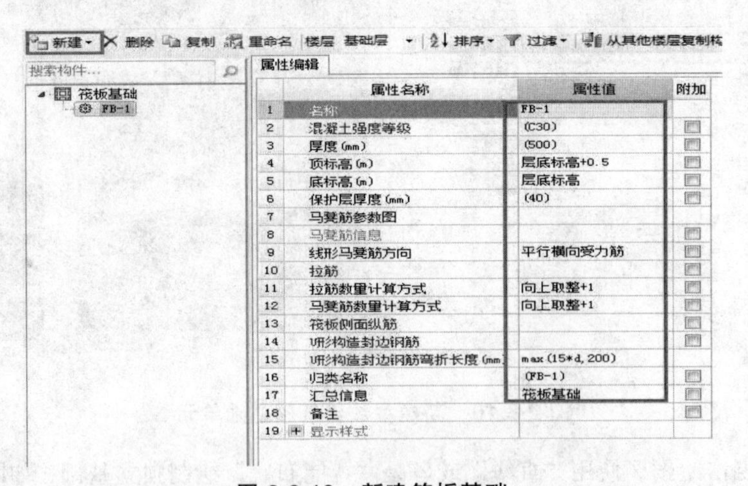

图 2.8.13 新建筏板基础

第 3 步：筏板基础的绘制。点击“绘图”，用“矩形”或者“自动生成”绘制筏板基础，如图 2.8.14 所示。

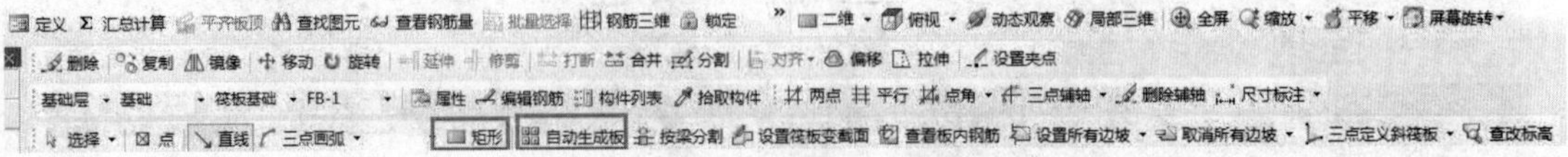

图 2.8.14 绘制筏板基础

筏板基础的绘制，可以通过“设置边坡”“三点定义斜筏板”等完成，如图 2.8.15 所示。

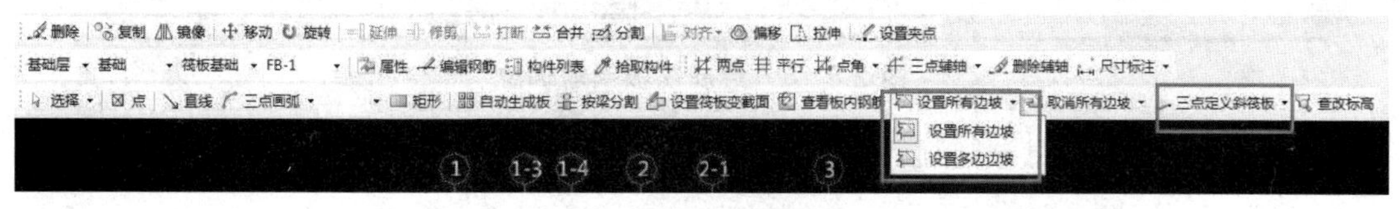

图 2.8.15　编辑筏板形状

第 4 步：定义筏板主筋。在左边导航栏上选择“基础”中的“筏板主筋”，双击“筏板主筋”进入属性定义界面，如图 2.8.16 所示。

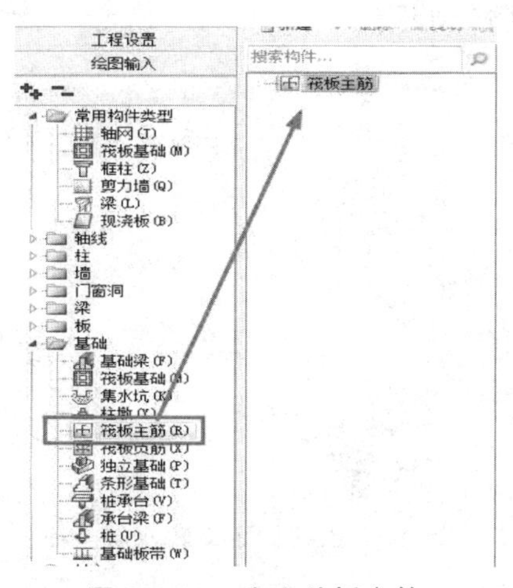

图 2.8.16　定义筏板主筋

第 5 步：新建筏板主筋，按照图纸信息编辑筏板属性及钢筋信息，如图 2.8.17 所示。

	属性名称	属性值	附加
1	名称	FBZJ-1	
2	类别	底筋	☐
3	钢筋信息	⌀12@200	☐
4	钢筋锚固	(37)	
5	钢筋搭接	(52)	
6	归类名称	(FBZJ-1)	☐
7	汇总信息	筏板主筋	☐
8	计算设置	按默认计算设置计算	
9	节点设置	按默认节点设置计算	
10	搭接设置	按默认搭接设置计算	
11	长度调整(mm)		☐
12	备注		☐
13	+ 显示样式		

图 2.8.17　新建筏板主筋

第 6 步：筏板基础钢筋的绘制。点击“绘图’，用“单板”或“多板”，“XY 方向”绘制钢筋信息，如图 2.8.18 所示。

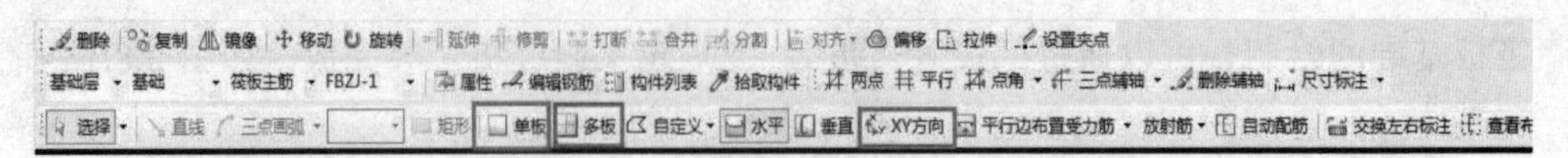

图 2.8.18 绘制筏板钢筋信息

如果筏板有负筋信息，则其新建构建、绘制方法和“筏板主筋”操作方法一样。

2.8.4 集水坑的定义与绘制

第 1 步：集水坑的定义。在左边导航栏上选择“基础”中的“集水坑”，双击“集水坑”进入属性定义界面，如图 2.8.19 所示。

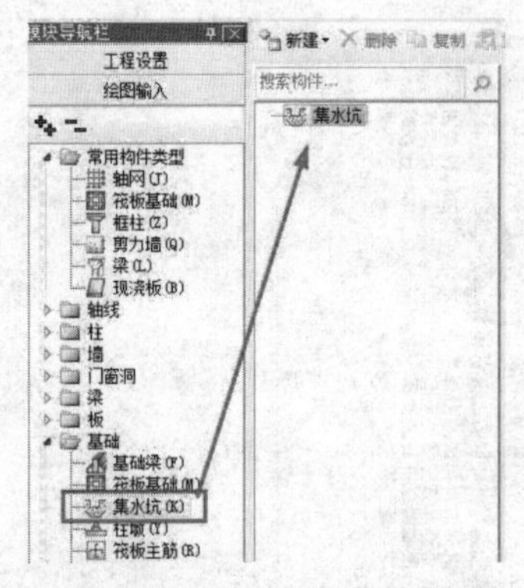

图 2.8.19 定义集水坑

第 2 步：新建集水坑。新建集水坑有新建矩形集水坑、新建异形集水坑、新建自定义集水坑 3 种形式。

（1）新建矩形集水坑。

点击“新建”，点击“新建矩形集水坑”，按照图纸信息编辑构建属性及钢筋信息，如图 2.8.20 所示。

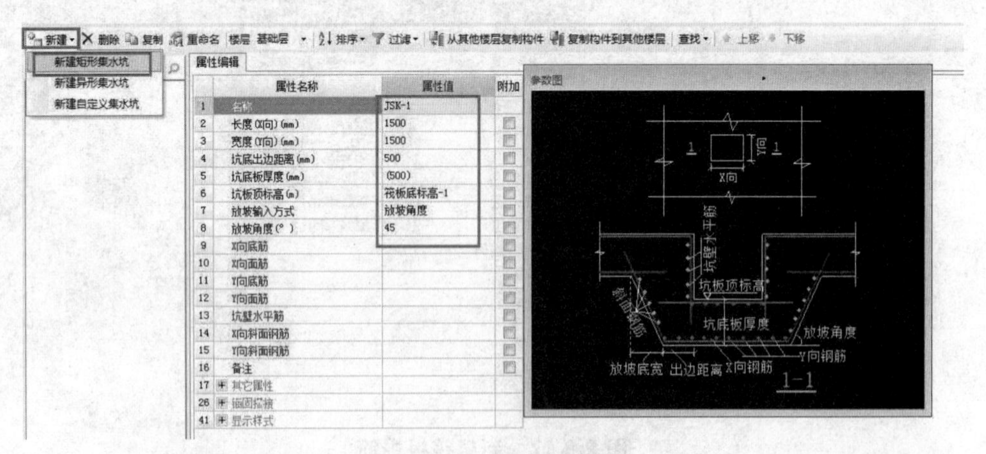

图 2.8.20 新建集水坑

（2）新建异形集水坑。

点击“新建异形集水坑”，如图 2.8.21 所示，按照图纸信息输入截面属性及钢筋信息。

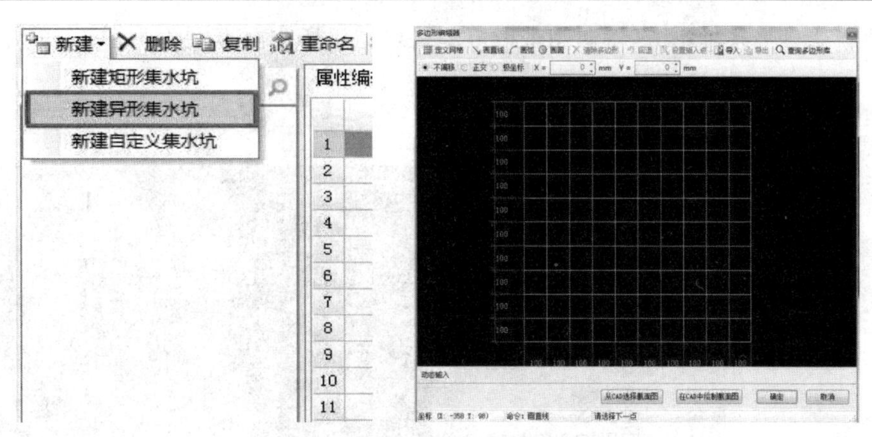

图 2.8.21　新建异形集水坑

（3）新建自定义集水坑。

点击“新建自定义集水坑”，按照图纸信息输入截面属性及钢筋信息。

第 3 步：点击“绘图”，用“点”绘制，可以采用“调整集水坑放坡”完善集水坑信息，如图 2.8.22 所示。

图 2.8.22　绘制集水坑

2.8.5　基础梁的定义与绘制

基础梁的定义与绘制的基本步骤：

第 1 步：基础梁的定义。在左边导航栏上选择“基础”中的“基础梁”，双击“基础梁”进入属性定义界面。

第 2 步：新建基础梁。新建基础梁包含有“新建矩形基础梁”“新建异形基础梁”和“新建参数化基础梁”。

（1）“新建矩形基础梁”，按照图纸信息编辑界面属性及钢筋信息，如图 2.8.23 所示。

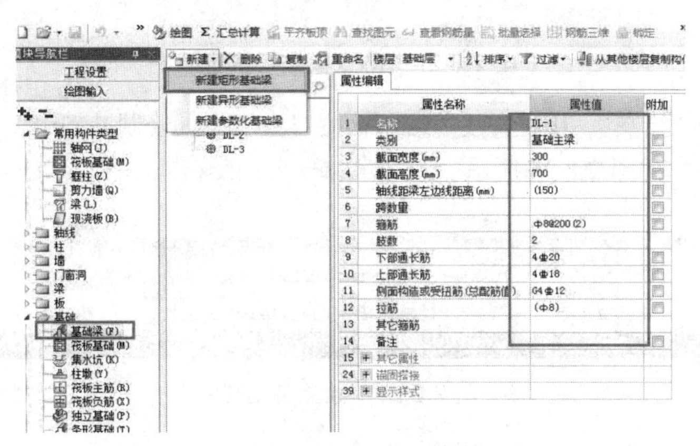

图 2.8.23　定义、新建基础梁

（2）“新建异形基础梁”，按照图纸信息编辑界面属性及钢筋信息，如图 2.8.24 所示。

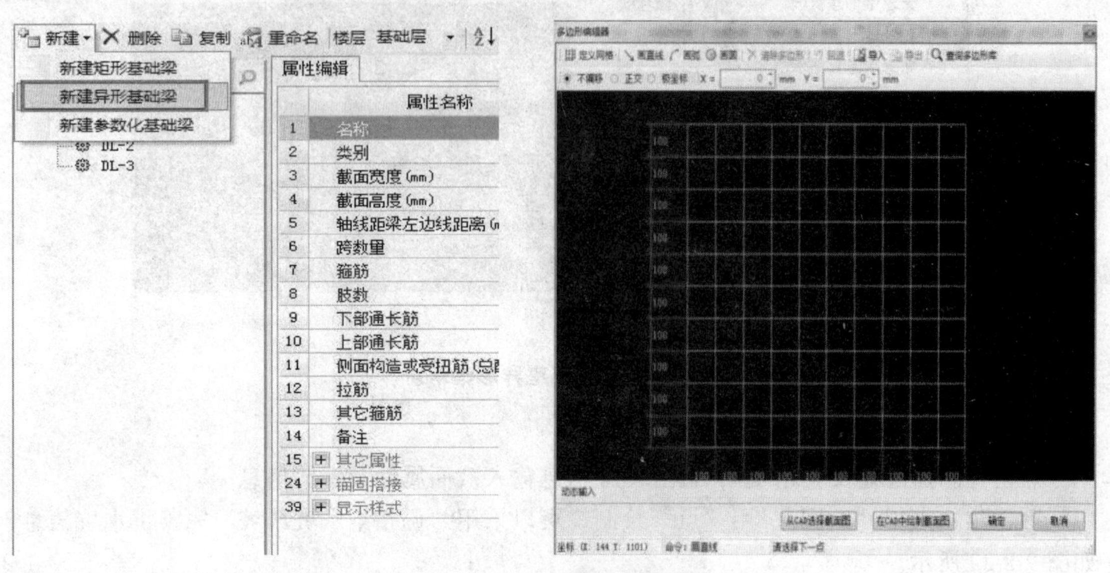

图 2.8.24　新建异形基础梁

（3）“新建参数化基础梁”，按照图纸信息编辑界面属性及钢筋信息，如图 2.8.25 所示。

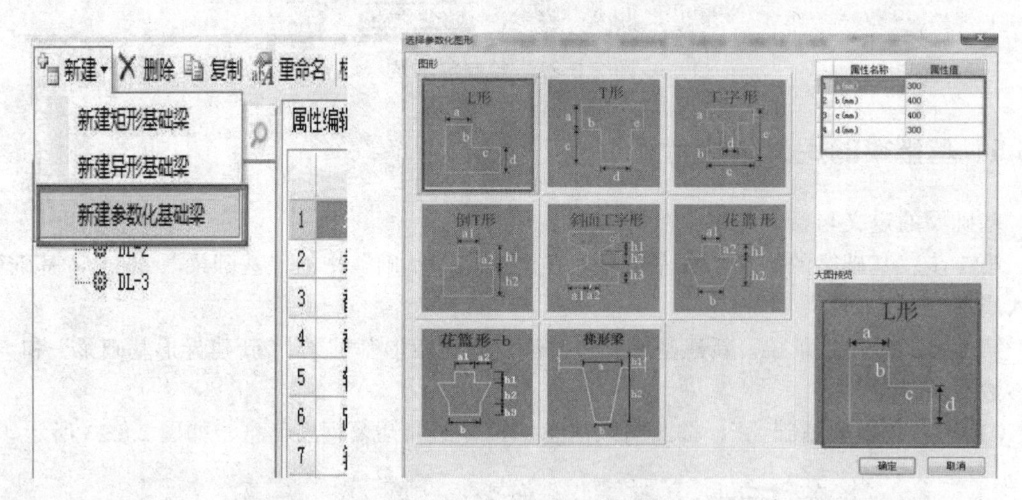

图 2.8.25　新建参数化基础梁

第 3 步：点击“绘图”，用“直线”绘制，按照图纸信息绘制基础梁，基础梁绘制完成后必须进行原位标注，如图 2.8.26 所示。

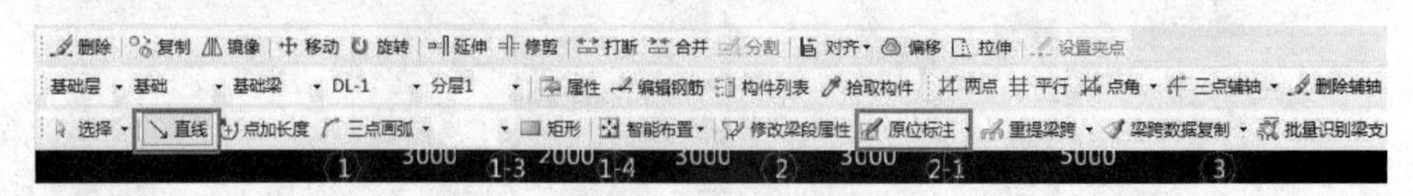

图 2.8.26　绘制基础梁

基础梁绘制时以柱为支座，按图纸绘制完成后的基础梁如图 2.8.27 所示。

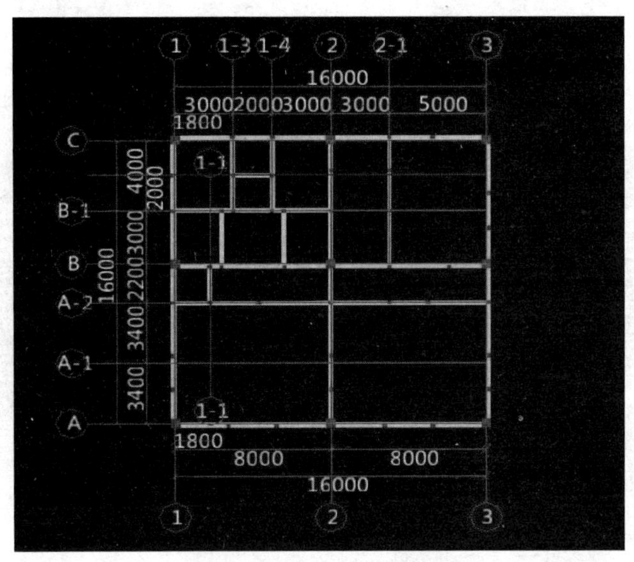

图 2.8.27　基础梁示意图

2.8.6　桩承台的定义与绘制

桩承台的定义与绘制的基本步骤：

第1步：桩承台的定义。切换到基础层，在左边导航栏上选择“基础”中的“桩承台”，双击“桩承台”进入属性定义界面。

第2步：新建桩承台 CT-1。包含“新建桩承台”和“新建桩承台单元”两部分，先定义“新建桩承台”，右键单击再定义“新建桩承台单元”，如图 2.8.28 所示。

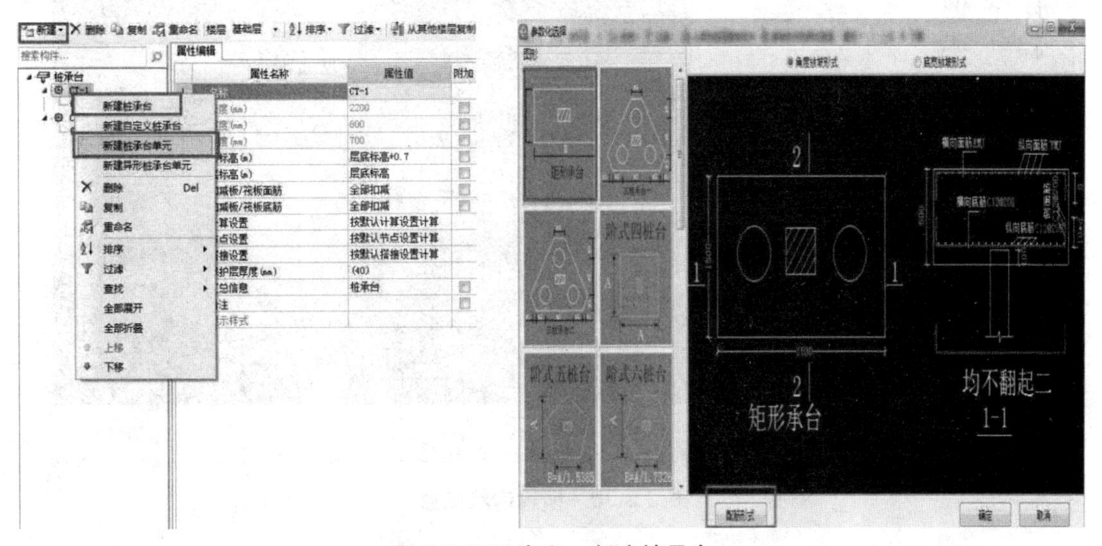

图 2.8.28　定义、新建桩承台

第 3 步：按照图纸信息选择“配筋形式”，选择和图示匹配的钢筋信息，如图 2.8.29 所示。

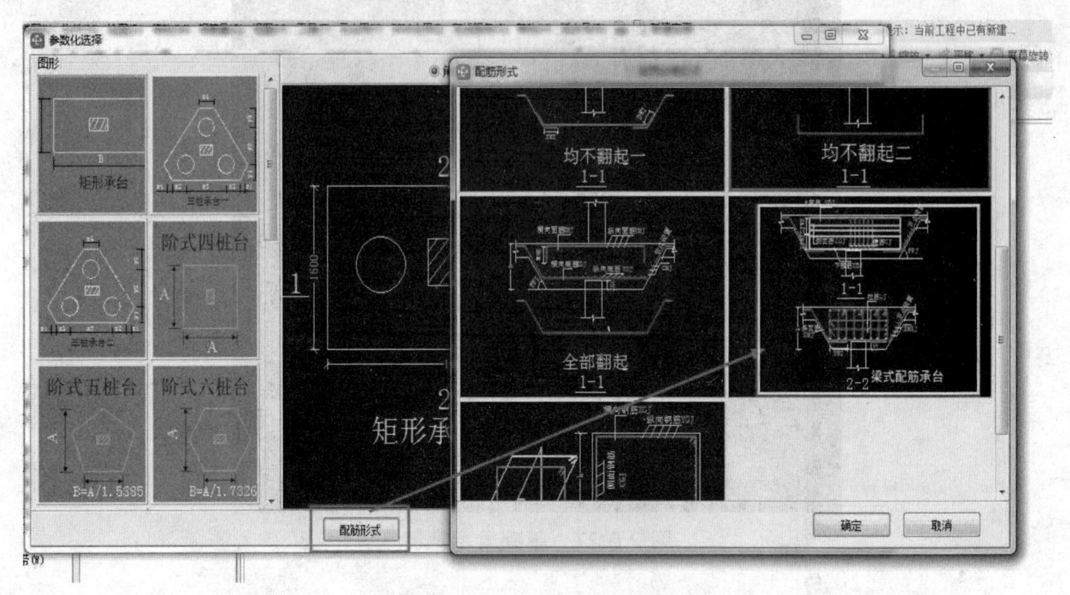

图 2.8.29　选择配筋形式

第 4 步：按照图纸信息输入构件界面属性及钢筋信息，如图 2.8.30 所示。

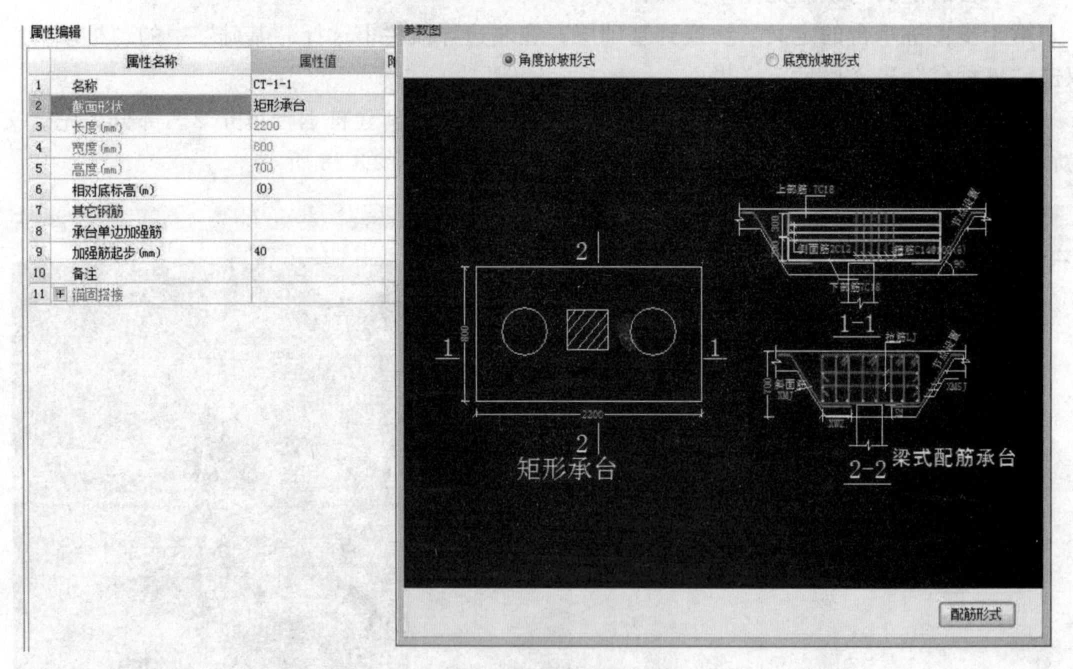
属性编辑

	属性名称	属性值
1	名称	CT-1-1
2	截面形状	矩形承台
3	长度(mm)	2200
4	宽度(mm)	800
5	高度(mm)	700
6	相对底标高(m)	(0)
7	其它钢筋	
8	承台单边加强筋	
9	加强筋起步(mm)	40
10	备注	
11	+ 锚固搭接	

图 2.8.30　编辑钢筋信息

按照相同的操作步骤，新建桩承台 CT-2，如图 2.8.31 所示。

第 4 步：桩承台的绘制。点击绘图，使用“智能布置”绘制桩承台。点击工具栏的“智能布置”中的“柱”，点击“批量选择”，找好对应柱子信息，如图 2.8.32 所示，点击确定，单击右键，完成绘制。

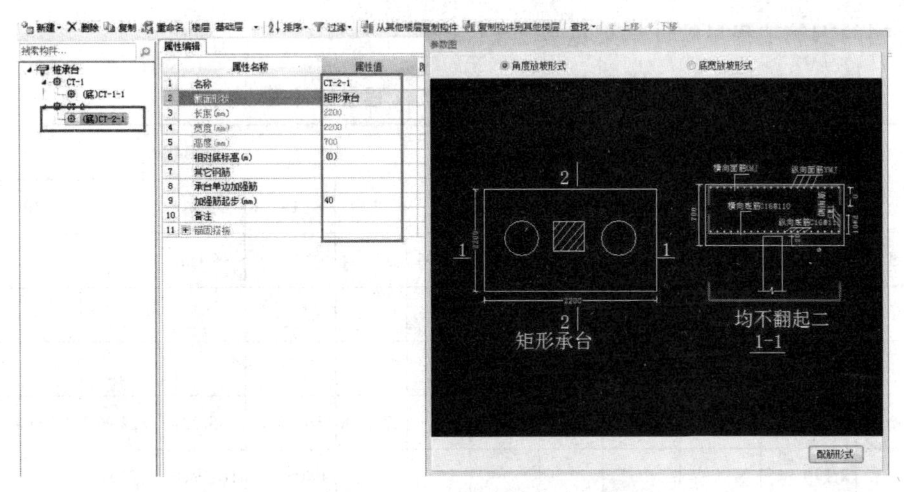

图 2.8.31 新建桩承台

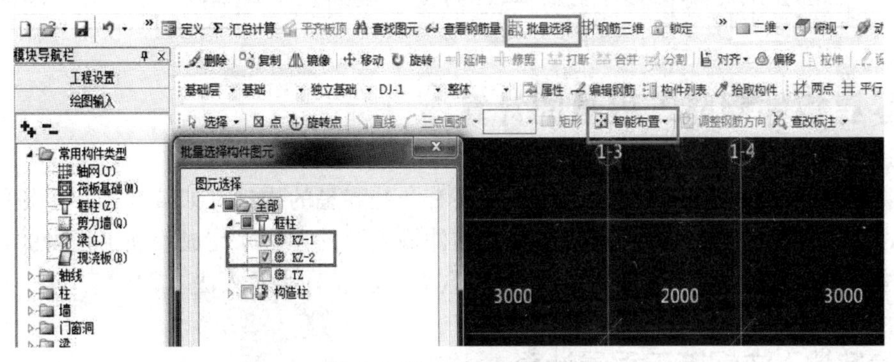

图 2.8.32 绘制桩承台

这一过程的操作步骤为："智能布置"→"按柱布置"→"批量选择"→"选择对应柱子"→点击"确定"→单击右键，完成操作。

绘制完成后的桩承台如图 2.8.33 所示。

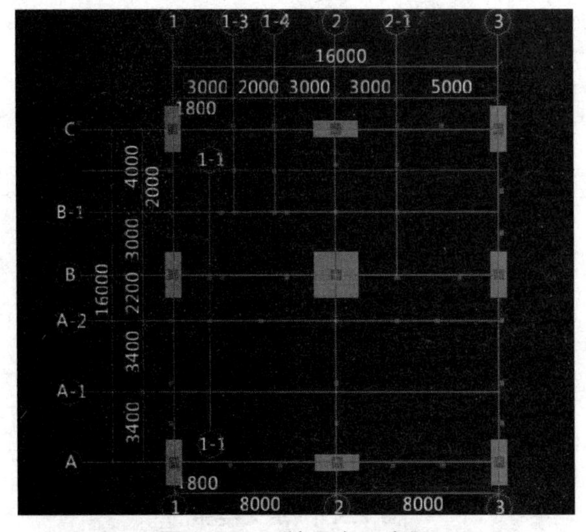

图 2.8.33 桩承台示意图

基础层的钢筋工程量统计结果见表 2.8.1。

表 2.8.1　基础层钢筋工程量统计表

楼层名称	构件类型	钢筋总重/kg	HPB300				HRB400						
			6	8	10	12	8	12	14	16	18	20	22
基础层	柱	961.47			33.285		7.795			36.188			884.202
	构造柱	501.452	56.713			444.739							
	砌体墙	225.905	225.905										
	基础梁	3 765.932		715.815				472.478	160.918	285.724	824.96	1 306.037	
	桩承台	2 170.446						30.121	1 405.526	161.918	572.88		
	合计	7 625.205	282.618	715.815	33.285	444.739	7.795	502.599	1 566.444	483.831	1 397.84	1 306.037	884.202

2.9　零星构件钢筋工程量的计算

工程中除了柱、梁、板等主体构件外，还有一些零星的构件（如楼梯）和零星的钢筋在绘图输入中不方便绘制，这时可以采用“单构件输入”的方法来完成钢筋工程量的计算。

“单构件输入”主要有两种输入方法：参数输入法和直接输入法。

2.9.1　参数输入法钢筋工程量计算

用参数输入法进行钢筋工程量计算最常用的构件有楼梯和桩基础的钢筋。以楼梯钢筋的参数化输入为例，其基本步骤为：

第 1 步：在“单构件输入”界面，定义楼梯，如图 2.9.1 所示。

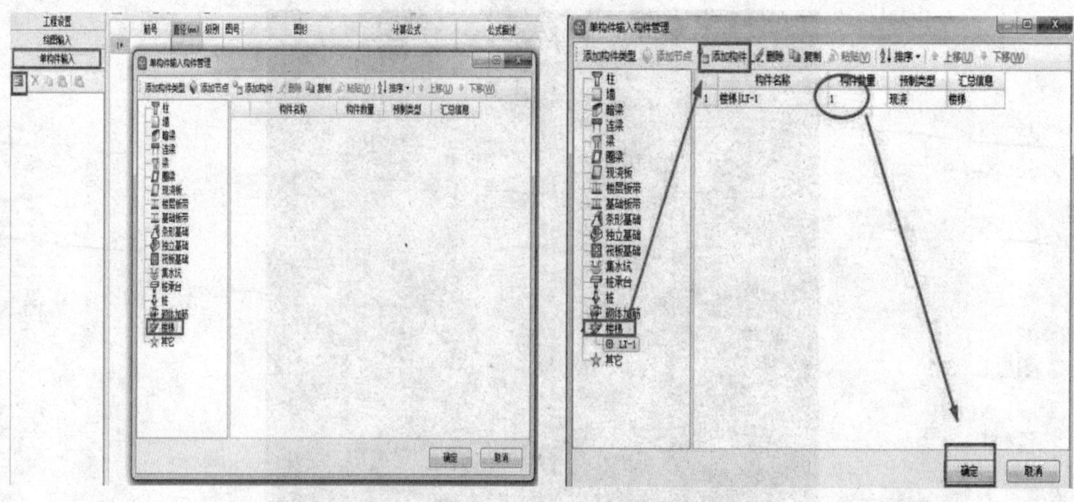

图 2.9.1　定义楼梯

第 2 步：点击“参数输入”选择“选择图集”，如图 2.9.2 所示。

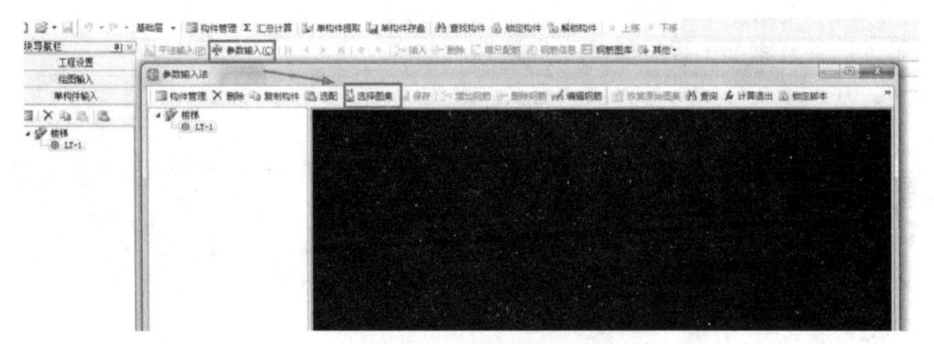

图 2.9.2　参数输入、选择图集

第 3 步：点击“选配图集”，按照图纸选择匹配图集，如图 2.9.3 所示。

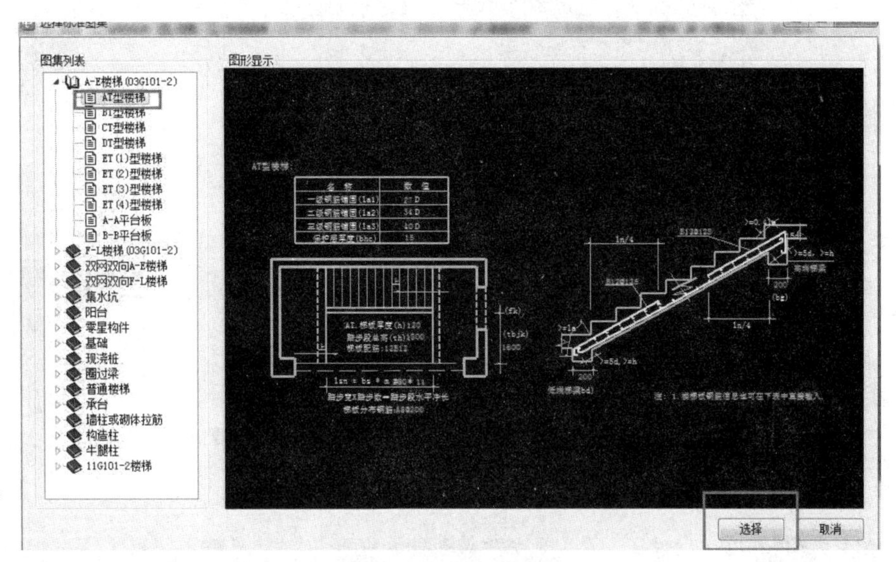

图 2.9.3　选配图集

第 4 步：点击“选择”后，按照图纸修改参数，如图 2.9.4 所示。

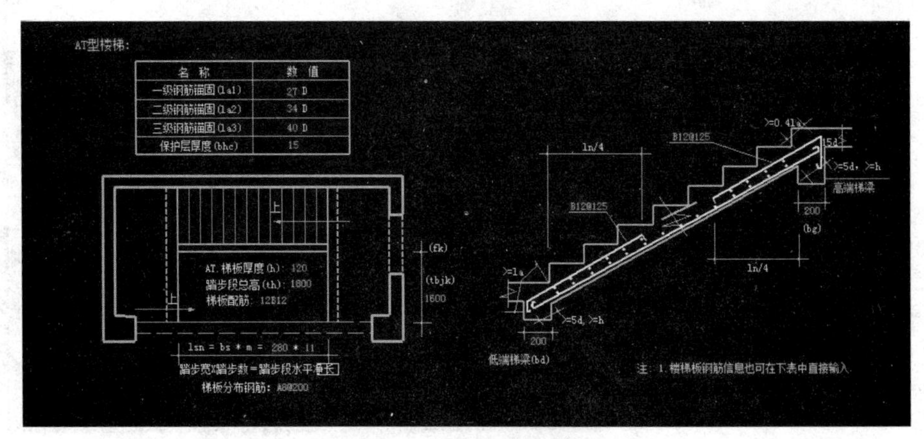

图 2.9.4　编辑钢筋信息

2.9.2 直接输入法钢筋工程量计算

直接输入法计算钢筋工程量的基本步骤为：

第 1 步：在“单构件输入”界面，定义“其他”，如图 2.9.5 所示。

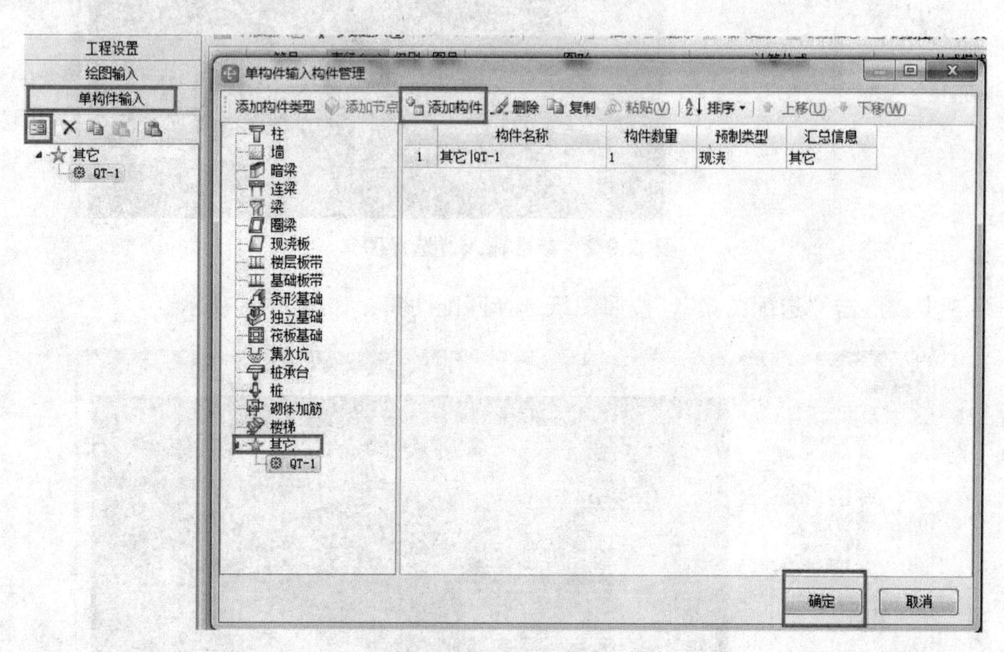

图 2.9.5 定义构件

第 2 步：按照图纸信息，输入钢筋信息。如选择钢筋图形图号，并输入图形中的钢筋尺寸，软件自动给出计算公式和长度，输入钢筋根数，软件便可以计算出钢筋工程量，如图 2.9.6 所示。

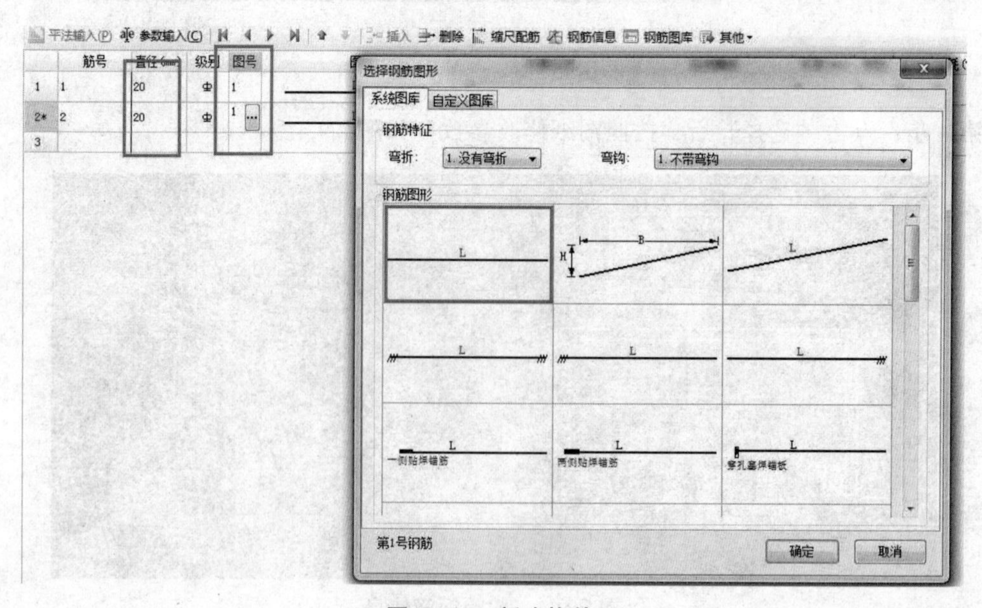

图 2.9.6 新建构件

2.10 汇总计算和查看钢筋工程量

2.10.1 汇总计算

当钢筋全部绘制完毕后，使用“汇总计算”功能查看钢筋工程量，如图 2.10.1 所示。

点击”计算”按钮开始计算，计算完毕后，软件弹出“计算成功”界面，如图 2.10.2 所示。

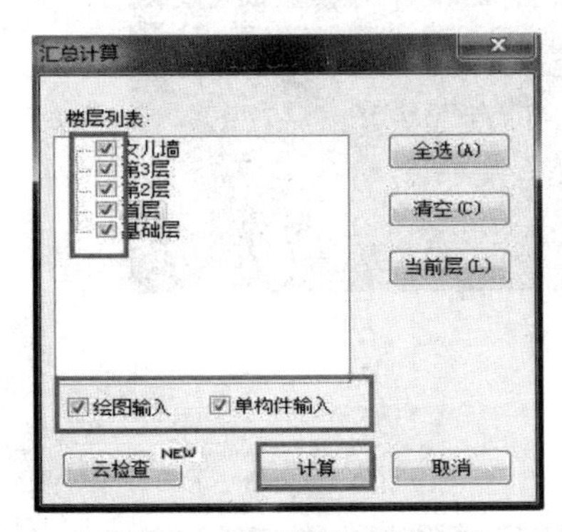

图 2.10.1　汇总计算如图

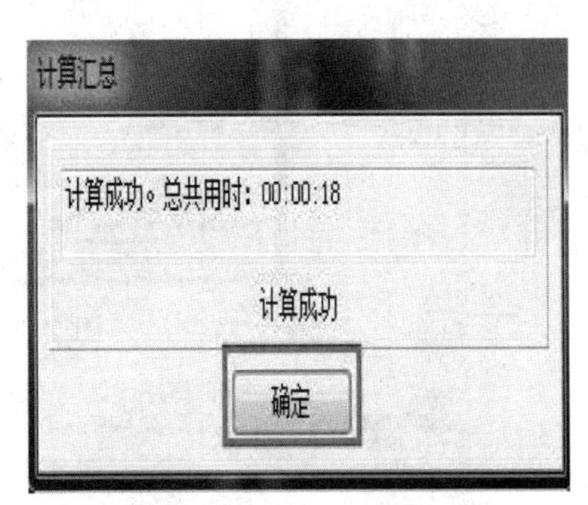

图 2.10.2　汇总计算成功

2.10.2 查看钢筋工程量

（1）编辑钢筋：需查看某个图元的详细计算式，例如查看 KL-1 的钢筋，在工具栏点击“编辑钢筋”，在绘图区选择 KL-1，可以查看详细的钢筋计算式，如图 2.10.3 所示。

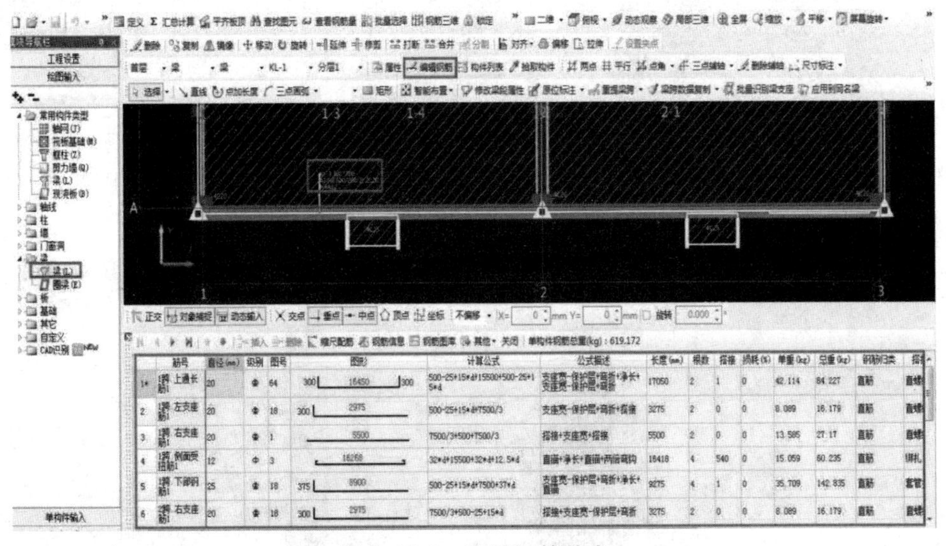

图 2.10.3　查看钢筋信息

（2）查看钢筋量：需要查看选中图元的钢筋量，例如查看 KL-1 的工程量，点击工具栏“批量选择”，选中 KL-1，点击工具栏上的“查看工程量”，可以查看整层的 KL-1 钢筋工程量，如图 2.10.4 和图 2.10.5 所示。

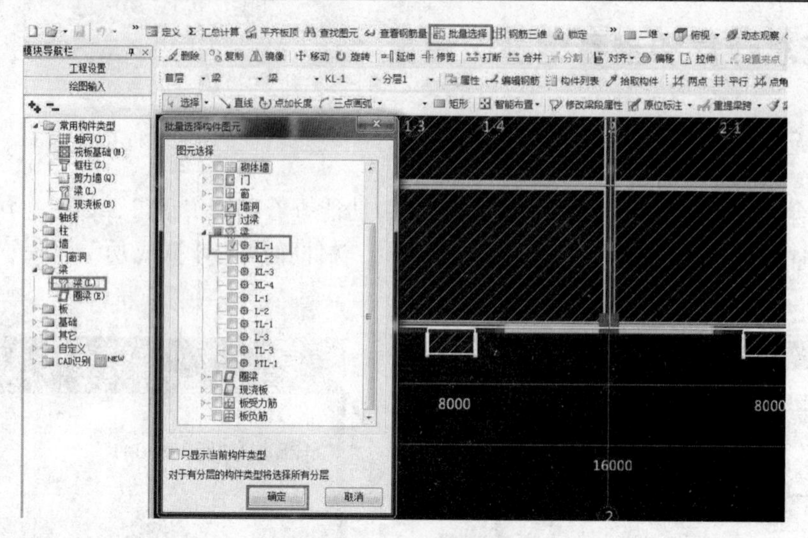

图 2.10.4　批量选择

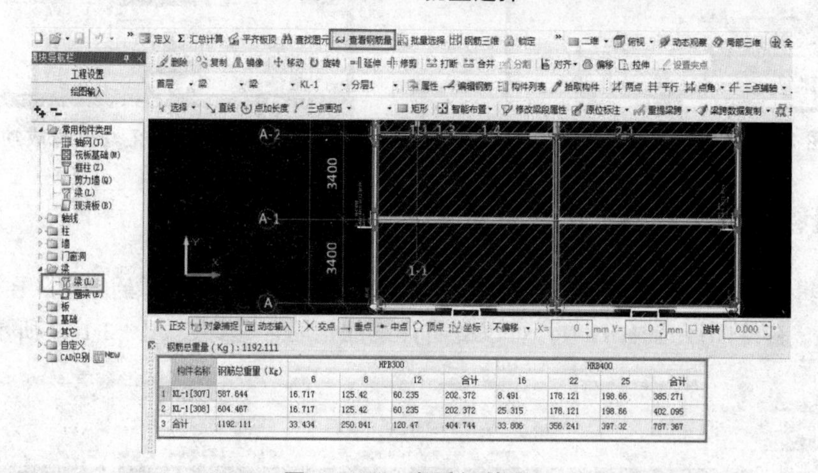

图 2.10.5　查看钢筋量

（3）报表预览：包括定额指标、明细表、汇总表，如图 2.10.6 所示。

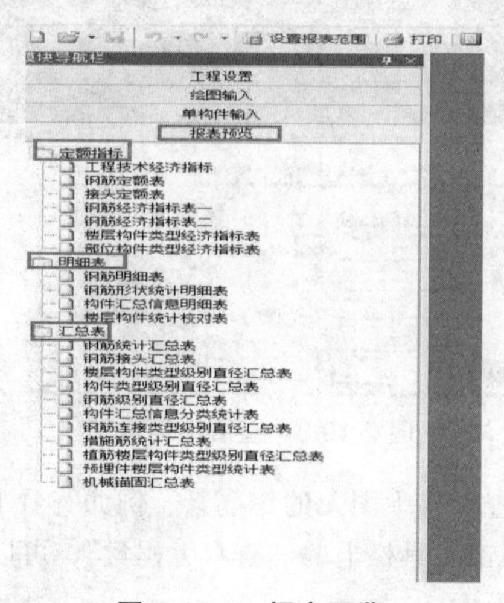

图 2.10.6　报表预览

所有钢筋工程量的汇总结果见表2.10.1“钢筋统计汇总表”；各楼层钢筋工程量的汇总结果见表2.10.2；构件类型级别直径汇总表见表2.10.3。

表2.10.1 钢筋统计汇总表 单位：t

构件类型	合计	级别	6	8	10	12	14	16	18	20	22	25
柱	2.37	Φ		0.475	1.895							
	3.977	Φ̳		0.066				0.126	0.411	1.226	2.148	
构造柱	3.199	Φ	0.479			2.721						
砌体墙	1.459	Φ	1.459									
砌体加筋	0.05	Φ	0.05									
过梁	0.021	Φ	0.021									
	0.115	Φ̲				0.115						
梁	4.832	Φ	0.232	1.299	2.285	1.016						
	9.84	Φ̳				0.114	0.019	0.84	1.018	1.448	2.143	4.257
圈梁	1.812	Φ	0.303		0.17	1.339						
现浇板	0.311	Φ	0.311									
	6.739	Φ̳		5.502	1.237							
板洞加筋	0.033	Φ̳						0.033				
基础梁	0.716	Φ		0.716								
	3.05	Φ̳				0.472	0.161	0.286	0.825	1.306		
桩承台	2.17	Φ̳				0.03	1.406	0.162	0.573			
楼梯	0.32	Φ̳	0.04	0.091	0.19							
其他	0.028	Φ								0.028		
合计	14.798	Φ	2.855	2.49	4.35	5.075				0.028		
	0.115	Φ̲				0.115						
	26.13	Φ̳	0.04	5.659	1.427	0.616	1.585	1.447	2.827	3.98	4.292	4.257

表 2.10.2　楼层构件类型级别直径汇总表（全部）

单位：kg

楼层名称	构件类型	钢筋总重/kg	HPB300					HRB335	HRB400									
			6	8	10	12	20	12	6	8	10	12	14	16	18	20	22	25
基础层	柱	961.47			33.285					7.795				36.188			884.202	
	构造柱	501.452	56.713			444.739												
	砌体墙	225.905	225.905															
	基础梁	3 765.932		715.815								472.478	160.918	285.724	824.96	1 306.037		
	桩承台	2 170.446										30.121	1 405.526	161.918	572.88			
	合计	7 625.205	282.618	715.815	33.285	444.739				7.795		502.599	1 566.444	483.831	1 397.84	1 306.037	884.202	
首层	柱	2 429.793			1 095.496					32.55				37.667			1 264.08	
	构造柱	808.889	130.073			678.816												
	砌体墙	384.918	384.918															
	过梁	45.524	7.138					38.386										
	梁	4 933.037	76.546	494.346	618.004	358.681						26.734		277.434	249.776	504.386	824.089	1 503.04
	圈梁	529.196	83.356			445.84												
	现浇板	1 716.102	155.737							1 560.365								
	楼梯	320.335							39.624	90.932	189.779							
	其他	27.788					27.788											
	合计	11 195.581	837.768	494.346	1 713.5	1 483.337	27.788	38.386	39.624	1 683.846	189.779	26.734		315.101	249.776	504.386	2 088.169	1 503.04

续表

楼层名称	构件类型	钢筋总重/kg	HPB300					HRB335	HRB400									
			6	8	10	12	20	12	6	8	10	12	14	16	18	20	22	25
第 2 层	柱	1 795.218			766.225					25.62				52.374		950.999		
	构造柱	808.889	130.073			678.816												
	砌体墙	386.306	386.306															
	过梁	45.473	7.138					38.335										
	梁	4 901.422	65.988	451.625	618.004	358.681						26.734		277.908	250.176	504.386	824.089	1 523.83
	圈梁	528.863	83.037			445.826												
	现浇板	1 706.314	155.737							1 550.576								
	合计	10 172.485	828.28	451.625	1 384.23	1 483.322		38.335		1 576.196		26.734		330.282	250.176	1 455.386	824.089	1 523.83
第 3 层	柱	1 160.796		475.204											410.928	274.664		
	构造柱	847.886	141.606			706.28												
	砌体墙	390.616	390.616															
	过梁	45.518	7.138					38.379										
	梁	4 837.358	89.744	352.739	1 049.35	298.446						60.427	19.045	284.365	518.408	439.655	495.103	1 230.075
	圈梁	535.245	88.297			446.948												
	现浇板	3 627.835								2 390.664	1 237.171							
	板洞加筋	33.322												33.322				
	合计	11 478.575	717.401	827.943	1 049.35	1 451.674		38.379		2 390.664	1 237.171	60.427	19.045	317.687	929.336	714.319	495.103	1 230.075

续表

楼层名称	构件类型	钢筋总重/kg	HPB300					HRB335	HRB400									
			6	8	10	12	20	12	6	8	10	12	14	16	18	20	22	25
女儿墙	构造柱	232.081	20.098			211.983												
	砌体墙	70.824	70.824															
	砌体加筋	49.587	49.587															
	圈梁	218.589	48.716		169.872													
	合计	571.081	189.226		169.872	211.983												
全部层汇总	柱	6 347.277		475.204	1 895.006					65.964				126.229	410.928	1 225.663	2 148.282	
	构造柱	3 199.197	478.564			2 720.633												
	砌体墙	1 458.569	1 458.569															
	砌体加筋	49.587	49.587															
	过梁	136.515	21.415					115.1										
	梁	14 671.817	232.278	1 298.711	2 285.359	1 015.808						113.895	19.045	839.707	1 018.36	1 448.428	2 143.282	4 256.945
	圈梁	1 811.892	303.406		169.872	1 338.614												
	现浇板	7 050.251	311.475							5 501.605	1 237.171							
	板洞加筋	33.322												33.322				
	基础梁	3 765.932		715.815								472.478	160.918	285.724	824.96	1 306.037		
	桩承台	2 170.446										30.121	1 405.526	161.918	572.88			
	楼梯	320.335							39.624	90.932	189.779							
	其他	27.788					27.788											
	合计	41 042.928	2 855.293	2 489.73	4 350.237	5 075.055	27.788	115.1	39.624	5 658.501	1 426.951	616.494	1 585.49	1 446.901	2 827.128	3 980.128	4 291.564	4 256.945

表 2.10.3 构件类型级别直径汇总表

单位：kg

构件类型	钢筋总重/kg	HPB300					HRB335	HRB400									
		6	8	10	12	20	12	6	8	10	12	14	16	18	20	22	25
柱	6 347.277		475.204	1 895.006					65.964				126.229	410.928	1 225.663	2 148.282	
构造柱	3 199.197	478.564			2 720.633												
砌体墙	1 458.569	1 458.569															
砌体加筋	49.587	49.587															
过梁	136.515	21.415					115.1										
梁	14 671.817	232.278	1 298.711	2 285.359	1 015.808						113.895	19.045	839.707	1 018.36	1 448.428	2 143.282	4 256.945
圈梁	1 811.892	303.406		169.872	1 338.614												
现浇板	7 050.251	311.475							5 501.605	1 237.171							
板洞加筋	33.322												33.322				
基础梁	3 765.932		715.815								472.478	160.918	285.724	824.96	1 306.037		
桩承台	2 170.446										30.121	1 405.526	161.918	572.88			
楼梯	320.335							39.624	90.932	189.779							
其他	27.788					27.788											
合计	41 042.928	2 855.293	2 489.73	4 350.237	5 075.055	27.788	115.1	39.624	5 658.501	1 426.951	616.494	1 585.49	1 446.901	2 827.128	3 980.128	4 291.564	4 256.945

2.11 CAD 导图

2.11.1 CAD 导图的基本原理

广联达软件支持 CAD 图纸的导入，就是将设计电子版的 CAD 图纸直接导入广联达软件，软件从 AutoCAD 的结果中读取构件、图元，快速完成工程建模。同手工建模一样，CAD 导图后需要先识别构件，然后再通过图纸中构件边线与标注的关系，建立构件与图元之间的联系。

（1）CAD 识别原理：定义构件→绘制构件→编辑构件 。

（2）导入程序：左侧导航栏 CAD 识别→CAD 草图→导入 CAD。

（3）导图过程：导入图纸→转换符号→定位轴线坐标原点→提取构件（边线、标注）→识别构件。

CAD 导图是手工绘图建模的补充，其效率取决于图纸的标准化程度，取决于操作者钢筋算量软件的熟练程度。

2.11.2 CAD 导图的基本流程

1. 软件能导入的文件类型

（1）CAD 图纸文件（.dwg）。

（2）广联达算量软件导出的图纸（.gvd）。

2. GGJ2013 软件 CAD 导图能识别的构件类型范围

GGJ2013 软件 CAD 导图能识别的构件类型范围有：轴网、柱（包括柱表、柱大样）、梁（连梁表）、墙（包括墙身表）、门窗（包括门窗表）、墙洞、板、板钢筋（包括受力筋、跨板受力筋、负筋）、基础（独立基础、承台、桩）、筏板钢筋、楼层表。

3. CAD 导图操作流程

CAD 导图整体基本操作流程如图 2.11.1 所示。

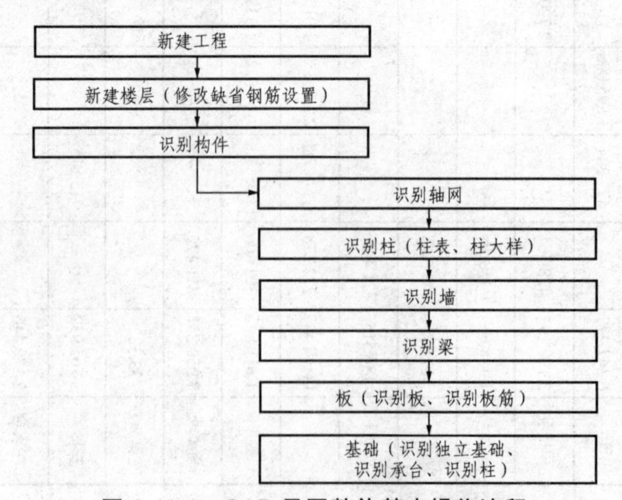

图 2.11.1　CAD 导图整体基本操作流程

第 1 步：新建工程。方法同 2.4.1（修改工程信息、计算设置等）。

第 2 步：新建楼层。方法同 2.4.3。也可以通过“识别楼层表”功能完成楼层的建立。

第 3 步：识别构件。

识别构件的流程是：导入 CAD 图→转换钢筋符号→提取构件→识别构件。

识别构件的基本顺序如图 2.11.1 所示。

通过以上操作过程，可以完成 CAD 导图。

2.11.3　CAD 导图案例

1. 导入 CAD 图

（1）单击导航栏“CAD”识别下的“CAD 草图”。

（2）单击“导入 CAD 图”按钮，在导入 CAD 图形对话框中，选中要导入的 CAD 图，如选中“实训楼”，右边出现要导入的图形。这个图形可以放大。

（3）在下面文件名栏中出现：× ×结构，单击“打开”。

（4）当出现“请输入原图比例”对话框时，软件设置为 1：1，单击“确定”。这样× ×结构的 CAD 图就导过来了。

2. 保存 CAD 图

有时，一个工程存在多个楼层、多种构件类型的 CAD 图在一起，为了方便导图，需要把各个楼层“单独拆分”出来，这时就要逐个把要用到的楼层图单独导出为一个独立文件，再利用这些文件识别。其方法：

（1）单击菜单栏中的“CAD 草图”，再单击“手动分割”，然后在绘图区域“拉框选择”想要导出的图。

（2）单击“右键”确定，弹出“另存为”对话框。在另存为对话框中的“文件名”栏中，输入“文件名”如桩基图，单击“保存”。

（3）在弹出“提示”对话框时，单击“确定”，完成导出保存拆分 CAD 图的操作。

3. 清除 CAD 图

全部图纸导出保存后，单击“清除 CAD 图”按钮，这时，就可清除全部原来的 CAD 图。

4. 提取拆分的 CAD 图

（1）首先切换到“基础层”，单击“导入 CAD 图”，弹出“导入 CAD 图形”对话框。

（2）选择“基础图”，单击“打开”，在弹出的“请输入原图比例”对话框，软件设置为 1：1，单击“确定”。这样，基础图就显示出来了。

5. 轴网识别

轴网识别的基本操作步骤如图 2.11.2 所示。

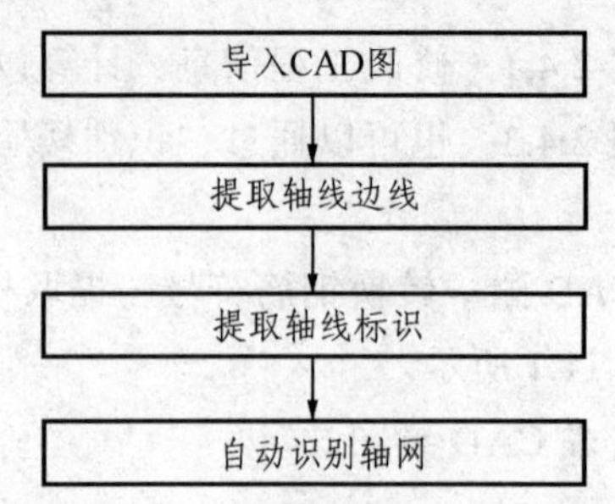

图 2.11.2　轴网识别基本操作步骤

（1）点击“导航”条下的“CAD 识别”，单击“识别轴网”。

（2）单击绘图工具栏中的“提取轴线边线”，再单击“图层设置”按钮，点击“选择相同图层的 CAD 图元”或“选择相同颜色的 CAD 图元”。

（3）单击需要提取的轴线（此过程中也可以点选或框选需要提取的 CAD 图元）。

① 点击“右键”确认选择，则选择的轴线自动消失，并存放在“已提取的 CAD 图层”中。

② 单击绘图工具栏中的“提取轴线标识”，再单击“图层设置”按钮，点击“选择相同图层的 CAD 图元”或“选择相同颜色的 CAD 图元”。

③ 单击需要提取的轴线标识（此过程中也可以点选或框选需要提取的 CAD 图元）。

④ 点击“右键”确认选择，则选择的轴线自动消失，并存放在“已提取的 CAD 图层”中。

（4）自动识别轴网：在完成“提取轴线边线”和“提取轴线标识”的操作后，单击菜单栏“CAD 识别”，单击“自动识别轴网”，这样整个轴网就被识别了

6. 识别柱

1）识别柱表

识别柱表的基本操作步骤如图 2.11.3 所示。

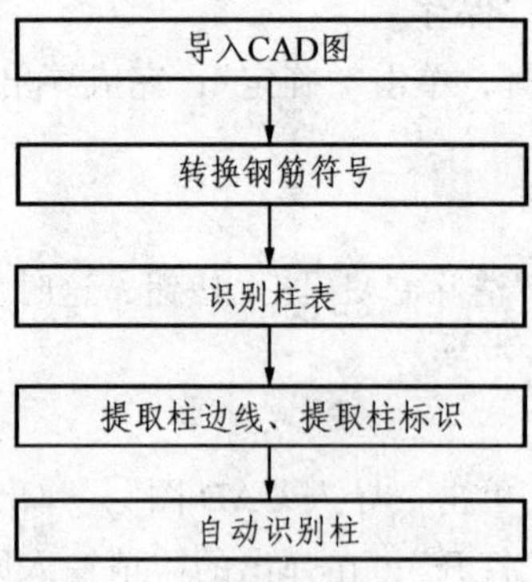

图 2.11.3　识别柱表基本步骤

在“CAD”草图中识别柱表。导入柱表后，可按以下步骤完成柱表的识别。

（1）单击“识别柱表”按钮，左键框选“柱表”，单击右键“确认”。这时会弹出“识别柱表——选择对应列”对话框。

（2）然后在柱表的第一行的空白行中，单击左键，右边出现“对勾”。

（3）单击“对勾”，选择：柱号、标高、b*h、b1、b2、h1、h2、角筋、b 边一侧、h 边一侧、箍筋类型号、箍筋，选定后单击“确定”，在弹出的“确定”框中，单击“确定”。

（4）弹出的柱列表与 CAD 图中的柱表相一致。

（5）单击“生成构件”，弹出“确认”表，单击“确定”，弹出“提示构件生成成功”，单击“确定”。

（6）在该“柱列表”中，单击“新建柱”，在下表中出现 KZ-1 柱，可填柱的数据。也可在该“柱列表”中，单击“新建柱层”，在下表中出现 2.2 ~ 5.25 的柱层，复制即可。

识别“连梁表”和“门窗表”的方法同上。

2）识别柱

（1）在“CAD 草图”中导入 CAD 图，CAD 图中需包括可用于识别的柱（如果已经导入了 CAD 图则此步可省略）。

（2）在“CAD 草图”中转换钢筋级别符号，识别柱表并重新定位 CAD 图。

（3）重新定位 CAD 图，在导入进来的 CAD 柱图中，把鼠标移到柱图的 A 轴与 1 轴交点，单击左键，出现一根细白线，再移动鼠标至识别完轴网上的 A 轴与 1 轴交点，单击左键，柱图与轴网就重合在一起了。

（4）点击导航栏“CAD 识别”中的“识别柱”。

（5）点击工具条“提取柱边线”。

（6）单击“图层设置”按钮，利用“选择相同图层的 CAD 图元”（ctrl + 左键）或“选择相同颜色的 CAD 图元”（alt + 左键）的功能选中需要提取的柱 CAD 图元（一定要单击上柱边线），此过程中也可以点选或框选需要提取的 CAD 图元，点击鼠标右键确认选择，则选择的 CAD 图元自动消失，并存放在“已提取的 CAD 图层”中。

（7）点击绘图工具条“提取柱标识”。

（8）选择需要提取的柱标识 CAD 图元，点击鼠标右键确认选择。

（9）检查提取的柱边线和柱标识是否准确，如果有误还可以使用“画 CAD 线”和“还原错误提取的 CAD 图元”功能对已经提取的柱边线和柱标识进行修改。

（10）点击工具条“自动识别柱”下的“自动识别柱”，则提取的柱边线和柱标识被识别为软件的柱构件，并弹出识别成功的提示。

（11）如果不重新定位 CAD 图，导入的构件图元有可能就会与轴线偏离；门窗表通常情况在建筑施工图总说明部分，柱表通常在柱平面图中，连梁表在剪力墙平面图中。

（12）说明。

（13）如果有的层柱子导不过来，如基础层的柱子、桩、承台都是一种颜色，没有柱子边线，就无法导入柱子，这时可以用复制的方法把首层的柱子复制到基础层来。

7. 识别墙

识别墙基本操作步骤如图 2.11.4 所示。

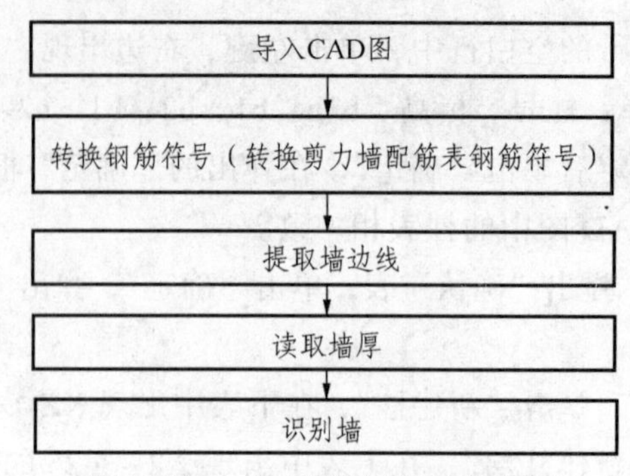

图 2.11.4　识别墙基本操作步骤

1）提取墙边线

第 1 步：导入 CAD 图，CAD 图中需包括可用于识别的墙（如果已经导入了 CAD 图则此步可省略）。

第 2 步：点击导航栏“CAD 识别”下的“识别墙”。

第 3 步：点击工具条“提取墙边线”。

第 4 步：利用“选择相同图层的 CAD 图元”或“选择相同颜色的 CAD 图元”的功能选中需要提取的墙边线 CAD 图元，点击鼠标右键确认选择。

2）读取墙厚

第 1 步：点击绘图工具条“读取墙厚”，此时绘图区域只显示刚刚提取的墙边线。

第 2 步：按鼠标左键选择墙的两条边线，然后点击右键将弹出“创建墙构件”窗口，窗口中已经识别了墙的厚度，并默认了钢筋信息，只需要输入墙的名称，并修改钢筋信息等参数，点击确认则墙构件建立完毕。

第 3 步：重复第二步操作，读取其他厚度的墙构件。

3）识别墙

第 1 步：点击工具条中的“识别”按钮，软件弹出确认窗口，提示“建议识别墙前先画好柱，此时识别出的墙的端头会自动延伸到柱内，是否继续”，点击“是”即可。

第 2 步：点击“退出”退出自动识别命令。

8. 导入门窗

1）提取门窗标识

第 1 步：在 CAD 草图中导入 CAD 图，CAD 图中需包括可用于识别的门窗，识别门窗表（如果已经导入了 CAD 图则此步可省略）。

第 2 步：点击导航栏“CAD 识别”下的“识别门窗洞”。

第 3 步：点击工具条中的“提取门窗标识”。

第 4 步：利用“选择相同图层的 CAD 图元”或“选择相同颜色的 CAD 图元”的功能选中需要提取的门窗标识 CAD 图元，点击鼠标右键确认选择。

2）提取墙边线

第 1 步：点击绘图工具条“提取墙边线”。

第2步：利用“选择相同图层的CAD图元”或“选择相同颜色的CAD图元”的功能选中需要提取的墙边线CAD图元，点击鼠标右键确认选择。

3）自动识别门窗

第1步：点击“设置CAD图层显示状态”或按“F7”键打开“设置CAD图层显示状态”窗口，将已提取的CAD图层中门窗标识、墙边线显示，将CAD原始图层隐藏。

第2步：检查提取的门窗标识和墙边线是否准确，如果有误还可以使用“画CAD线”和“还原错误提取的CAD图元”功能对已经提取的门窗标识和墙边线进行修改。

第3步：点击工具条“自动识别门窗”下的“自动识别门窗”，则提取的门窗标识和墙边线被识别为软件的门窗构件，并弹出识别成功的提示。

提示：在识别门窗之前一定要确认已经绘制了墙并建立了门窗构件（提取CAD图中的门窗表）。

9. 识别梁

识别梁的基本操作步骤如图2.11.5所示。

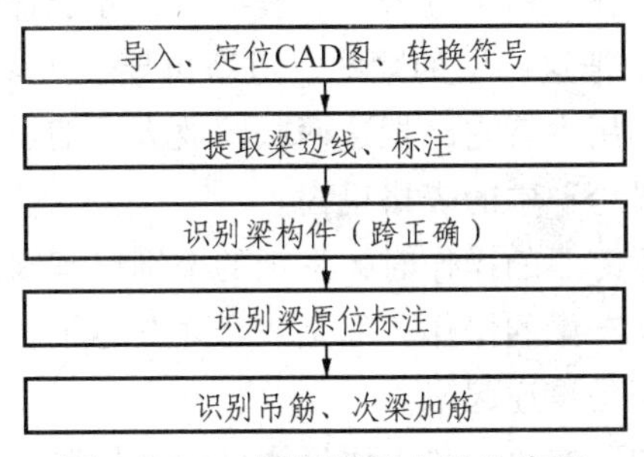

图2.11.5 识别梁基本操作步骤

1）提取梁边线

第1步：在CAD草图中导入CAD图，CAD图中需包括可用于识别的梁（如果已经导入了CAD图则此步可省略）。

第2步：点击导航栏中的“CAD识别”下的“识别梁”。

第3步：点击工具条“提取梁边线”。

第4步：利用“选择相同图层的CAD图元”或“选择相同颜色的CAD图元”的功能选中需要提取的梁边线CAD图元。

2）自动提取梁标注

第1步：点击工具条中的“提取梁标注”下的“自动提取梁标注”。

第2步：利用“选择相同图层的CAD图元”或“选择相同颜色的CAD图元”的功能选中需要提取的梁标注CAD图元，包括集中标注和原位标注；也可以利用“提取梁集中标注”“和提取梁原位标注”分别进行提取。

3）自动识别梁

点击工具条中的“识别梁”按钮选择“自动识别梁”即可自动识别梁构件（建议识别梁之前先画好柱构件，这样识别梁跨更为准确）。

4）识别原位标注

第 1 步：点击工具条中的“识别原位标注”按钮，选择“单构件识别梁原位标注”。

第 2 步：鼠标左键选择需要识别的梁，右键确认即可识别梁的原位标注信息，依次类推则可以识别其他梁的原位标注信息。

5）说　明

（1）在导入梁时，有的层的梁没有完全导入过来，没有导入过来的梁，可用定义梁的方法，按照 CAD 图上的标注梁的编号、尺寸、配筋，重新定义，然后就在这张电子版图纸（梁是灰蓝的就是没识别过的）所标注的位置画上即可。

（2）在导入梁时，有的梁没有完全导入到位，也就说还差点到头。

解决的方法是：单击“延伸”按钮，单击要把梁延伸到位置的轴线，轴线变色，再单击要“延伸的梁”，这时这根梁就延伸到位了。用同样的方法把所有没完全导入到位的梁全部画好。

（3）识别完梁后，还要进行“重提梁跨”的操作，把梁每跨的截面尺寸、支座、上部、下部、吊筋、箍筋的加筋逐一在表格中输入或修改准确，才能计算汇总钢筋的工程量。

这时如果没有蓝图，可以把这一层的梁图，重新再导入进来，识别过来的梁图与 CAD 梁图虽然相距一段距离，可不用去管它，把这两张图放大或缩小，就能把 CAD 梁图中的梁的信息记住，输入到“重提梁跨”中的表格里去。

（4）在进行“重新提取梁跨”的操作时，发现的个别梁本来是二、三跨的梁，识别后变成单跨梁了。这就需要“合并”梁的操作，但是“合并”不了。检查时发现，识别的梁表面上看是连成一体了，实际上却是没连起来。

解决的办法：单击“延伸”按钮，单击要把梁延伸到位置的轴线，轴线变色，再单击要“延伸的梁”，这时这根梁就延伸到位了。再按“合并”梁的操作，把二、三跨的单梁合并成一根梁。

然后再选择“设置支座”，用重新设置支座的操作方法，设置好梁的支座。

（5）识别梁后发现有的梁长度不够，即梁不完整。如有一根梁 TL1 = 3 000 mm，识别后才 1 200 mm。

解决的办法是：首先把“CAD 识别”转入到“梁”的界面。按照施工图纸标注的“梁的信息”定义好梁，然后在画图界面选择这根梁。

单击“点加长度”按钮，单击这根梁的中间轴线交点，移动鼠标向上或向下的一个轴线“交点”然后单击，这时有一段梁就画上了，并同时弹出了“点加长度设置”对话框，在“长度”栏可以输入这根梁的从“中间轴线交点”到“上一交点”的长度值，在“反向延伸长度”栏输入梁长 3000 减去上一段梁的长度值。

如果此梁还是偏轴的，可把“轴线距左边距离”选中，并在右边栏里填入“轴线距左边距离”的偏移值，单击“确定”，这样识别不完整的 TL1 梁就画好了。

10. 识别板钢筋

识别板钢筋的操作流程如图 2.11.6 所示。

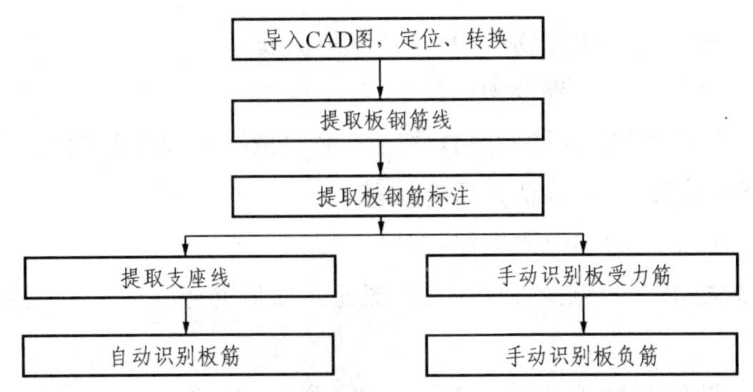

图 2.11.6　识别板钢筋基本操作步骤

1）导入板受力筋

（1）提取钢筋线。

第 1 步：点击导航栏“CAD 识别”下的“识别受力筋”。

第 2 步：点击工具条“提取钢筋线”。

第 3 步：利用“选择相同图层的 CAD 图元”或“选择相同颜色的 CAD 图元”的功能选中需要提取的任一根受力钢筋线 CAD 图元，这时这一层的所有受力筋变“蓝”，点击鼠标右键确认选择，这一层的所有受力筋变“无”。

（2）提取钢筋标注。

第 1 步：点击工具条“提取钢筋标注”。

第 2 步：利用“选择相同图层的 CAD 图元”或“选择相同颜色的 CAD 图元”的功能选中需要提取的任一根钢筋标注 CAD 图元，如 A10@130，所有受力筋变蓝，点击鼠标右键确认选择，这一层的所有受力筋标注变“无”。

（3）识别受力钢筋。

“识别受力筋”功能可以将提取的钢筋线和钢筋标注识别为受力筋，其操作前提是已经提取了钢筋线和钢筋标注，并完成了绘制板的操作。

操作方法：

点击工具条上的“识别受力筋”按钮，弹出“受力筋信息”窗口，这时工具栏中的“单板”和“水平”或“垂直”按钮是打开可用的，可单击第一块板中的“水平”或“垂直”的“受力筋”，这时此根受力筋变“蓝”并同时把“受力筋信息”自动输入到弹出“受力筋信息”窗口，如果施工电子版图没有标注“受力筋”的信息，就根据蓝图的标注和说明，把受力筋的信息输入到“受力筋信息”栏，单击“确定”，则弹出“受力筋信息”窗口变白，就不可用了。

再单击这块板中的“水平”或“垂直”受力筋，这根受力筋变“黄”，这样这一根受力筋就识别完了。

识别完第一块板的第一根受力筋后，再单击第二根受力筋，用上述方法依次可识别其他板的受力筋。

2）识别板负筋

第 1 步：在 CAD 草图中导入 CAD 图，CAD 图中需包括可用于识别的板负筋（如果已经导入了 CAD 图则此步可省略）。

第 2 步：点击导航栏“CAD 识别”下的“识别负筋”。

第 3 步：点击工具条中的“提取钢筋线”。

第 4 步：利用“选择相同图层的 CAD 图元”或“选择相同颜色的 CAD 图元”的功能选中需要提取的任一根负筋，右键确认，所有负筋变无。

第 5 步：点击工具条中的“提取钢筋标注”。

第 6 步：选择需要提取的钢筋标注 CAD 图元，如负筋标注，A10@130，右键确认，所有负筋标注变无。

第 7 步：点击工具条上的“识别负筋”按钮，弹出“负筋信息”窗口，这时可从左边第一块板“单击”第一根“负筋”，选中的负筋变成蓝色，其标注信息自动输入到“负筋信息”窗口中的有关表格里，如果表格中的左、右标注数值需要修改，可以按照施工图纸的说明和负筋的标注进行“修改”。修改后，单击“确定”按钮。

这时“负筋”的 4 种布置方法“按梁布置、按墙布置、按板边布置、画线布置”可任选一种，例如选择“画线布置”，用画线布置的方法，单击这根负筋布置的第一点后，移动鼠标至第二点，这样第一根“负筋”变黄，就说明这根负筋被识别了。

识别完第一根负筋后，可单击第二根负筋，用上述方法依次识别其他板的负筋。

11. 识别基础

软件中提供了识别独立基础、识别桩承台、识别桩的功能。下面以识别独立基础为例介绍识别基础的过程。

识别独立基础的基本步骤如图 2.11.7 所示。

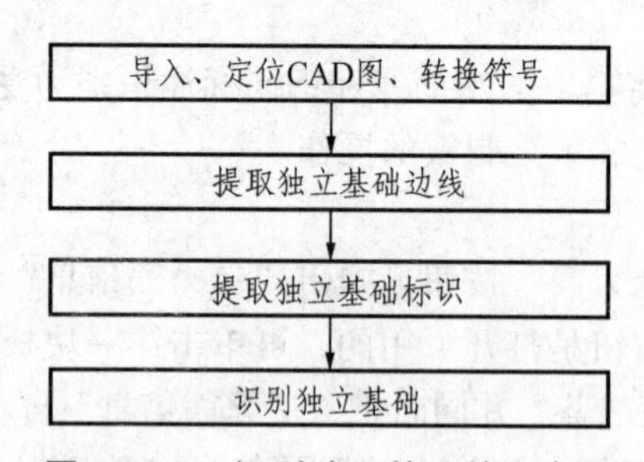

图 2.11.7　识别独立基础基本步骤

1）提取独立基础边线

在“CAD 草图”界面，导入独立基础施工图，并“定位 CAD 图”后，进入识别独立基础界面。对图纸进行“符号转化”后，采用“提取独立基础边线”“提取独立基础标识”来进行独立基础边线和标识的提取。

2）识别独立基础

识别独立基础包括“自动识别独立基础”“点选识别独立基础”和“框选识别独立基础”3 个功能。

（1）自动识别独立基础。点击绘图工具栏“识别独立基础”，点击“自动识别独立基础”，识别成功后弹出提示。

（2）点选识别独立基础。点选识别独立基础方法与点选识别梁相似。

（3）框选识别独立基础。“框选识别独立基础”与“自动识别独立基础”相似，只是在执行“框选识别独立基础”命令后，需要在绘图区拉框确定需要识别的范围，则此范围内的所有独立基础边线和标识就会被识别。

单击确认按钮，独立基础构件将被识别。

第 3 章　建筑工程量计算

学习目标：

1. 掌握使用广联达图形算量软件做工程的流程；
2. 熟练掌握广联达图形算量软件常用功能的操作；
3. 掌握用广联达图形算量软件计算主要构件工程量的方法。

3.1　图形算量软件原理

建筑工程土建工程量的计算是一项工作量大而繁重的工作，工程量计算的使用工具也随着建筑信息化技术的发展，经历了算盘、计算器、计算机表格、计算机建模等阶段，如图 3.1.1 所示。

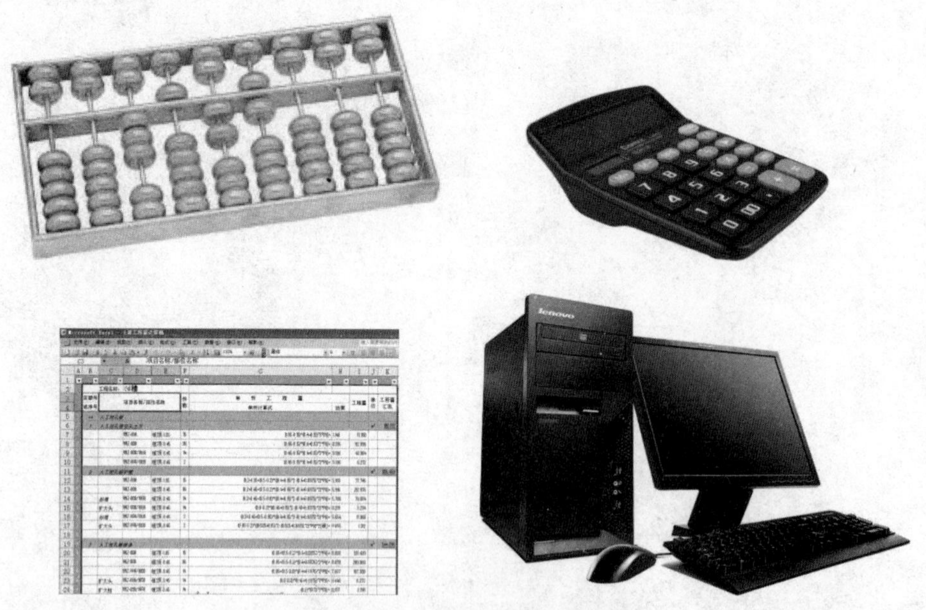

图 3.1.1　工程量计算方式的演变

现阶段建筑设计输出图纸绝大多数是采用二维设计，而计算机建模算量则是将建筑平、立、剖面图结合，实现建筑空间模型呈现，可以准确表达各类构件之间的空间位置关系，并通过内置计算规则计算各类构件的工程量。构件之间的扣减关系则根据模型由程序进行处理，从而准确计算出各类构件的工程量。为方便工程量的调用，广联达图形算量软件将工程量以代码的方式提供，清单与定额可以直接套用并提取清单工程量及定额工程量，如图 3.1.2 所示。

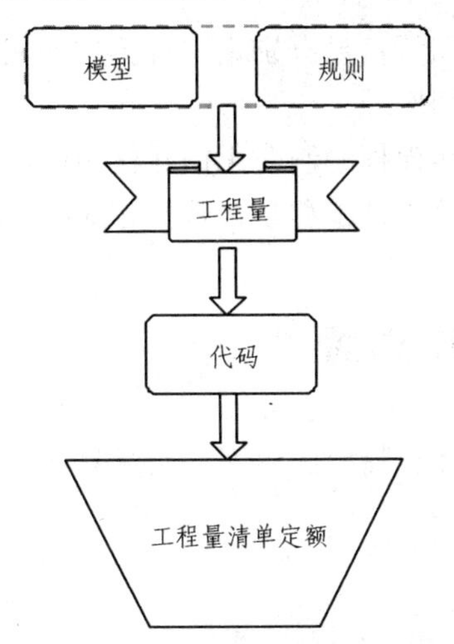

图 3.1.2 计算机建模算量流程

软件算量的重点：一是如何快速地按照图纸的要求，建立建筑模型；二是将算出来的工程量与工程量清单与定额进行关联；三是掌握特殊构件的处理及灵活应用。

3.2 图形算量软件操作流程

图形算量软件的整体操作流程如图 3.2.1 所示。

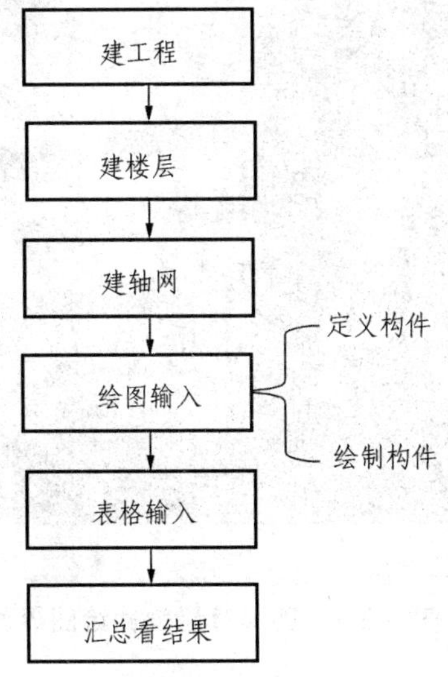

图 3.2.1 图形算量软件整体操作流程

第 1 步：建工程。建立图形算量软件工程文件，工程名称，根据地区选择清单计量规则和定额计量规则。

第 2 步：建楼层。根据图纸信息在图形算量软件中建立楼层，调整楼层数据。

第 3 步：建轴网。新建“轴网”构件，根据图纸轴网标示填入“开间”“进深”轴距数据，定义轴网并绘制。

第 4 步：绘图输入。通过图纸信息分别定义各类构件属性并套取对应清单定额，根据图纸平面信息将各构件绘制到绘图区域。

第 5 步：表格输入。将不能建模绘制或无需建模绘制的构件工程量填入“表格输入”。

第 6 步：汇总看结果。汇总构件工程量，选择相应报表查看并打印。

3.3 图形算量软件工作界面

图形算量软件主要操作界面包括绘图界面、定义界面两大部分。

3.3.1 绘图界面

绘图界面如图 3.3.1 所示。

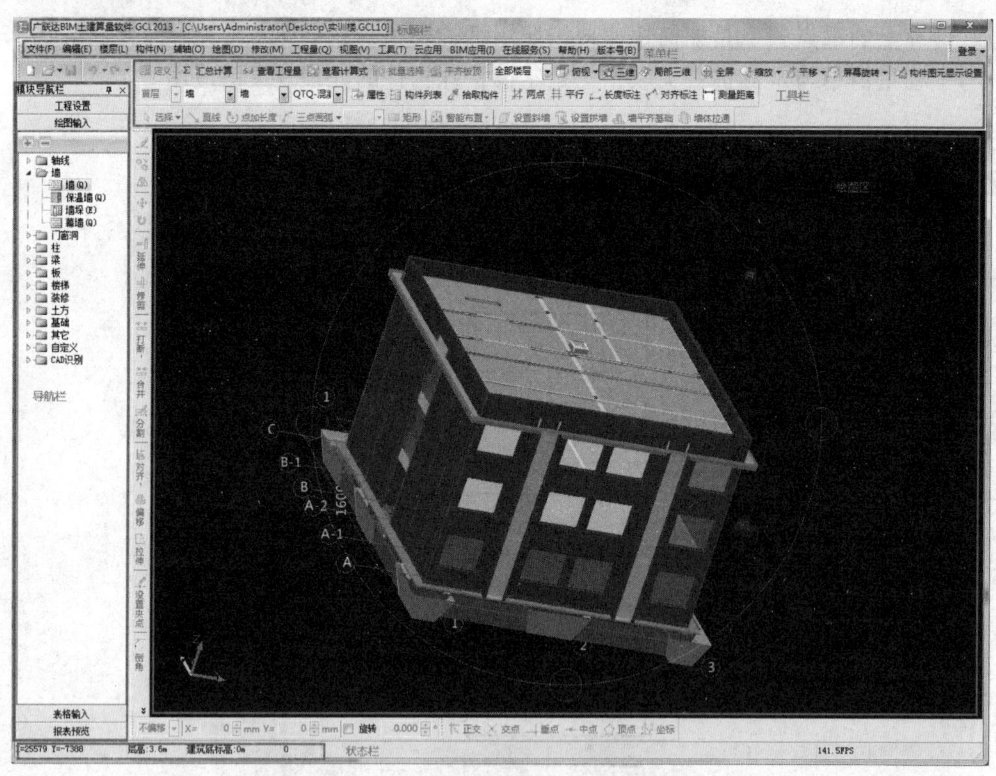

图 3.3.1 图形算量软件绘图界面

（1）标题栏：显示软件名称、工程名称、工程保存路径。

（2）菜单栏：包括软件所有功能按钮。

（3）工具栏：包括各功能常用工具按钮。

① 常用工具栏：包括常用的新建、打开、保存、撤销、恢复；

② 其他常用工具栏：定义/绘图切换按钮；汇总计算、查看工程量按钮；批量选择 F3、平齐板顶；

③ 窗口工具栏：用于绘图区显示，包括俯视、前视、后视等；轴侧图显示；当前层、相邻层、全部楼层、自定义楼层三维查看；动态观察器等；

④ 楼层构件切换工具条：主要用于楼层、构件类型、构件、构件名称切换；

⑤ 构件列表、属性：点击这两个按钮，可以直接调出构件列表、属性编辑器，可以在绘图区之间建立构件；

⑥ 辅轴工具栏：在任意图层都会显示，便于直接添加辅轴；

⑦ 绘图工具栏：根据不同图层动态显示不同的绘图命令；

⑧ 编辑工具栏：常用的删除、复制、移动、旋转等常用编辑命令；延伸、修剪、打断、合并、分割、对齐、设置夹点等特殊编辑命令；

⑨ 坐标工具栏：可以通过坐标进行绘图；

⑩ 捕捉工具栏：可以设置交点、垂点、中点、顶点、坐标等捕捉方式。

（4）状态栏：提示鼠标的坐标信息，楼层层高，底标高，图元数量，绘图过程中的步骤提示。

（5）导航栏：最左侧部分，包括工程设置、绘图输入、表格输入、报表预览 4 部分。

（6）绘图区：中间黑色的区域是整个绘图操作的区域。

3.3.2 定义界面

定义界面如图 3.3.2 所示。

（1）做法编辑区：主要进行添加做法、编辑做法、做法刷、做法查询、换算等操作。

（2）做法查询区：可以查询清单、定额库；查询匹配清单、定额库；查询外部清单、匹配外部清单；查询措施项，查询人、材、机，并能进行条件查询操作。

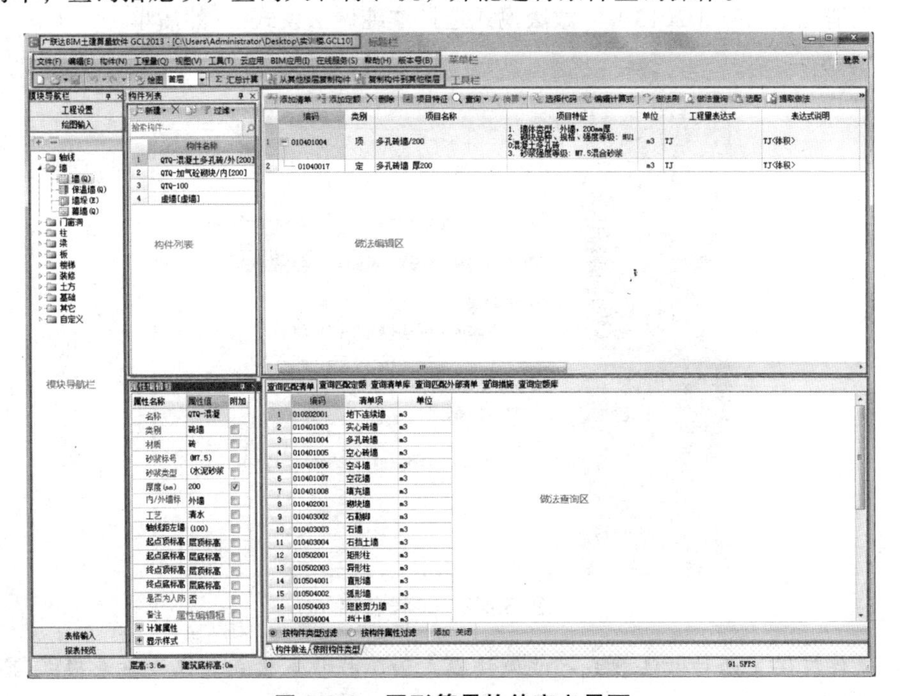

图 3.3.2 图形算量软件定义界面

3.4 新建工程

3.4.1 新建工程

（1）启动软件，通过鼠标左键单击 Windows 菜单："开始"→"所有程序"→"广联达建设工程造价管理整体解决方案"→"广联达 BIM 土建算量软件 GCL2013"。

（2）鼠标左键点击欢迎界面上的"新建向导"，进入新建工程界面，如图 3.4.1 所示。

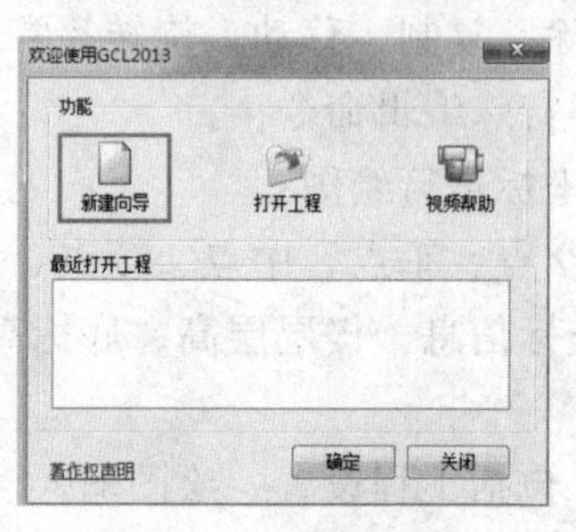

图 3.4.1 新建工程

（3）输入工程名称，例如，工程名称输入"实训楼"，再选择清单规则与定额规则。如果同时选择清单规则和定额规则，即为清单招标控制价模式或清单投标模式；若只选择清单规则，则为清单招标模式；若只选择定额规则，即为定额模式。这里我们以清单招标控制价模式或清单投标模式为例，清单规则选择为"房屋建筑与装饰工程计量规范计算规则（2013-云南）"，定额规则选择为"云南省房屋建筑与装饰工程消耗量定额计算规则（2013）"，则清单库自动选择"工程量清单项目计量规范（2013-云南）"，定额库自动选择"云南省房屋建筑与装饰工程消耗量定额（2013）"。做法模式选择"纯做法模式"。然后单击"下一步"按钮，如图 3.4.2 所示。

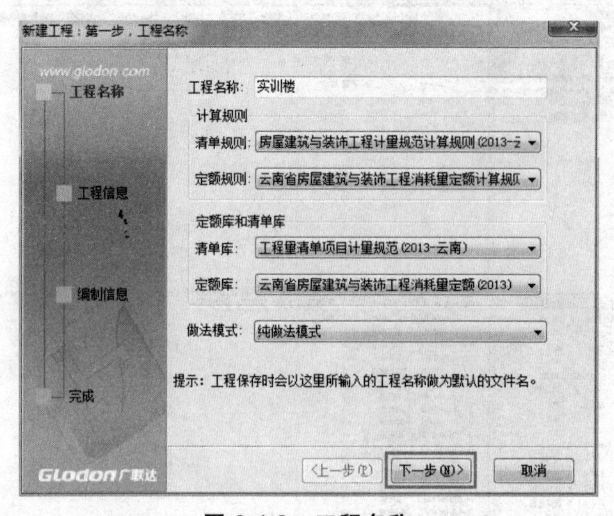

图 3.4.2 工程名称

注：软件提供了两种做法模式：纯做法模式和工程量表模式。工程量表模式与纯做法模式的区别在于：工程量表模式针对构件需要计算的工程量给出了参考列项。

（4）点击“下一步”，进入“工程信息”界面，如图 3.4.3 所示。

新建工程：第二步，工程信息

www.glodon.com

工程名称

工程信息

编制信息

完成

	属性名称	属性值
1	项目代码:	
2	工程类别:	
3	结构类型:	
4	基础形式:	
5	建筑特征:	
6	地下层数(层):	1
7	地上层数(层):	1
8	檐高(m):	
9	建筑面积(m2):	(0)
10	室外地坪相对±0.000标高(m)	-0.3

提示：黑色字体内容只起到标识的作用，对工程量计算没有任何影响；蓝色字体内容会影响计算结果，请根据实际情况填写。

Glodon广联达

<上一步(P)　下一步(N)>　取消

图 3.4.3　工程信息

在工程信息中，室外地坪相对 ± 0.000 标高的数值，需要根据实际工程的情况进行输入。本工程的信息输入如图 3.4.3 所示。

新建工程界面，蓝色字体信息会影响工程量计算，如室外地坪相对 ± 0.000 标高会影响到土方工程量、外装修工程量计算。可根据建施 – 09 中的室内外高差确定。

而黑色字体输入的内容只起到标识作用，所以地上层数、地下层数也可以不按图纸实际输入。其中建筑面积内容可联动绘制工程中建筑面积计算结果，自动出现，所以不用填入。

（5）点击“下一步”，进入“编制信息”界面，根据实际工程情况添加相应的内容，汇总时，会反应到报表里，如图 3.4.4 所示。

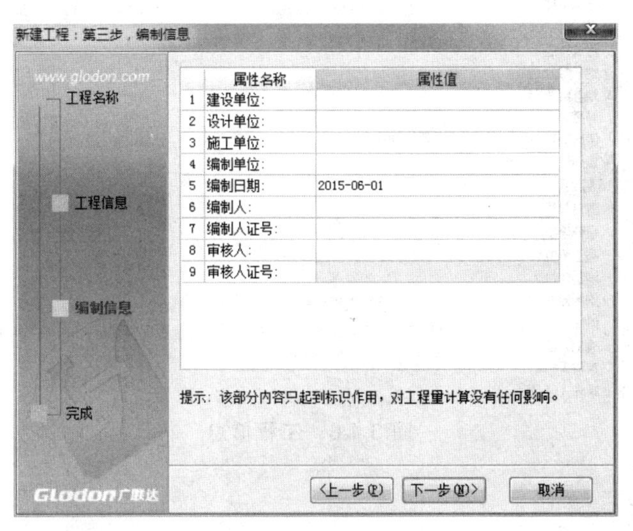

图 3.4.4　编制信息

（6）点击“下一步”，进入“完成”界面，这里显示了工程信息和编制信息，如图 3.4.5 所示。

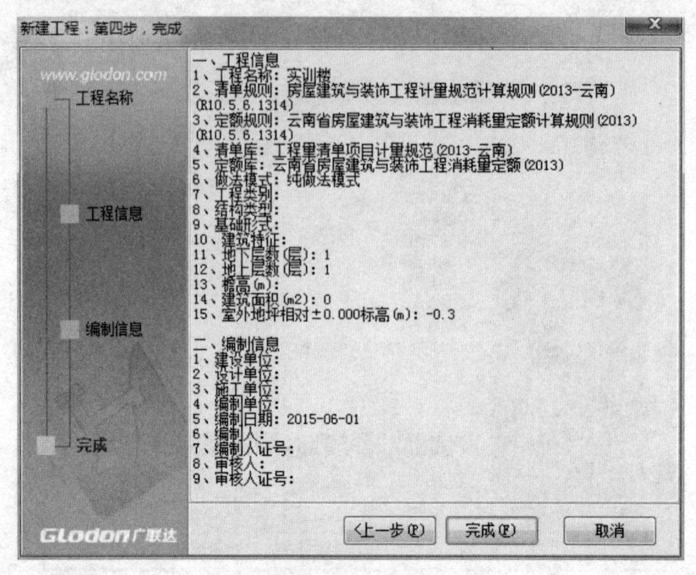

图 3.4.5　完成

（7）点击“完成”，完成新建工程，切换到“工程信息”界面，该界面显示了新建工程的工程信息，以供查看和修改，如图 3.4.6 所示。

	属性名称	属性值
1	− 工程信息	
2	工程名称：	实训楼
3	清单规则：	房屋建筑与装饰工程计量规范计算规则(2013-云南)(R10.5.6.1314)
4	定额规则：	云南省房屋建筑与装饰工程消耗量定额计算规则(2013)(R10.5.6.1314)
5	清单库：	工程量清单项目计量规范(2013-云南)
6	定额库：	云南省房屋建筑与装饰工程消耗量定额(2013)
7	做法模式：	纯做法模式
8	项目代码：	
9	工程类别：	
10	结构类型：	
11	基础形式：	
12	建筑特征：	
13	地下层数(层)：	1
14	地上层数(层)：	1
15	檐高(m)：	
16	建筑面积(m2)：	(0)
17	室外地坪相对±0.000标高(m)：	-0.3
18	− 编制信息	
19	建设单位：	
20	设计单位：	
21	施工单位：	
22	编制单位：	
23	编制日期：	2015-06-01
24	编制人：	
25	编制人证号：	
26	审核人：	
27	审核人证号：	

图 3.4.6　工程信息

3.4.2　建立楼层

（1）软件默认给出首层和基础层。在本工程中，根据结施－06 显示，基础底标高为－2.000（包含垫层），软件设置中基础层层高不包含垫层，可设置基础层层高为－1.900。

（2）首层的结构底标高为 ± 0.000（可从结施 – 15 楼梯剖面图查看），层高输入为 3.6 m。

鼠标左键选择首层所在的行，点击“插入楼层”，添加第 2、3 层，2、3 层的高度输入为 3.6 m。

（3）按照建立 2、3 层同样的方法，建立屋面层，屋面层层高为 0.9 m，屋面层主要对应出屋面构件高度，如出屋面女儿墙或出屋面楼梯间等，如图 3.4.7 所示。

	楼层序号	名称	层高(m)	首层	底标高(m)	相同层数	现浇板厚(mm)	建筑面积(m2)	备注
1	4	女儿墙	0.900	☐	10.800	1	120		
2	3	第3层	3.600	☐	7.200	1	120		
3	2	第2层	3.600	☐	3.600	1	120		
4	1	首层	3.600	☑	0.000	1	120		
5	0	基础层	1.900		-1.900	1	500		

图 3.4.7 建立楼层

注：① 点击基础层后插入楼层，可建立地下室楼层；

② 新建楼层中现浇板厚一般不作调整，其各层板厚可在新建板构件时调整其板厚。

（4）标号设置。

从“结构设计总说明”第五条“1. 混凝土强度等级”中可知各层构件混凝土标号。

从“结构设计总说明”第六条中可知，± 0.000 以下砌体采用 M10 水泥砂浆砌筑；± 0.000 以上采用 M7.5 混合砂浆砌筑。

在楼层设置下方是软件中的标号设置，集中统一管理构件混凝土标号、类型，砂浆标号、类型；对应构件的标号设置好后，在绘图输入新建构件时，会自动取这里设置的标号值。同时，标号设置适用于对定额进行楼层换算。选择每一个楼层分别进行设置；如果不同楼层有相同的混凝土标号、类型，砂浆标号、类型，则可以使用“复制到其他楼层”命令，把该层的数值复制到参数相同的楼层。

3.5 轴网的建立与绘制

3.5.1 建立轴网

楼层建立完成后，切换到“绘图输入”界面，在软件操作中工程构件就是在“绘图输入”界面定义、绘制。

在“绘图输入”界面操作的第一步是建立轴网。施工时是用放线来定位建筑物的位置，使用软件做工程时是用轴网来定位构件的位置。

1. 分析图纸

查找施工图中轴网标注比较完整的图纸，进行轴网设置。由结施 – 10 可知该工程的轴网是形状规则的正交轴网，上开间在 1 轴 ~ 2 轴之间、2 轴 ~ 3 轴之间设有次要轴线，左进深显示轴距，无右进深标注。

2. 轴网的定义

（1）切换到绘图输入界面之后，选择导航栏构件树中的“轴网”，点击左上角“定义”按钮；软件切换到轴网的定义界面。当点击“定义”按钮后，该按钮即可转换为“绘图”按钮，可切换为绘图界面。

（2）点击“新建”，选择“新建正交轴网”，新建“轴网－1”。

（3）输入下开间；在“常用值”下面的列表中选择要输入的轴距，双击鼠标即添加到轴距中；或者在添加按钮下的输入框中输入相应的轴网间距，点击“添加”按钮或回车即可；按照图纸从左到右的顺序，下开间依次输入 8 000、8 000；上开间依次输入 3 000、2 000、3 000、3 000、5 000；同时需要在轴号处修改轴号名称：将 2 改为 1－3，将 3 改为 1－4，将 4 改为 2，将 5 改为 2－1，将 6 改为 3。不在轴网上的次要轴线如 1/1、2/1 等，可根据需要直接设置辅助轴线，无需对应输入到轴网中。

（4）切换到“左进深”的输入界面，按照图纸从下到上的顺序，依次输入左进深的轴距为 3 400，3 400，2 200，3 000，4 000；同时修改轴号名称：将 B 改为 A－1，将 C 改为 A－2，将 D 改为 B，将 E 改为 B－1，将 F 改为 C。无右进深轴距数据，所以右进深可以不输入。不在轴网上的次要轴线 2/B，可根据需要直接设置辅助轴线，无需对应输入到轴网中。

（5）轴网中如无次要轴线同时上下开间或左右进深轴距轴号不对应时，可直接输入各自对应轴距，无需调整轴号，只要点击“轴号自动排序”功能即可。

（6）可以看到，右侧的轴网图显示区域，已经显示了定义的轴网，轴网定义完成，如图 3.5.1 所示。

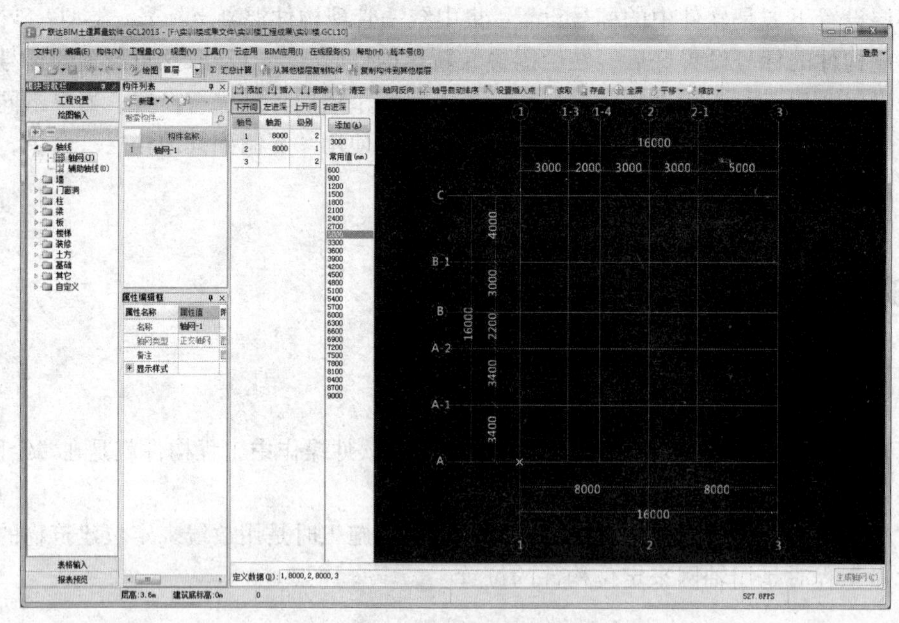

图 3.5.1　定义轴网

3.5.2　绘制轴网及辅助轴线

1. 绘制轴网

（1）轴网定义完毕后，点击左上角“绘图”按钮，切换到绘图界面。此时该按钮转换为“定义”按钮。

（2）弹出“请输入角度”对话框，提示用户输入定义轴网需要旋转的角度。本工程轴网为水平竖直向的正交轴网，旋转角度按软件默认输入“0”即可，如图 3.5.2 所示。

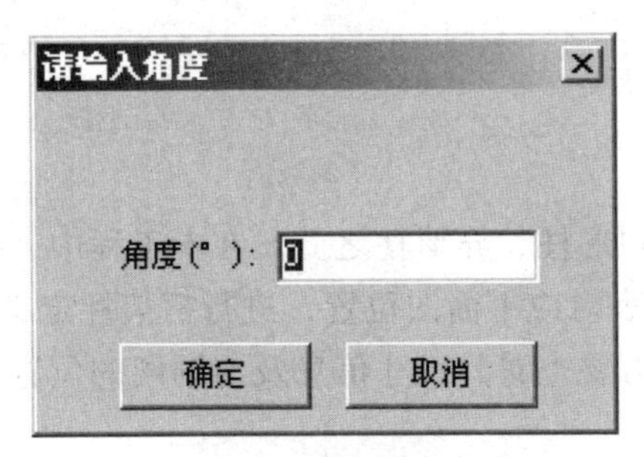

图 3.5.2　输入角度

（3）点击“确定”，绘图区显示轴网，绘制完成。这样，就完成了对本工程轴网的定义和绘制。

2. 绘制辅助轴线

（1）辅助轴线在任意图层都可以使用“轴网工具栏”里的“两点”“平行”功能直接添加 两点 平行 长度标注 对齐标注 测量距离。

（2）“两点”功能由鼠标左键选择两点直接绘制。

（3）“平行”功能先选择一条基准轴线，在弹出的对话框中输入偏移距离来实现辅助轴线的绘制，如图 3.5.3 所示。

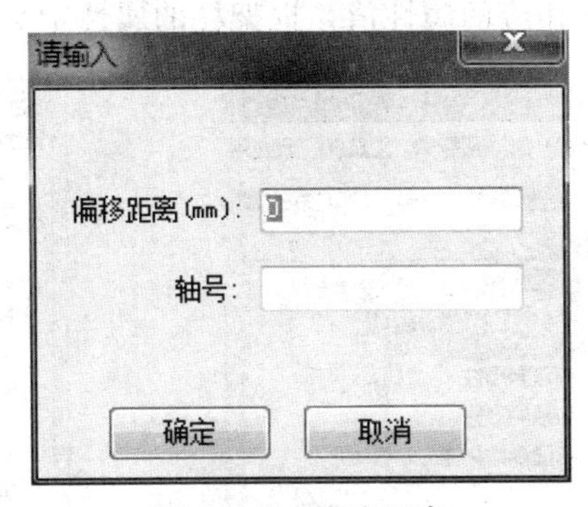

图 3.5.3　偏移距离

根据所选基准轴线的位置，在偏移距离输入框中输入正值，则其偏移方向为向上或向右，输入负值，则其偏移方向为向下或向左。轴号输入根据图纸所示填入，也可为空。

3. 轴网的其他功能

（1）设置插入点：用于轴网拼接，可以任意设置插入点（不在轴线交点处或在整个轴网外都可以设置）。

（2）修改轴号、修改轴距：当检查已经绘制的轴网有错误的时候，可以直接修改。

（3）修改轴号位置：当绘制好的轴网上下轴距轴号或左右轴距轴号一致时，可使用此功能调整轴距轴号显示，使之与图纸轴网显示对应。

3.6 首层工程量计算

3.6.1 柱的工程量计算

1. 分析图纸

（1）框架柱有矩形柱、圆形柱、异形柱之分。在本工程中，柱的尺寸信息可在结施 - 08 中找到。根据结施 - 08 中柱表对应平面图位置，进行框架柱定义、绘制即可。

（2）土建工程量计算只需要查看其尺寸信息及与轴网的位置关系即可，柱表中钢筋信息为计算钢筋工程量时使用。

（3）由结施 - 08 的柱表中得到柱的截面信息，主要信息如表 3.6.1 所示。

表 3.6.1 柱构件信息

类型	名称	截面尺寸	标高	备注
矩形框架柱	KZ1	500×500	基础顶～＋3.600	轴线居中布置
	KZ2	500×500	基础顶～＋3.600	

2. 柱的属性定义

（1）在模块导航栏中点击“柱”，使其前面的“＋”展开，点击“柱”，点击“定义”按钮，进入柱的定义界面，点击构件列表中的“新建”，选择“新建矩形柱”，如图 3.6.1 所示。

（2）在属性编辑框中输入相应的属性值，框架柱的属性定义如图 3.6.2 所示。

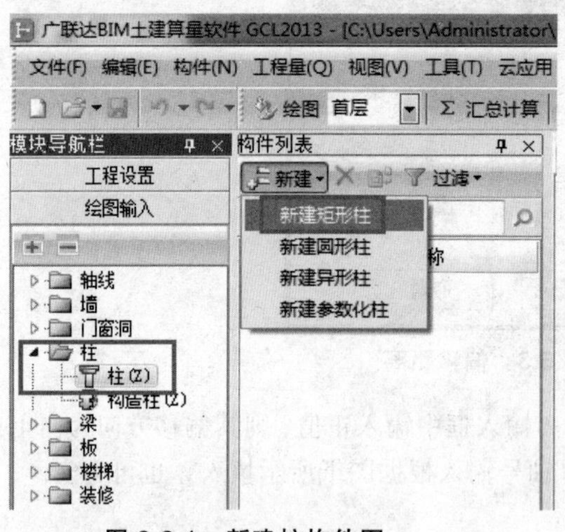

图 3.6.1 新建柱构件图

图 3.6.2 矩形柱属性编辑

（3）其他类型框架柱定义方式。

① 圆形柱新建方法同矩形框架柱属性定义，其尺寸只能填入半径信息，如图 3.6.3 所示。

② 异形柱新建方式有两种：新建异形柱及新建参数化柱，如图 3.6.4 所示。

- 异形柱编辑。选择新建异形柱后会弹出如图 3.6.5 所示窗口，可直接按异形柱外形绘制，也可以在定义网格中按构件尺寸区分 x\y 方向尺寸数值，使用“,”隔开。

属性名称	属性值	附加
名称	KZ-2	
类别	框架柱	☐
材质	现浇混凝	☐
砼标号	(C30)	☐
砼类型	(现浇砼)	☐
半径(mm)	425	☐
截面面积(m	0.567	☐
截面周长(m	2.67	☐
顶标高(m)	层顶标高	☐
底标高(m)	层底标高	☐
是否支模	是	☐
是否为人防	否	☐
备注		☐
+ 计算属性		
+ 显示样式		

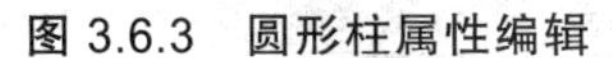

图 3.6.3 圆形柱属性编辑

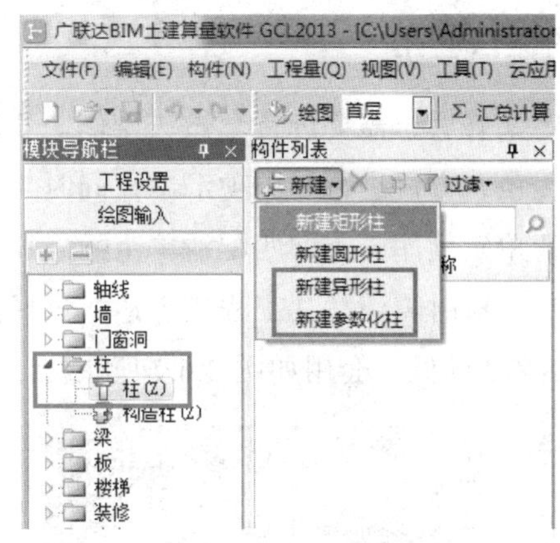

图 3.6.4 新建异形柱

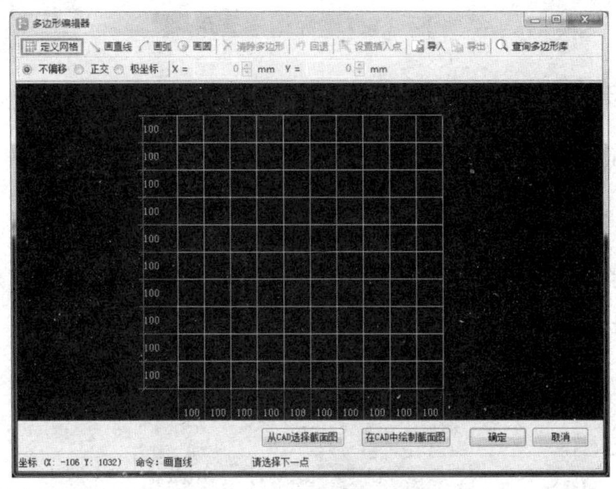

图 3.6.5 多边形编辑器

参数化柱属性。选择新建参数化柱后会弹出如图 3.6.6 所示窗口，可根据图纸显示异形柱尺寸信息查找对应参数图，填入对应尺寸信息即可。

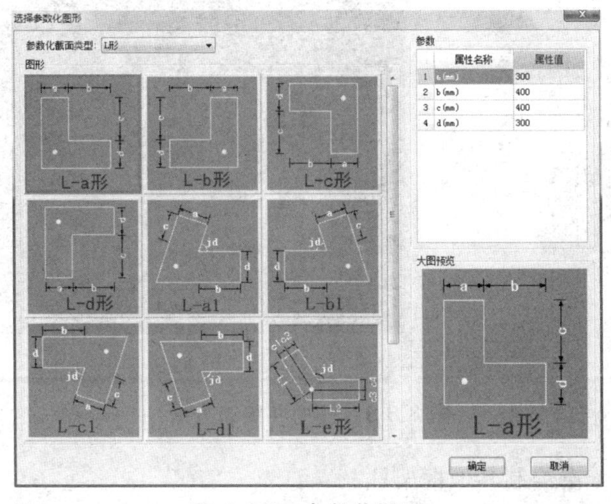

图 3.6.6 参数化图形

3. 柱的做法套用

柱构件定义好后，需要进行套做法操作。套用做法是指构件按照计算规则计算汇总出清单、定额工程量，方便进行同类项汇总，同时与广联达计价软件数据接口。构件套做法，可以通过查询清单定额库、查询匹配清单定额添加。

套取清单定额时需注意其工程量表达式选择需与计算规则一致，不能为空。

KZ-1、KZ-2 的做法套用如图 3.6.7 所示。

	编码	类别	项目名称	项目特征	单位	工程量表达式	表达式说明	措施项目	专业	单价
1	010502001	项	矩形柱/1.8外	1. 混凝土强度等级：C30 2. 柱截面尺寸：断面周长1.8m以外 3. 混凝土拌合料要求：商品砼	m3	TJ	TJ<体积>	☐	房屋建筑与装饰	
2	01050084	定	商品混凝土施工 矩形柱 断面周长 1.8m以外		m3	TJ	TJ<体积>	☐	土	
3	011702002	项	矩形柱		m2	MBMJ	MBMJ<模板面积>	☑	房屋建筑与装饰	
4	01150270	定	现浇混凝土模板 矩形柱 组合钢模板		m2	MBMJ	MBMJ<模板面积>	☑	饰	

图 3.6.7 柱做法套用

4. 柱的绘制方法

柱定义完毕后，点击“绘图”按钮，切换到绘图界面。

1）点绘制

通过构件列表选择要绘制的构件 KZ-1，鼠标捕捉 1 轴与 C 轴的交点，直接点击鼠标左键，就完成了柱 KZ-1 的绘制，如图 3.6.8 所示。

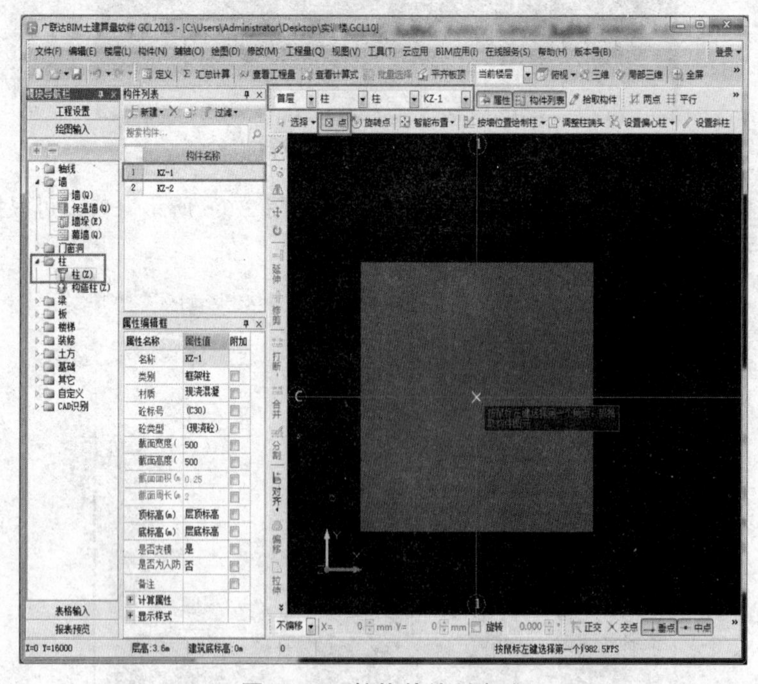

图 3.6.8 柱构件绘制方法

按相应绘制方式依次绘制其他框架柱。

绘制完毕点击正上方查看三维按钮三维，即可查看三维图形，如图 3.6.9 所示。

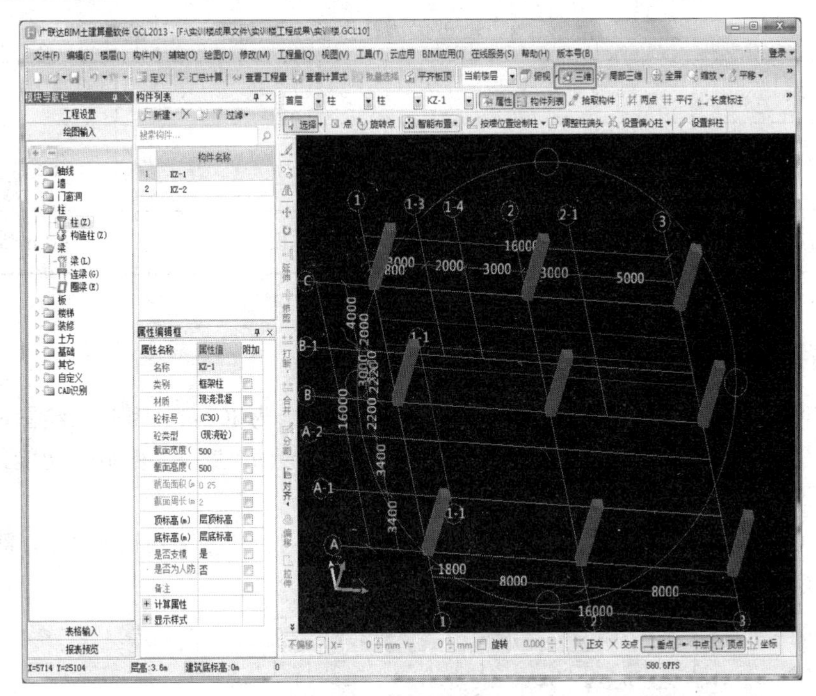

图 3.6.9　柱构件三维显示

2）偏移绘制

偏移绘制常用于绘制不在轴线交点处的柱，不能直接用鼠标选择点绘制，需要使用“shift 键 + 鼠标左键”相对于基准点偏移绘制。此种绘制方式输入数值仍遵循向上向右为正值、向下向左为负值的输入规则。本工程柱构件无需偏移。

5. 计算结果

点击左上角“汇总计算”按钮，选择楼层进行汇总，即可得到构件工程量。

点击模块导航栏的报表预览，点击“清单定额汇总表”，再单击“设置报表范围”，选择“柱”，即可查看框架柱的实体工程量，如表 3.6.2 所示。

表 3.6.2　柱清单定额工程量

序号	编码	项目名称及特征	单位	工程量
1	010502001001	矩形柱 1. 混凝土强度等级：C30 2. 柱截面尺寸：断面周长 1.8 m 以外 3. 混凝土拌和料要求：商品砼	m^3	8.1
	01050084	商品混凝土施工　矩形柱　断面周长 1.8 m 以外	10 m^3	0.81

切换左上角“实体项目”为“措施项目”，则可查看框架柱的措施工程量，如表 3.6.3 所示。

表 3.6.3　柱模板清单定额工程量

序号	编码	项目名称及特征	单位	工程量
1	011702002001	矩形柱 1. 模板类型：组合钢模板	m^2	64.8
	01150270	现浇混凝土模板 矩形柱 组合钢模板	$100\ m^2$	0.648

注：在所有构件未绘制完毕前，各构件扣减关系未形成，其工程量与最终工程不一致。

6. 总结拓展

通过图纸分析可知，本工程四角为 KZ-1，其他柱全为 KZ-2。因此在绘图时可以使用一种简单的方法：先绘制其中一个 KZ-1（或 KZ-2），然后使用“复制”功能绘制其他同名称柱。

选中 1～C 轴的 KZ-1，单击右键选择“复制”，补捉 1～C 轴 KZ-1 的中点，即可将 KZ-1 构件复制到鼠标移动的下一点，如图 3.6.10 所示。

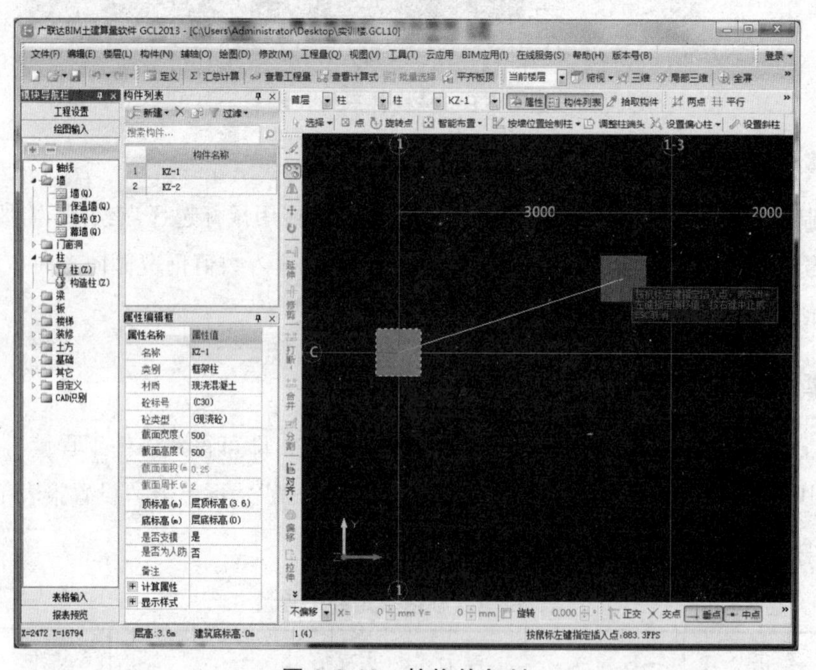

图 3.6.10　柱构件复制

3.6.2　梁的工程量计算

1. 分析图纸

（1）分析结施－09，本层有框架梁、非框架梁两种。

（2）土建计算梁工程量时，区分有梁板及单梁连续梁两种，与板共同浇筑的梁归为有梁板，不与板共同浇筑的梁归为单梁连续梁，本工程首层中 C 轴上 2～1/2 轴之间为单梁连续梁，需单独定义、绘制。本层梁信息见表 3.6.4。

表 3.6.4 梁构件信息

序号	类型	名称	砼标号	截面尺寸	顶标高	备注
1	框架梁	KL-1	C30	300×650	层顶标高	
		KL-2	C30	300×650	层顶标高	
		KL-3	C30	300×700	层顶标高	
		KL-3-单	C30	300×700	层顶标高	
		KL-4	C30	300×650	层顶标高	
2	非框架梁	L-1	C30	200×350	层顶标高	
		L-2	C30	250×550	层顶标高	
		L-3	C30	200×350	层顶标高	

2. 梁的属性定义

1）框架梁定义

在模块导航栏中点击“梁”→“梁”，单击“定义”按钮，进入梁的定义界面，在构件列表中点击“新建”→“新建矩形梁”，新建矩形梁 KL-1，根据 KL-1 在图纸中的集中标注，在属性编辑框中输入相应的属性值，如图 3.6.11 所示。

2）非框架梁定义

非框架梁定义同框架梁，如图 3.6.12 所示。

属性名称	属性值	附加
名称	KL-1	
类别1	框架梁	
类别2	有梁板	
材质	现浇混凝土	
砼标号	(C30)	
砼类型	(现浇砼)	
截面宽度(mm)	300	
截面高度(mm)	650	
截面面积(m2)	0.195	
截面周长(m)	1.9	
起点顶标高(m)	层顶标高	
终点顶标高(m)	层顶标高	
轴线距梁左边线距离(mm)	(150)	
砖胎膜厚度(mm)	0	
是否计算单梁装修量	否	
图元形状	矩形	
是否支模	是	
是否为人防构件	否	
备注		
+ 计算属性		
+ 显示样式		

图 3.6.11 框架梁属性编辑

属性名称	属性值	附加
名称	L-3	
类别1	非框架梁	
类别2	有梁板	
材质	现浇混凝土	
砼标号	(C30)	
砼类型	(现浇砼)	
截面宽度(mm)	200	
截面高度(mm)	350	
截面面积(m2)	0.07	
截面周长(m)	1.1	
起点顶标高(m)	层顶标高	
终点顶标高(m)	层顶标高	
轴线距梁左边线距离(mm)	(100)	
砖胎膜厚度(mm)	0	
是否计算单梁装修量	否	
图元形状	矩形	
是否支模	是	
是否为人防构件	否	
备注		
+ 计算属性		
+ 显示样式		

图 3.6.12 非框架梁属性编辑

3. 梁的做法套用

梁构件定义好后，需要进行套做法操作。框架梁、非框架梁均套取有梁板，其中不与板共同浇筑的梁清单套取矩形梁、定额套取单梁连续梁，如图 3.6.13 所示。

套取清单定额时需注意其工程量表达式选择需与计算规则一致，不能为空。

	编码	类别	项目名称	项目特征	单位	工程量表达式	表达式说明	措施项目	专业
1	010505001	项	有梁板	1. 混凝土强度等级：C30 2. 混凝土拌合料要求：商品砼	m3	TJ	TJ<体积>	□	房屋建筑与装饰
2	01050109	定	商品混凝土施工 有梁板		m3	TJ	TJ<体积>	□	土
3	011702014	项	有梁板		m2	MBMJ	MBMJ<模板面积>	☑	房屋建筑与装饰
4	01150294	定	现浇混凝土模板 有梁板 组合钢模板		m2	MBMJ	MBMJ<模板面积>	☑	饰

	编码	类别	项目名称	项目特征	单位	工程量表达式	表达式说明	措施项目	专业
1	010503002	项	矩形梁	1.混凝土强度等级:C30 2.混凝土拌合料要求:商品砼	m3	TJ	TJ<体积>	□	房屋建筑与装饰
2	01050094	定	商品混凝土施工 单梁连续梁		m3	TJ	TJ<体积>	□	土
3	011702006	项	矩形梁		m2	MBMJ	MBMJ<模板面积>	☑	房屋建筑与装饰
4	01150279	定	现浇混凝土模板 单梁连续梁 组合钢模板		m2	MBMJ	MBMJ<模板面积>	☑	饰

图 3.6.13 梁做法套用

4. 梁的绘制方法

梁定义完毕后，点击“绘图”按钮，切换到绘图界面。

1）直线绘制

在绘图界面，点击直线，点击梁的起点 1 轴与 A 轴的交点，点击梁的终点 1 轴与 C 轴的交点，右键确认即可，如图 3.6.14 所示。

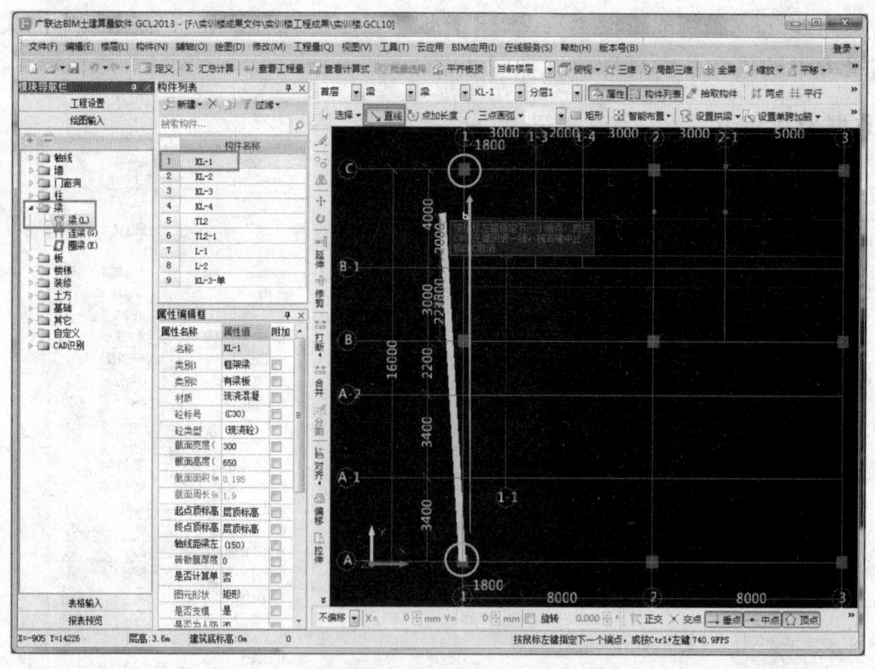

图 3.6.14 梁构件绘制方法

2）对齐梁图元

由施工图可知，梁外边线与柱外侧平齐，可使用软件功能“单对齐”操作实现。点击左上角工具栏功能“选择”，选中绘制好的梁构件，点击右键选择“单对齐”，绘图区会呈现线条模式。先选择柱外侧边线，再选择梁外边线，右键确认即可，如图 3.6.15 所示。

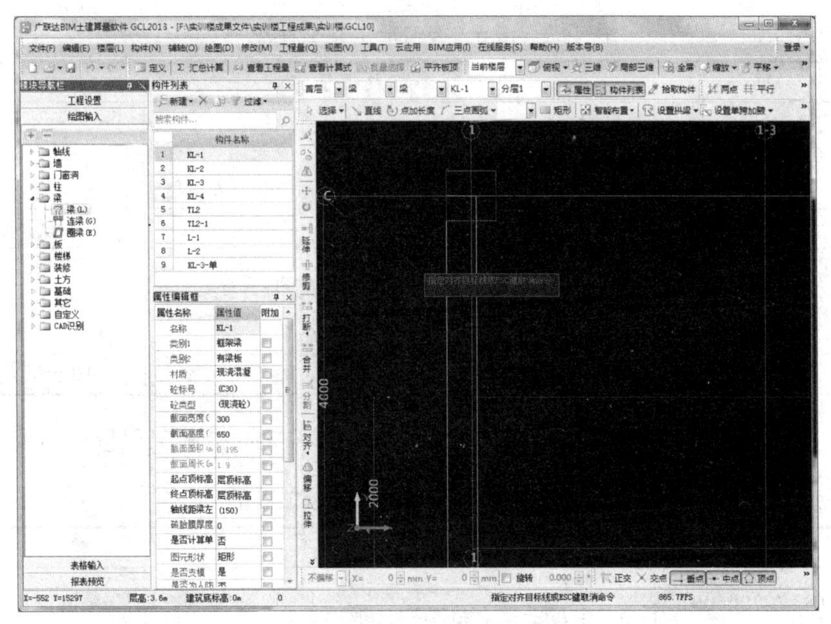

图 3.6.15 单对齐功能

按相应绘制方式依次绘制其他框架梁及非框架梁。

绘制完毕点击正上方查看三维按钮 三维，即可查看三维图形，如图 3.6.16 所示。

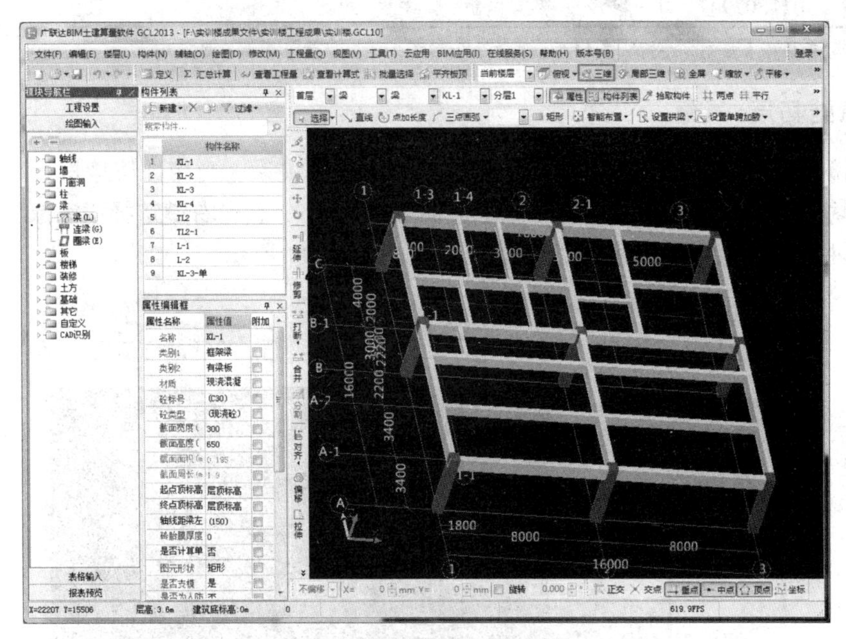

图 3.6.16 梁构件三维显示

5. 计算结果

点击左上角“汇总计算”按钮，选择楼层进行汇总，即可得到构件工程量。

点击模块导航栏的报表预览，点击“清单定额汇总表”，再单击“设置报表范围”，选择“梁”，即可查看梁的实体工程量，如表 3.6.5 所示。

表 3.6.5　梁清单定额工程量

序号	编码	项目名称及特征	单位	工程量
1	010503002001	矩形梁 1. 混凝土强度等级：C30 2. 混凝土拌和料要求：商品砼	m^3	0.577 5
	01050094	商品混凝土施工 单梁连续梁	10 m^3	0.057 8
2	010505001001	有梁板 1. 混凝土强度等级：C30 2. 混凝土拌和料要求：商品砼	m^3	25.321
	01050109	商品混凝土施工 有梁板	10 m^3	2.532 1

切换左上角“实体项目”为“措施项目”，则可查看梁的措施工程量，如表 3.6.6 所示。

表 3.6.6　梁模板清单定额工程量

序号	编码	项目名称及特征	单位	工程量
1	011702006001	矩形梁 1. 模板类型：组合钢模板	m^2	4.606 3
	01150279	现浇混凝土模板 单梁连续梁 组合钢模板	100 m^2	0.046 1
2	011702014001	有梁板 1. 模板类型：组合钢模板	m^2	222.136 3
	01150294	现浇混凝土模板 有梁板 组合钢模板	100 m^2	2.221 4

注：在所有构件未绘制完毕前，各构件扣减关系未形成，其工程量与最终工程不一致。

6. 总结拓展

（1）镜像。1 轴与 3 轴上的梁同为 KL-1，且为对称关系。当构件信息相同且对称时，可使用镜像功能实现快速绘制。选择 1 轴上绘制好的 KL-1，点击右键选择“镜像”功能，左键点击对称轴上任意两点，即可实现构件镜像，如图 3.6.17 所示。

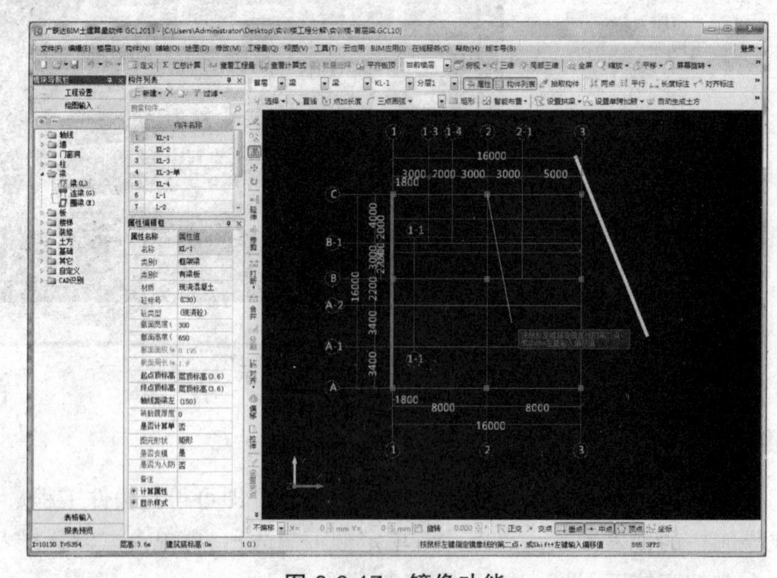

图 3.6.17　镜像功能

（2）当梁标高与层顶标高不一致时，可在新建时直接修改起点顶标高及终点顶标高；也可以绘制好梁构件后选中，在属性编辑框中直接修改。

（3）绘制梁构件时，一般先横向后竖向，先框架梁后非框架梁，以避免遗漏。

3.6.3　板的工程量计算

1. 分析图纸

分析结施-12 可以从中得到板的厚度信息。根据板备注中可知，板厚为 120 mm，其中卫生间板面标高比楼面低 30 mm；从平面图中可知，B ~ B-0 轴与 2 ~ 2-1 轴区域内板厚为 100 mm，如表 3.6.11 所示。

表 3.6.7　板构件信息

类型	名称	砼标号	板厚 *h*	板顶标高	备注
普通楼板	LB1	C30	120	层顶标高	
	LB2	C30	120	层顶标高 − 0.03 m	卫生间
	LB3	C30	100	层顶标高	

2. 板的属性定义

在模块导航栏中点击“板”→“板”，单击“定义”按钮，进入板的定义界面，在构件列表中点击“新建”→“新建现浇板”，新建现浇板 LB1，根据 LB1 图纸中的尺寸标注，在属性编辑器中输入相应的属性值，如图 3.6.18 所示。

属性名称	属性值	附加
名称	LB1	
类别	有梁板	☐
材质	现浇混凝	☐
砼标号	(C30)	☐
砼类型	(现浇砼)	☐
厚度(mm)	120	☐
顶标高(m)	层顶标高	☐
是否是楼板	是	☐
是否是空心	否	☐
是否支模	是	☐
备注		☐
+ 计算属性		
+ 显示样式		

图 3.6.18　板属性编辑

3. 板的做法套用

板构件定义好后，需要进行做法套用，如图 3.6.19 所示。

套取清单定额时需注意其工程量表达式选择需与计算规则一致，不能为空。

	编码	类别	项目名称	项目特征	单位	工程量表达式	表达式说明	措施项目	专业
1	010505001	项	有梁板	1. 混凝土强度等级：C30 2. 混凝土拌合料要求：商品砼	m3	TJ	TJ<体积>	☐	房屋建筑与装饰
2	01050109	定	商品混凝土施工 有梁板		m3	TJ	TJ<体积>	☐	土
3	011702014	项	有梁板	1. 模板类型：组合钢模板	m2	MBMJ	MBMJ<模板面积>	☑	房屋建筑与装饰
4	01150294	定	现浇混凝土模板 有梁板 组合钢模板		m2	MBMJ	MBMJ<模板面积>	☑	饰

图 3.6.19　板做法套用

4. 板的绘制方法

1）点画绘制板

以 LB1 为例，定义好楼板后，点击点画，在 LB1 布置区域单击左键，LB1 即可布置，如图 3.6.20 所示。

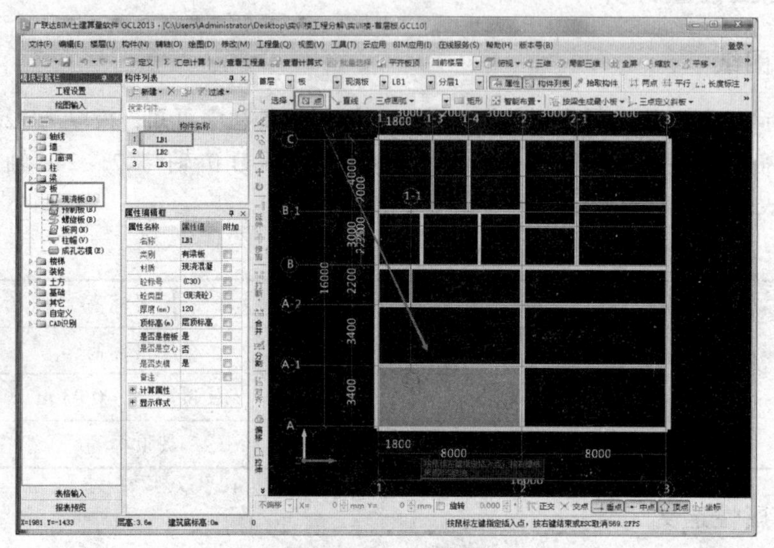

图 3.6.20 板构件点画绘制方法

注：点画板构件的前提条件是梁绘制时需将梁与梁相接，即梁围成的区域需封闭。可使用右键功能中的“延伸”进行封闭。

2）直线绘制板

仍以 LB1 为例，定义好楼板后，点击直线，依次点击 LB1 边界区域的交点，围成一个封闭区域，LB1 即可布置，如图 3.6.21 所示。

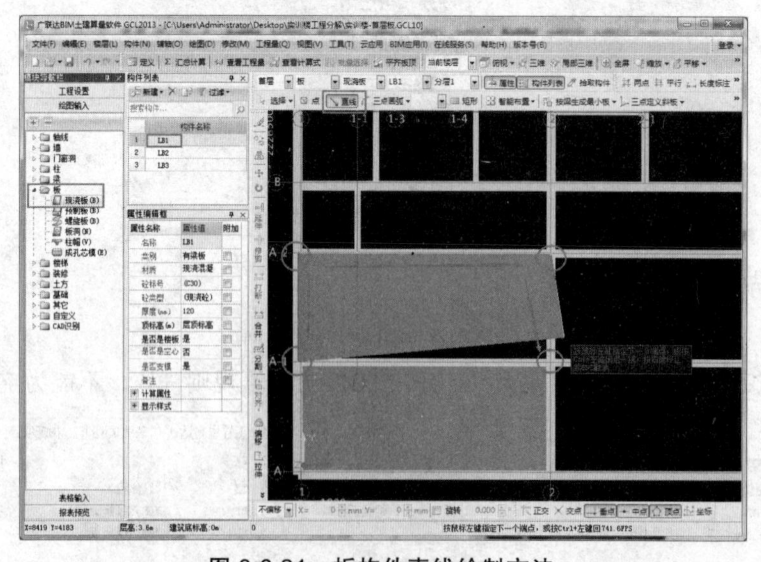

图 3.6.21 板构件直线绘制方法

按相应绘制方式依次绘制其他楼板。

绘制完毕点击正上方查看三维按钮 三维，即可查看三维图形，如图 3.6.22 所示。

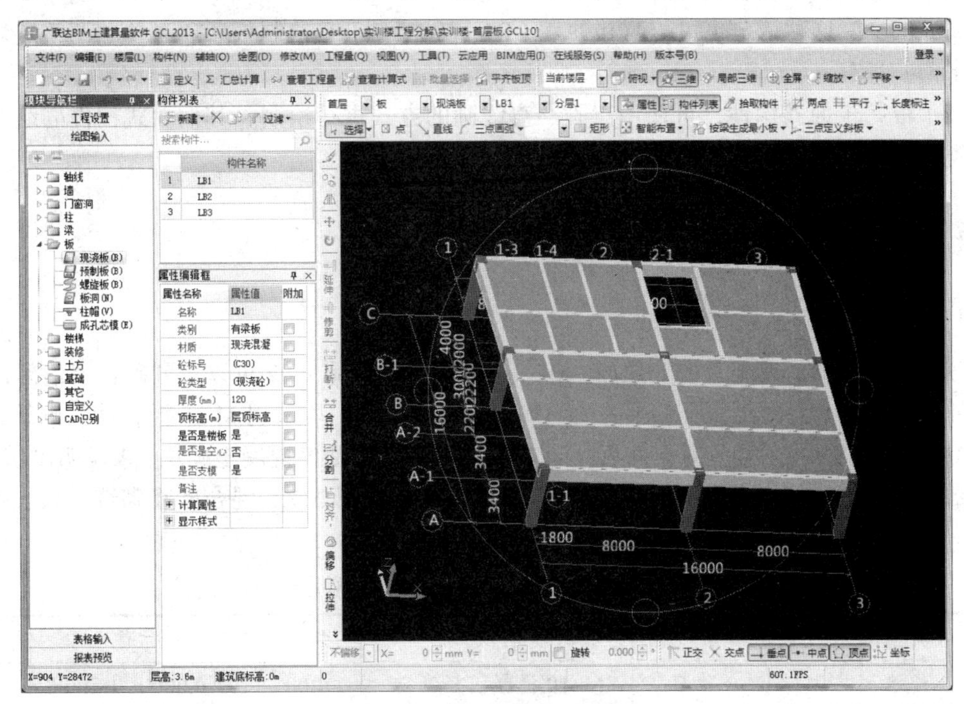

图 3.6.22　板构件三维显示

5. 计算结果

点击左上角“汇总计算”按钮，选择楼层进行汇总，即可得到构件工程量。

点击模块导航栏的报表预览，点击“清单定额汇总表”，再单击“设置报表范围”，选择“现浇板”，即可查看板的实体工程量，如表 3.6.8 所示。

表 3.6.8　板清单定额工程量

序号	编码	项目名称及特征	单位	工程量
1	010505001001	有梁板 1. 混凝土强度等级：C30 2. 混凝土拌和料要求：商品砼	m^3	25.655 2
	01050109	商品混凝土施工 有梁板	10 m^3	2.561 5

切换左上角“实体项目”为“措施项目”，则可查看板的措施工程量，如表 3.6.9 所示。

表 3.6.9　板模板清单定额工程量

序号	编码	项目名称及特征	单位	工程量
1	011702014001	有梁板 1. 模板类型：组合钢模板	m^2	214.393 3
	01150294	现浇混凝土模板 有梁板 组合钢模板	100 m^2	2.143 9

6. 总结拓展

（1）当相同板厚的楼板顶标高低于层顶标高，如 LB2 与 LB1 板厚相同，但 LB2 低于层顶标高 0.03 m，这种情况也可以直接使用 LB1 进行绘制，在绘制板后通过单独调整这块板的属性来调整标高。

（2）板属于面式构件，可使用点画、直线画的方式进行绘制，其他面式构件的绘制方法与板类似。

3.6.4 砌体墙的工程量计算

1. 分析图纸

分析建施 - 01、建施 - 03、建施 - 04、建施 - 09、结施 - 02 可以得到砌块墙信息。其中首层外墙为 Mu10 混凝土多孔砖、内墙为加气混凝土砌块，均采用 M7.5 混合砂浆砌筑；由建施 - 03、建施 - 09 可看出，南立面百叶装饰面采用 100 厚加气混凝土砌块，未说明砌筑砂浆，根据结施 - 02 区分地上地下砌筑砂浆可得地上部分均采用 M7.5 混合砂浆砌筑，如表 3.6.10 所示。

表 3.6.10　砌体墙构件信息

序号	类型	砌筑砂浆	材质	墙厚	标高	备注
1	外墙	M7.5 混合砂浆	Mu10 混凝土多孔砖	200	±0.000 ~ +3.600	
2	内墙	M7.5 混合砂浆	加气混凝土砌块	200	±0.000 ~ +3.600	
3	外墙	M7.5 混合砂浆	加气混凝土砌块	100	±0.000 ~ +3.600	

2. 砌体墙的属性定义

在模块导航栏中点击“墙”→“墙”，单击“定义”按钮，进入墙的定义界面，在构件列表中点击“新建”→“新建内墙/新建外墙”，新建墙体，调整其墙体名称，并在属性编辑器中输入相应的属性值，如图 3.6.23 所示。

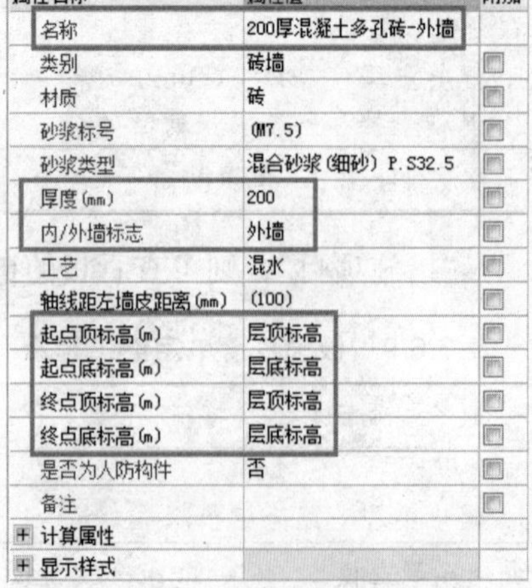

属性名称	属性值	附加
名称	200厚混凝土多孔砖-外墙	
类别	砖墙	
材质	砖	
砂浆标号	(M7.5)	
砂浆类型	混合砂浆(细砂) P.S32.5	
厚度(mm)	200	
内/外墙标志	外墙	
工艺	混水	
轴线距左墙皮距离(mm)	(100)	
起点顶标高(m)	层顶标高	
起点底标高(m)	层底标高	
终点顶标高(m)	层顶标高	
终点底标高(m)	层底标高	
是否为人防构件	否	
备注		
+ 计算属性		
+ 显示样式		

图 3.6.23　砌体墙属性编辑

注：

（1）外墙和内墙要区别定义，除了对自身工程量有影响外，还影响其他构件的软件绘制。

（2）可以根据工程实际需要进行标高调整。本工程是按照楼层高度进行设置，软件会根据计算规则对砌块墙和混凝土构件相交的地方进行自动扣减。

（3）砂浆标号、砂浆类型、工艺只起标示作用，不影响工程量计算，定额相应调整即可。

3. 砌体墙的做法套用

柱砌体墙构件定义好后，需要进行套做法操作。需注意钢板网清单定额套取在砌体墙构件上。

套取清单定额时需注意其工程量表达式选择需与计算规则一致，不能为空。钢板网工程量表达式在软件中使用"外墙外侧钢丝网片总长度 + 外墙内侧钢丝网片总长度 + 内墙两侧钢丝网片总长度"乘以钢板网宽得到。

200 厚混凝土多孔砖——外墙做法套用，如图 3.6.24 所示。

	编码	类别	项目名称	项目特征	单位	工程量表达式	表达式说明	措施项目	专业
1	010401004	项	多孔砖墙	1. 墙体类型：外墙，200mm厚 2. 砌块品种、规格、强度等级：MU10混凝土多孔砖 3. 砂浆强度等级：M7.5混合砂浆	m3	TJ	TJ<体积>		房屋建筑与装饰
2	01040017	定	多孔砖墙 厚190		m3	TJ	TJ<体积>		土
3	010607005	项	砌块墙钢丝网加固	1. 材料品种、规格：0.8厚9×25孔钢板网	m2	(WQWCGSWPZCD+WQNCGSWPZCD+NQLCGSWPZCD)*0.3	(WQWCGSWPZCD<外墙外侧钢丝网片总长度>+WQNCGSWPZCD<外墙内侧钢丝网片总长度>+NQLCGSWPZCD<内墙两侧钢丝网片总长度>)*0.3		房屋建筑与装饰
4	01040081	定	结构结合部分防裂 构造(钢丝网片)		m2	(WQWCGSWPZCD+WQNCGSWPZCD+NQLCGSWPZCD)*0.3	(WQWCGSWPZCD<外墙外侧钢丝网片总长度>+WQNCGSWPZCD<外墙内侧钢丝网片总长度>+NQLCGSWPZCD<内墙两侧钢丝网片总长度>)*0.3		土

图 3.6.24　砌体墙做法套用（一）

200 厚加气混凝土砌块——内墙做法套用，如图 3.6.25 所示。

1	010402001	项	砌块墙	1. 砌块品种、规格、强度等级：加气混凝土砌块 2. 墙体类型：内墙，200mm厚 3. 砂浆强度等级：M7.5混合砂浆	m3	TJ	TJ<体积>		房屋建筑与装饰
2	01040028	定	加气混凝土砌块墙 厚200		m3	TJ	TJ<体积>		土
3	010607005	项	砌块墙钢丝网加固	1. 材料品种、规格：0.8厚9×25孔钢板网	m2	(WQWCGSWPZCD+WQNCGSWPZCD+NQLCGSWPZCD)*0.3	(WQWCGSWPZCD<外墙外侧钢丝网片总长度>+WQNCGSWPZCD<外墙内侧钢丝网片总长度>+NQLCGSWPZCD<内墙两侧钢丝网片总长度>)*0.3		房屋建筑与装饰
4	01040081	定	结构结合部分防裂 构造(钢丝网片)		m2	(WQWCGSWPZCD+WQNCGSWPZCD+NQLCGSWPZCD)*0.3	(WQWCGSWPZCD<外墙外侧钢丝网片总长度>+WQNCGSWPZCD<外墙内侧钢丝网片总长度>+NQLCGSWPZCD<内墙两侧钢丝网片总长度>)*0.3		土

图 3.6.25　砌体墙做法套用（二）

100 厚加气混凝土砌块——外墙做法套用，如图 3.6.26 所示。

	编码	类别	项目名称	项目特征	单位	工程量表达式	表达式说明	措施项目	专业
1	010402001	项	砌块墙	1. 砌块品种、规格、强度等级：加气混凝土砌块 2. 墙体类型：外墙，100mm厚 3. 砂浆强度等级：M7.5混合砂浆	m3	TJ	TJ<体积>		房屋建筑与装饰
2	01040026	定	加气混凝土砌块墙 厚100		m3	TJ	TJ<体积>		土
3	010607005	项	砌块墙钢丝网加固	1. 材料品种、规格：0.8厚9×25孔钢板网	m2	(WQWCGSWPZCD+WQNCGSWPZCD+NQLCGSWPZCD)*0.3	(WQWCGSWPZCD<外墙外侧钢丝网片总长度>+WQNCGSWPZCD<外墙内侧钢丝网片总长度>+NQLCGSWPZCD<内墙两侧钢丝网片总长度>)*0.3		房屋建筑与装饰
4	01040081	定	结构结合部分防裂 构造(钢丝网片)		m2	(WQWCGSWPZCD+WQNCGSWPZCD+NQLCGSWPZCD)*0.3	(WQWCGSWPZCD<外墙外侧钢丝网片总长度>+WQNCGSWPZCD<外墙内侧钢丝网片总长度>+NQLCGSWPZCD<内墙两侧钢丝网片总长度>)*0.3		土

图 3.6.26　砌体墙做法套用（三）

4. 砌体墙的绘制方法

在绘图界面，点击直线，点击墙的起点 1 轴与 C 轴的交点，点击墙的终点 3 轴与 C 轴的交点，右键确认，点击左上角工具栏功能"选择"，选中绘制好的墙构件，右键功能键中点击"单对齐"，选择柱外侧边线，再选择墙外边线，右键确认即可，如图 3.6.27 所示。

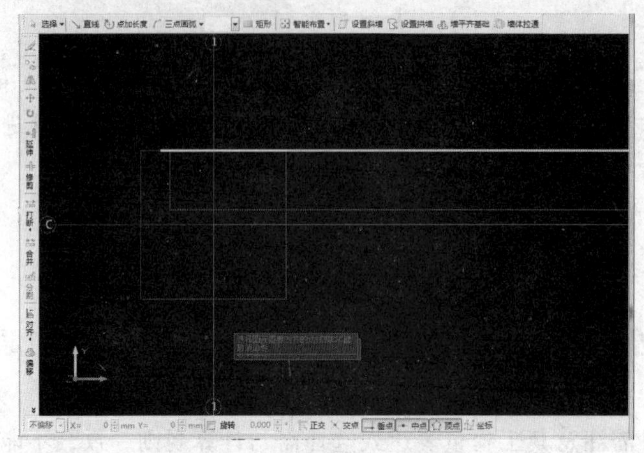

图 3.6.27　砌体墙构件绘制方法

A 轴向下百叶装饰面使用了突出墙体的 100 厚加气混凝土砌块设置墙体，可设置辅助轴线进行操作，如图 3.6.28 所示。

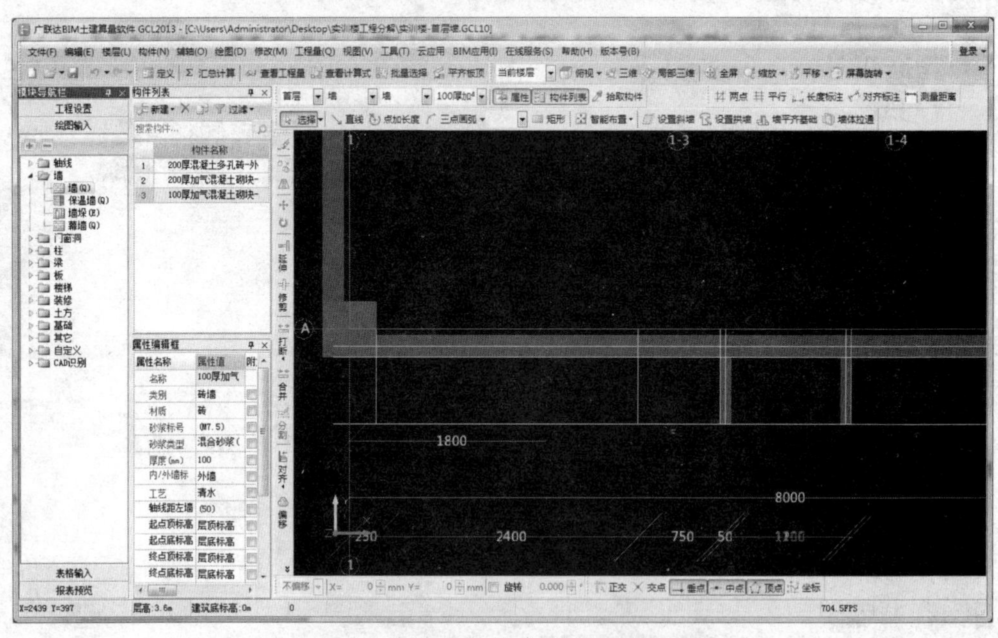

图 3.6.28　辅助轴线协助绘制方法

按相应绘制方式依次绘制其他砌体墙。注意墙体的封闭情况，墙体不封闭会影响其他构件如装修构件地面、天棚等的绘制。

绘制完毕点击正上方查看三维按钮 三维，即可查看三维图形，如图 3.6.29 所示。

5. 计算结果

点击左上角“汇总计算”按钮，选择楼层进行汇总，即可得到构件工程量。

点击模块导航栏的报表预览，点击“清单定额汇总表”，再单击“设置报表范围”，选择“墙”，即可查看墙的实体工程量，如表 3.6.11 所示。

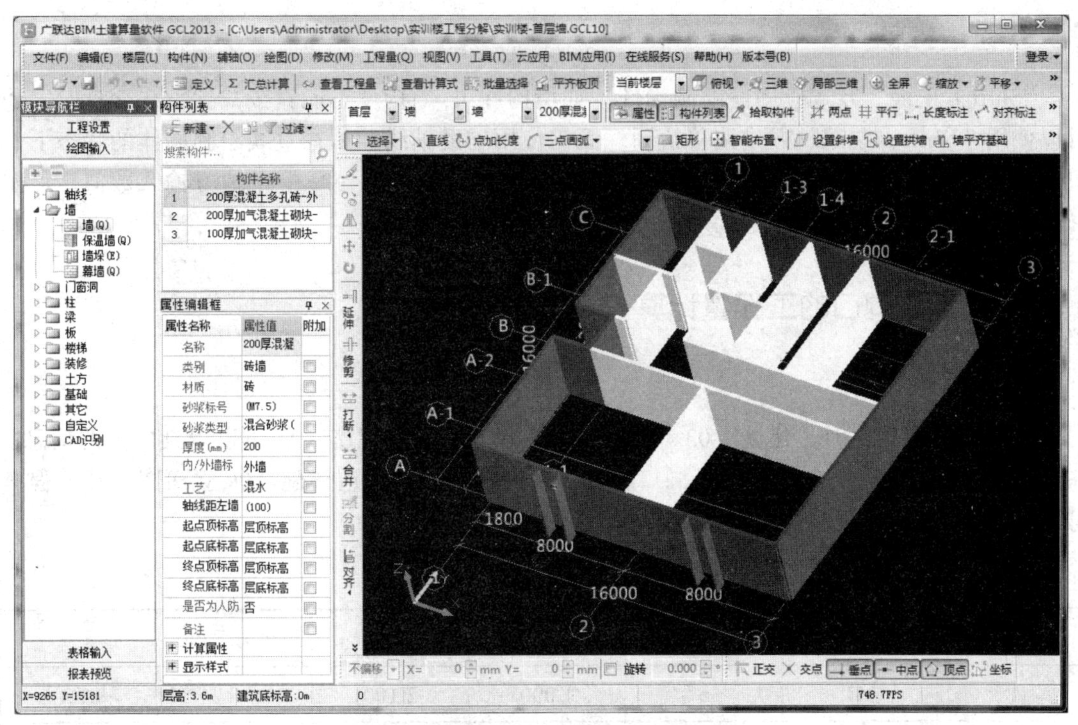

图 3.6.29 砌体墙构件三维显示

表 3.6.11 砌体墙清单定额工程量

序号	编码	项目名称及特征	单位	工程量
1	010401004001	多孔砖墙 1. 墙体类型：外墙，200 mm 厚 2. 砌块品种、规格、强度等级：MU10 混凝土多孔砖 3. 砂浆强度等级：M7.5 混合砂浆	m^3	37.423 8
	01040017	多孔砖墙 厚 190	10 m^3	3.742 4
2	010402001001	砌块墙 1. 砌块品种、规格、强度等级：加气混凝土砌块 2. 墙体类型：外墙，100 mm 厚 3. 砂浆强度等级：M7.5 混合砂浆	m^3	0.864
	01040026	加气混凝土砌块墙 厚 100	10 m^3	0.086 4
3	010402001002	砌块墙 1. 砌块品种、规格、强度等级：加气混凝土砌块 2. 墙体类型：内墙，200 mm 厚 3. 砂浆强度等级：M7.5 混合砂浆	m^3	40.811
	01040028	加气混凝土砌块墙 厚 200	10 m^3	4.081 1
4	010607005001	砌块墙钢丝网加固 1. 材料品种、规格：0.8 厚 9×25 孔钢板网	m^2	115.29
	01040081	结构结合部分防裂构造（钢丝网片）	m^2	115.29

注：在所有构件未绘制完毕前，各构件扣减关系未形成，其工程量与最终工程不一致。

6. 总结拓展

“Shift + 左键”方式应用。绘制构件（如墙构件），当构件不能直接找到轴线交点时，还可以使用“Shift + 左键”方式偏移绘制，无需使用辅助轴线。如在直线绘制墙体的状态下，按住 shift 的同时点交点，弹出“输入偏移量”的对话框，在“X =”的地方输入数值，点击“确定”，即可找到不在轴线上的对应点。

3.6.5 门窗、洞口的工程量计算

1. 分析图纸

分析图纸建施 - 01、建施 - 03、建施 - 04、建施 - 09、建施 - 11 可以得到门窗的信息。在开水间 2/1 轴处有 1 500 × 2 100 洞口，同时百叶装饰剖面对应建施 - 09 立面图，其工程量可用门窗构件或玻璃幕墙构件替代计算，如表 3.6.12 所示。

表 3.6.12 门窗、洞口构件信息

序号	名称	数量/樘	宽/mm	高/mm	离地高度/mm	备注
1	M1	6	1 000	2 100	0	夹板门
2	M2	4	1 500	2 100	0	夹板门
3	M3	1	1 500	2 600	0	铝合金单玻门
4	M4	1	750	2 100	0	夹板门
5	C1	3	900	1 500	1 400	铝合金单玻窗
6	C2	1	1 500	900	2 000	铝合金单玻窗
7	C3	5	2 400	2 000	900	铝合金单玻窗
8	D1	1	1 500	2 100	0	
9	MQ1	2	1 000	3 600	0	成品金属百叶

2. 门窗、洞口的属性定义

1）门的属性定义

在模块导航栏中点击“门窗洞”→“门”，单击“定义”按钮，进入门的定义界面，在构件列表中点击“新建”→“新建矩形门”，新建“矩形门 M－1”，在属性编辑框中输入相应的属性值，如图 3.6.30 所示。

（1）洞口宽度，洞口高度：从门窗表中可以直接得到属性值。

（2）框厚：输入门实际的框厚尺寸，对墙面块料面积的计算有影响，本工程无说明厚度，按默认设置。

（3）立樘距离：门框中心线与墙中心间的距离，默认为“0”。如果门框中心线在墙中心线左边，该值为负，否则为正。

2）窗的属性定义

在模块导航栏中点击“门窗洞”→“窗”，单击“定义”按钮，进入窗的定义界面，在构件列表中点击“新建”→“新建矩形窗”，新建“矩形窗 C－1”，在属性编辑框中输入相应的属性值，如图 3.6.31 所示。

属性名称	属性值	附加
名称	M-1	
洞口宽度(mm)	1000	☐
洞口高度(mm)	2100	☐
框厚(mm)	60	☐
立樘距离(mm)	0	☐
洞口面积(m2)	2.1	☐
离地高度(mm)	0	☐
是否随墙变斜	否	☐
是否为人防构件	否	☐
备注		☐
⊞ 计算属性		
⊞ 显示样式		

图 3.6.30　门属性编辑

属性名称	属性值	附加
名称	C-1	
类别	普通窗	☐
洞口宽度(mm)	900	☐
洞口高度(mm)	1500	☐
框厚(mm)	60	☐
立樘距离(mm)	0	☐
洞口面积(m2)	1.35	☐
离地高度(mm)	1400	☐
是否随墙变斜	是	☐
备注		☐
⊞ 计算属性		
⊞ 显示样式		

图 3.6.31　窗属性编辑

3）幕墙的属性定义

在模块导航栏中点击“墙”→“幕墙”，单击“定义”按钮，进入幕墙的定义界面，在构件列表中点击“新建”→“新建外幕墙”，新建“百叶装饰面”，幕墙不必依附墙体存在。其属性定义如图 3.6.32 所示。

属性名称	属性值	附加
名称	百叶装饰面	
材质	玻璃	☐
厚度(mm)	50	☐
轴线距左墙皮距离(mm)	(25)	☐
内/外墙标志	外墙	☐
起点顶标高(m)	层顶标高	☐
终点顶标高(m)	层顶标高	☐
起点底标高(m)	层底标高	☐
终点底标高(m)	层底标高	☐
结构类型	全玻幕墙	☐
备注		☐
⊞ 计算属性		
⊞ 显示样式		

图 3.6.32　幕墙属性编辑

属性名称	属性值	附加
名称	D-1	
洞口宽度(mm)	1500	☐
洞口高度(mm)	2100	☐
洞口面积(m2)	3.15	☐
离地高度(mm)	0	☐
是否随墙变斜	是	☐
备注		☐
⊞ 计算属性		
⊞ 显示样式		

图 3.6.33　墙洞属性编辑

4）墙洞的属性定义

在模块导航栏中点击“门窗洞”→“墙洞”，单击“定义”按钮，进入墙洞的定义界面，在构件列表中点击“新建”→“新建矩形墙洞”，其属性定义如图 3.6.33 所示。

3. 门窗的做法套用

门、窗按建施－01 门窗表对应材质套用做法；幕墙为金属百叶替代构件；洞口只为扣减墙体，无需套用做法。

门、窗套用做法需考虑制作、运输、安装、五金等内容，通常使用成品安装。如无对应定额或其定额价格与实际价格相差偏大时，一般采用补充定额费用包干的方式操作。

（1）门的做法套用，如图 3.6.34 所示。

	编码	类别	项目名称	项目特征	单位	工程量表达式	表达式说明	措施项目	专业
1	010801001	项	木质门	1. 门代号: M1（夹板门） 2. 洞口尺寸: 1000*2100 3. 含运输、安装、五金配件及门套等: 4. 其他: 满足设计和规范要求	樘	SL	SL<数量>		房屋建筑与装饰
2	001	补	夹板门1000*2100		樘	SL	SL<数量>		

	编码	类别	项目名称	项目特征	单位	工程量表达式	表达式说明	措施项目	专业
1	AB001	补项	铝合金单玻门	1. 门代号: M3（铝合金单玻门） 2. 洞口尺寸: 1500*2600 3. 含运输、安装、五金配件及门套等: 4. 其他: 满足设计和规范要求	樘	SL	SL<数量>		房屋建筑与装饰
2	003	补	铝合金单玻门		樘	SL	SL<数量>		

图 3.6.34　门做法套用

注：铝合金单玻门无对应清单，使用补充清单方式处理。补充清单格式参见《建设工程工程量清单计价规范》GB 50500—2013。

（2）窗的做法套用，如图 3.6.35 所示。

	编码	类别	项目名称	项目特征	单位	工程量表达式	表达式说明	措施项目	专业
1	010807001	项	铝合金单玻窗	1. 框、扇材质: 铝合金单玻窗 2. 玻璃品种、厚度: 满足设计要求 3. 窗代号: C1/C2/C3 4. 洞口尺寸: 详施工图 5. 壁厚: 满足设计和规范要求 6. 其他: 含运输、安装、五金配件等	m2	DKMJ	DKMJ<洞口面积>		房屋建筑与装饰
2	005	补	铝合金单玻窗		m2	DKMJ	DKMJ<洞口面积>		

图 3.6.35　窗做法套用

（3）幕墙的做法套用，如图 3.6.36 所示。

	编码	类别	项目名称	项目特征	单位	工程量表达式	表达式说明	措施项目	专业	单价
1	010807003	项	金属百叶窗	1.部位:空调板金属百叶 2.洞口尺寸:详施工图 3.框、扇材质:成品金属百叶 4.其他:含运输、安装、五金配件等	m2	MJ	MJ<面积>		房屋建筑与装饰	
2	006	补	成品金属百叶		m2	MJ	MJ<面积>			3694.3

图 3.6.36　幕墙做法套用

4. 门窗、洞口的绘制方法

门窗、洞口构件属于墙的附属构件，也就是说门窗、洞口构件必须绘制在墙上。

1）点画法

门窗、洞口最常用的是“点”绘制。对于计算来说，一段墙扣减门窗、洞口面积，只要其绘制在墙上就可以，一般对其位置要求不用很精确，所以直接采用点绘制即可。在点绘制时，软件默认开启动态输入的数值框，可以直接输入一边距墙端头的距离，或通过“Tab”键切换输入框来进行精确定位，如图 3.6.37 所示。

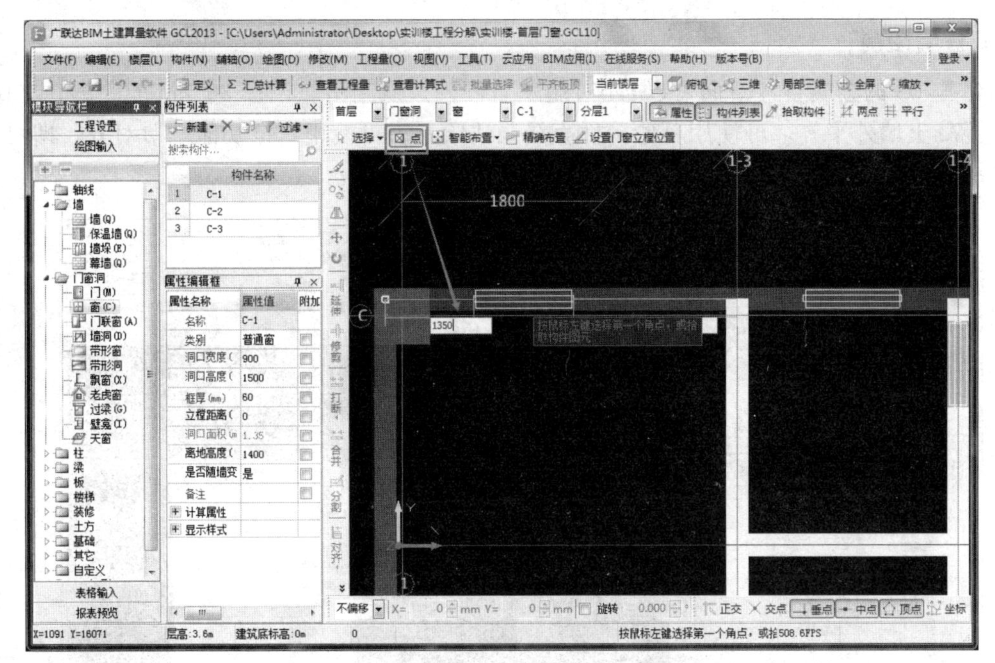

图 3.6.37　门窗、洞口构件点画绘制方法

2）精确布置

除使用输入框的方式外，还可以直接使用“精确布置”功能。

当门窗、洞口紧邻柱等构件布置时，考虑其上过梁与旁边的柱、墙扣减关系，需要对这些门窗、洞口精确定位。如一层平面图中的 C-3，都是贴着柱边布置的。

以绘制 C 轴与 3 轴交点处的 C-3 为例：先选择“精确布置”功能，再选择 C 轴的墙，然后指定插入点，在“请输入偏移值”窗口中输入“-400”，确定即可，如图 3.6.38 所示。

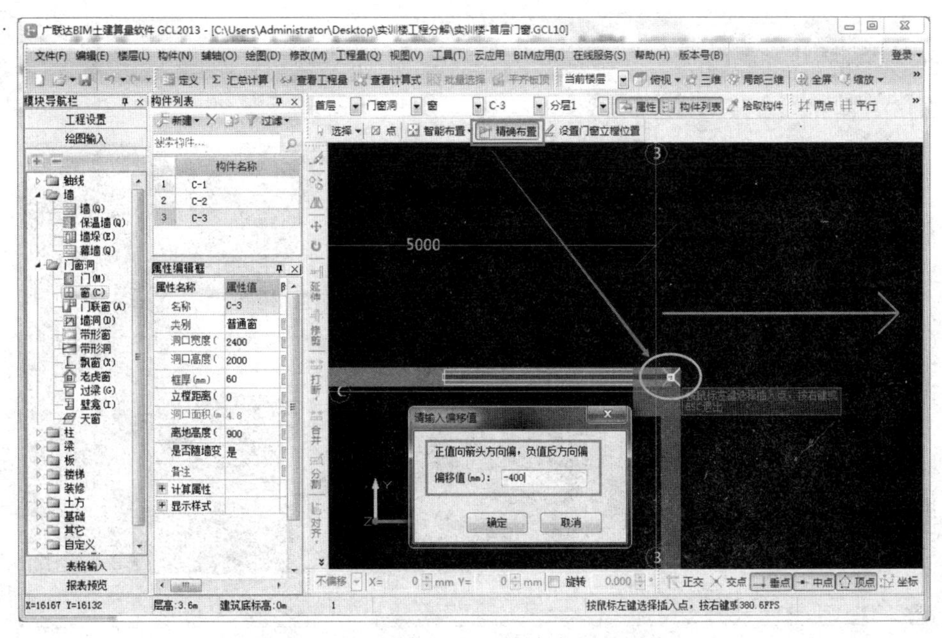

图 3.6.38　门窗、洞口精确布置绘制方法

3）幕墙绘制

由建施-03的金属百叶断面可以看出，金属百叶外边线超出空调板80 mm的距离，与100厚加气混凝土墙外平齐。可使用幕墙构件直线画法绘制，再使用右键功能“单对齐”即可，如图3.6.39所示。

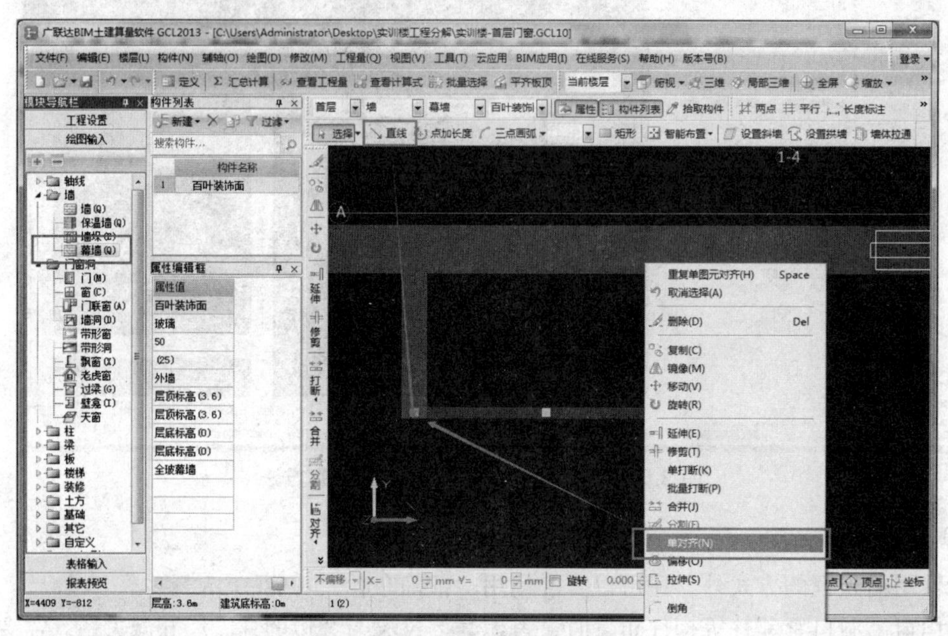

图 3.6.39　幕墙构件绘制方法

按相应绘制方式依次绘制其他门窗、洞口。

绘制完毕点击正上方查看三维按钮 三维，即可查看三维图形，如图3.6.40所示。

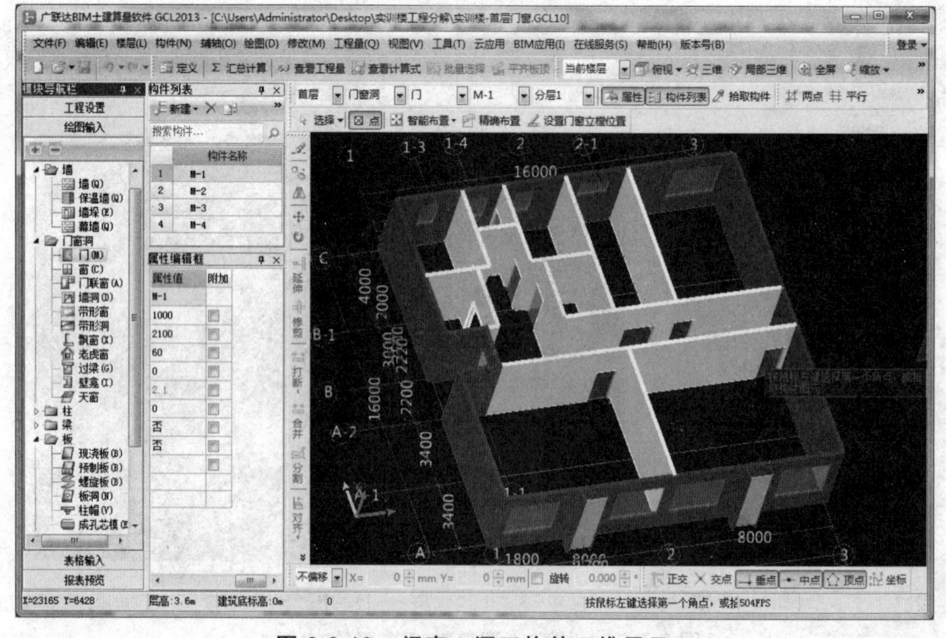

图 3.6.40　门窗、洞口构件三维显示

5. 计算结果

点击左上角“汇总计算”按钮，选择楼层进行汇总，即可得到构件工程量。

点击模块导航栏的报表预览，点击“清单定额汇总表”，再单击“设置报表范围”，选择“门、窗、幕墙”，即可查看对应构件的实体工程量。如表 3.6.13、表 3.6.14、表 3.6.15 所示。

表 3.6.13　金属百叶清单定额工程量

序号	编码	项目名称及特征	单位	工程量
1	010807003001	金属百叶窗 1. 部位：空调板金属百叶 2. 洞口尺寸：详施工图 3. 框、扇材质：成品金属百叶 4. 其他：含运输、安装、五金配件等	m^2	7.92
	006	成品金属百叶	m^2	7.92

表 3.6.14　窗清单定额工程量

序号	编码	项目名称及特征	单位	工程量
1	010807001001	铝合金单玻窗 1. 框、扇材质：铝合金单玻窗 2. 玻璃品种、厚度：满足设计要求 3. 窗代号：C1/C2/C3 4. 洞口尺寸：详施工图 5. 壁厚：满足设计和规范要求 6. 其他：含运输、安装、五金配件等	m^2	29.4
	005	铝合金单玻窗	m^2	29.4

表 3.6.15　门清单定额工程量

序号	编码	项目名称及特征	单位	工程量
1	AB001	铝合金单玻门 1. 门代号：M3（铝合金单玻门） 2. 洞口尺寸：1 500×2 600 3. 含运输、安装、五金配件及门套等： 4. 其他：满足设计和规范要求	樘	1
	003	铝合金单玻门	樘	1
2	010801001001	木质门 1. 门代号：M1（夹板门） 2. 洞口尺寸：1 000×2 100 3. 含运输、安装、五金配件及门套等： 4. 其他：满足设计和规范要求	樘	6
	001	夹板门 1 000×2 100	樘	6

续表

序号	编码	项目名称及特征	单位	工程量
3	010801001002	木质门 1. 门代号：M2（夹板门） 2. 洞口尺寸：1 500×2 100 3. 含运输、安装、五金配件及门套等： 4. 其他：满足设计和规范要求	樘	1
	002	夹板门 1 500×2 100	樘	1
4	010801001003	木质门 1. 门代号：M4（夹板门） 2. 洞口尺寸：750×2 100 3. 含运输、安装、五金配件及门套等： 4. 其他：满足设计和规范要求	樘	1
	004	夹板门 750×2 100	樘	1

6. 总结拓展

门窗立樘位置会影响装修工程量，若工程中门窗未设置在墙中线而是有一定偏心时，可使用软件功能“设置门窗立樘位置”进行处理。选中绘制好的门或窗，点击“设置门窗立樘位置”按钮，在弹出的窗口中根据需要选择填入对应数据即可，如图 3.6.41 所示。

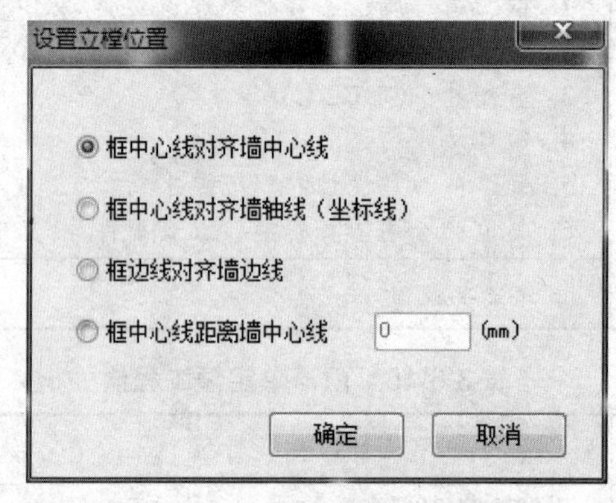

图 3.6.41　门窗立樘位置设置

3.6.6　过梁、圈梁、构造柱的工程量计算

1. 分析图纸

1）过　梁

分析结施-02 可知，凡门窗洞顶无梁处，均设置钢筋混凝土过梁。对照门窗、洞口顶部标高与结施-09 梁高度可知，窗顶标高正好处于混凝土梁下，所以窗上无须设置过梁。而门、墙洞顶标高均与梁底有一段距离，需要设置过梁。同时根据门、墙洞宽度分别为 750 mm、1 000 mm、1 500 mm 对应结施-02 过梁断面及配筋表，可知门、洞口需设置的过梁截面尺寸皆为 200×100。过梁信息如表 3.6.16 所示。

表 3.6.16　过梁构件信息

序号	名称	位置	宽/mm	高/mm	备注
1	GL-1	门、墙洞上	200	100	

2）圈　梁

分析结施-02 可知，每层墙高的中部设置与柱连接且沿墙高全长贯通的钢筋混凝土水平系梁，其截面尺寸为 200×120。圈梁信息如表 3.6.17 所示

表 3.6.17　圈梁构件信息

序号	名称	位置	宽/mm	高/mm	备注
1	水平系梁	墙中部	200	120	

3）构造柱

分析结施-02 可知，墙长大于 3 000 mm 者，沿墙中设置构造柱、门窗洞口大于 2 000 mm 时两侧设置构造柱，当填充墙端部为悬墙时，应在墙端部设置构造柱。分析结施-04 可知，构造柱尺寸为 200×240。同时，根据《GB 50003—2011 砌体结构设计规范》规定，纵横墙相交部位应设置构造柱，因墙体厚度为 200，其构造柱尺寸为 200×200。构造柱信息如表 3.6.18 所示。

表 3.6.18　构造柱构件信息

序号	名称	位置	宽/mm	高/mm	备注
1	GZ-1	1. 墙长大于 3 000 mm 时墙中部 2. 门窗洞口大于 2 000 mm 时两侧 3. 悬墙墙端部	200	240	
2	GZ-2	纵横墙相交部位	200	200	

2. 过梁、圈梁、构造柱的属性定义

1）过梁的属性定义

在模块导航栏中点击“门窗洞”→“过梁”，单击“定义”按钮，进入过梁的定义界面，在构件列表中点击“新建”→“新建过梁”，新建“GL-1”。在属性编辑框中输入相应的属性值，如图 3.6.42 所示。

注：截面宽度无需输入，当过梁绘制到门窗、洞口上时软件会自动查找墙厚信息；长度也无需修改，软件会自动查找门窗、洞口长度再加 500 mm。

2）圈梁的属性定义

在模块导航栏中点击“梁”→“圈梁”，单击“定义”按钮，进入圈梁的定义界面，在构件列表中点击“新建”→“新建圈梁”，新建“水平系梁”。在属性编辑框中输入相应的属性值，如图 3.6.43 所示。

3）构造柱的属性定义

在模块导航栏中点击“柱”→“构造柱”，单击“定义”按钮，进入构造柱的定义界面，在构件列表中点击“新建”→“新建构造柱”，新建“GZ-1/GZ-2”。在属性编辑框中输入相应的属性值，如图 3.6.44 所示。

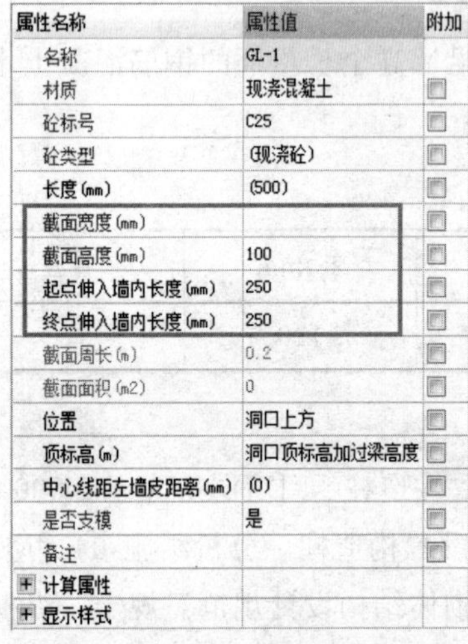

属性名称	属性值	附加
名称	GL-1	
材质	现浇混凝土	☐
砼标号	C25	☐
砼类型	(现浇砼)	☐
长度(mm)	(500)	☐
截面宽度(mm)		☐
截面高度(mm)	100	☐
起点伸入墙内长度(mm)	250	☐
终点伸入墙内长度(mm)	250	☐
截面周长(m)	0.2	☐
截面面积(m2)	0	☐
位置	洞口上方	☐
顶标高(m)	洞口顶标高加过梁高度	☐
中心线距左墙皮距离(mm)	(0)	☐
是否支模	是	☐
备注		☐
+ 计算属性		
+ 显示样式		

图 3.6.42　过梁属性编辑

属性名称	属性值	附加
名称	水平系梁	
材质	现浇混凝土	☐
砼标号	(C25)	☐
砼类型	(现浇砼)	☐
截面宽度(mm)	200	☐
截面高度(mm)	120	☐
截面面积(m2)	0.024	☐
截面周长(m)	0.64	☐
起点顶标高(m)	层底标高+1.8	☐
终点顶标高(m)	层底标高+1.8	☐
轴线距梁左边线距离(mm)	(100)	☐
砖胎膜厚度(mm)	0	☐
是否支模	是	☐
备注		☐
+ 计算属性		
+ 显示样式		

图 3.6.43　圈梁属性编辑

属性名称	属性值	附加
名称	GZ-1	
类别	带马牙槎	☐
材质	现浇混凝土	☐
砼标号	(C20)	☐
砼类型	(现浇砼)	☐
截面宽度(mm)	200	☐
截面高度(mm)	240	☐
截面面积(m2)	0.048	☐
截面周长(m)	0.88	☐
马牙槎宽度(mm)	60	☐
顶标高(m)	层顶标高	☐
底标高(m)	层底标高	☐
是否支模	是	☐
备注		☐
+ 计算属性		
+ 显示样式		

图 3.6.44　构造柱属性编辑

3. 过梁、圈梁、构造柱的做法套用

（1）过梁的做法套用，如图 3.6.45 所示。

	编码	类别	项目名称	项目特征	单位	工程量表达式	表达式说明	措施项目	专业
1	010503005	项	过梁	1. 混凝土强度等级：C20 2. 混凝土拌合料要求：商品砼	m3	TJ	TJ<体积>	☐	房屋建筑与装饰
2	01050097	定	商品混凝土施工 过梁		m3	TJ	TJ<体积>	☐	土
3	011702009	项	过梁	1. 模板类型：组合钢模板	m2	MBMJ	MBMJ<模板面积>	☑	房屋建筑与装饰
4	01150287	定	现浇混凝土模板 过梁 组合钢模板		m2	MBMJ	MBMJ<模板面积>	☑	饰

图 3.6.45　过梁做法套用

（2）圈梁的做法套用，如图 3.6.46 所示。

	编码	类别	项目名称	项目特征	单位	工程量表达式	表达式说明	措施项目	专业
1	010503004	项	圈梁	1. 混凝土强度等级：C25 2. 部位：墙中部 3. 混凝土拌合料要求：商品砼	m3	TJ	TJ<体积>	☐	房屋建筑与装饰
2	01050096	定	商品混凝土施工 圈梁		m3	TJ	TJ<体积>	☐	土
3	011702008	项	圈梁	1. 模板类型：组合钢模板	m2	MBMJ	MBMJ<模板面积>	☑	房屋建筑与装饰
4	01150284	定	现浇混凝土模板 圈梁 直形 组合钢模板		m2	MBMJ	MBMJ<模板面积>	☑	饰

图 3.6.46　圈梁做法套用

（3）构造柱的做法套用，如图 3.6.47 所示。

	编码	类别	项目名称	项目特征	单位	工程量表达式	表达式说明	措施项目	专业
1	010502002	项	构造柱	1. 混凝土强度等级：C20 2. 混凝土拌合料要求：商品砼	m3	TJ	TJ<体积>	☐	房屋建筑与装饰
2	01050088	定	商品混凝土施工 构造柱		m3	TJ	TJ<体积>	☐	土
3	011702003	项	构造柱	1. 模板类型：组合钢模板	m2	MBMJ	MBMJ<模板面积>	☑	房屋建筑与装饰
4	01150275	定	现浇混凝土模板 构造柱 组合钢模板		m2	MBMJ	MBMJ<模板面积>	☑	饰

图 3.6.47　构造柱做法套用

4. 过梁、圈梁、构造柱的绘制方法

1）过梁的绘制方法

过梁可以采用“点”画法，将过梁点击到相应的门窗、洞口上即可。也可以使用“智能布置”→“门、窗、门联窗、墙洞、带形窗、带形洞”或“按门窗洞口宽度布置”，如图 3.6.48 所示。然后选中要布置的门及墙洞，单击右键确定。

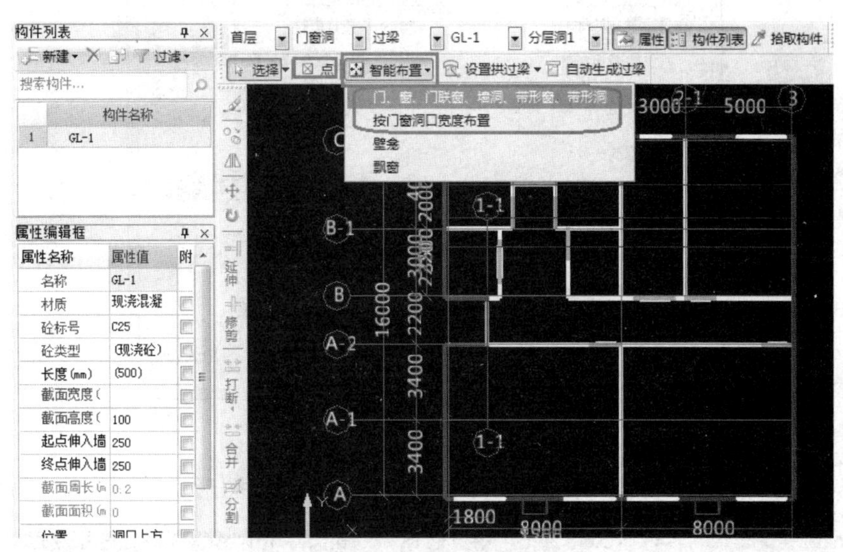

图 3.6.48　过梁构件绘制方法

2）圈梁的绘制方法

圈梁可以采用“直线”画法，方法同墙或梁的画法。也可以使用“智能布置”→“墙中心线”，如图 3.6.49 所示。然后选中要布置的砌体墙，单击右键确定。

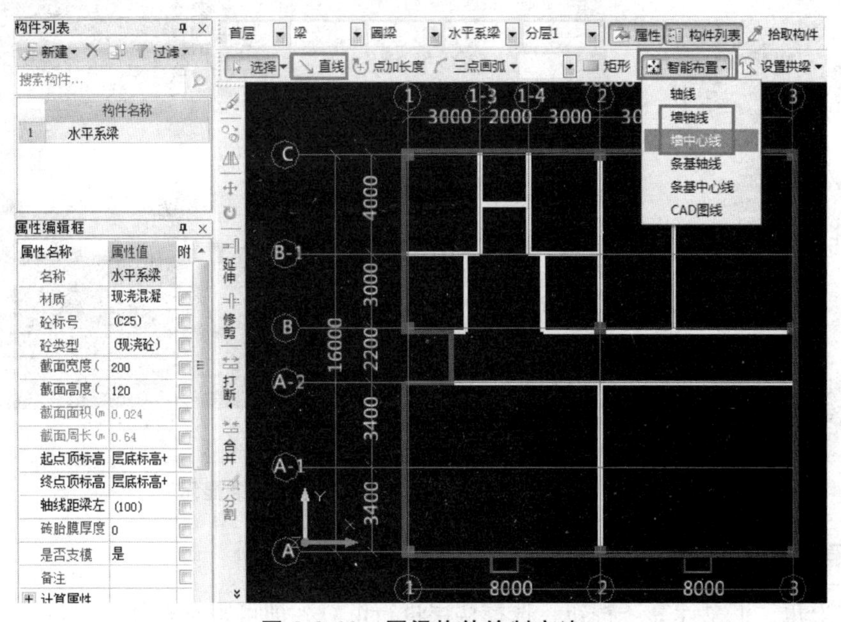

图 3.6.49　圈梁构件绘制方法

3）构造柱的绘制方法

构造柱可以采用“点”画法，方法同框架柱的画法。最常用的方法是使用“自动生成构造柱”。点击“自动生成构造柱”，弹出如图 3.6.50 所示对话框。在对话框中输入相应信息，单击“确定”按钮，然后选中门、洞口所处的墙体，单击右键确定即可。

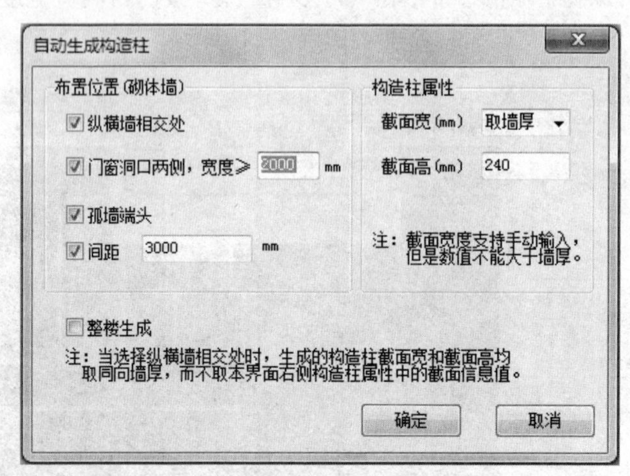

图 3.6.50　构造柱构件绘制方法

绘制完毕点击正上方查看三维按钮 三维，即可查看三维图形，如图 3.6.51 所示。

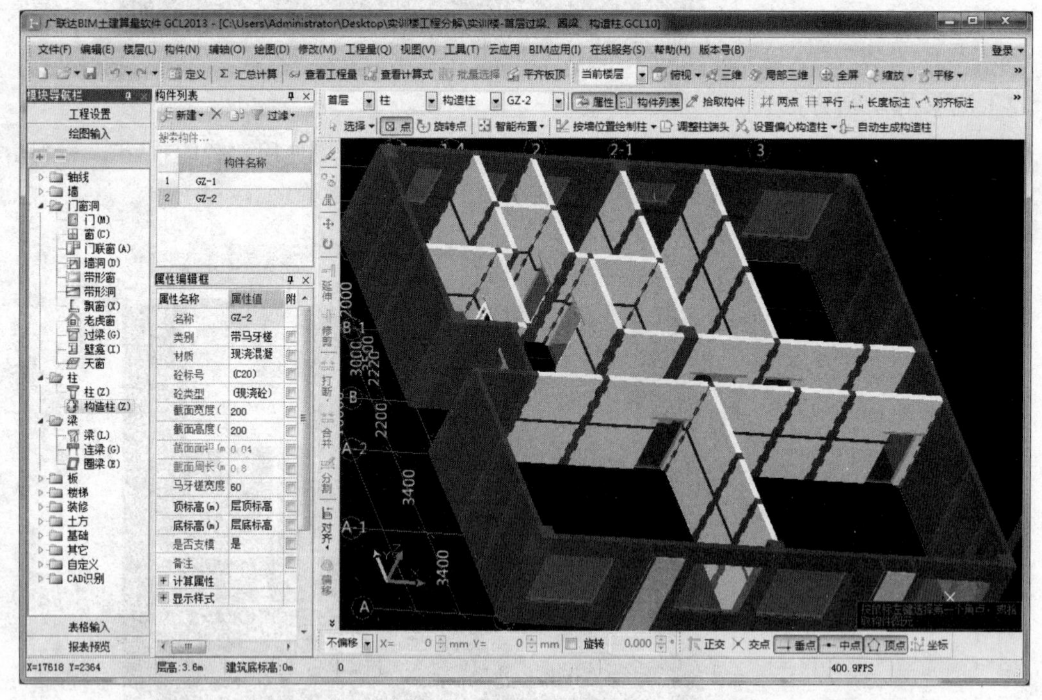

图 3.6.51　过梁、圈梁、构造柱构件三维显示

5. 计算结果

点击左上角“汇总计算”按钮，选择楼层进行汇总，即可得到构件工程量。

点击模块导航栏的报表预览，点击“清单定额汇总表”，再单击“设置报表范围”，选择“过梁、圈梁、构造柱”，即可查看对应构件的实体工程量，如表3.6.19所示。

表3.6.19 过梁、圈梁、构造柱清单定额工程量

序号	编码	项目名称及特征	单位	工程量
1	010502002001	构造柱 1. 混凝土强度等级：C20 2. 混凝土拌和料要求：商品砼	m^3	6.643
	01050088	商品混凝土施工 构造柱	$10\ m^3$	0.664 3
2	010503004001	圈梁 1. 混凝土强度等级：C25 2. 部位：墙中部 3. 混凝土拌和料要求：商品砼	m^3	2.487
	01050096	商品混凝土施工 圈梁	$10\ m^3$	0.248 7
3	010503005001	过梁 1. 混凝土强度等级：C20 2. 混凝土拌和料要求：商品砼	m^3	0.304 9
	01050097	商品混凝土施工 过梁	$10\ m^3$	0.030 5

切换左上角“实体项目”为“措施项目”，则可查看对应构件的措施工程量。如表3.6.20所示。

表3.6.20 过梁、圈梁、构造柱模板清单定额工程量

序号	编码	项目名称及特征	单位	工程量
1	011702003001	构造柱 1. 模板类型：组合钢模板	m^2	77.829 4
	01150275	现浇混凝土模板 构造柱 组合钢模板	$100\ m^2$	0.778 3
2	011702008001	圈梁 1. 模板类型：组合钢模板	m^2	23.418 4
	01150284	现浇混凝土模板 圈梁 直形 组合钢模板	$100\ m^2$	0.234 7
3	011702009001	过梁 1. 模板类型：组合钢模板	m^2	5.285
	01150287	现浇混凝土模板 过梁 组合钢模板	$100\ m^2$	0.052 8

6. 总结拓展

过梁、构造柱使用自动生成的方式，可以不用先定义构件，在生成后修改调整即可。

3.6.7 零星构件的工程量计算

1. 分析图纸

分析建施-03、建施-09百叶装饰剖面及立面，可以得到100厚加气混凝土砌块墙之间设置了空调板。空调板信息如表3.6.21所示。

分析建施-01可以得到卫生间翻边的信息：卫生间四周连系梁上做200高C20细石混凝土挡水墙，宽同墙厚。混凝土翻边信息如表3.6.22所示。

分析建施-04可以得到台阶、散水尺寸及图集做法，台阶的踏步宽度为300 mm，踏步个数为2，每个踏步高为150 mm，顶标高为首层层底标高。散水的宽度为600 mm，沿建筑物周围布置。台阶、散水信息如表3.6.23所示。

表3.6.21　雨棚、悬挑板、阳台板构件信息

类型	名称	砼标号	板厚 h	板顶标高	备注
雨篷、悬挑板、阳台板	空调板	C30	100	层顶标高/层底标高	百叶装饰剖面

表3.6.22　混凝土翻边构件信息

序号	名称	位置	宽/mm	高/mm	备注
1	混凝土翻边	卫生间四周	200	200	

表3.6.23　台阶、散水构件信息

序号	名称	图集	尺寸/mm	备注
1	台阶	西南11J812-P7-1a	300×150	
2	散水	西南11J812-4-1	600	

台阶做法如图3.6.52所示，散水做法如图3.6.53所示。

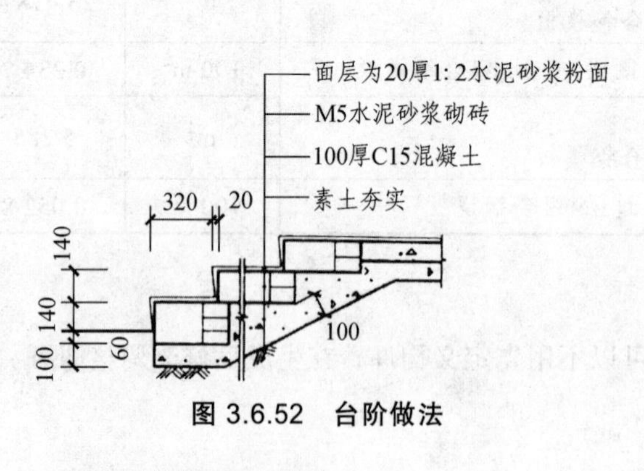

图3.6.52　台阶做法

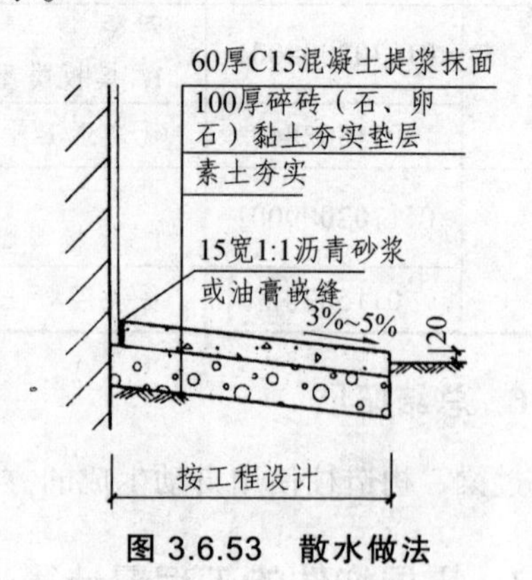

图3.6.53　散水做法

2. 零星构件的属性定义

1）空调板的属性定义

空调板使用板构件绘制，其操作方式与板相同，如图3.6.54所示。

属性名称	属性值	附加
名称	空调板	
类别	有梁板	☐
材质	现浇混凝土	☐
砼标号	(C30)	☐
砼类型	(现浇砼)	☐
厚度(mm)	100	☐
顶标高(m)	层底标高	☐
是否是楼板	是	☐
是否是空心楼盖板	否	☐
是否支模	是	☐
备注		☐
+ 计算属性		
+ 显示样式		

图 3.6.54 空调板属性编辑

注：空调板绘制可先将顶标高设置为层顶标高绘制，再来修改其顶标高为层底标高，在绘图区切换到“分层二”，再绘制层底位置的空调板。“分层”主要应用于在同一楼层相同位置上有不同标高的同类构件的绘制。板、梁、圈梁等皆有“分层”功能。

2）混凝土翻边的属性定义

混凝土翻边使用圈梁构件绘制，其操作方式与圈梁相同，如图 3.6.55 所示。

3）台阶的属性定义

台阶构件在“其他”类型里，其顶标高为层底标高，因台阶为 2 个踏步，每个踏步 150 mm 高，可得台阶高度为 300 mm，如图 3.6.56 所示。

属性名称	属性值	附加
名称	混凝土翻边	
材质	现浇混凝土	☐
砼标号	C20	☐
砼类型	(现浇砼)	☐
截面宽度(mm)	200	☐
截面高度(mm)	200	☐
截面面积(m2)	0.04	☐
截面周长(m)	0.8	☐
起点顶标高(m)	层底标高+0.2	☐
终点顶标高(m)	层底标高+0.2	☐
轴线距梁左边线距离(mm)	(100)	☐
砖胎膜厚度(mm)	0	☐
是否支模	是	☐
备注		☐
+ 计算属性		
+ 显示样式		

图 3.6.55 混凝土翻边属性编辑

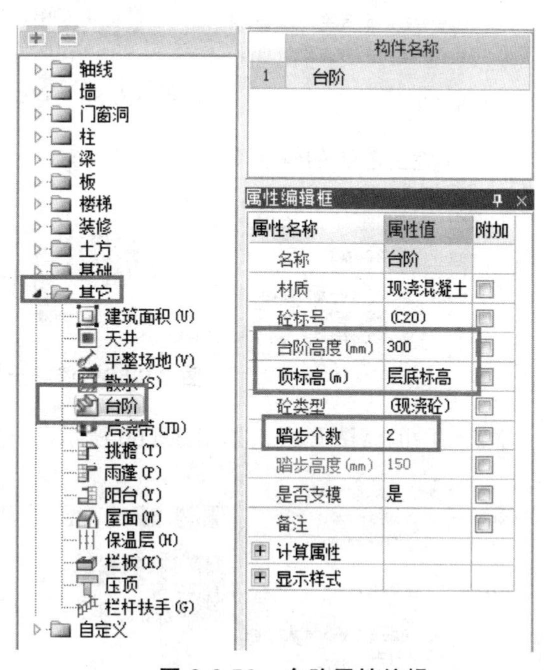

属性名称	属性值	附加
名称	台阶	
材质	现浇混凝土	☐
砼标号	(C20)	☐
台阶高度(mm)	300	☐
顶标高(m)	层底标高	☐
砼类型	(现浇砼)	☐
踏步个数	2	☐
踏步高度(mm)	150	☐
是否支模	是	☐
备注		☐
+ 计算属性		
+ 显示样式		

图 3.6.56 台阶属性编辑

4）散水的属性定义

散水构件在“其他”类型里，因散水按面积计算工程量，其厚度无实际意义，无需调整，如图 3.6.57 所示。

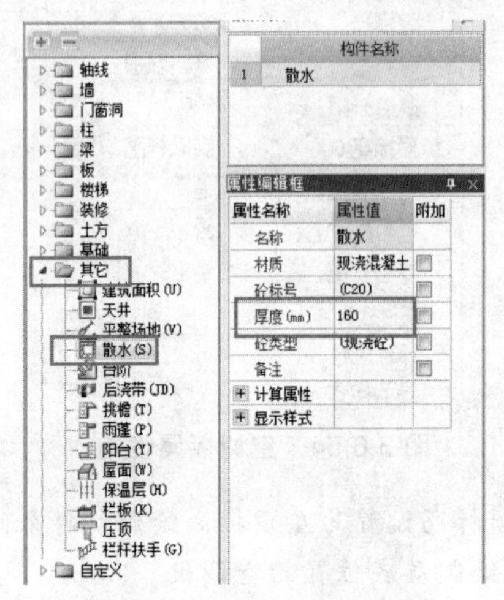

图 3.6.57　散水属性编辑

3. 零星构件的做法套用

（1）空调板的做法套用，如图 3.6.58 所示。

	编码	类别	项目名称	项目特征	单位	工程量表达式	表达式说明	措施项目	专业
1	010505008	项	雨篷、悬挑板、阳台板	1. 混凝土强度等级：C30 2. 部位：空调板 3. 混凝土拌合料要求：商品砼	m3	TJ	TJ<体积>	☐	房屋建筑与装饰
2	01050128	定	商品混凝土施工 挑檐天沟		m3	TJ	TJ<体积>	☐	土
3	011702023	项	雨篷、悬挑板、阳台板	1. 构件类型：空调板 2. 板厚度：100	m3	TJ	TJ<体积>	☑	房屋建筑与装饰
4	01150314	定	现浇混凝土模板 挑檐天沟		m3	TJ	TJ<体积>	☑	饰

图 3.6.58　空调板做法套用

（2）混凝土翻边的做法套用，如图 3.6.59 所示。

	编码	类别	项目名称	项目特征	单位	工程量表达式	表达式说明	措施项目	专业	单价
1	010503004	项	圈梁（翻边）	1. 混凝土强度等级：C20 2. 部位：卫生间翻边 3. 构件规格：300mm高 4. 混凝土拌合料要求：素混凝土	m3	TJ	TJ<体积>	☐	房屋建筑与装饰	
2	01050096	定	商品混凝土施工 圈梁		m3	TJ	TJ<体积>	☐	土	
3	011702008	项	圈梁（翻边）	1. 模板类型：组合钢模板	m2	MBMJ	MBMJ<模板面积>	☑	房屋建筑与装饰	
4	01150284	定	现浇混凝土模板 圈梁 直形 组合钢模板		m2	MBMJ	MBMJ<模板面积>	☑	饰	

图 3.6.59　混凝土翻边做法套用

（3）台阶的做法套用，如图 3.6.60 所示。

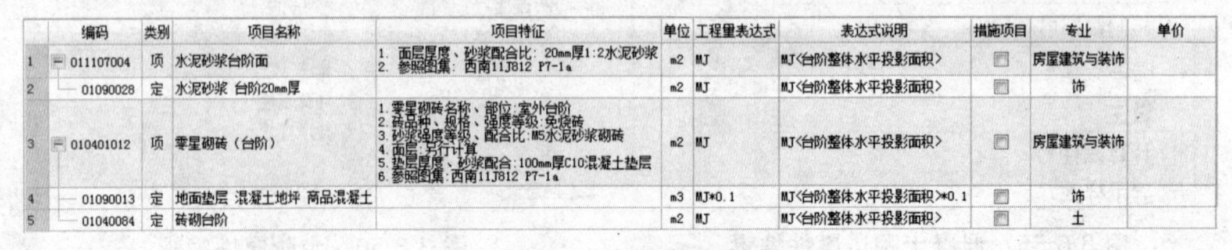

	编码	类别	项目名称	项目特征	单位	工程量表达式	表达式说明	措施项目	专业	单价
1	011107004	项	水泥砂浆台阶面	1. 面层厚度、砂浆配合比：20mm厚1:2水泥砂浆 2. 参照图集：西南11J812 P7-1a	m2	MJ	MJ<台阶整体水平投影面积>	☐	房屋建筑与装饰	
2	01090028	定	水泥砂浆 台阶20mm厚		m2	MJ	MJ<台阶整体水平投影面积>	☐	饰	
3	010401012	项	零星砌砖（台阶）	1. 零星砌砖名称、部位：室外台阶 2. 砖品种、规格、强度等级：免烧砖 3. 砂浆强度等级、配合比：M5水泥砂浆砌砖 4. 面层：另行计算 5. 垫层厚度、砂浆配合：100mm厚C10混凝土垫层 6. 参照图集：西南11J812 P7-1a	m2	MJ	MJ<台阶整体水平投影面积>	☐	房屋建筑与装饰	
4	01090013	定	地面垫层 混凝土地坪 商品混凝土		m3	MJ*0.1	MJ<台阶整体水平投影面积>*0.1	☐	饰	
5	01040084	定	砖砌台阶		m2	MJ	MJ<台阶整体水平投影面积>	☐	土	

图 3.6.60　台阶做法套用

（4）散水的做法套用，如图 3.6.61 所示。

	编码	类别	项目名称	项目特征	单位	工程量表达式	表达式说明	措施项目	专业
1	010507001	项	散水、坡道	1. 垫层材料种类、厚度:100厚砖（石、卵石）粘土夯实垫层 2. 面层厚度:60mmC15混凝土提浆抹面 3. 混凝土拌和料要求:商品混凝土 4. 填塞材料种类:沥青砂浆 5. 参照图集:西南11J812-4-1	m2	MJ	MJ〈面积〉		房屋建筑与装饰
2	01090003	定	地面垫层 土夹石		m3	MJ*0.1	MJ〈面积〉*0.1		饰
3	01090041	定	散水面层(商品混凝土) 混凝土厚60mm		m2	MJ	MJ〈面积〉		饰
4	01080214	定	填缝 沥青砂浆		m	TQCD+4*1.414*0.6	TQCD〈贴墙长度〉+4*1.414*0.6		土

图 3.6.61　散水做法套用

4. 零星构件的绘制方法

1）空调板的绘制方法

空调板使用板构件绘制，其操作方式与板相同，此处不再重复。

2）混凝土翻边的绘制方法

混凝土翻边使用圈梁构件绘制，其操作方式与圈梁相同，此处不再重复。需注意混凝土翻边的顶标高为“层底标高 + 翻边高”。

3）台阶的绘制方法

台阶属于面式构件，因此可以直线绘制也可以点绘制，点绘制需要台阶四周有封闭构件（如墙构件）。这里使用直线绘制，选择“直线”，单击墙轴线交点形成闭合区域即可绘制台阶。然后，使用右键功能 “偏移”将台阶外侧边缘偏移到外墙外边线即可。台阶与墙重叠部分软件自动扣减，其工程量由墙外边线围成的面积计算，如图 3.6.62 所示。

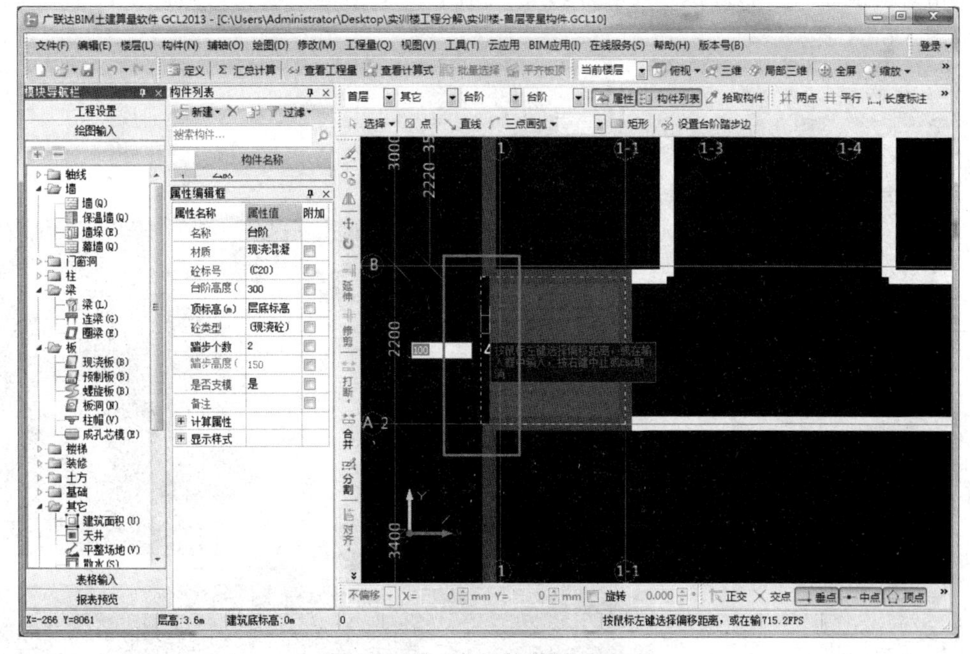

图 3.6.62　台阶构件绘制方法

软件还有“设置台阶踏步边”的功能，因台阶不按体积计算，其功能只起显示作用，无需操作。

4）散水的绘制方法

散水同样属于面式构件，因此可以直线绘制也可以点绘制，通常使用智能布置法比较简单。先在 A-2 轴与 B 轴交 1 轴的位置上绘制一道虚墙（外墙、200 厚），与外墙平齐形成封闭区域，如图 3.6.63 所示。

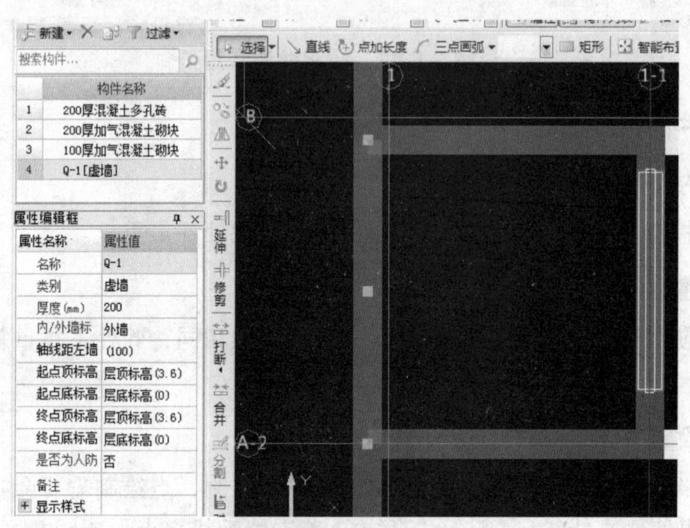

图 3.6.63 散水构件绘制方法步骤一

注：虚墙不计算任何工程量，只是用于软件中分割或辅助封闭而设置的虚拟墙体。

单击“智能布置”后选择“外墙外边线”，在弹出对话框中输入“600”，单击“确定”即可，如图 3.6.64 所示。

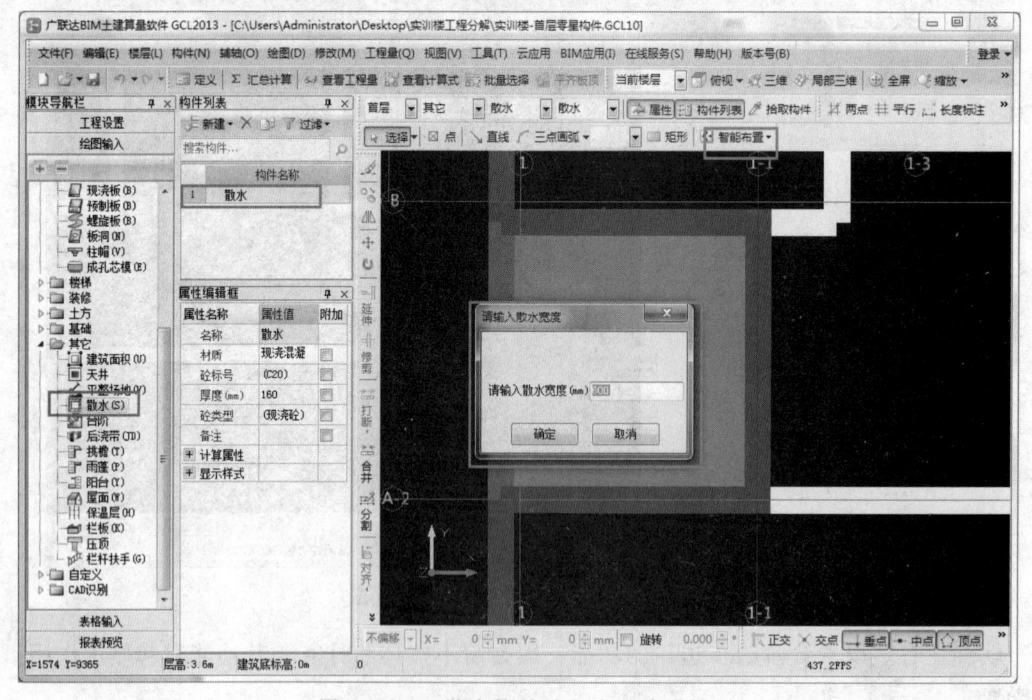

图 3.6.64 散水构件绘制方法步骤二

下方由于墙体与幕墙封闭，会生成下凸的散水，使用右键功能“分割”并删除，然后将散水拉伸相接，最后使用右键功能“合并”，散水就绘制完毕，如图 3.6.65、3.6.66 所示。

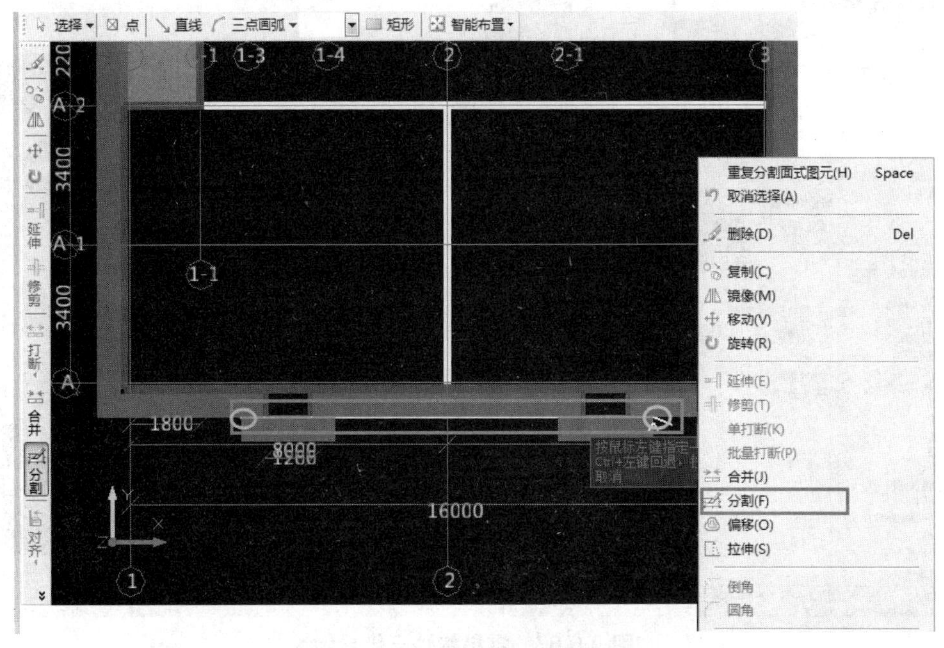

图 3.6.65 散水构件绘制方法步骤三

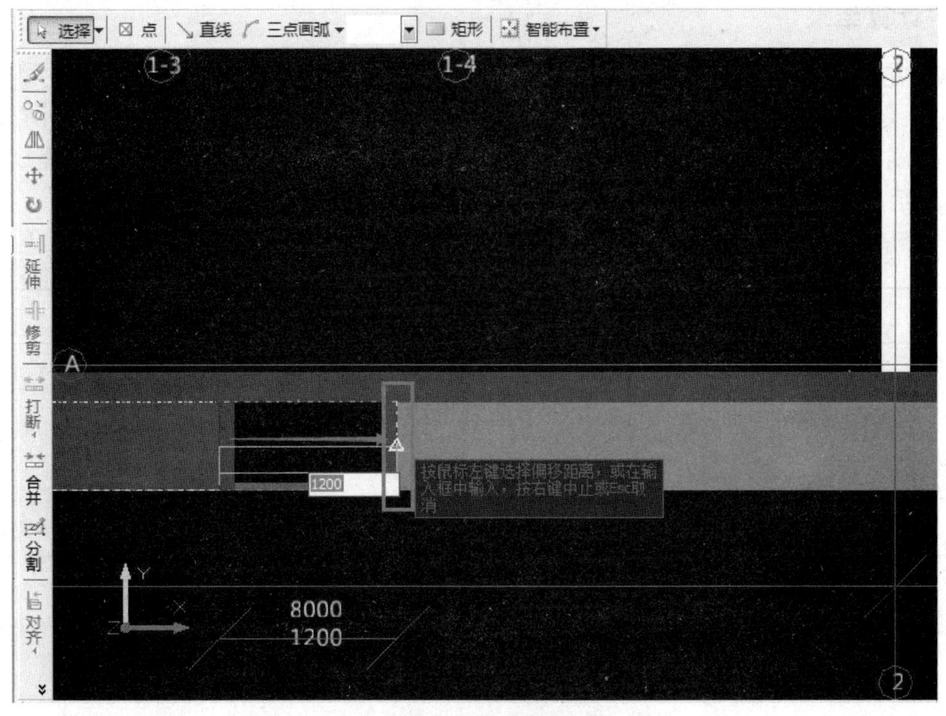

图 3.6.66 散水构件绘制方法步骤四

绘制完毕点击正上方查看三维按钮 三维，即可查看三维图形，如图 3.6.67 所示。

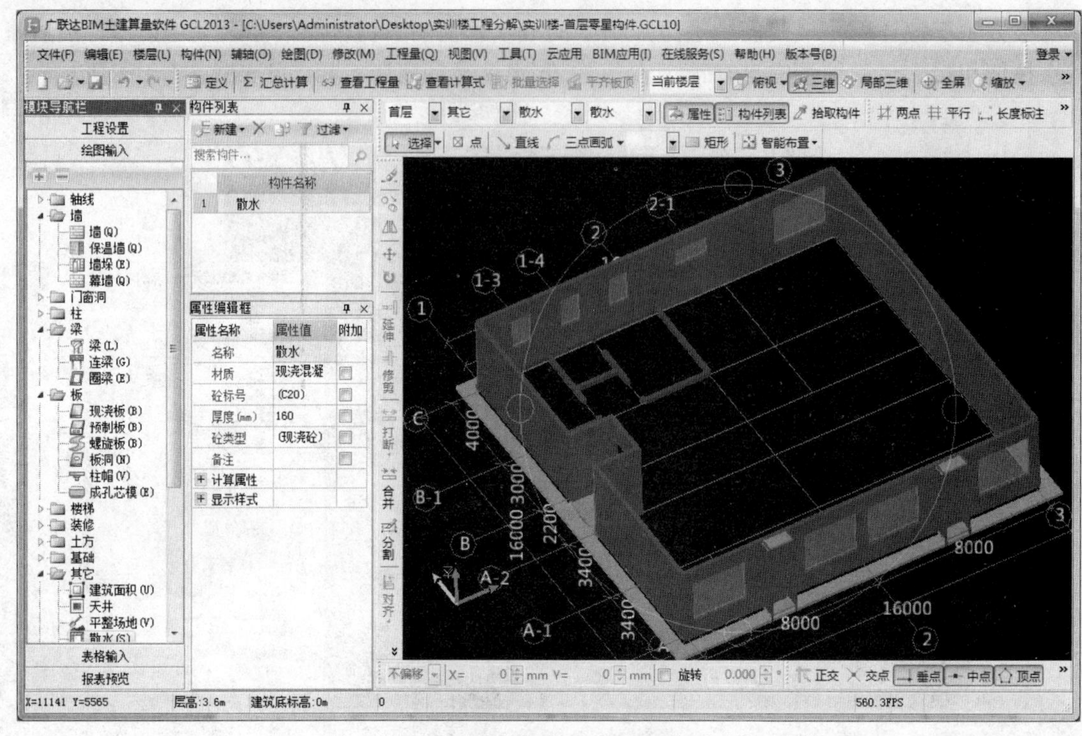

图 3.6.67 零星构件三维显示

5. 计算结果

点击左上角“汇总计算”按钮，选择楼层进行汇总，即可得到构件工程量。

点击模块导航栏的报表预览，点击“清单定额汇总表”，再单击“设置报表范围”，选择“圈梁-混凝土翻边、现浇板-空调板、散水、台阶”，即可查看对应构件的实体工程量，如表 3.6.24 所示。

表 3.6.24 零星构件清单定额工程量

序号	编码	项目名称及特征	单位	工程量
1	010505008001	雨篷、悬挑板、阳台板 1. 混凝土强度等级：C30 2. 部位：空调板 3. 混凝土拌和料要求：商品砼	m^3	0.273 6
	01050128	商品混凝土施工 挑檐天沟	10 m^3	0.027 4
2	010503004002	圈梁（翻边） 1. 混凝土强度等级：C20 2. 部位：卫生间翻边 3. 构件规格：300 mm 高 4. 混凝土拌和料要求：素混凝土	m^3	1.386
	01050096	商品混凝土施工 圈梁	10 m^3	0.138 6

续表

序号	编码	项目名称及特征	单位	工程量
3	010401012001	零星砌砖（台阶） 1. 零星砌砖名称、部位：室外台阶 2. 砖品种、规格、强度等级：免烧砖 3. 砂浆强度等级、配合比：M5 水泥砂浆砌砖 4. 面层：另行计算 5. 垫层厚度、砂浆配合：100 mm 厚 C10 混凝土垫层 6. 参照图集：西南 11J812 P7-1a	m^2	3.607 5
	01090013	地面垫层 混凝土地坪 商品混凝土	10 m^3	0.036 1
	01040084	砖砌台阶	100 m^2	0.036 1
4	011107004001	水泥砂浆台阶面 1. 面层厚度、砂浆配合比：20 mm 厚 1∶2 水泥砂浆 2. 参照图集：西南 11J812 P7-1a	m^2	3.607 5
	01090028	水泥砂浆 台阶 20 mm 厚	100 m^2	0.036 1
5	10507001001	散水、坡道 1. 垫层材料种类、厚度：100 厚砖（石、卵石）黏土夯实垫层 2. 面层厚度：60 mmC15 混凝土提浆抹面 3. 混凝土拌和料要求：商品混凝土 4. 填塞材料种类：沥青砂浆 5. 参照图集：西南 11J812-4-1	m^2	40.7
	01090003	地面垫层 土夹石	10 m^3	0.407
	01090041	散水面层（商品混凝土）混凝土厚 60 mm	100 m^2	0.407
	01080214	填缝 沥青砂浆	100 m	0.733 4

6. 总结拓展

（1）散水如果与台阶相交时，软件会自动扣减，台阶满算，散水计算到台阶边。

（2）混凝土构件空调板、混凝土翻边同样可以查看措施项目模板的工程量结果。

3.6.8　建筑面积、平整场地的工程量计算

1. 分析图纸

建筑面积、平整场地信息在施工图中无法得到，但两者的工程量都必须计算。其中平整场地只在首层出现。建筑面积与措施项目费用及造价指标有关，一般只计算工程量，不套用清单定额。

2. 建筑面积、平整场地的属性定义

1）建筑面积的属性定义

在模块导航栏中单击“其他”→“建筑面积”，在构件列表中单击“新建”→“新建建筑面积”，在属性编辑框中输入相应的属性值，注意在“建筑面积计算”中根据实际情况选择计算全部还是一半，如图 3.6.68 所示。其中在台阶部位，根据建筑面积计算规则，需要计算一半建筑面积，因此本工程需要新建两个建筑面积构件。

属性名称	属性值	附加
名称	JZMJ-1	
底标高(m)	层底标高	☐
建筑面积计算方式	计算全部	☑
备注		☐
⊞ 计算属性		
⊞ 显示样式		

属性名称	属性值	附加
名称	JZMJ-2	
底标高(m)	层底标高	☐
建筑面积计算方式	计算一半	☑
备注		☐
⊞ 计算属性		
⊞ 显示样式		

图 3.6.68　建筑面积属性编辑

2）平整场地的属性定义

在模块导航栏中单击“其他”→“平整场地”，在构件列表中单击“新建”→“新建平整场地”，平整场地计算按绘制的图元自动计算其相应的清单定额工程量，所以无需输入其他属性值，如图 3.6.69 所示。

属性名称	属性值	附加
名称	PZCD-1	
场平方式		☐
备注		☐
⊞ 计算属性		
⊞ 显示样式		

图 3.6.69　平整场地属性编辑

3. 建筑面积、平整场地的做法套用

平整场地的做法套用，如图 3.6.70 所示。

	编码	类别	项目名称	项目特征	单位	工程量表达式	表达式说明	措施项目	专业
1	⊟ 010101001	项	平整场地	1. 土壤类别：综合 2. 弃土运距：综合，场地内平衡 3. 取土运距：综合，场地内平衡	m2	MJ	MJ<面积>	☐	房屋建筑与装饰
2	01010121	定	人工场地平整		m2	WF2MMJ	WF2MMJ<外放2米的面积>	☐	土

图 3.6.70　平整场地做法套用

建筑面积无需套取做法。

4. 建筑面积、平整场地的绘制方法

1）建筑面积的绘制方法

建筑面积绘制属于面式构件，可以点画也可以直线绘制。选用计算全部的建筑面积构件，

在外墙围成区域内部使用点画法点击生成，然后将金属百叶生成的部分分割删除（此处不计算建筑面积）；选用计算一半的建筑面积构件，在绘制台阶的部位使用直线画法（或矩形画法）从外墙外边线进行绘制，如图 3.6.71 所示。

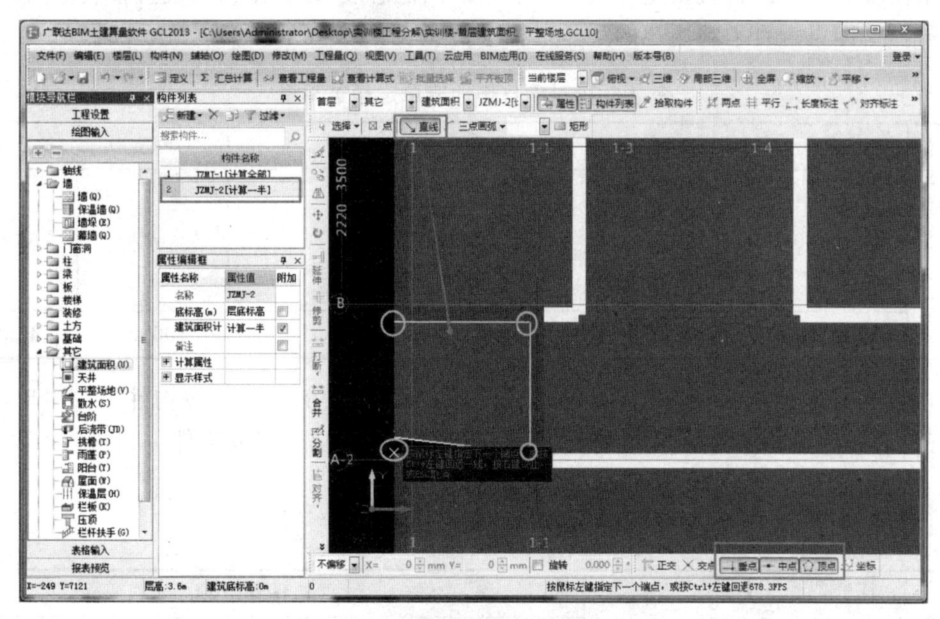

图 3.6.71 建筑面积构件绘制方法

2）平整场地的绘制方法

平整场地同建筑面积的绘制方法，直接在外墙围成的区域内点画即可，然后将金属百叶生成的部分分割删除，台阶部分也不需要绘制平整场地（平整场地按外墙外边线围成的面积或外放 2 m 计算），如图 3.6.72 所示。

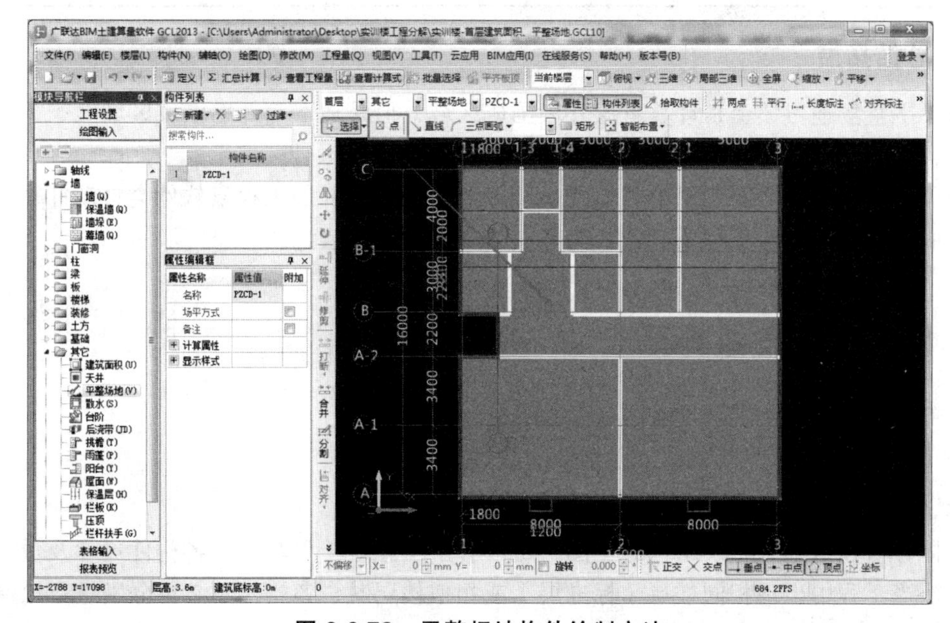

图 3.6.72 平整场地构件绘制方法

5. 计算结果

点击左上角“汇总计算”按钮，选择楼层进行汇总，即可得到构件工程量。

点击模块导航栏的报表预览，点击“清单定额汇总表”，再单击“设置报表范围”，选择“平整场地”，即可查看平整场地的实体工程量，如表 3.6.25 所示。

表 3.6.25　平整场地清单定额工程量

序号	编码	项目名称及特征	单位	工程量
1	010101001001	平整场地 1. 土壤类别：综合 2. 弃土运距：综合，场地内平衡 3. 取土运距：综合，场地内平衡	m^2	268.642 5
	01010121	人工场地平整	100 m^2	4.202 5

点击模块导航栏的报表预览，点击“绘图输入工程量汇总表（按构件）”，再单击“设置报表范围”，选择“建筑面积”，即可查看建筑面积的清单、定额构件工程量，如表 3.6.26 所示。

表 3.6.26　建筑面积

楼层	构件名称	工程量名称		
		原始面积/m^2	面积/m^2	周长/m
首层	JZMJ-1[计算全部]	268.642 5	268.642 5	69.9
	JZMJ-2[计算一半]	3.607 5	1.803 8	7.6
	小计	272.25	270.446 3	77.5
合计		272.25	270.446 3	77.5

6. 总结拓展

（1）平整场地习惯上是计算首层外墙围成区域，但是地下室外墙围成区域大于首层围成区域时，平整场地以地下室为准。

（2）平整场地只需要绘制到外墙外边线即可，外放 2 m 的工程量软件会自动计算。需要注意套取定额时选择的工程量表达式为外放 2 m 的工程量表达式。

3.7　标准层工程量计算

3.7.1　层间复制

1. 分析图纸

整体分析建筑施工图及结构施工图，可以看出 2 层、3 层与首层各构件尺寸及位置相同或相似。当工程中出现相同楼层（标准层）或相似楼层时，各构件不必再分别进行绘制，只需要进行楼层间复制、局部修改即可。

2. 层间复制的操作方法

1）从其他楼层复制构件图元

切换楼层到“第 2 层”，之后选择菜单栏“楼层”→“从其他楼层复制构件图元”，如图 3.7.1 所示。

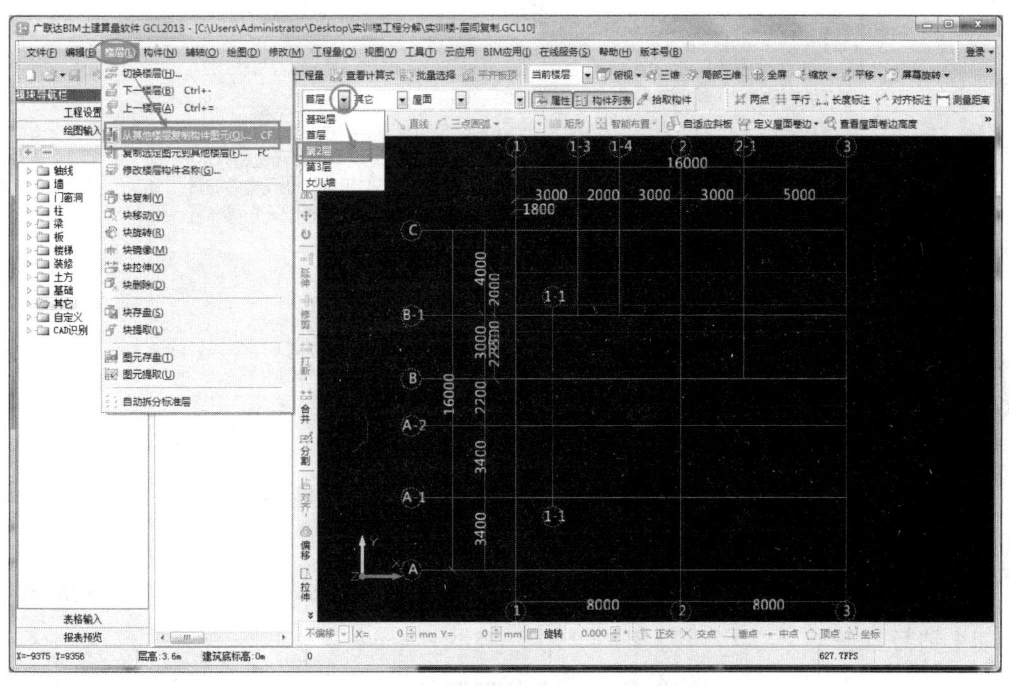

图 3.7.1 从其他楼层复制构件图元步骤一

弹出如图 3.7.2 所示的对话框，在“源楼层选择”中选择“首层”，然后在“图元选择”中选择需要层间复制的构件，“目标楼层选择”中勾选需要生成构件的楼层，点击“确定”即可达到层间复制的效果，并且能够将构件做法一起复制。

图 3.7.2 从其他楼层复制构件图元步骤二

如本工程在“图元选择”中选择除轴网、辅助轴线、平整场地、台阶、散水外的其他构件，“目标楼层选择”中勾选第 2 层、第 3 层，点击“确定”，会弹出如图 3.7.3 所示的提示框，原因是首层层顶及层底都设置了空调板，当复制到第 2 层、第 3 层时，层底的空调板与下层层顶的空调板重叠，无法生成，只需检查与图示是否一致即可。

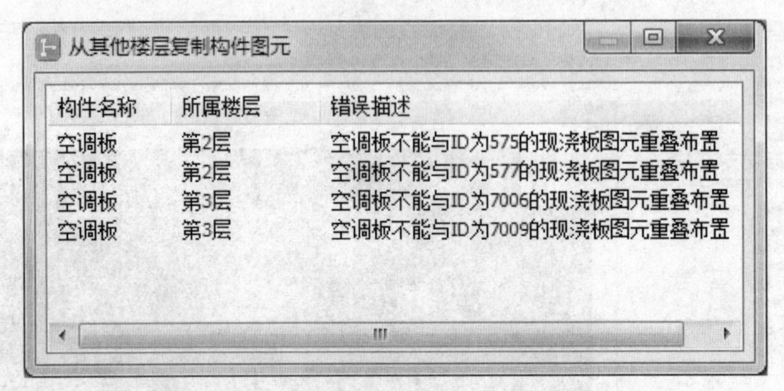
从其他楼层复制构件图元

构件名称	所属楼层	错误描述
空调板	第2层	空调板不能与ID为575的现浇板图元重叠布置
空调板	第2层	空调板不能与ID为577的现浇板图元重叠布置
空调板	第3层	空调板不能与ID为7006的现浇板图元重叠布置
空调板	第3层	空调板不能与ID为7009的现浇板图元重叠布置

图 3.7.3　从其他楼层复制构件图元提示

2）块存盘、块提取

选择“菜单栏”中的“楼层”→“块存盘”“块提取”，也能够实现楼层间复制的功能。此功能可以实现不同工程文件之间的存取。

点击“块存盘”，框选已经绘制好的本层所有构件，然后选择基准点（容易找到的轴线交点，如 1 轴与 A 轴的交点），如图 3.7.4、图 3.7.5 所示。

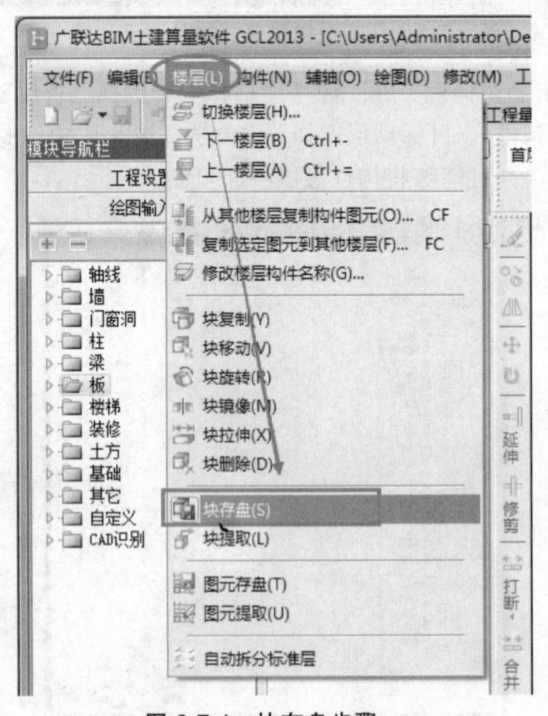

图 3.7.4　块存盘步骤一

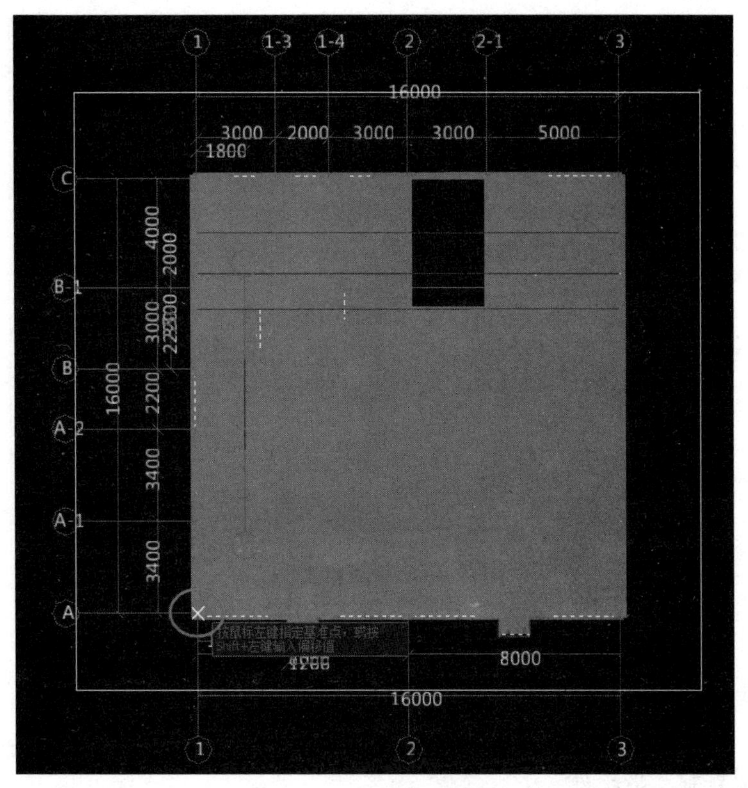

图 3.7.5　块存盘步骤二

弹出“另存为”对话框，选择存储位置，输入对应文件名进行保存，如“首层构件”。

切换到第 2 层（或另一个工程文件对应楼层），选择“菜单栏”中的“楼层”→“块提取”，弹出“打开”对话框，选择保存的块文件“首层构件”，单击“打开”按钮，如图 3.7.6 所示。

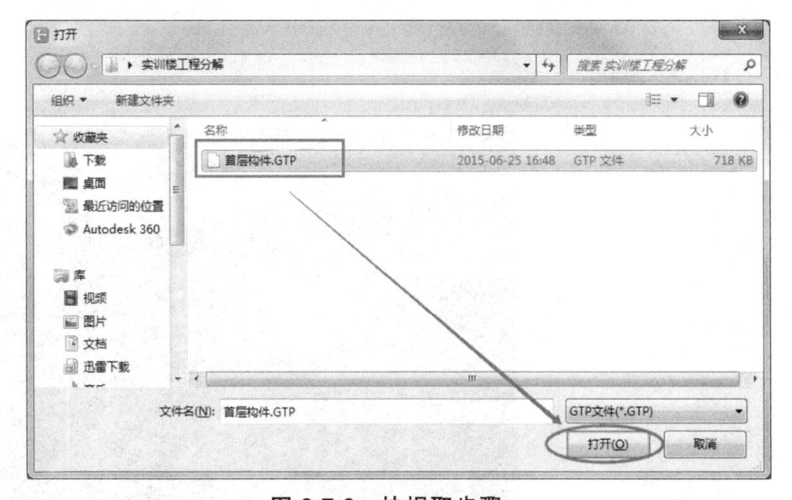

图 3.7.6　块提取步骤一

屏幕上出现如图 3.7.7 所示的情况，单击对应基准点（1 轴和 A 轴的交点），弹出提示对话框“块提取成功”。块存盘、快提取方式若遇到重叠构件，软件优先保留块文件内的构件，同时首层构件如平整场地、台阶、散水等都一并复制，只能复制后删除。

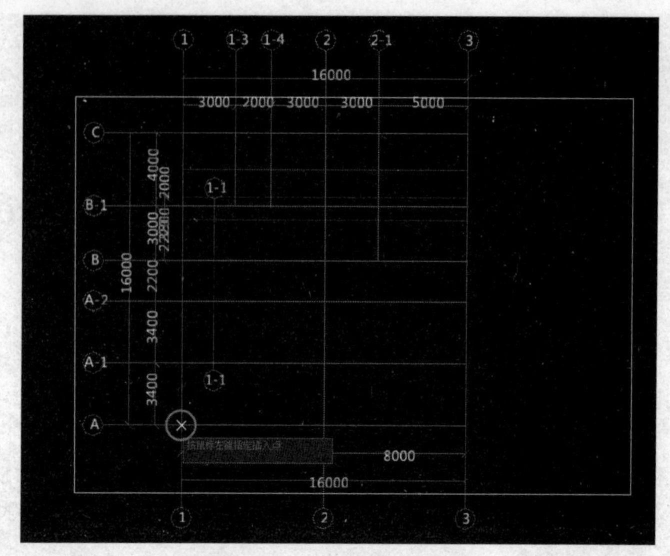

图 3.7.7　块提取步骤二

3. 总结拓展

1）复制选定图元到其他楼层

菜单栏中“楼层”→“复制选定图元到其他楼层”功能，主要是按构件进行层间复制，此功能一次只能复制一类构件。

绘制好构件后，框选需要复制的构件，点击“楼层”→“复制选定图元到其他楼层”，会弹出“复制选定图元到其他楼层”对话框，勾选需要复制到的楼层点击确定，弹出提示框“图元复制成功”，如图 3.7.8、图 3.7.9 所示。

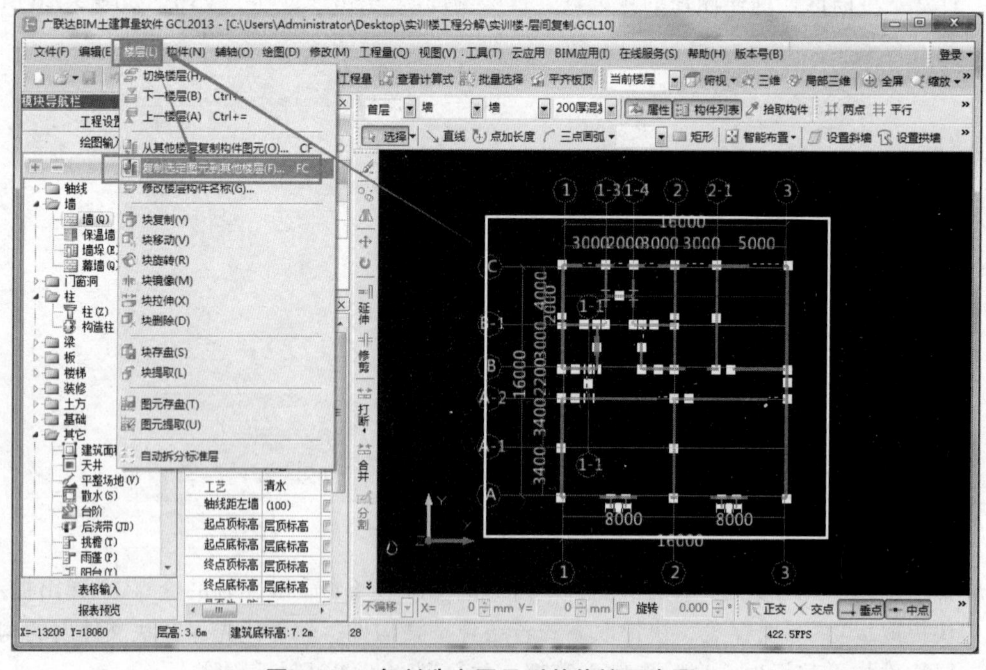

图 3.7.8　复制选定图元到其他楼层步骤一

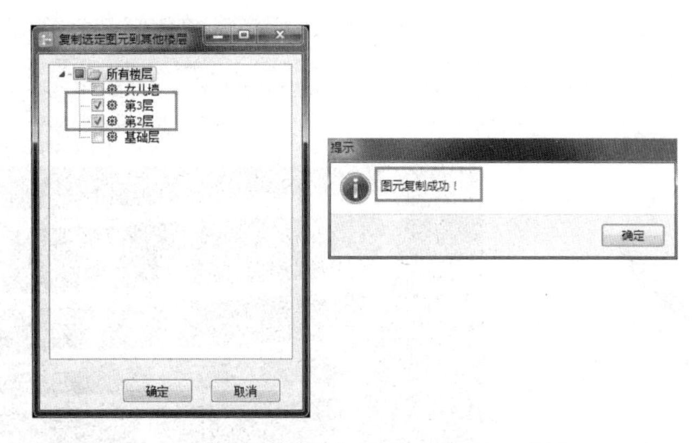

图 3.7.9 复制选定图元到其他楼层步骤二

2）复制选定图元到其他楼层提示

在层间复制的过程中，可能会出现如图 3.7.10 所示的对话框。出现此对话框的原因是目标楼层里有相应的构件名称或图元，在层间复制的时候需要人为选择目标楼层的构件及构件属性是覆盖还是保留。

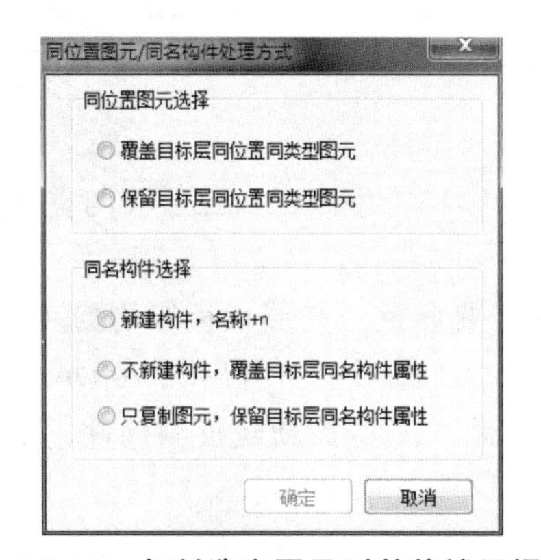

图 3.7.10 复制选定图元到其他楼层提示

3.7.2 构件修改

1. 分析图纸

1）分析柱

分析结施-08，可以看出，框架柱在二层、三层的构件尺寸及构件位置与一层框架柱一致，层间复制后无需修改。

2）分析梁

分析结施-09、结施-10、结施-11，可以得出二层梁与首层梁的尺寸及位置无差别，层间复制后无需修改。

三层梁其尺寸无需修改，部分梁位置需要调整。B-1 轴、2-1 轴非框架梁保留，其他非框架梁需要全部删除；同时 B-1 轴梁需要拉通布置；因楼梯间板顶设置屋面板，所以三层无单梁连系梁，需调整为 KL-3。屋面框架梁名称不影响算量，无需修改，如图 3.7.11 所示。

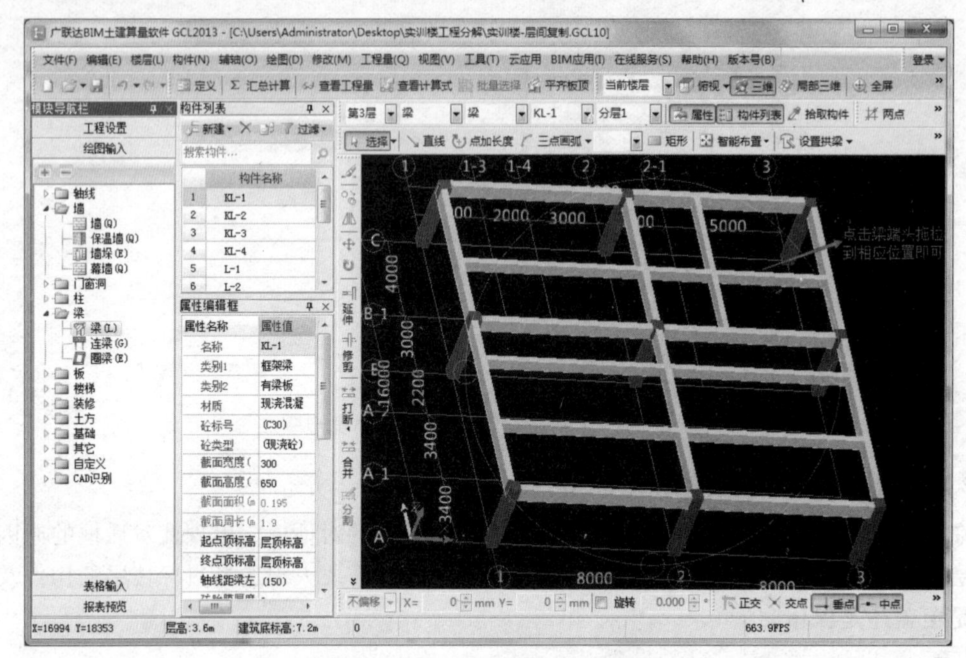

图 3.7.11　三层梁构件三维显示

3）分析板

分析结施-12、结施-13、结施-14，可以得出二层板与首层板的厚度及位置无差别，层间复制后无需修改。

三层板因梁位置发生变化需要调整。三层板板厚均为 120 mm、无卫生间降板、楼梯间处需补画楼板、B～B-1 轴与 2～2-1 轴对应位置出现 700 mm×700 mm 板洞。可将需调整板全部删除。使用直线画法重新绘制。板洞需新建板洞构件，定义属性并借助辅助轴线点画到相应位置，如图 3.7.12 所示。

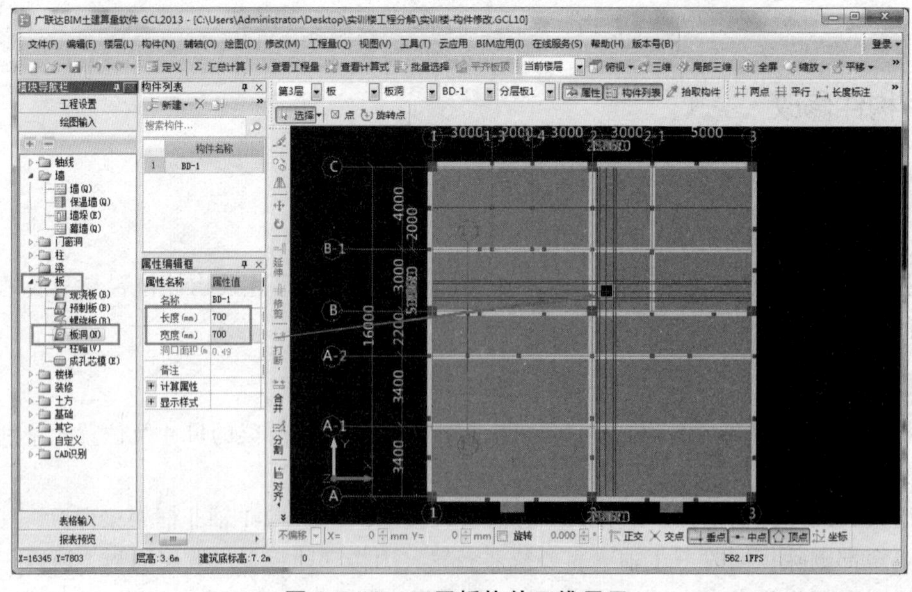

图 3.7.12　三层板构件三维显示

4）分析砌体墙

分析建施-04、建施-05、建施-06，可以看出，砌体墙在二层、三层的构件尺寸及构件位置与一层砌体墙一致，层间复制后无需修改。

5）分析门窗、洞口

分析建施-04、建施-05、建施-06，可以看出，门窗、洞口在二层、三层的构件尺寸及构件位置与一层门窗、洞口一致，层间复制后无需修改。

6）分析过梁、圈梁、构造柱

由于砌体墙、门窗、洞口均未发生变化，所以，过梁、圈梁、构造柱在二层、三层的构件尺寸及构件位置与一层过梁、圈梁、构造柱一致，层间复制后无需修改。

7）分析零星构件

分析建施-09 可得出三层空调板未到楼层层顶，图纸未给出对应标高，可使用比例尺度量方式，得出三层顶部空调板距顶标高降板 0.82 m，相应 100 厚加气混凝土砌块墙、幕墙也需调整对应标高（选中构件在属性窗口中直接调整）；分析建施-09 还可看出三层顶部出现挑檐，图纸未给出对应标高，可使用比例尺度量方式，得出三层顶部挑檐板厚 150 mm、距顶标高降板 0.43 m，其尺寸为外墙外挑 600 mm，因三层板分层一设置了空调板，挑檐板可借助辅助轴线绘制到分层二中。挑檐的做法套用如图 3.7.13 所示。

	编码	类别	项目名称	项目特征	单位	工程量表达式	表达式说明	措施项目	专业	单价
1	010505007	项	天沟(檐沟)、挑檐板	1. 混凝土强度等级：C30 2. 部位：挑檐板 3. 混凝土拌合料要求：商品砼	m3	TJ	TJ<体积>	☐	房屋建筑与装饰	
2	01050128	定	商品混凝土施工 挑檐天沟		m3	TJ	TJ<体积>	☐	土	
3	011702022	项	天沟、檐沟	1. 构件类型：挑檐 2. 板厚度：150	m3	TJ	TJ<体积>	☑	房屋建筑与装饰	
4	01150314	定	现浇混凝土模板 挑檐天沟		m3	TJ	TJ<体积>	☑	饰	

图 3.7.13　挑檐做法套用

调整完毕后其三维图形如图 3.7.14 所示。

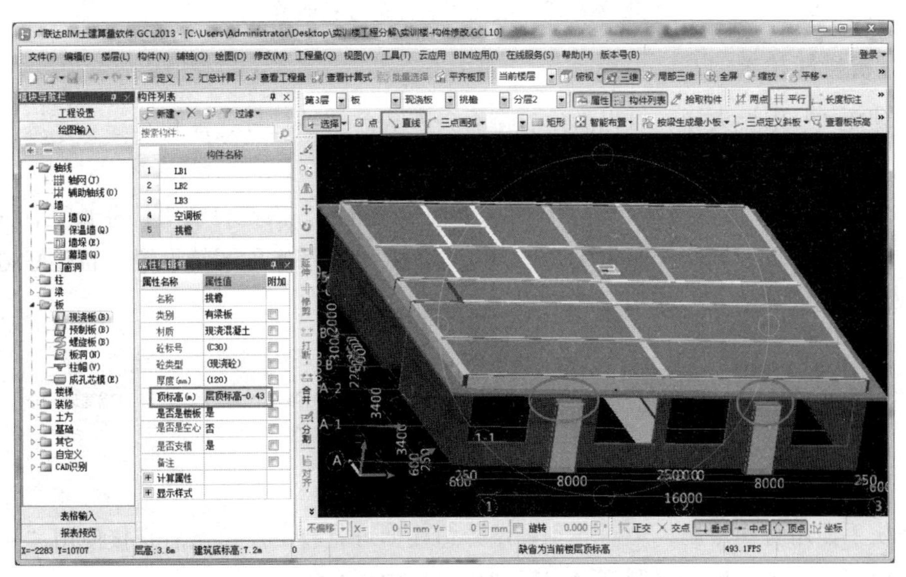

图 3.7.14　挑檐构件三维显示

由于卫生间墙体未发生变化，所以，混凝土翻边（圈梁）在二层、三层的构件尺寸及构件位置与一层混凝土翻边（圈梁）一致，层间复制后无需修改。

台阶、散水未复制，无需调整。

8）分析建筑面积、平整场地

根据建筑面积计算规则，二层、三层阳台在主体结构内，需计算全面积。所以从首层复制到二层、三层的台阶部位建筑面积构件需调整为计算全面积。可直接选中构件修改其建筑面积计算方式为“计算全部”，如图 3.7.15 所示。

平整场地未复制，无需调整。

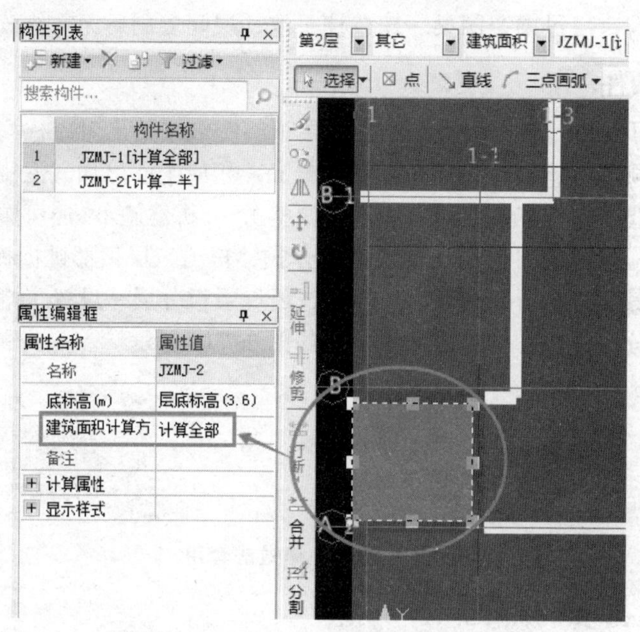

图 3.7.15　建筑面积计算方式调整

9）分析栏杆扶手

分析建施-03 阳台大样，可以看出，阳台设有成品铸铁栏杆，需在二层、三层计算此栏杆工程量。

在其他类别中点击“栏杆扶手”，在定义界面点击新建，因栏杆扶手计算长度，所以其属性内容如截面、高度、间距信息都不影响其工程量，无需按实际图纸设置。新建好构件后对其进行做法套用，如图 3.7.16 所示。

	编码	类别	项目名称	项目特征	单位	工程量表达式	表达式说明	措施项目	专业	单价
1	− 011503001	项	金属扶手、栏杆、栏板	1.栏杆材料种类、规格:成品铸铁栏杆 2.部位:阳台	m	CD	CD<长度（含弯头）>	☐	房屋建筑与装饰	
2	007	补	成品铸铁栏杆		m	CD	CD<长度（含弯头）>	☐		

图 3.7.16　栏杆做法套用

栏杆扶手使用直线绘制，单对齐到外墙外边线即可，在二层绘制后直接使用“复制选定图元到其他楼层”进行层间复制到第三层即可，如图 3.7.17 所示。

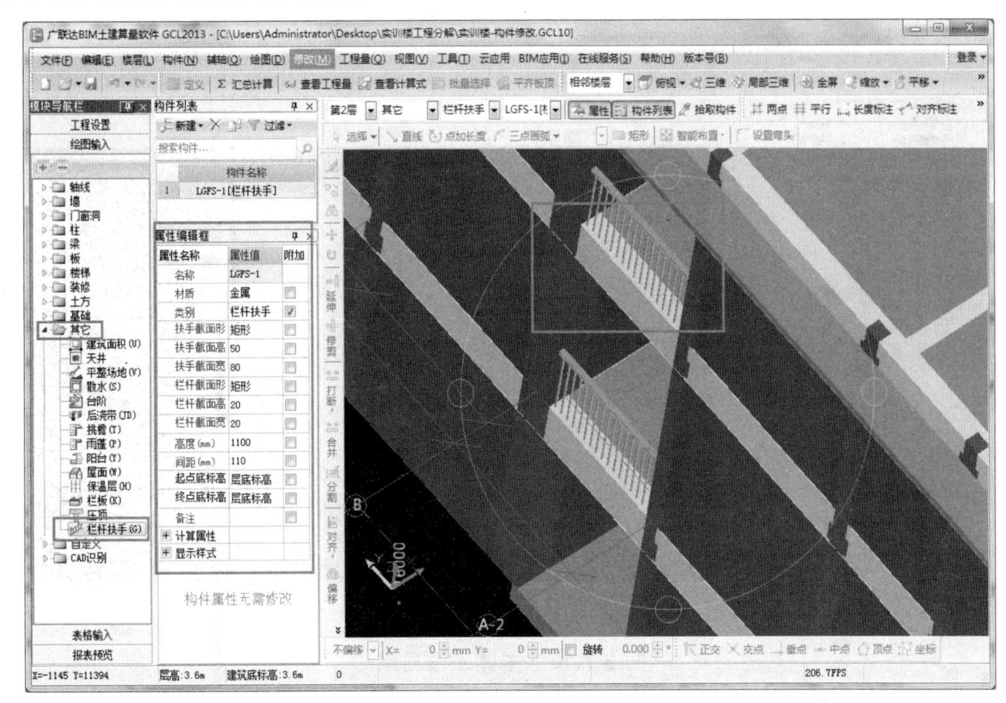

图 3.7.17　栏杆构件三维显示

2. 修改方法

1）构件位置不变，属性发生变化

当构件位置不变，属性发生变化有 3 种情况：

（1）构件名称发生变化，属性不变。当出现属性不变而构件名称发生变化的情况时，可直接选择该构件图元，在属性窗口中更改构件名称即可。

（2）构件名称不变，属性发生变化。当出现构件名称不变而属性发生变化的情况时，可直接选择该构件图元，在属性窗口中直接调整其变化的属性。

（3）构件名称发生变化，属性也发生变化。当出现此种情况时，先选择该构件图元，在属性窗口中先调整其蓝色字体的属性，再调整名称，最后修改黑色字体。

2）构件位置发生变化

当构件位置发生变化，我们就需要对其进行调整。使用拉伸延伸、修剪、移动、单对齐等功能调整该构件图元，甚至直接删除该图元，重新绘制。

调整完毕点击正上方查看三维按钮 三维，并选择“全部楼层”即可查看所有已画楼层构件图的三维图形，如图 3.7.18 所示。

3. 计算结果

点击左上角“汇总计算”按钮，选择楼层进行汇总，即可得到构件工程量。

点击模块导航栏的报表预览，点击“清单定额汇总表”，再单击“设置报表范围”，选择“第二层、第三层”，即可查看二层、三层所有层间复制并调整后正确地对应构件实体工程量，如表 3.7.1 所示。

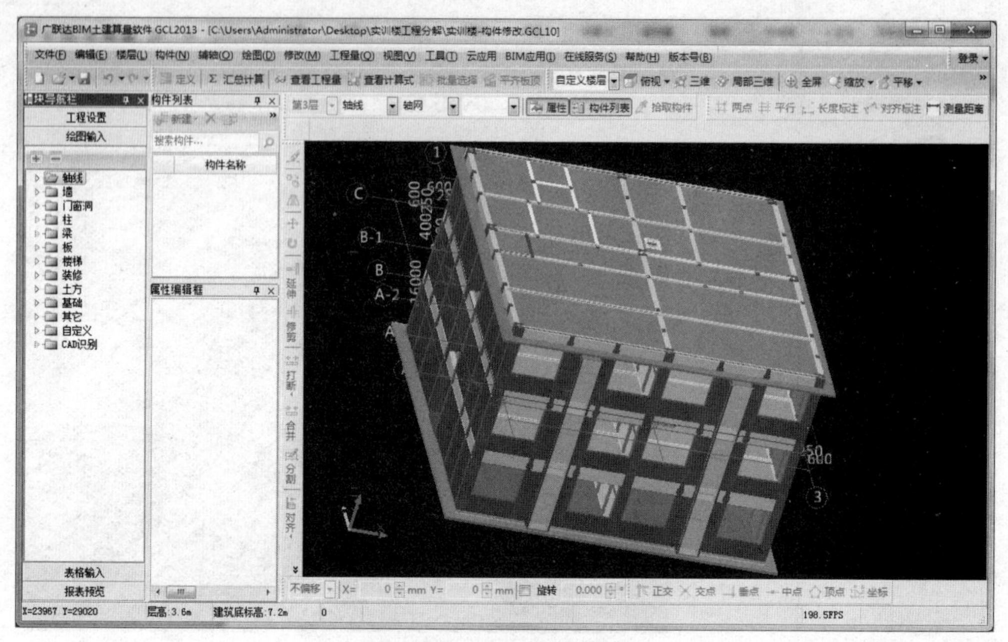

图 3.7.18　主体三维显示

表 3.7.1　第二层、第三层清单定额工程量

序号	编码	项目名称及特征	单位	工程量
1	010505007001	天沟（檐沟）、挑檐板 1. 混凝土强度等级：C30 2. 部位：挑檐板 3. 混凝土拌和料要求：商品砼	m^3	4.924 8
	01050128	商品混凝土施工 挑檐天沟	10 m^3	0.492 5
2	010607005001	砌块墙钢丝网加固 1. 材料品种、规格：0.8 厚 9×25 孔钢板网	m^2	709.623
	01040081	结构结合部分防裂 构造（钢丝网片）	m^2	709.623
3	010807003001	金属百叶窗 1.部位：空调板金属百叶 2.洞口尺寸：详施工图 3.框、扇材质：成品金属百叶 4.其他：含运输、安装、五金配件等	m^2	15.312
	006	成品金属百叶	m^2	15.312
4	AB001	铝合金单玻门 1. 门代号：M3 2. 洞口尺寸：1 500×2 600 3. 含运输、安装、五金配件及门套等； 4. 其他：满足设计和规范要求	樘	2
	003	铝合金单玻门	樘	2

续表

序号	编码	项目名称及特征	单位	工程量
5	010401004001	多孔砖墙 1. 墙体类型：外墙，200 mm 厚 2. 砌块品种、规格、强度等级：MU10 混凝土多孔砖 3. 砂浆强度等级：M7.5 混合砂浆	m^3	51.785 7
	01040017	多孔砖墙 厚 200	10 m^3	5.178 6
6	010402001001	砌块墙 1. 砌块品种、规格、强度等级：加气混凝土砌块 2. 墙体类型：外墙，100 mm 厚 3. 砂浆强度等级：M7.5 混合砂浆	m^3	1.531 2
	01040026	加气混凝土砌块墙 厚 100	10 m^3	0.153 1
7	010402001002	砌块墙 1. 砌块品种、规格、强度等级：加气混凝土砌块 2. 墙体类型：内墙，200 mm 厚 3. 砂浆强度等级：M7.5 混合砂浆	m^3	62.528 3
	01040028	加气混凝土砌块墙 厚 200	10 m^3	6.252 8
8	010502001001	矩形柱 1. 混凝土强度等级：C30 2. 柱截面尺寸：断面周长 1.8 m 以外 3. 混凝土拌和料要求：商品砼	m^3	16.2
	01050084	商品混凝土施工 矩形柱 断面周长 1.8 m 以外	10 m^3	1.62
9	010502002001	构造柱 1. 混凝土强度等级：C20 2. 混凝土拌和料要求：商品砼	m^3	12.976 6
	01050088	商品混凝土施工 构造柱	10 m^3	1.297 7
10	010503002001	单梁连续梁 1. 混凝土强度等级：C30 2. 混凝土拌和料要求：商品砼	m^3	0.577 5
	01050094	商品混凝土施工 单梁连续梁	10 m^3	0.057 8
11	010503004001	圈梁 1. 混凝土强度等级：C20 2. 部位：墙中部 3. 混凝土拌和料要求：商品砼	m^3	4.760 4
	01050096	商品混凝土施工 圈梁	10 m^3	0.476
12	010503004002	圈梁（翻边） 1. 混凝土强度等级：C20 2. 部位：卫生间翻边 3. 构件规格：300 mm 高 4. 混凝土拌和料要求：素混凝土	m^3	2.772
	01050096	商品混凝土施工 圈梁	10 m^3	0.277 2

续表

序号	编码	项目名称及特征	单位	工程量
13	010503005001	过梁 1. 混凝土强度等级：C20 2. 混凝土拌和料要求：商品砼	m^3	0.608
	01050097	商品混凝土施工 过梁	10 m^3	0.060 8
14	010505001001	有梁板 1. 混凝土强度等级：C30 2. 混凝土拌和料要求：商品砼	m^3	103.866 5
	01050109	商品混凝土施工 有梁板	10 m^3	10.378 3
15	010505008001	雨篷、悬挑板、阳台板 1. 混凝土强度等级：C30 2. 部位：空调板 3. 混凝土拌和料要求：商品砼	m^3	0.273 6
	01050128	商品混凝土施工 挑檐天沟	10 m^3	0.027 4
16	010801001001	木质门 1. 门代号：M1 2. 洞口尺寸：1 000×2 100 3. 含运输、安装、五金配件及门套等： 4. 其他：满足设计和规范要求	樘	12
	001	夹板门 1 000×2 100	樘	12
17	010801001002	木质门 1. 门代号：M2 2. 洞口尺寸：1 500×2 100 3. 含运输、安装、五金配件及门套等： 4. 其他：满足设计和规范要求	樘	2
	002	夹板门 1 500×2 100	樘	2
18	010801001003	木质门 1. 门代号：M4 2. 洞口尺寸：750×2 100 3. 含运输、安装、五金配件及门套等： 4. 其他：满足设计和规范要求	樘	2
	004	夹板门 750×2 100	樘	2
19	010807001001	铝合金单玻窗 1. 框、扇材质：铝合金单玻窗 2. 玻璃品种、厚度：满足设计要求 3. 窗代号：C1/C2/C3 4. 洞口尺寸：详施工图 5. 壁厚：满足设计和规范要求 6. 其他：含运输、安装、五金配件等	m^2	58.8
	005	铝合金单玻窗	m^2	58.8
20	011503001001	金属扶手、栏杆、栏板 1.栏杆材料种类、规格：成品铸铁栏杆 2.部位：阳台	m	4.1
	007	成品铸铁栏杆	m	4.1

切换左上角“实体项目”为“措施项目”，则可查看对应构件措施工程量，如表 3.7.2 所示。

表 3.7.2　第二层、第三层模板清单定额工程量

序号	编码	项目名称及特征	单位	工程量
1	011702022001	天沟、檐沟 1. 构件类型：挑檐 2. 板厚度：150	m^3	4.924 8
	01150314	现浇混凝土模板　挑檐天沟	10 m^3	0.492 5
2	011702002001	矩形柱 1. 模板类型：组合钢模板	m^2	116.874
	01150270	现浇混凝土模板　矩形柱　组合钢模板	100 m^2	1.181 7
3	011702003001	构造柱 1. 模板类型：组合钢模板	m^2	153.979 3
	01150275	现浇混凝土模板　构造柱　组合钢模板	100 m^2	1.539 8
4	011702006001	单梁连续梁 1. 模板类型：组合钢模板	m^2	4.606 3
	01150279	现浇混凝土模板　单梁连续梁　组合钢模板	100 m^2	0.046 1
5	011702008001	圈梁 1. 模板类型：组合钢模板	m^2	44.680 8
	01150284	现浇混凝土模板　圈梁　直形　组合钢模板	100 m^2	0.447 5
6	011702008002	圈梁（翻边） 1. 模板类型：组合钢模板	m^2	26.056
	01150284	现浇混凝土模板　圈梁　直形　组合钢模板	100 m^2	0.262 2
7	011702009001	过梁 1. 模板类型：组合钢模板	m^2	10.58
	01150287	现浇混凝土模板　过梁　组合钢模板	100 m^2	0.105 8
8	011702014001	有梁板 1. 模板类型：组合钢模板	m^2	820.455 5
	01150294	现浇混凝土模板　有梁板　组合钢模板	100 m^2	8.204 6
9	011702023001	雨篷、悬挑板、阳台板 1. 构件类型：空调板 2. 板厚度：100	m^3	0.273 6
	01150314	现浇混凝土模板　挑檐天沟	10 m^3	0.027 4

4. 总结拓展

（1）点击“查看工程量”，选中要查看的构件图元，弹出“查看构件图元工程量”对话框，可以查看做法工程量、清单工程量、定额工程量；按 F3 键批量选择构件图元，然后点击“查看工程量”，弹出“查看构件图元工程量”对话框，可以查看做法工程量，清单工程量、定额工程量，如图 3.7.19、图 3.7.20 所示。

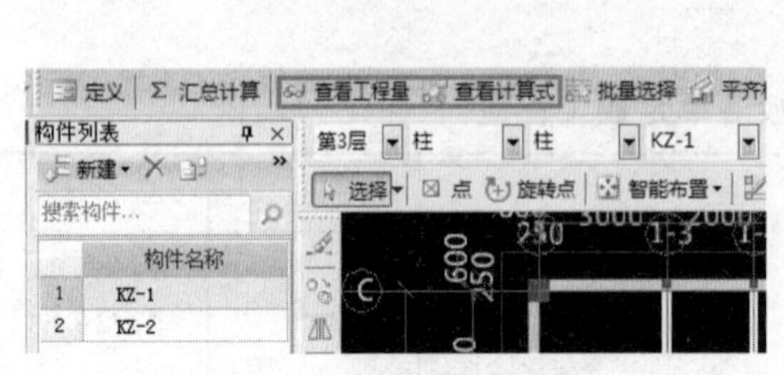

图 3.7.19　查看工程量

	分类条件		工程量名称					
	楼层	名称	周长(m)	体积(m3)	模板面积(m2)	数量(根)	高度(m)	截面面积(m2)
1	第3层	KZ-1	8	3.6	26.308	4	14.4	1
2		KZ-2	10	4.5	31.748	5	18	1.25
3		小计	18	8.1	58.056	9	32.4	2.25
4	总计		18	8.1	58.056	9	32.4	2.25

图 3.7.20　查看构件图元工程量

（2）点击“查看计算式”，选择单一图元，弹出“查看构件图元工程量计算式”，可以查看此图元的计算式，还可以利用“查看三维扣减图”查看构件扣减关系，如图 3.7.21 所示。

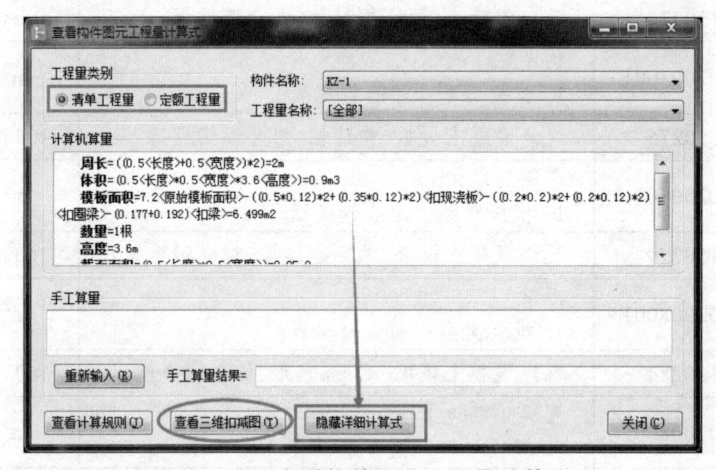

图 3.7.21　查看构件图元工程量计算式

3.8　屋面层工程量计算

1. 分析图纸

1）女儿墙及压顶

分析建施-01、建施-07、建施-08，可以看出，女儿墙墙厚 200 mm，墙高 900 mm，因女儿墙为外墙，其材质做法与其他楼层外墙一致。

分析结施-04，可以看出女儿墙压顶尺寸为 100 mm × 200 mm，混凝土标号为 C20。

2）上人孔

分析建筑-07，上人孔采用做法为西南 11J201-56-2a。根据图集所示，可取上人孔高为 300 mm。同时需注意上人孔配有成品盖板及 Φ20 铁爬梯，铁爬梯起步离楼地面 1 200 mm，间距 300 mm。

3）构造柱

分析结施-02，屋面女儿墙每隔 4 m 设置构造柱，构造柱尺寸为 200 mm × 200 mm。

4）落水管

分析建施-07，落水管采用 100PVC 雨落管，87S348-87 型铸铁雨水斗。其雨落管从屋面延伸至室外地坪。每个雨落管配置一个铸铁雨水斗及一个塑料弯头。

2. 屋面层构件的属性定义

1）女儿墙、上人孔、构造柱定义

女儿墙、上人孔墙壁、构造柱定义参看其他楼层外墙、内墙及构造柱定义方法。

2）压顶定义

在模块导航栏中点击“其他”→“压顶”，单击“定义”按钮，进入压顶的定义界面，在构件列表中点击“新建”→“新建矩形压顶”，新建“压顶”。在属性编辑框中输入相应的属性值，如图 3.8.1 所示。

3）盖板、爬梯、落水管定义

在工程量计算过程中，如果有部分构件无法建模或无需建模的情况下，可以直接使用表格输入的方式，计算其工程量。盖板、爬梯、落水管等构件由于比较简单，无需建模。可在表格输入中新建及计算工程量。

点击“模块导航栏”中“表格输入”，在“其他”类别中选择“其他”，依次点击新建，调整名称为“上人孔盖板”“铁爬梯”“落水管”，构件就新建好了，如图 3.8.2 所示。

属性名称	属性值	附加
名称	压顶	
材质	现浇混凝土	☐
砼标号	C20	☐
砼类型	(现浇砼)	☐
截面宽度(mm)	200	☐
截面高度(mm)	100	☐
截面面积(m2)	0.02	☐
起点顶标高(m)	层顶标高	☐
终点顶标高(m)	层顶标高	☐
轴线距左边线距离(mm)	(100)	☐
是否支模	是	☐
备注		☐
+ 计算属性		
+ 显示样式		

图 3.8.1 压顶属性编辑

	名称	数里	备注
1	上人孔盖板	1	
2	铁爬梯	1	
3	落水管	1	

图 3.8.2 盖板、爬梯、落水管定义

在此名称上直接套取清单定额，并填入其手算工程量，这些构件的清单工程量及定额工程量就会汇总到“清单定额汇总表”中。

3. 屋面层构件的做法套用

（1）女儿墙的做法套用，如图 3.8.3 所示。

	编码	类别	项目名称	项目特征	单位	工程量表达式	表达式说明	措施项目	专业
1	010401004	项	多孔砖墙	1. 墙体类型：外墙，200mm厚 2. 砌块品种、规格、强度等级：MU10混凝土多孔砖 3. 砂浆强度等级：M7.5混合砂浆	m3	TJ	TJ<体积>	☐	房屋建筑与装饰
2	01040017	定	多孔砖墙 厚190		m3	TJ	TJ<体积>	☐	土
3	010607005	项	砌块墙钢丝网加固	1.材料品种、规格:0.8厚9×25孔钢板网	m2	(WQWCGSWPZCD+WQNCGSWPZCD+NQLCGSWPZCD)*0.3	(WQWCGSWPZCD<外墙外侧钢丝网片总长度>+ WQNCGSWPZCD<外墙内侧钢丝网片总长度>+ NQLCGSWPZCD<内墙两侧钢丝网片总长度>)*0.3	☐	房屋建筑与装饰
4	01040081	定	结构结合部分防裂 构造(钢丝网片)		m2	(WQWCGSWPZCD+WQNCGSWPZCD+NQLCGSWPZCD)*0.3	(WQWCGSWPZCD<外墙外侧钢丝网片总长度>+ WQNCGSWPZCD<外墙内侧钢丝网片总长度>+ NQLCGSWPZCD<内墙两侧钢丝网片总长度>)*0.3	☐	土

图 3.8.3 女儿墙做法套用

（2）上人孔墙壁的做法套用，如图 3.8.4 所示。

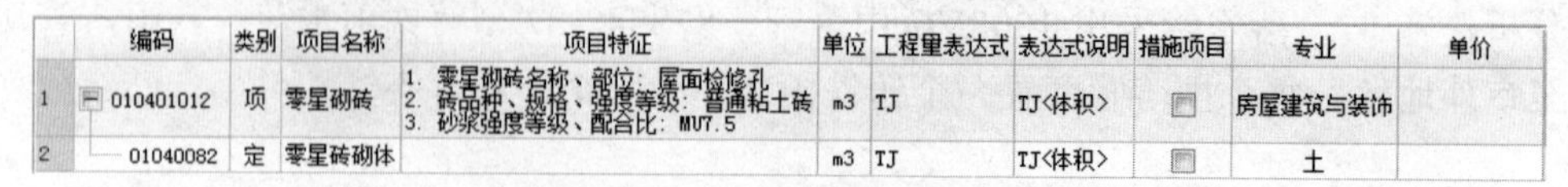

	编码	类别	项目名称	项目特征	单位	工程量表达式	表达式说明	措施项目	专业	单价
1	010401012	项	零星砌砖	1. 零星砌砖名称、部位：屋面检修孔 2. 砖品种、规格、强度等级：普通粘土砖 3. 砂浆强度等级、配合比：MU7.5	m3	TJ	TJ<体积>	☐	房屋建筑与装饰	
2	01040082	定	零星砖砌体		m3	TJ	TJ<体积>	☐	土	

图 3.8.4　上人孔墙壁做法套用

（3）压顶的做法套用，如图 3.8.5 所示。

	编码	类别	项目名称	项目特征	单位	工程量表达式	表达式说明	措施项目	专业	单价
1	010507005	项	扶手、压顶	1. 混凝土强度等级：C20 2. 部位：女儿墙压顶 3. 混凝土拌合料要求：商品砼	m3	TJ	TJ<体积>	☐	房屋建筑与装饰	
2	01050129	定	商品混凝土施工 压顶		m3	TJ	TJ<体积>	☐	土	
3	011702025	项	其他现浇构件	1. 构件类型：女儿墙压顶	m2			☑	房屋建筑与装饰	
4	01150315	定	现浇混凝土模板 压顶		m3	TJ	TJ<体积>	☑	饰	

图 3.8.5　压顶做法套用

（4）构造柱的做法套用，如图 3.8.6 所示。

	编码	类别	项目名称	项目特征	单位	工程量表达式	表达式说明	措施项目
1	010502002	项	构造柱	1. 混凝土强度等级：C20 2. 混凝土拌合料要求：商品砼	m3	TJ	TJ<体积>	☐
2	01050088	定	商品混凝土施工 构造柱		m3	TJ	TJ<体积>	☐
3	011702003	项	构造柱	1. 模板类型：组合钢模板	m2	MBMJ	MBMJ<模板面积>	☑
4	01150275	定	现浇混凝土模板 构造柱 组合钢模板		m2	MBMJ	MBMJ<模板面积>	☑

图 3.8.6　构造柱做法套用

（5）上人孔盖板的做法套用，如图 3.8.7 所示。

	编码	类别	项目名称	项目特征	单位	工程量表达式	工程量	措施项目	专业
1	010512008	项	沟盖板、井盖板、井圈	1. 部位：上人孔盖板 2. 规格：成品盖板	套	1	1	☐	房屋建筑与装饰
2	01080111	定	屋面出人孔盖板 作法1(西南11J201-P56)		套	1	1	☐	土

图 3.8.7　上人孔盖板做法套用

（6）铁爬梯的做法套用，如图 3.8.8 所示。

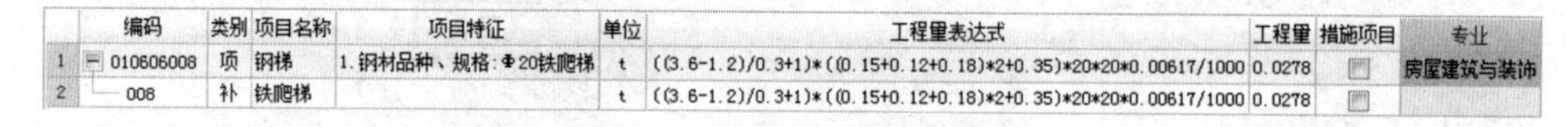

	编码	类别	项目名称	项目特征	单位	工程量表达式	工程量	措施项目	专业
1	010606008	项	钢梯	1. 钢材品种、规格：Φ20铁爬梯	t	((3.6-1.2)/0.3+1)*((0.15+0.12+0.18)*2+0.35)*20*20*0.00617/1000	0.0278	☐	房屋建筑与装饰
2	008	补	铁爬梯		t	((3.6-1.2)/0.3+1)*((0.15+0.12+0.18)*2+0.35)*20*20*0.00617/1000	0.0278	☐	

图 3.8.8　铁爬梯做法套用

（7）落水管的做法套用，如图 3.8.9 所示。

	编码	类别	项目名称	项目特征	单位	工程量表达式	工程量	措施项目	专业
1	010902004	项	屋面排水管	1. 排水管品种、规格：Φ100PVC 2. 雨水斗、山墙出水口品种、规格：87S348-878型铸铁雨水斗	m	(10.8+0.3)*4	44.4	☐	房屋建筑与装饰
2	01080094	定	塑料排水管 单屋面排水管系统直径 φ110		m	(10.8+0.3)*4	44.4	☐	土
3	01080091	定	铸铁水斗 落水口直径 φ100mm		个	4	4	☐	土
4	01080100	定	塑料弯头		个	4	4	☐	土

图 3.8.9　落水管做法套用

4. 屋面层构件的绘制方法

女儿墙、上人孔墙壁绘制方法与砌体墙绘制方法一致；压顶绘制方法与圈梁绘制方法一致；构造柱绘制方法与其他楼层绘制方法一致；上人孔盖板、铁爬梯、落水管使用表格输入计算工程量，无需绘制。

绘制完毕点击正上方查看三维按钮 三维，即可查看三维图形，如图3.8.10所示。

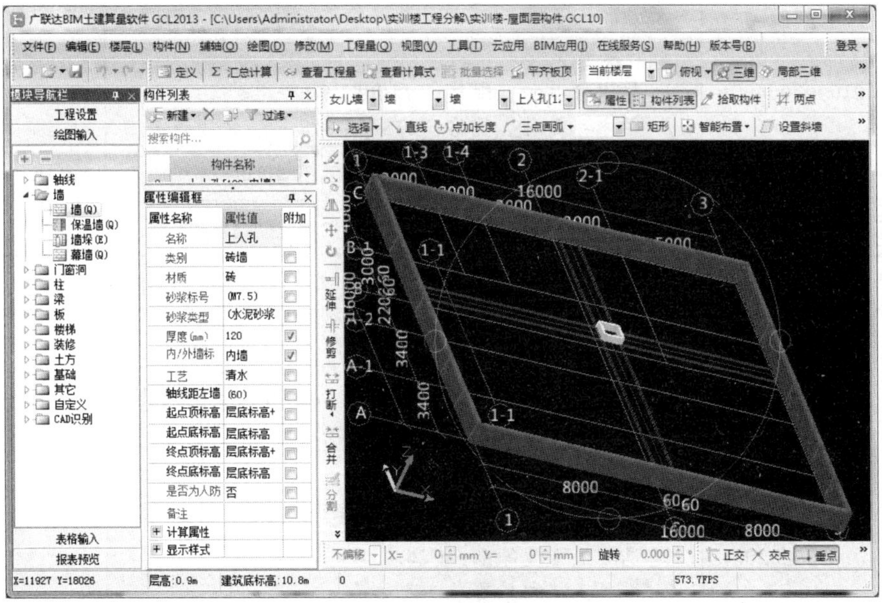

图 3.8.10 屋面层三维显示

5. 计算结果

点击左上角“汇总计算”按钮，选择楼层进行汇总，即可得到构件工程量。

点击模块导航栏的报表预览，点击“清单定额汇总表”，再单击“设置报表范围”，选择“女儿墙层”，即可查看对应构件的工程量，如表3.8.1所示。

表 3.8.1 屋面层清单定额工程量

序号	编码	项目名称及特征	单位	工程量
1	010401012002	零星砌砖 1. 零星砌砖名称、部位：屋面检修孔 2. 砖品种、规格、强度等级：普通黏土砖 3. 砂浆强度等级、配合比：MU7.5	m^3	0.113 2
	01040082	零星砖砌体	10 m^3	0.011 3
2	010512008001	沟盖板、井盖板、井圈 1. 部位：上人孔盖板 2. 规格：成品盖板	套	1
	01080111	屋面出人孔盖板 作法1（西南11J201-P56）	套	1
3	010606008001	钢梯 1. 钢材品种、规格：Φ20铁爬梯	t	0.027 8
	008	铁爬梯	t	0.027 8
4	010607005001	砌块墙钢丝网加固 1. 材料品种、规格：0.8厚9×25孔钢板网	m^2	54.96
	01040081	结构结合部分防裂 构造（钢丝网片）	m^2	54.96

续表

序号	编码	项目名称及特征	单位	工程量
5	010902004001	屋面排水管 1. 排水管品种、规格：Φ100PVC 2. 雨水斗品种、规格：87S348-878 型铸铁雨水斗	m	44.4
	01080094	塑料排水管 单屋面排水管系统直径ϕ110	10 m	4.44
	01080091	铸铁水斗 落水口直径ϕ100 mm	10 个	0.4
	01080100	塑料弯头	10 个	0.4
6	010401004001	多孔砖墙 1. 墙体类型：外墙，200 mm 厚 2. 砌块品种、规格、强度等级：MU10 混凝土多孔砖 3. 砂浆强度等级：M7.5 混合砂浆	m^3	9.6
	01040017	多孔砖墙 厚 200	10 m^3	0.96
7	010502002001	构造柱 1. 混凝土强度等级：C20 2. 混凝土拌和料要求：商品砼	m^3	0.832
	01050088	商品混凝土施工 构造柱	10 m^3	0.083 2
8	011702003001	构造柱 1. 模板类型：组合钢模板	m^2	10.88
	01150275	现浇混凝土模板 构造柱 组合钢模板	100 m^2	0.108 8
9	010507005001	扶手、压顶 1. 混凝土强度等级：C20 2. 部位：女儿墙压顶 3. 混凝土拌和料要求：商品砼	m^3	1.304
	01050129	商品混凝土施工 压顶	10 m^3	0.130 4
10	011702025001	其他现浇构件 1. 构件类型：女儿墙压顶	m^3	1.304
	01150315	现浇混凝土模板 压顶	10 m^3	0.130 4

6. 总结拓展

1）三点定义斜板

在屋面层可能会出现出屋面楼梯间且可能出现斜板。对应斜板的绘制，可使用“三点定义斜板”功能实现。

在现浇板绘图界面，点击“三点定义斜板”，选择对应板构件，可以看到选中的板边缘变成淡蓝色，在有数字的地方按照图纸的设计输入标高，如图 3.8.11 所示。输入标高后依次按“Enter”键保存输入的数据。当三点对应标高输入后确认即可以看到板上有个箭头表示斜板已经绘制完成，箭头指向标高低的方向，如图 3.8.12 所示，

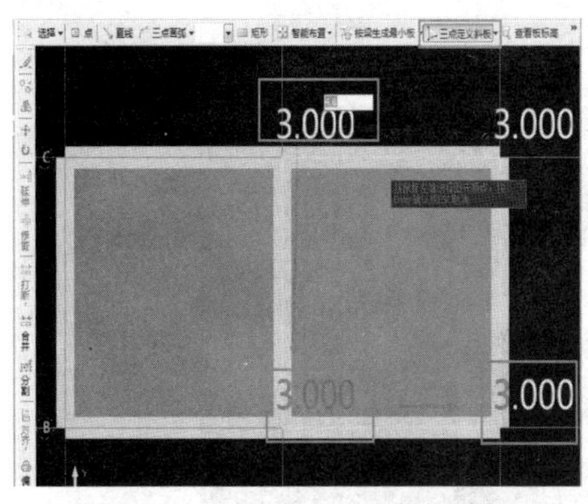

图 3.8.11　三点定义斜板步骤一

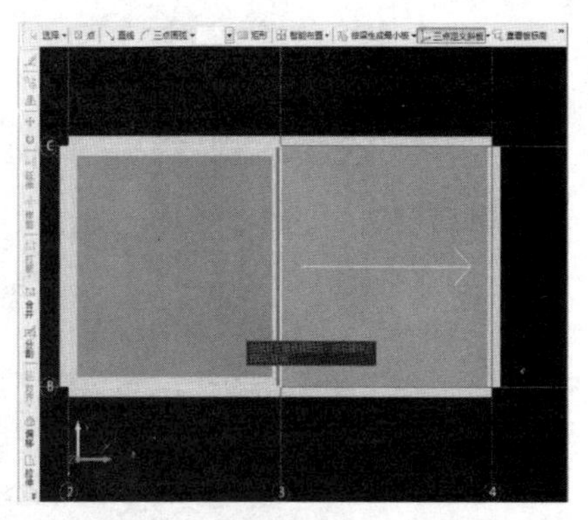

图 3.8.12　三点定义斜板步骤二

2）平齐板顶

单击“平齐板顶”，如图 3.8.13 所示，选择梁、墙、柱图元，弹出确认对话框“是否同时调整手动修改顶标高后的柱、梁、墙的顶标高”，如图 3.8.14 所示，点击“是”。利用三维查看斜板的效果，如图 3.8.15 所示。“平齐板顶”后再对板进行偏移即可绘制出挑檐。

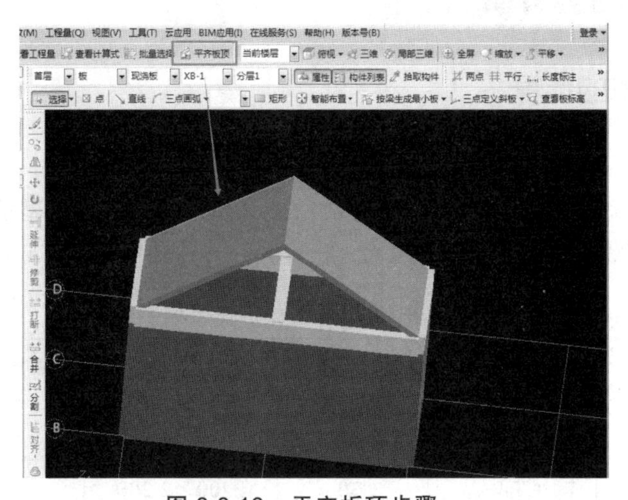

图 3.8.13　平齐板顶步骤一

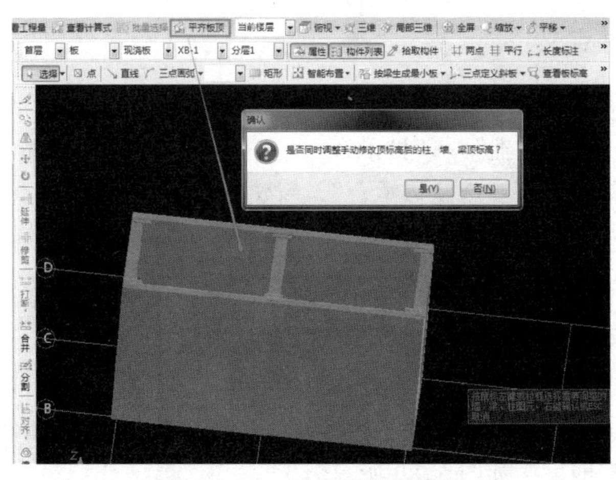

图 3.8.14　平齐板顶步骤二

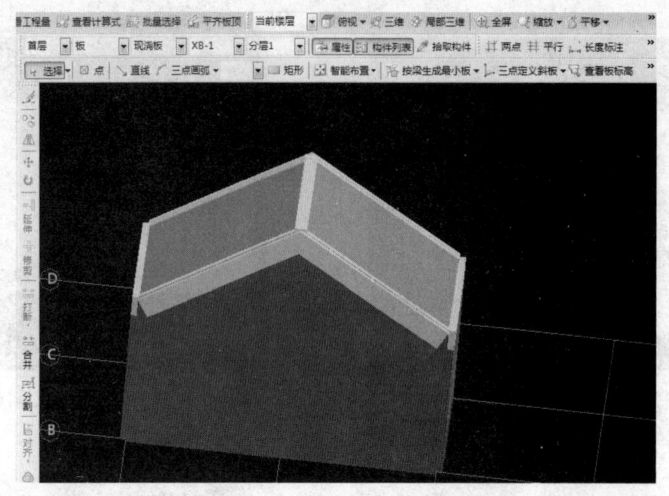

图 3.8.15　平齐板顶步骤三

3.9　基础层工程量计算

3.9.1　基础工程量的计算

1. 分析图纸

分析结施-05、结施-06 可以得出本工程使用桩基础，包含桩与桩基承台。桩为静压法预应力混凝土管桩，桩径 400 mm，桩长 20 m；桩基承台为独立桩承台 CT-1、CT-2，见表 3.9.1。

表 3.9.1　桩基承台构件信息

序号	类型	名称	砼标号	截面尺寸/mm	高度/mm	备注
1	桩基承台	CT-1	C30	800×2 200	700	
		CT-2	C30	2200×2 200	700	

2. 桩基础的属性定义

1）桩承台的属性定义

在模块导航栏中点击“基础”→“桩承台”，单击“定义”按钮，进入桩承台的定义界面，在构件列表中点击“新建”→“新建桩承台”，新建桩承台 CT-1，再点击“新建”→“新建矩形桩承台单元”CT-1-1。根据 CT-1 在图纸中的标注尺寸，在属性编辑框中输入相应的属性值，如图 3.9.1 所示。

2）桩的属性定义

在模块导航栏中点击“基础”→“桩”，单击“定义”按钮，进入桩承台的定义界面，在构件列表中点击“新建”→“新建参数化桩”，选择圆形桩，在右边属性框中输入尺寸信息，点击确定后调整顶标高即可，如图 3.9.2 所示。

属性名称	属性值	附加
名称	CT-1-1	
类别	独立	☐
材质	现浇混凝	☐
砼标号	(C30)	☐
砼类型	(现浇砼)	☐
长度(mm)	2200	☐
宽度(mm)	800	☐
高度(mm)	700	☐
截面面积(m	1.76	☐
相对底标高	0	☐
砖胎膜厚度	0	☐
是否支模	是	☐
备注		☐
+ 显示样式		

图 3.9.1　桩承台属性编辑

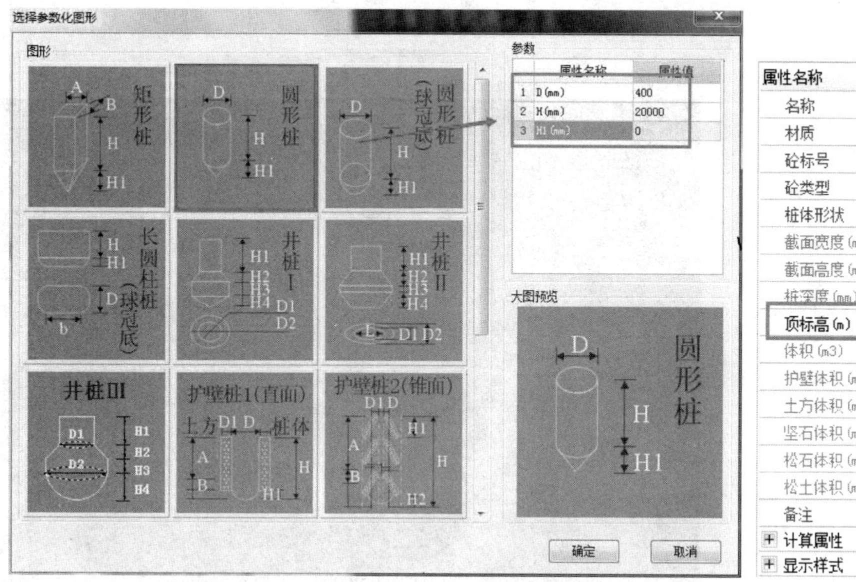

属性名称	属性值	附加
名称	ZJ-1	
材质	现浇混凝土	☐
砼标号	(C30)	☐
砼类型	(现浇砼)	☐
桩体形状	圆形桩	☐
截面宽度(mm)	400	☐
截面高度(mm)	400	☐
桩深度(mm)	20000	☐
顶标高(m)	-1.9	☐
体积(m3)	2.51	☐
护壁体积(m3)	0	☐
土方体积(m3)	2.51	☐
坚石体积(m3)	0	☐
松石体积(m3)	0	☐
松土体积(m3)	0	☐
备注		☐
+ 计算属性		
+ 显示样式		

图 3.9.2　桩属性编辑

3. 桩基础的做法套用

（1）桩承台的做法套用，需套取在基础单元位置，如图 3.9.3 所示。

	编码	类别	项目名称	项目特征	单位	工程量表达式	表达式说明	措施项目	专业
1	010501005	项	桩承台基础	1. 混凝土强度等级：C30 2. 混凝土拌合料要求：商品砼	m3	TJ	TJ<体积>	☐	房屋建筑与装饰
2	01050075	定	商品混凝土施工 桩承台		m3	TJ	TJ<体积>	☐	土
3	011702001	项	桩承台	1. 基础类型：独立桩承台 2. 模板类型：组合钢模板	m2	MBMJ	MBMJ<模板面积>	☑	房屋建筑与装饰
4	01150255	定	现浇混凝土模板 桩承台 独立 组合钢模板		m2	MBMJ	MBMJ<模板面积>	☑	饰

图 3.9.3　桩承台做法套用

（2）桩的做法套用，如图 3.9.4 所示。

	编码	类别	项目名称	项目特征	单位	工程量表达式	表达式说明	措施项目	专业
1	010301002	项	预制钢筋混凝土管桩	1.送桩深度、桩长:桩长20m 2.桩外径、壁厚:400mm 3.沉桩方法:静力压桩	m	CD	CD<长度>	□	房屋建筑与装饰
2	01030048	定	静力压桩机压钢筋混凝土管桩 D≤400 L≤24m 一级土		m	CD	CD<长度>	□	土

图 3.9.4　桩做法套用

4. 桩基础的绘制方法

1）桩承台的绘制方法

桩承台定义完毕后，点击“绘图”按钮，切换到绘图界面。绘制桩承台可以使用点画法，也可以直接借用柱构件进行快速绘制。

（1）点绘制。

通过构件列表选择要绘制的构件 CT-1，鼠标捕捉 2 轴与 C 轴的交点，直接点击鼠标左键，就完成了柱 CT-1 的绘制，如图 3.9.5 所示。

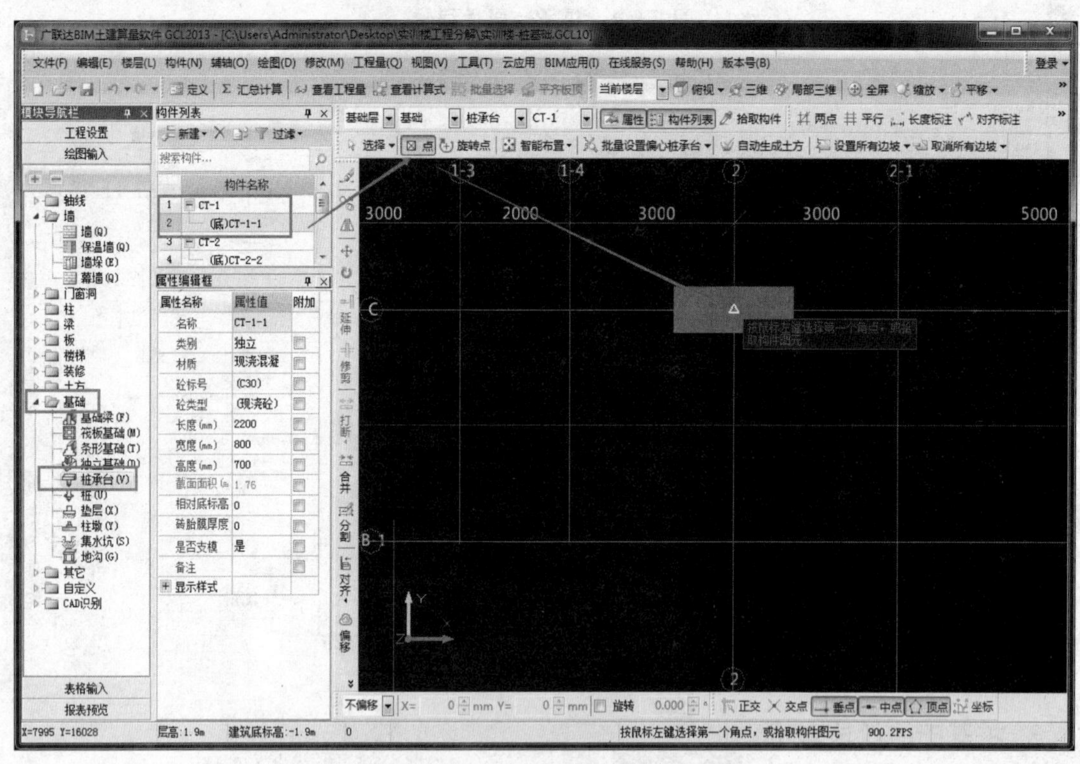

图 3.9.5　桩承台构件点画绘制方法步骤一

竖向的桩承台可使用“旋转点”功能进行绘制，点击“旋转点”，点击对应绘制点，再使用鼠标左键选择构件图元绘制方向上任一轴线交点即可，如图 3.9.6 所示。

若桩承台与轴线有偏移，可使用“设置偏心桩承台”及“批量设置偏心桩承台”调整其与轴线的距离，如图 3.9.7 所示。

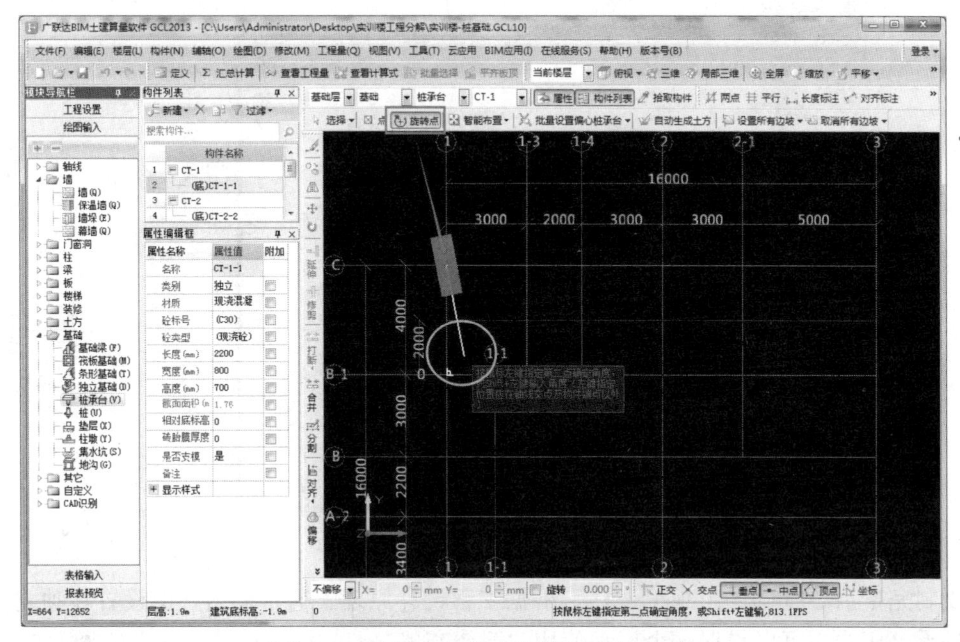

图 3.9.6 桩承台构件点画绘制方法步骤二

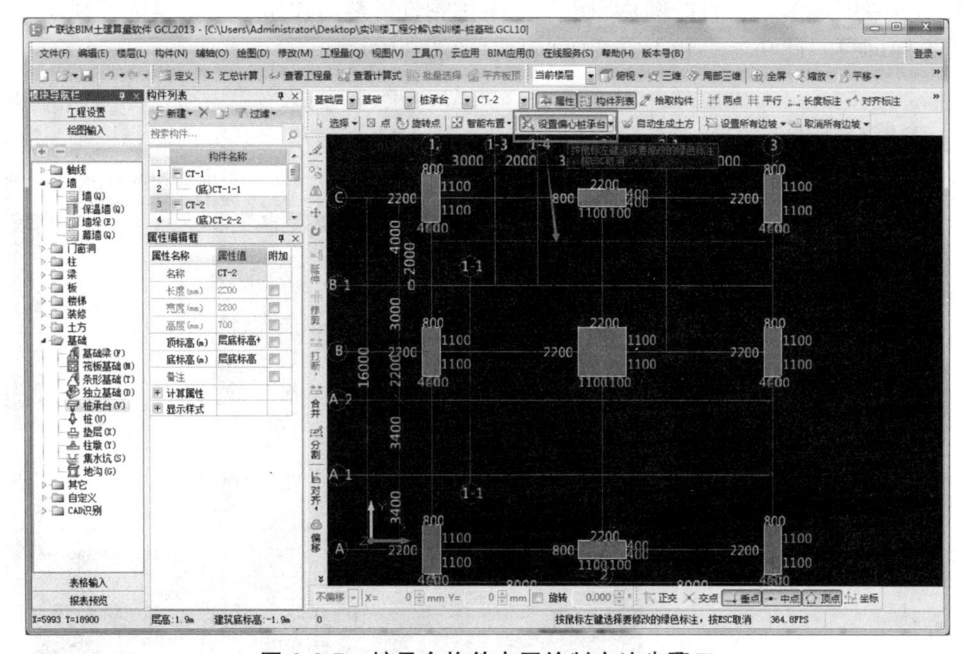

图 3.9.7 桩承台构件点画绘制方法步骤三

（2）智能布置。

基础顶标高与首层底标高通常都会有一段距离。在软件绘制首层构件时，首层构件底部与基础顶部不相接，不符合实际。所以一般情况下都需要将首层与基础相接的构件复制到基础层，如框架柱、构造柱、墙等。复制到基础层的竖向构件按图纸信息需将其底标高调整为 -1.200。可以使用“从其他楼层复制图元”功能将首层框架柱、构造柱、墙复制到基础层，如图 3.9.8 所示。

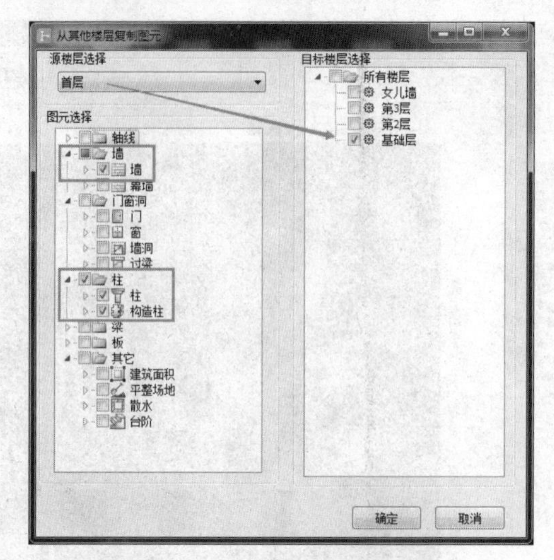

图 3.9.8 从其他楼层复制图元

复制完毕后，基础层出现框架柱。根据工程设计原理，通常框架柱会设置在独立基础、独立桩承台正中，可以根据这个原理使用“智能布置”→“柱”功能，分别选择 CT-1、CT-2 对应相应位置的框架柱，右键确认即可生成基础构件。然后使用右键菜单中“旋转”功能调整基础方向即可。此功能一般无需调整偏心，如图 3.9.9 所示。

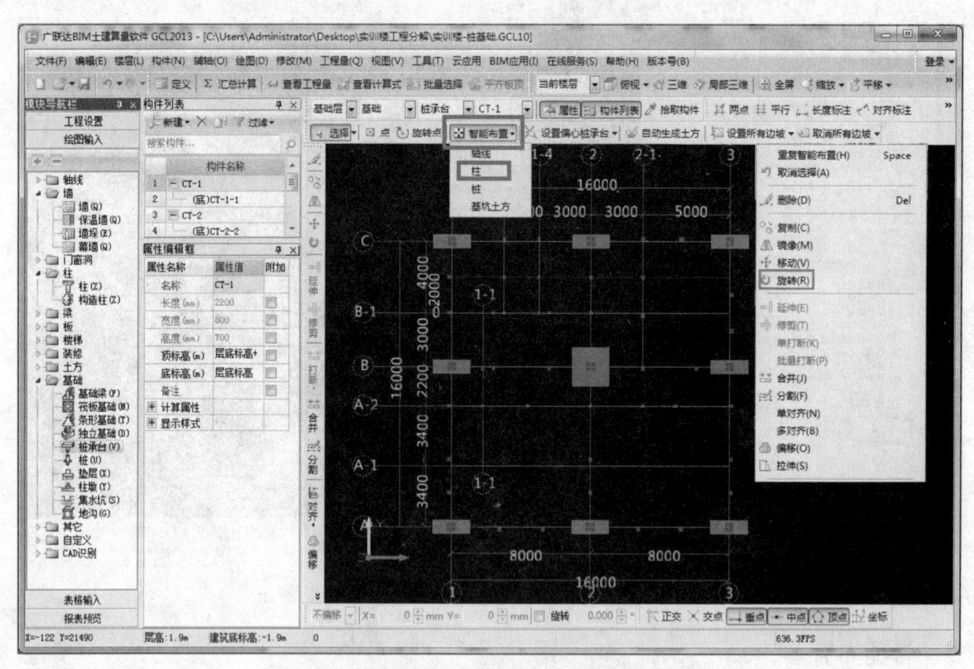

图 3.9.9 桩承台构件智能布置绘制方法

2）桩的绘制方法

如果一个桩承台对应一根桩，则可以使用“智能布置”→“桩承台”功能进行绘制，如果一个桩承台对应多根桩，则只能使用点画方式进行绘制。对于难以定位的桩，可以使用辅助轴线进行绘制，如图 3.9.10 所示。

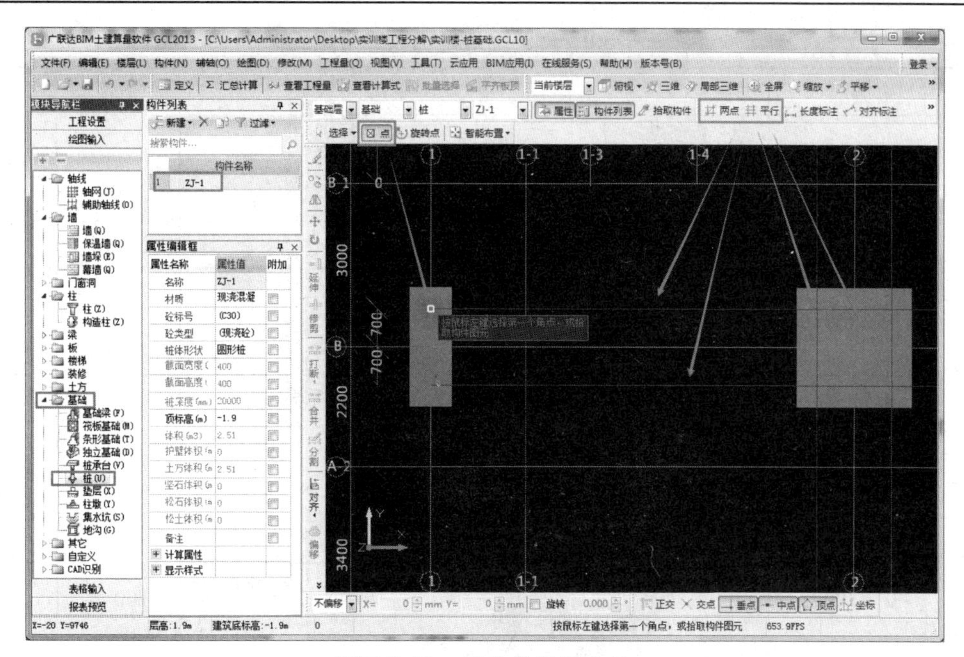

图 3.9.10 桩构件绘制方法

绘制完毕点击正上方查看三维按钮 三维，即可查看三维图形，如图 3.9.11 所示。

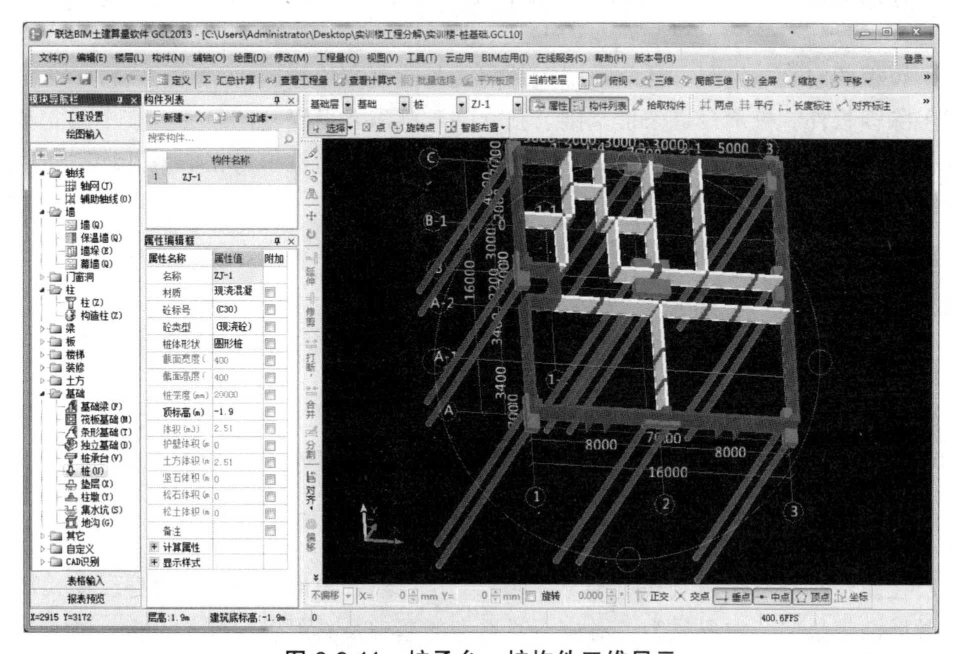

图 3.9.11 桩承台、桩构件三维显示

5. 计算结果

点击左上角“汇总计算”按钮，选择楼层进行汇总，即可得到构件工程量。

点击模块导航栏的报表预览，点击“清单定额汇总表”，再单击“设置报表范围”，选择“桩承台、桩”，即可查看对应构件的工程量，如表 3.9.2 所示。

表 3.9.2 基础清单定额工程量

序号	编码	项目名称及特征	单位	工程量
1	010501005001	桩承台基础 1. 混凝土强度等级：C30 2. 混凝土拌和料要求：商品砼	m^3	13.244
	01050075	商品混凝土施工 桩承台	10 m^3	1.324 4
2	011702001001	桩承台 1. 基础类型：独立桩承台 2. 模板类型：组合钢模板	m^2	39.76
	01150255	现浇混凝土模板 桩承台 独立 组合钢模板	100 m^2	0.397 6
3	010301002001	预制钢筋混凝土管桩 1. 送桩深度、桩长：桩长 20 m 2. 桩外径、壁厚：400 mm 3. 沉桩方法：静力压桩	m	400
	01030048	静力压桩机压钢筋混凝土管桩 D≤400 L≤24 m 一级土	100 m	4

6. 总结拓展

（1）其他基础构件的定义及绘制方法：基础通常有桩承台、筏板、条形基础、独立基础等。

（2）筏板的定义与绘制方法与现浇板的定义与绘制方法相同。

（3）除筏板外，桩承台、条形基础、独立基础都需要设置基础单元。其中独立基础的定义与绘制方法同桩承台的定义与绘制方法；条形基础定义与桩承台相似，其绘制使用直线画法，与线式构件如梁、墙等相同。

3.9.2 垫层工程量的计算

1. 分析图纸

分析结施-06，可以看出，桩承台设置基础垫层，垫层厚度为 100 mm，垫层向基础四周伸出 100 mm。分析结施-03，可以得到基础垫层混凝土强度等级为 C15。

2. 垫层的属性定义

垫层在新建时可以新建点式矩形（异形）垫层、线式矩形（异形）垫层、面式垫层、集水坑柱墩后浇带垫层，主要是为了对应不同类型的基础及其附属构件。筏板、独立基础、桩承台可新建面式垫层，条形基础、基础梁可新建线式垫层。

其中，面式垫层、线式垫层会根据基础尺寸自动生成垫层尺寸；点式垫层需输入垫层尺寸，相对麻烦。

在模块导航栏中点击“基础”→“垫层”，单击“定义”按钮，进入垫层的定义界面，在构件列表中点击“新建”→“新建面试垫层”，新建桩承台 DC-1。面式垫层只需输入垫层厚度，尺寸绘制时自动生成，如图 3.9.12 所示。

属性名称	属性值	附加
名称	DC-1	
材质	现浇混凝土	□
砼标号	(C10)	□
砼类型	(现浇砼)	□
形状	面型	□
厚度(mm)	100	□
顶标高(m)	基础底标高	□
备注		□
+ 计算属性		
+ 显示样式		

图 3.9.12　垫层属性编辑

3. 垫层的做法套用

垫层构件定义好后，需要进行做法套用，如图 3.9.13 所示。

	编码	类别	项目名称	项目特征	单位	工程量表达式	表达式说明	措施项目	专业
1	010501001	项	垫层	1. 混凝土强度等级：C15 2. 部位：基础 3. 厚度：100mm 4. 混凝土拌合料要求：商品砼	m3	TJ	TJ<体积>	□	房屋建筑与装饰
2	01050068	定	商品混凝土施工 基础垫层 混凝土		m3	TJ	TJ<体积>	□	土
3	011702001	项	垫层	1.基础类型:基础垫层	m2	MBMJ	MBMJ<模板面积>	☑	房屋建筑与装饰
4	01150238	定	现浇混凝土模板 混凝土基础垫层		m2	MBMJ	MBMJ<模板面积>	☑	饰

图 3.9.13　垫层做法套用

4. 垫层的绘制方法

垫层定义完毕后，点击“绘图”按钮，切换到绘图界面。绘制垫层可以直接使用智能布置方法。点击“智能布置”→“桩承台”，拉框选择所有绘制好的桩承台，点击右键，在弹出的对话框中输入 100，垫层就会自动生成，如图 3.9.14 所示。

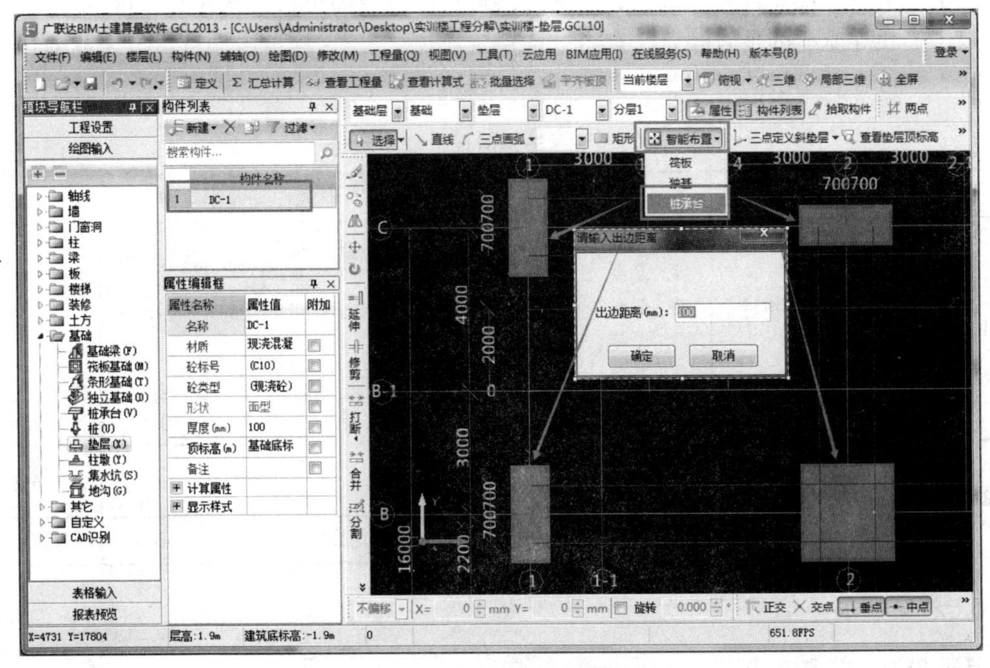

图 3.9.14　垫层构件绘制方法

绘制完毕点击正上方查看三维按钮三维，即可查看三维图形，如图 3.9.15 所示。

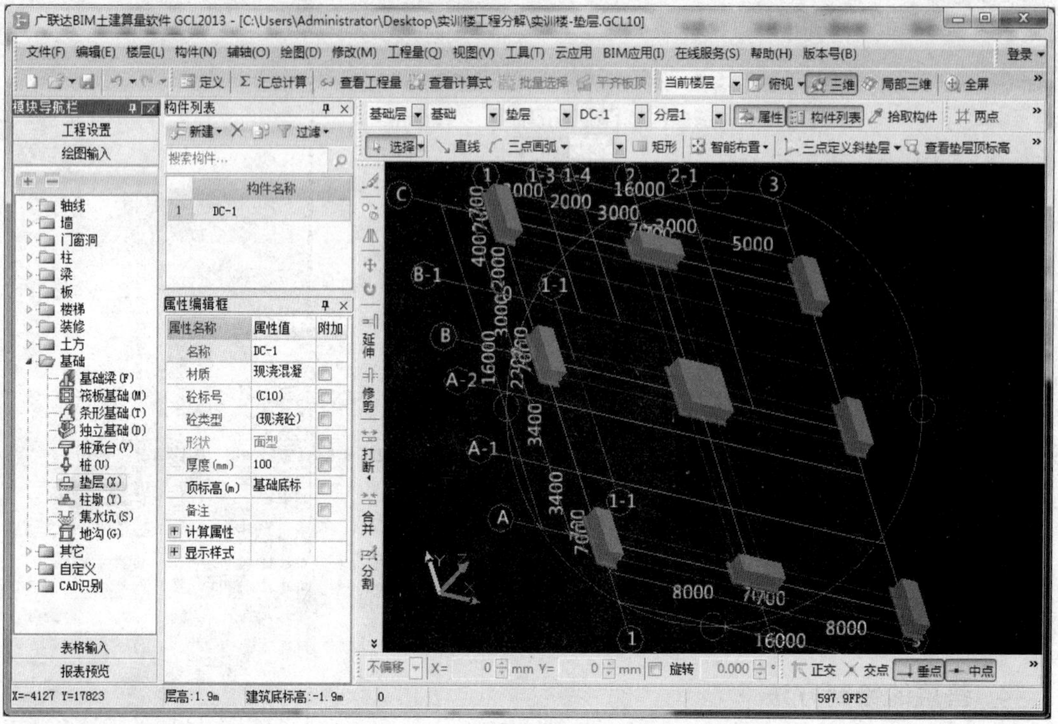

图 3.9.15　垫层构件三维显示

5. 计算结果

点击左上角“汇总计算”按钮，选择楼层进行汇总，即可得到构件工程量。

点击模块导航栏的报表预览，点击“清单定额汇总表”，再单击“设置报表范围”，选择“垫层”，即可查看垫层的工程量，如表 3.9.3 所示。

表 3.9.3　垫层清单定额工程量

序号	编码	项目名称及特征	单位	工程量
1	010501001001	垫层 1. 混凝土强度等级：C15 2. 部位：基础 3. 厚度：100 mm 4. 混凝土拌和料要求：商品砼	m^3	2.244 7
	01050068	商品混凝土施工 基础垫层 混凝土	10 m^3	0.224 5
2	011702001002	垫层 1. 基础类型：基础垫层	m^2	6.4
	01150238	现浇混凝土模板 混凝土基础垫层	100 m^2	0.064

6. 总结拓展

其他垫层的绘制方法：

面式垫层智能布置可对应筏板、独基及桩承台；线式垫层智能布置可对应条基、梁、地沟及螺旋板；点式垫层智能布置虽然可以对应独基及桩承台，但其尺寸为固定输入值。

垫层还可以设置成斜垫层，只需使用“三点定义斜垫层”即可。

3.9.3 基础梁工程量的计算

1. 分析图纸

分析图纸结施-05、结施-06，可以得知基础梁的尺寸信息，其主要信息如表 3.9.4 所示。

表 3.9.4 基础梁构件信息

序号	类型	名称	砼标号	截面尺寸/mm	梁顶标高/m	备注
1	基础梁	DL-1	C30	300×700	−1.200	
		DL-2	C30	250×600	−1.200	
		DL-3	C30	250×350	−1.200	

2. 基础梁的属性定义

基础梁属性定义与框架梁属性定义类似，点开模块导航栏中的“基础”→“基础梁”，新建矩形基础梁，在属性编辑框中输入基础梁基本信息即可，如图 3.9.16 所示。

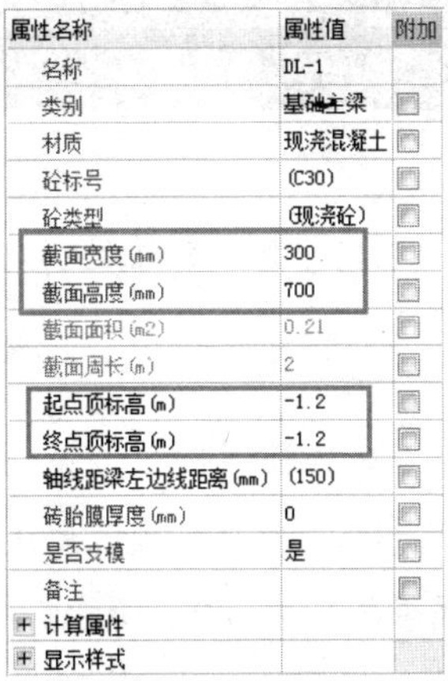

属性名称	属性值	附加
名称	DL-1	
类别	基础主梁	☐
材质	现浇混凝土	☐
砼标号	(C30)	☐
砼类型	(现浇砼)	☐
截面宽度(mm)	300	☐
截面高度(mm)	700	☐
截面面积(m2)	0.21	☐
截面周长(m)	2	☐
起点顶标高(m)	-1.2	☐
终点顶标高(m)	-1.2	☐
轴线距梁左边线距离(mm)	(150)	☐
砖胎膜厚度(mm)	0	☐
是否支模	是	☐
备注		☐
+ 计算属性		
+ 显示样式		

图 3.9.16 基础梁属性编辑

3. 基础梁的做法套用

垫层构件定义好后，需要进行做法套用，如图 3.9.17 所示。

	编码	类别	项目名称	项目特征	单位	工程量表达式	表达式说明	措施项目	专业
1	010503001	项	基础梁	1. 混凝土强度等级：C30 2. 混凝土拌合料要求：商品砼	m3	TJ	TJ<体积>	☐	房屋建筑与装饰
2	01050093	定	商品混凝土施工 基础梁		m3	TJ	TJ<体积>	☐	土
3	011702005	项	基础梁	1. 模板类型:组合钢模板	m2	MBMJ	MBMJ<模板面积>	☑	房屋建筑与装饰
4	01150277	定	现浇混凝土模板 基础梁 组合钢模板		m2	MBMJ	MBMJ<模板面积>	☑	饰

图 3.9.17 基础梁做法套用

4. 基础梁的绘制方法

绘制基础梁与绘制梁构件的方法一样，可直接使用直线画法，也可以使用“智能布置”→“墙轴线”方式绘制。

绘制完毕点击正上方查看三维按钮 三维，即可查看三维图形，如图 3.9.18 所示。

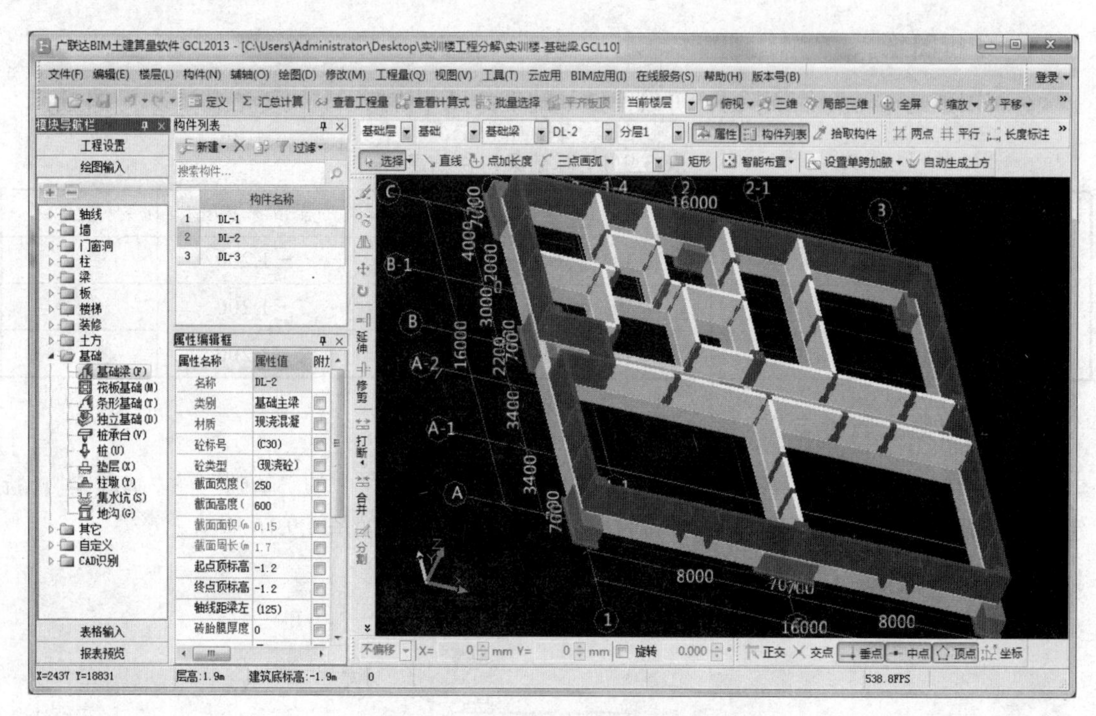

图 3.9.18 基础梁构件三维显示

5. 计算结果

点击左上角“汇总计算”按钮，选择楼层进行汇总，即可得到构件工程量。

点击模块导航栏的报表预览，点击“清单定额汇总表”，再单击“设置报表范围”，选择“基础梁”，即可查看基础梁的工程量，如表 3.9.5 所示。

表 3.9.5 基础梁清单定额工程量

序号	编码	项目名称及特征	单位	工程量
1	010503001001	基础梁 1. 混凝土强度等级：C30 2. 混凝土拌和料要求：商品砼	m^3	21.864 2
	01050093	商品混凝土施工 基础梁	10 m^3	2.186 4
2	011702005001	基础梁 1. 模板类型：组合钢模板	m^2	151.607 5
	01150277	现浇混凝土模板 基础梁 组合钢模板	100 m^2	1.516 1

6. 总结拓展

基础梁垫层的定义及绘制方法：本工程除桩承台外，基础梁构件也需要设置垫层。基础梁垫层定义线式垫层进行绘制即可，其操作方式与面式垫层绘制方式相同。同时生成垫层与基础重叠部分软件会自动扣减，如图 3.9.19 所示。

基础垫层清单定额套取内容完全一致。

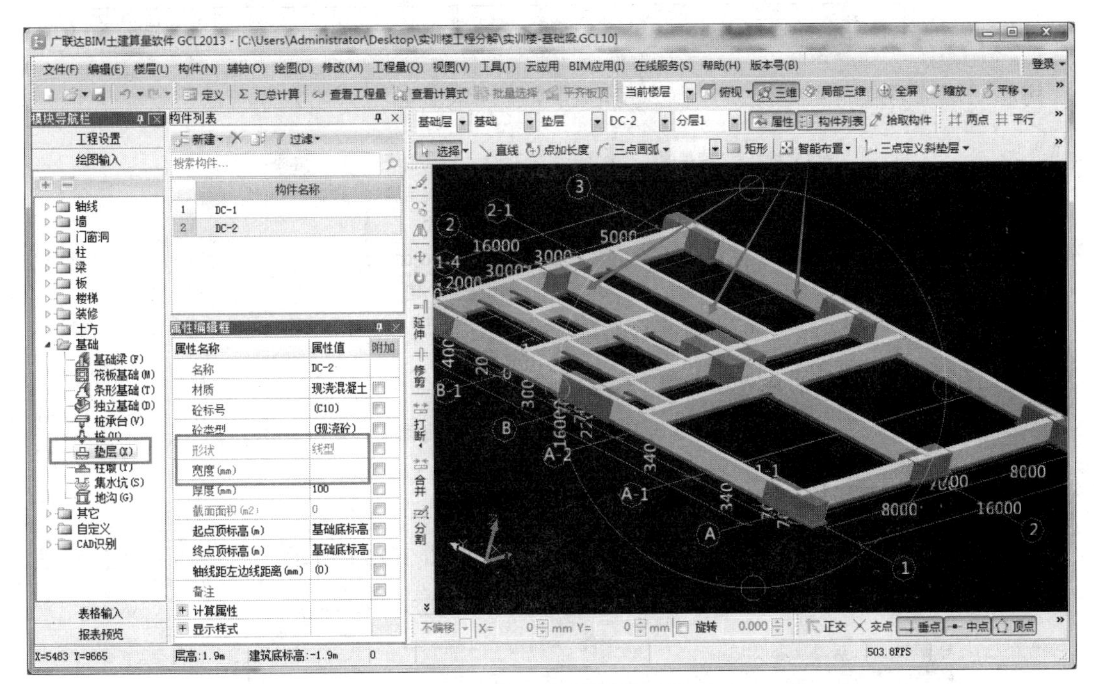

图 3.9.19 基础垫层构件三维显示

3.9.4 土方工程量的计算

1. 分析图纸

根据结施-05，本工程土方属于既有基坑又有沟槽，依据定额说明挖土方需要增加工作面 300 mm，根据结施-06 基础底标高及室外地坪标高对应挖土深度需要进行放坡，其放坡土方系数按定额说明得出：基坑放坡系数为 0.67，沟槽放坡系数为 0.33。

2. 土方的属性定义

1）基坑、沟槽的属性定义

基坑、沟槽通常使用自动生成的方式设置，无需定义其属性。

2）房心回填的属性定义

基础回填一般回填到室外地坪，从室外地坪到室内底部标高需进行室内房心回填。房心回填需根据不同房间地面面层底标高与室外地坪的差值计算其厚度。根据建施-02、建施-04 可得房心回填的不同厚度，如表 3.9.6 所示。

表 3.9.6　房心回填构件信息

序号	类型	名称	地面面层厚度/mm	房心回填土方厚度/mm	备注
1	房心回填	储物间回填	220	80	
		开水间、卫生间回填	70	230	
		其余房间回填 1	230	70	
		其余房间回填 2	230	40	室内底标高－0.03 m

房心回填通常在首层定义及绘制。房心回填属性定义如图图 3.9.20 所示。

属性名称	属性值	附加
名称	储物间回填	
厚度(mm)	80	☐
顶标高(m)	0	☐
回填方式	夯填	☐
备注		☐
⊞ 计算属性		
⊞ 显示样式		

属性名称	属性值	附加
名称	其余房间回填2	
厚度(mm)	40	☐
顶标高(m)	-0.03	☐
回填方式	夯填	☐
备注		☐
⊞ 计算属性		
⊞ 显示样式		

图 3.9.20　房心回填属性编辑

3. 土方的做法套用

（1）土方构件自动生成后，需要进行做法套用，如图 3.9.21 所示。

	编码	类别	项目名称	项目特征	单位	工程量表达式	表达式说明	措施项目	专业
1	010101004 010101003	项	挖基坑土方 挖沟槽土方	1. 土壤类别：三类土 2. 挖土深度：2m 3. 弃土运距：暂定运距2km 4. 计算规则：清单工程量按2013《云南省房屋建筑与装饰工程消耗量定额》计算	m3	TFTJ	TFTJ<土方体积>	☐	房屋建筑与装饰
2	01010004 R*1.5	换	人工挖沟槽、基坑 三类土 深度 2m以内 机械挖土人工辅助开挖 人工*1.5		m3	TFTJ*0.1	TFTJ<土方体积>*0.1	☐	土
3	01010047	定	挖掘机挖土方 不装车		m3	TFTJ*0.9	TFTJ<土方体积>*0.9	☐	土
4	010103001	项	回填方	1. 密实度要求：压实系数≥0.94 2. 填方材料品种：满足设计和规范要求 3. 填方粒径要求：满足设计和规范要求 4. 填方来源、运距：暂定运距2km 5. 回填部位：承台、基础梁 6. 计算规则：清单工程量按2013《云南省房屋建筑与装饰工程消耗量定额》计算	m3	STHTTJ	STHTTJ<素土回填体积>	☐	房屋建筑与装饰
5	01010125	定	人工夯填 基础		m3	STHTTJ	STHTTJ<素土回填体积>	☐	土
6	010103002	项	余方弃置	1. 土壤类别：三类土 2. 挖土深度：2m 3. 弃土运距：暂定运距2km 4. 计算规则：清单工程量按2013《云南省房屋建筑与装饰工程消耗量定额》计算	m3	TFTJ-STHTTJ	TFTJ<土方体积>-STHTTJ<素土回填体积>	☐	房屋建筑与装饰
7	01010104	定	装卸机装土 自卸汽车运土方 运距 1km以内		m3	TFTJ-STHTTJ	TFTJ<土方体积>-STHTTJ<素土回填体积>	☐	土
8	01010105	定	装卸机装土 自卸汽车运土方 运距 每增加1km		m3	TFTJ-STHTTJ	TFTJ<土方体积>-STHTTJ<素土回填体积>	☐	土

图 3.9.21　土方做法套用

（2）房心回填构件定义好后，需要进行做法套用，如图 3.9.22 所示。其回填后的土方无需外运，需要扣除。

	编码	类别	项目名称	项目特征	单位	工程量表达式	表达式说明	措施项目	专业
1	010103001	项	房心回填	1. 密实度要求：压实系数≥0.94 2. 填方材料品种：满足设计和规范要求 3. 填方粒径要求：满足设计和规范要求 4. 填方来源、运距：暂定运距2km 5. 回填部位：室内地坪回填 6. 计算规则：清单工程量按2013《云南省房屋建筑与装饰工程消耗量定额》计算	m3	FXHTTJ	FXHTTJ<房心回填体积>	☐	房屋建筑与装饰
2	01010124	定	人工夯填 地坪		m3	FXHTTJ	FXHTTJ<房心回填体积>	☐	土
3	010103002	项	余方弃置	1. 土壤类别：三类土 2. 挖土深度：2m 3. 弃土运距：暂定运距2km 4. 计算规则：清单工程量按2013《云南省房屋建筑与装饰工程消耗量定额》计算	m3	-FXHTTJ	-FXHTTJ<房心回填体积>	☐	房屋建筑与装饰
4	01010104	定	装卸机装土 自卸汽车运土方 运距 1km以内		m3	-FXHTTJ	-FXHTTJ<房心回填体积>	☐	土
5	01010105	定	装卸机装土 自卸汽车运土方 运距 每增加1km		m3	-FXHTTJ	-FXHTTJ<房心回填体积>	☐	土

图 3.9.22　房心回填做法套用

4. 土方的绘制方法

1）基坑、沟槽的绘制方法

在垫层绘图界面，单击“自动生成土方”，土方类型选择基坑土方，起始放坡位置选择垫层底，点击确定后填入对应放坡系数及工作面宽，选用手动生成土方，选中面式垫层，右键确认即可生成基坑土方。此时软件会跳入基坑土方绘图界面，回到垫层绘图界面，单击“自动生成土方”，土方类型选择基槽土方，按相同方式选中线式垫层，右键确认即可生成基槽土方，如图 3.9.23 所示。

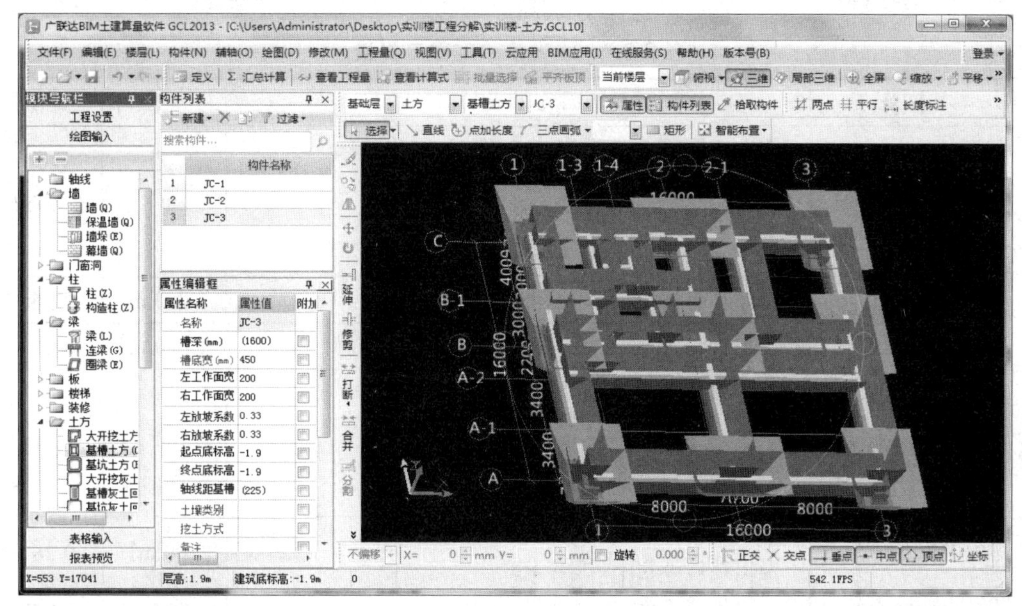

图 3.9.23　土方构件三维显示

2）房心回填的绘制方法

切换楼层到首层，选择“土方”→“房心回填”，按平面图对应房间位置点画即可，如图 3.9.24 所示。

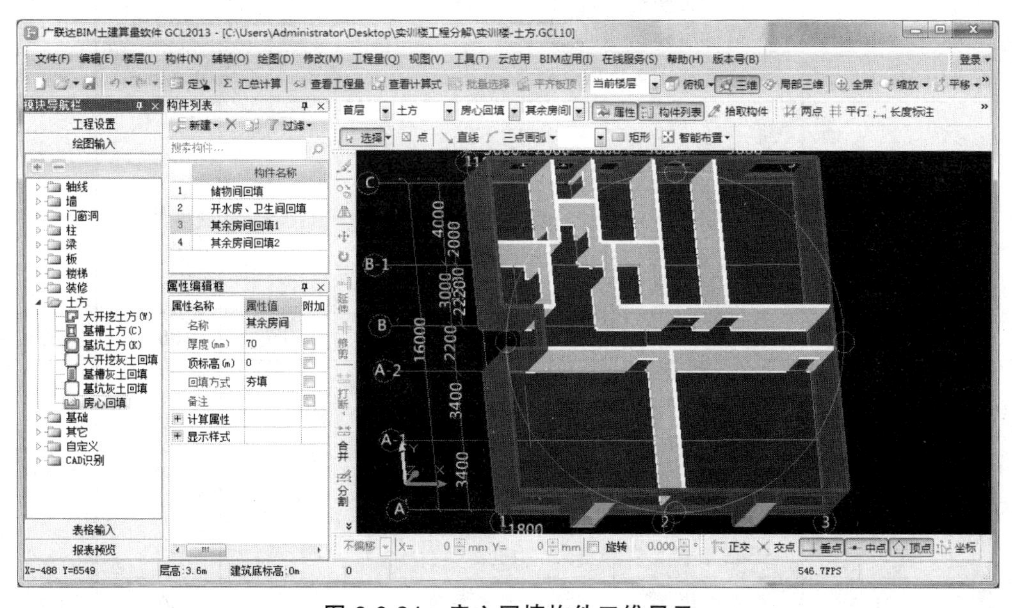

图 3.9.24　房心回填构件三维显示

5. 计算结果

点击左上角“汇总计算”按钮，选择楼层进行汇总，即可得到构件工程量。

点击模块导航栏的报表预览，点击“清单定额汇总表”，再单击“设置报表范围”，选择“基坑土方、基槽土方、房心回填”，即可查看对应构件的工程量，如表 3.9.7 所示。

表 3.9.7 土方清单定额工程量

序号	编码	项目名称及特征	单位	工程量
1	010103002001	余方弃置 1. 土壤类别：三类土 2. 挖土深度：2 m 3. 弃土运距：暂定运距 2 km	m^3	24.087 6
	01010104	装卸机装土 自卸汽车运土方 运距 1 km 以内	1 000 m^3	0.055 7
	01010105	装卸机装土 自卸汽车运土方 运距 每增加 1 km	1 000 m^3	0.055 7
2	010101003001	挖沟槽土方 1. 土壤类别：三类土 2. 挖土深度：综合 3. 弃土运距：暂定运距 2 km	m^3	214.173 9
	01010004 R*1.5	人工挖沟槽、基坑 三类土 深度 2 m 以内 机械挖土人工辅助开挖 人工× 1.5	100 m^3	0.281 7
	01010047	挖掘机挖土方 不装车	1 000 m^3	0.253 6
3	010101004001	挖基坑土方 1. 土壤类别：三类土 2. 挖土深度：2 m 3. 弃土运距：暂定运距 2 km	m^3	189.667 7
	01010004 R*1.5	人工挖沟槽、基坑 三类土 深度 2 m 以内 机械挖土人工辅助开挖 人工× 1.5	100 m^3	0.189 7
	01010047	挖掘机挖土方 不装车	1 000 m^3	0.170 7
4	010103001001	房心回填 1. 密实度要求：压实系数≥0.94 2. 填方材料品种：满足设计和规范要求 3. 填方粒径要求：满足设计和规范要求 4. 填方来源、运距：暂定运距 2 km 5. 回填部位：室内地坪回填	m^3	21.291 3
	01010124	人工夯填 地坪	100 m^3	0.212 9
5	010103001002	回填方 1. 密实度要求：压实系数≥0.94 2. 填方材料品种：满足设计和规范要求 3. 填方粒径要求：满足设计和规范要求 4. 填方来源、运距：暂定运距 2 km 5. 回填部位：承台、基础梁	m^3	335.093 8
	01010125	人工夯填 基础	100 m^3	3.943 8

6. 总结拓展

设置边坡系数：若土方放坡系数设置错误，基槽土方需要选中基槽土方构件，在属性编辑框里进行调整。而基坑土方除通过属性编辑框进行调整外，还可以使用“设置放坡系数”功能进行调整。“设置放坡系数” 功能不仅能够将基坑土方的所有边同时调整放坡系数，还可以在出现某边放坡系数不一致的特殊情况下单独调整单边放坡系数，如图 3.9.25、图 3.9.26 所示。

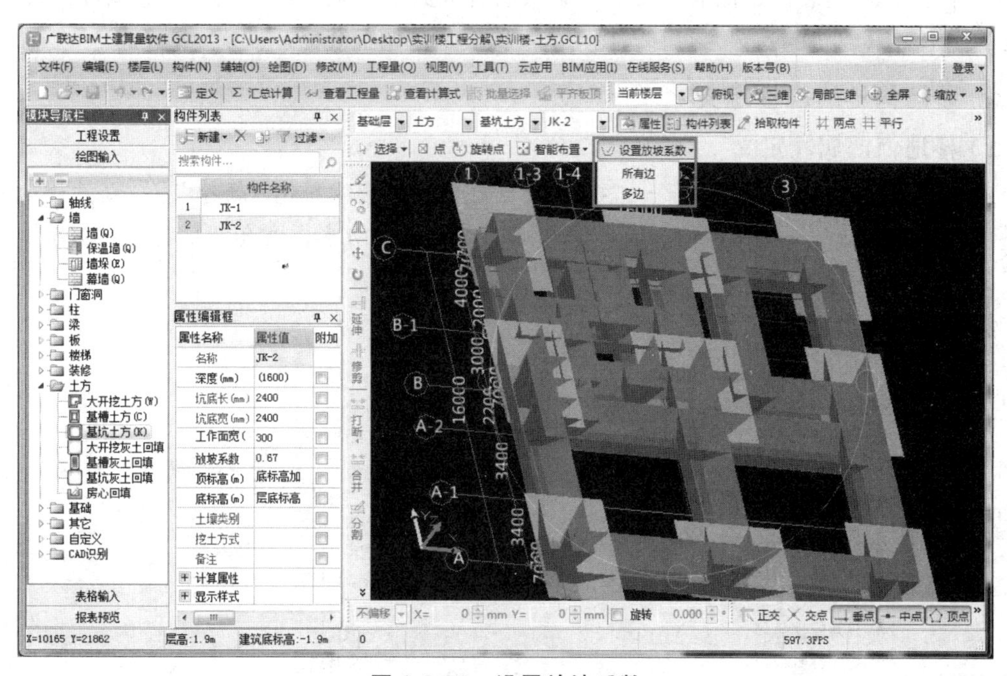

图 3.9.25　设置放坡系数

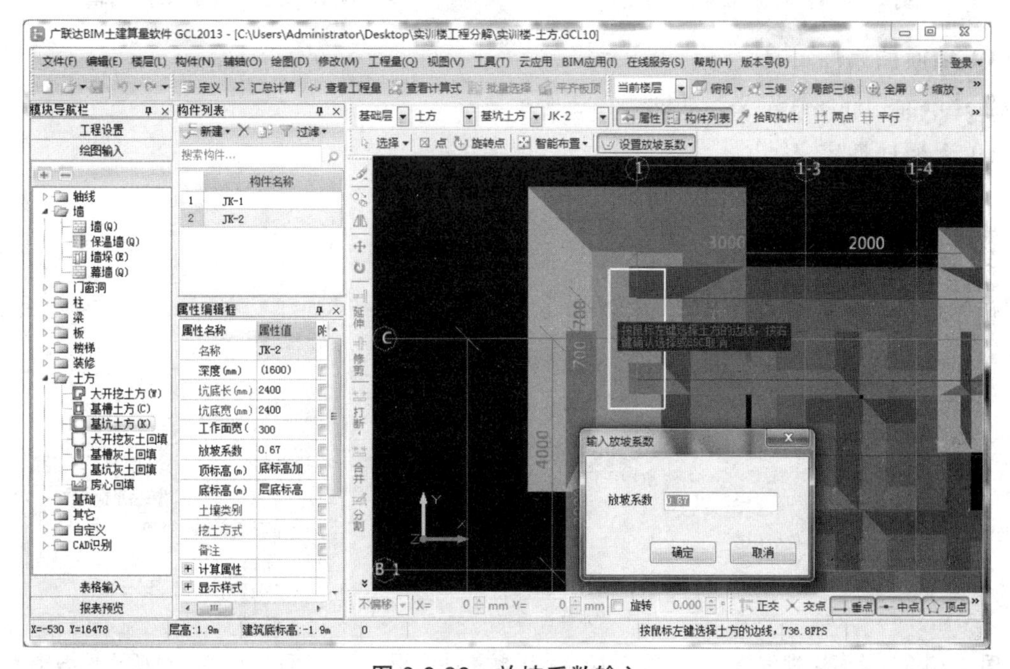

图 3.9.26　放坡系数输入

3.10 装修工程量计算

3.10.1 首层装修工程量计算

1. 分析图纸

分析建施-02的装修做法表，首层装修做法有地面1、地面2、地面3、踢脚1、踢脚2、内墙1、内墙2、外墙1、外墙2、天棚1、天顶1及空调板装修。

2. 装修构件的属性定义

1）楼地面的属性定义

点击模块导航栏中的“装修”→“楼地面”，在构件列表中单击“新建”→“新建楼地面”，在属性编辑框中输入相应属性值，若此房间地面需要计算防水，就在“是否计算防水”处选择“是”，如图3.10.1所示。

2）踢脚的属性定义

新建踢脚构件属性定义，如图3.10.2所示。

属性名称	属性值	附加
名称	防滑地砖地面	
块料厚度(mm)	0	☐
顶标高(m)	层底标高	☐
是否计算防水面积	是	☐
备注		☐
+ 计算属性		
+ 显示样式		

图3.10.1 楼地面属性编辑

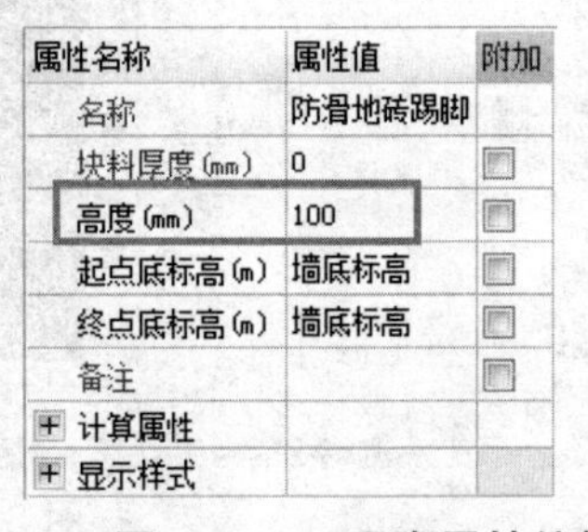

属性名称	属性值	附加
名称	防滑地砖踢脚	
块料厚度(mm)	0	☐
高度(mm)	100	☐
起点底标高(m)	墙底标高	☐
终点底标高(m)	墙底标高	☐
备注		☐
+ 计算属性		
+ 显示样式		

图3.10.2 踢脚属性编辑

3）墙面的属性定义

新建墙面构件属性定义，如图3.10.3所示。

4）天棚属性定义

天棚构件属性定义，如图3.10.4所示。

5）吊顶的属性定义

吊顶构件的属性定义，如图3.10.5所示。

属性名称	属性值	附加
名称	瓷砖墙面	
内/外墙面标志	内墙面	☑
所附墙材质	(程序自动判断)	☐
块料厚度(mm)	0	☐
起点顶标高(m)	墙顶标高	☐
终点顶标高(m)	墙顶标高	☐
起点底标高(m)	墙底标高	☐
终点底标高(m)	墙底标高	☐
备注		☐
+ 计算属性		
+ 显示样式		

图3.10.3 墙面属性编辑

属性名称	属性值	附加
名称	抹灰天棚	
备注		☐
+ 计算属性		
+ 显示样式		

图3.10.4 天棚属性编辑

属性名称	属性值	附加
名称	铝合金条板吊顶	
离地高度(mm)	2500	☐
备注		☐
+ 计算属性		
+ 显示样式		

图3.10.5 吊顶属性编辑

6）房间的属性定义

根据平面图新建房间构件名称，并通过“添加依附构件”，关联不同房间中的装修构件。构件名称列可以直接切换同类型不同名称构件，其他的依附构件也是同理进行操作，如图 3.10.6 所示。

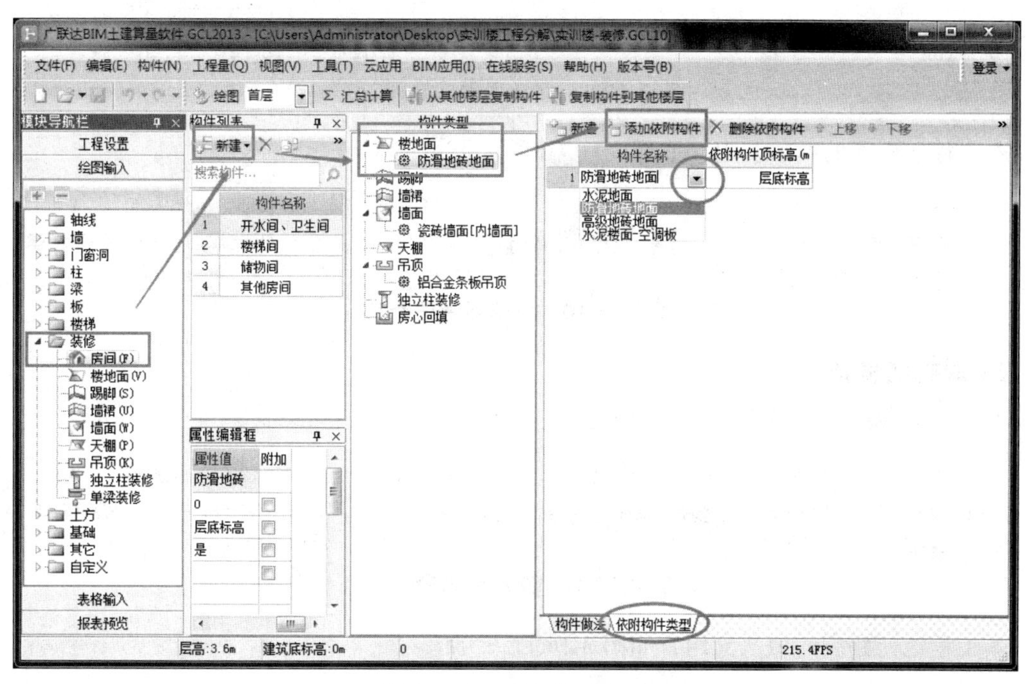

图 3.10.6 房间构件定义

3. 装修构件的做法套用

1）楼地面的做法套用

本工程水泥砂浆地面的做法套用，如图 3.10.7 所示。

	编码	类别	项目名称	项目特征	单位	工程量表达式	表达式说明	措施项目	专业
1	011101001	项	水泥砂浆地面	1. 部位:储物间 2. 面层材料品种、规格:20厚1:2.2水泥砂浆压实抹光 3. 找平层:50厚C15混凝土 4. 垫层:150厚碎石或碎砖压实 5. 地基处理:素土夯实	m2	DMJ	DMJ<地面积>	☐	房屋建筑与装饰
2	01090005	定	地面垫层 碎石 干铺		m3	DMJ*0.15	DMJ<地面积>*0.15	☐	饰
3	01090025	定	水泥砂浆 面层20mm厚		m2	DMJ	DMJ<地面积>	☐	饰
4	01090013	定	地面垫层 混凝土地坪 商品混凝土		m3	DMJ*0.05	DMJ<地面积>*0.05	☐	饰

图 3.10.7 楼地面做法套用一

本工程防滑地砖地面的做法套用，如图 3.10.8 所示。

	编码	类别	项目名称	项目特征	单位	工程量表达式	表达式说明	措施项目	专业
1	011102003	项	防滑地砖地面	1. 部位:开水间、卫生间 2. 面层材料品种、规格:8-10厚防滑地砖 3. 找平层:20厚水泥砂浆找平层 4. 垫层:40厚C15细石混凝土 5. 地基处理:素土夯实	m2	KLDMJ	KLDMJ<块料地面积>	☐	房屋建筑与装饰
2	01090105	定	陶瓷地砖 楼地面 周长在 1200mm以内		m2	KLDMJ	KLDMJ<块料地面积>	☐	饰
3	01090019	定	找平层 水泥砂浆 硬基层上 20mm		m2	DMJ	DMJ<地面积>	☐	饰
4	01090013	定	地面垫层 混凝土地坪 商品混凝土		m3	DMJ*0.04	DMJ<地面积>*0.04	☐	饰
5	010904002	项	楼（地）面涂膜防水	1. 部位:开水间、卫生间 2. 防水膜品种:聚氨酯三遍涂抹防水，厚1.8 3. 防水卷边高度:2.5m	m2	SPFSMJ+LMFSMJ	SPFSMJ<水平防水面积>+LMFSMJ<立面防水面积(大于最低立面防水高度)>	☐	房屋建筑与装饰
6	01080076	定	聚氨酯防水涂膜 厚 1.5mm		m2	SPFSMJ+LMFSMJ	SPFSMJ<水平防水面积>+LMFSMJ<立面防水面积(大于最低立面防水高度)>	☐	土
7	01080077 *3	换	聚氨酯防水涂膜 厚 每增减0.5mm 子目乘以系数3		m2	SPFSMJ+LMFSMJ	SPFSMJ<水平防水面积>+LMFSMJ<立面防水面积(大于最低立面防水高度)>	☐	土

图 3.10.8 楼地面做法套用二

本工程地砖地面的做法套用，如图 3.10.9 所示。

	编码	类别	项目名称	项目特征	单位	工程量表达式	表达式说明	措施项目	专业
1	011102003	项	高级地砖地面	1.部位:其余房间 2.面层材料品种、规格:10厚高级地砖 3.粘结层:20厚1:2干硬性水泥砂浆粘结层 4.找平层:50厚C15混凝土 4.垫层:150厚卵石灌M2.5混合砂浆 5.地基处理:素土夯实	m2	KLDMJ	KLDMJ<块料地面积>		房屋建筑与装饰
2	01090108	定	高级地砖 楼地面 周长在 2400mm以内		m2	KLDMJ	KLDMJ<块料地面积>		饰
3	01090013	定	地面垫层 混凝土地坪 商品混凝土		m3	DMJ*0.05	DMJ<地面积>*0.05		饰
4	01090006	定	地面垫层 碎石 灌浆		m3	DMJ*0.15	DMJ<地面积>*0.15		饰

图 3.10.9　楼地面做法套用三

本工程空调板的做法套用，如图 3.10.10 所示。

	编码	类别	项目名称	项目特征	单位	工程量表达式	表达式说明	措施项目	专业
1	011101001	项	水泥砂浆楼面	1. 部位：空调板楼面 2. 面层：20厚1:2水泥砂浆面层	m2	SPFSMJ	SPFSMJ<水平防水面积>		房屋建筑与装饰
2	01090025	定	水泥砂浆 面层20mm厚		m2	SPFSMJ	SPFSMJ<水平防水面积>		饰

图 3.10.10　空调板做法套用

2）踢脚的做法套用

本工程水泥踢脚的做法套用，如图 3.10.11 所示。

	编码	类别	项目名称	项目特征	单位	工程量表达式	表达式说明	措施项目	专业
1	011105001	项	水泥砂浆踢脚线	1.部位:储物间 2.面层厚度、砂浆配合比:2.6厚1:3水泥砂浆	m	TJMHCD	TJMHCD<踢脚抹灰长度>		房屋建筑与装饰
2	01090029	定	水泥砂浆 踢脚线		m	TJMHCD	TJMHCD<踢脚抹灰长度>		饰

图 3.10.11　踢脚做法套用一

本工程地砖踢脚的做法套用，如图 3.10.12 所示。

	编码	类别	项目名称	项目特征	单位	工程量表达式	表达式说明	措施项目	专业
1	011105003	项	防滑地砖踢脚	1.部位:除开水间、卫生间以外的地砖楼地面 2.踢脚线高度:100 3.面层:10厚防滑地砖踢脚 4.粘贴层厚度、材料种类:8厚1:2水泥砂浆结合层 5.基层处理:3.5厚1:3水泥砂浆打底扫毛	m2	TJKLMJ	TJKLMJ<踢脚块料面积>		房屋建筑与装饰
2	01090111	定	陶瓷地砖 踢脚线		m2	TJKLMJ	TJKLMJ<踢脚块料面积>		饰

图 3.10.12　踢脚做法套用二

3）墙面的做法套用

本工程水泥砂浆墙面的做法套用，如图 3.10.13 所示。

	编码	类别	项目名称	项目特征	单位	工程量表达式	表达式说明	措施项目	专业
1	011201001	项	墙面一般抹灰	1.部位:其余房间 2.墙体类型:砖墙面 3.找平层厚度、砂浆配合比:5厚1:2.5建筑水泥砂浆找平 4.底层厚度、砂浆配合比:5厚1:3水泥砂浆扫毛	m2	QMMHMJZ	QMMHMJZ<墙面抹灰面积（不分材质）>		房屋建筑与装饰
2	01100008	定	一般抹灰 水泥砂浆抹灰 内墙面 砖、混凝土基层 7+6+5mm		m2	QMMHMJZ	QMMHMJZ<墙面抹灰面积（不分材质）>		饰
3	01100031 *-8	换	一般抹灰砂浆厚度调整 水泥砂浆 每增减1mm 子目乘以系数-8		m2	QMMHMJZ	QMMHMJZ<墙面抹灰面积（不分材质）>		饰
4	011407001	项	墙面喷刷涂料	1.部位:其他房间 2.面层:喷水性耐擦洗涂料	m2	QMMHMJZ	QMMHMJZ<墙面抹灰面积（不分材质）>		房屋建筑与装饰
5	01120262	定	刮腻子二遍 水泥砂浆混合砂浆墙面		m2	QMMHMJZ	QMMHMJZ<墙面抹灰面积（不分材质）>		饰
6	01120266	定	双飞粉二遍 墙柱抹灰面		m2	QMMHMJZ	QMMHMJZ<墙面抹灰面积（不分材质）>		饰

图 3.10.13　墙面做法套用一

本工程瓷砖墙面的做法套用，如图 3.10.14 所示。

	编码	类别	项目名称	项目特征	单位	工程量表达式	表达式说明	措施项目	专业
1	011204003	项	高级面砖墙面	1.部位:开水间、卫生间 2.面层材料品种、规格、颜色:5厚釉面砖，白水泥擦缝 3.结合层:5厚1:2.5建筑水泥砂浆结合 4.底层厚度、砂浆配合比:9厚1:3水泥砂浆打底抹平	m2	ZQMKLMJZ	ZQMKLMJZ<砖墙面块料面积（不分材质）>		房屋建筑与装饰
2	01100164	定	内墙面 釉面砖（水泥砂浆黏贴）周长 1200mm以内		m2	ZQMKLMJZ	ZQMKLMJZ<砖墙面块料面积（不分材质）>		饰
3	01100059	定	装饰抹灰 1:3水浆砂浆打底抹底厚13mm 砖墙		m2	ZQMMHMJZ	ZQMMHMJZ<砖墙面抹灰面积（不分材质）>		饰

图 3.10.14　墙面做法套用二

外墙涂料饰面的做法套用，如图 3.10.15 所示。

	编码	类别	项目名称	项目特征	单位	工程量表达式	表达式说明	措施项目	专业
1	011407001	项	外墙涂料	1. 部位:外墙 2. 面层:喷外墙涂料HJ-80-1	m2	QMKLMJZ	QMKLMJZ<墙面块料面积（不分材质）>		房屋建筑与装饰
2	007	补	外墙涂料HJ-80-1		m2	QMKLMJZ	QMKLMJZ<墙面块料面积（不分材质）>		
3	011201001	项	墙面一般抹灰	1. 墙体类型:砖墙 2. 部位:外墙面 3. 找平层厚度、砂浆配合比:6厚1:2.5水泥砂浆 4. 底层厚度、砂浆配合比:12厚1:3水泥砂浆	m2	QMMHMJZ	QMMHMJZ<墙面抹灰面积（不分材质）>		房屋建筑与装饰
4	01100001	定	一般抹灰 水泥砂浆抹灰 外墙面 7+7+6mm 砖基层		m2	QMMHMJZ	QMMHMJZ<墙面抹灰面积（不分材质）>		饰
5	01100031 *-2	换	一般抹灰砂浆厚度调整 水泥砂浆 每增减1mm 子目乘以系数-2		m2	QMMHMJ	QMMHMJ<墙面抹灰面积>		饰
6	011001003	项	保温隔热墙面	1. 部位:外墙面 2. 保温隔热材料品种、规格及厚度:50厚聚苯保温板保温层	m2	QMKLMJZ	QMKLMJZ<墙面块料面积（不分材质）>		房屋建筑与装饰
7	03132370	借	墙体保温 聚苯板		m2	QMKLMJZ	QMKLMJZ<墙面块料面积（不分材质）>		刷油

图 3.10.15 墙面做法套用三

外墙面砖饰面的做法套用，如图 3.10.16 所示。

	编码	类别	项目名称	项目特征	单位	工程量表达式	表达式说明	措施项目	专业
1	011204003	项	外墙面砖	1. 部位:外墙面 2. 面层材料品种、规格、颜色:10厚面砖，随粘随刷一遍YJ-302混泥土界面处理剂 3. 找平层厚度、砂浆配合比:6厚1:0.2:2.5水泥浆（内掺建筑胶）	m2	QMKLMJZ	QMKLMJZ<墙面块料面积（不分材质）>		房屋建筑与装饰
2	01100142	定	外墙面 水泥砂浆黏贴面砖 周长600mm以内 面砖灰缝 5mm以内		m2	QMKLMJZ	QMKLMJZ<墙面块料面积（不分材质）>		饰
3	01100059	定	装饰抹灰 1:3水泥砂浆打底抹底厚13mm 砖墙		m2	QMKLMJZ	QMKLMJZ<墙面块料面积（不分材质）>		饰
4	011001003	项	保温隔热墙面	1. 部位:外墙面 2. 保温隔热材料品种、规格及厚度:50厚聚苯保温板保温层	m2	QMKLMJZ	QMKLMJZ<墙面块料面积（不分材质）>		房屋建筑与装饰
5	03132370	借	墙体保温 聚苯板		m2	QMKLMJZ	QMKLMJZ<墙面块料面积（不分材质）>		刷油

图 3.10.16 墙面做法套用四

4）天棚的做法套用

铝合金条板吊顶的做法套用，如图 3.10.17 所示。

	编码	类别	项目名称	项目特征	单位	工程量表达式	表达式说明	措施项目	专业
1	011302001	项	吊顶天棚	1. 部位:卫生间、盥洗间、开水间 2. 面层材料品种、规格、品牌、颜色:1.0厚铝合金条板 3. 龙骨材料种类、规格、中距:U型轻钢次龙骨LB45*48/LB438*12，中距小于等于1500 4. 吊杆规格、高度:Φ6钢筋吊杆（中距横向小于等于1500纵向小于等于1200	m2	DDMJ	DDMJ<吊顶面积>		房屋建筑与装饰
2	01110041	定	装配式U型轻钢天棚龙骨(上人型) 龙骨间距 400mm*500mm 平面		m2	DDMJ	DDMJ<吊顶面积>		饰
3	01110145	定	天棚面层 铝合金条板天棚 开缝		m2	DDMJ	DDMJ<吊顶面积>		饰

图 3.10.17　吊顶做法套用

抹灰天棚的做法套用，如图 3.10.18 所示。

	编码	类别	项目名称	项目特征	单位	工程量表达式	表达式说明	措施项目	专业
1	011301001	项	天棚抹灰	1. 部位:其他房间、楼梯间 2. 抹灰厚度、材料种类:3厚1：2.5水泥砂浆 3. 基层类型:5厚1:3水泥砂浆打底扫毛	m2	TPMHMJ	TPMHMJ<天棚抹灰面积>		房屋建筑与装饰
2	01110001	定	天棚抹灰 混凝土面 水泥砂浆 现浇		m2	TPMHMJ	TPMHMJ<天棚抹灰面积>		饰
3	011407002	项	天棚喷刷涂料	1. 涂料品种、喷刷遍数:喷水性耐擦洗涂料	m2	TPMHMJ	TPMHMJ<天棚抹灰面积>		房屋建筑与装饰
4	01120267	定	双飞粉二遍 天棚抹灰面		m2	TPMHMJ	TPMHMJ<天棚抹灰面积>		饰
5	01120271	定	双飞粉面刷乳胶漆二遍 天棚抹灰面		m2	TPMHMJ	TPMHMJ<天棚抹灰面积>		饰

图 3.10.18　天棚做法套用

抹灰天棚-空调板的做法套用，如图 3.10.19 所示。

	编码	类别	项目名称	项目特征	单位	工程量表达式	表达式说明	措施项目	专业
1	011301001	项	天棚抹灰	1. 部位：空调板楼面 2. 面层：20厚1:2水泥砂浆面层	m2	TPMHMJ	TPMHMJ<天棚抹灰面积>		房屋建筑与装饰
2	01110001	定	天棚抹灰 混凝土面 水泥砂浆 现浇		m2	TPMHMJ	TPMHMJ<天棚抹灰面积>		饰

图 3.10.19　空调板天棚做法套用

4. 房间的绘制方法

1）点画房间

按照建施-04 中房间的名称，选择软件中建立好的房间，在需要布置装修的房间点画布置，房间中的装修即自动布置上去，如 3.10.20 所示。

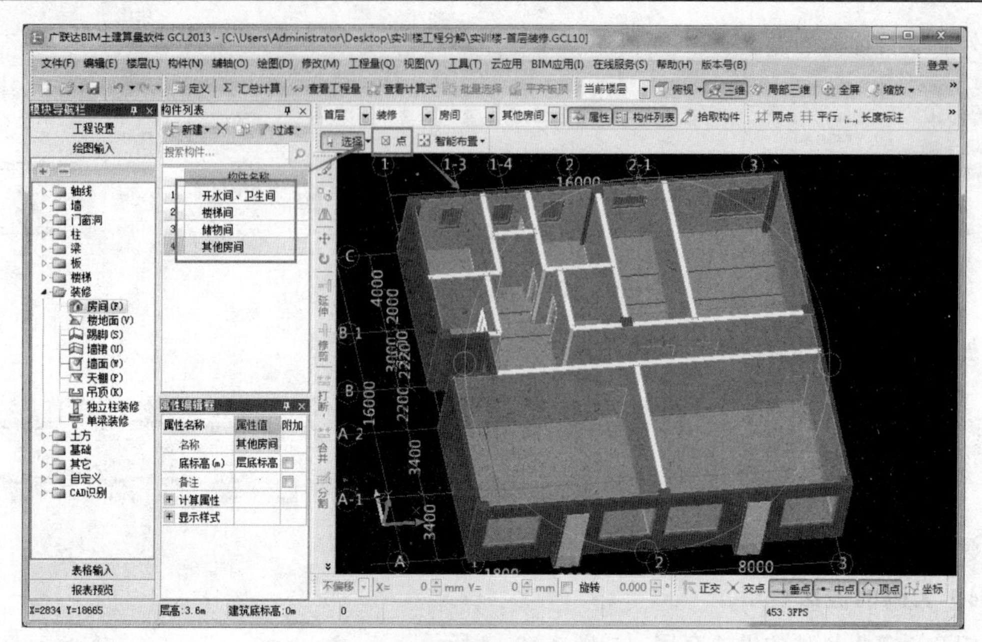

图 3.10.20　房间构件绘制方法

在绘制房间图元的时候，必须保证围成房间的墙体封闭，才能正常绘制。

2）定义立面防水高度

切换到“楼地面”，单击“定义立面防水高度”，单击卫生间的四面，选中要设置的立面防水的边变成蓝色，单击右键确认，弹出如图 3.10.21 所示的“请输入立面防水高度”的对话框，输入 2 500 mm，单击“确定”按钮，立面防水图元绘制完毕，如图 3.10.22 所示。

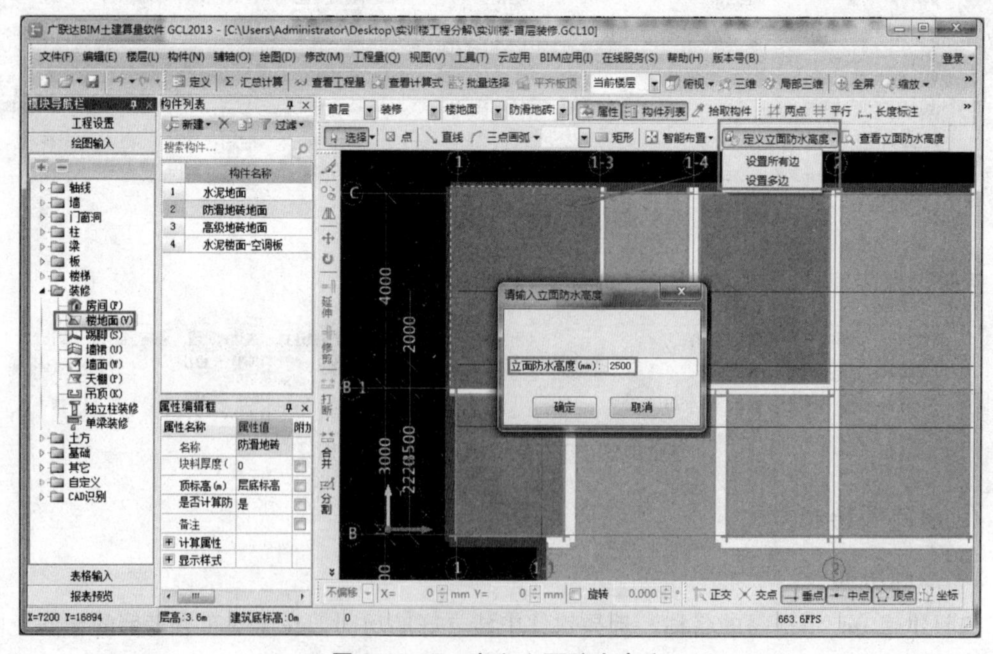

图 3.10.21　定义立面防水高度

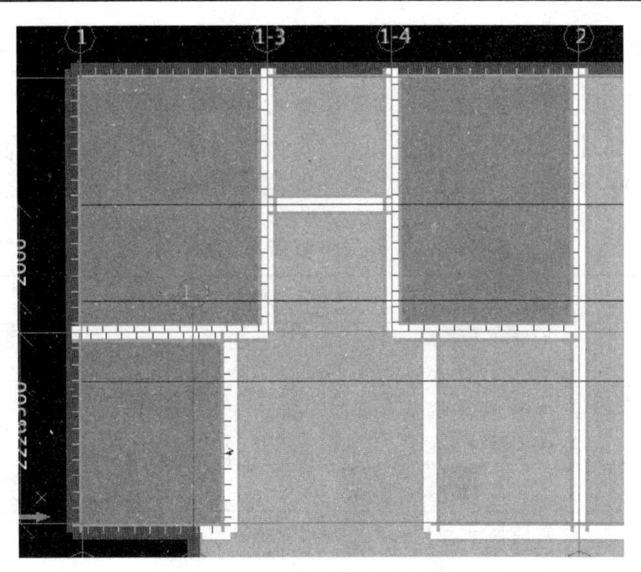

图 3.10.22　立面防水平面显示

3）智能布置外墙面

切换到“墙面”，选择“面砖饰面”，按立面图所示使用“智能布置”→“外墙外边线”功能，外墙面就绘制好了，单击选择需要调整的外墙面，在属性编辑器中将“面砖饰面”改为“外墙涂料”，外墙面及绘制修改完毕。

同时需注意，空调板金属百叶处因有幕墙封闭，内侧的外墙面需要单独绘制。

绘制完毕点击正上方查看三维按钮 三维，即可查看三维图形，如图 3.10.23 所示。

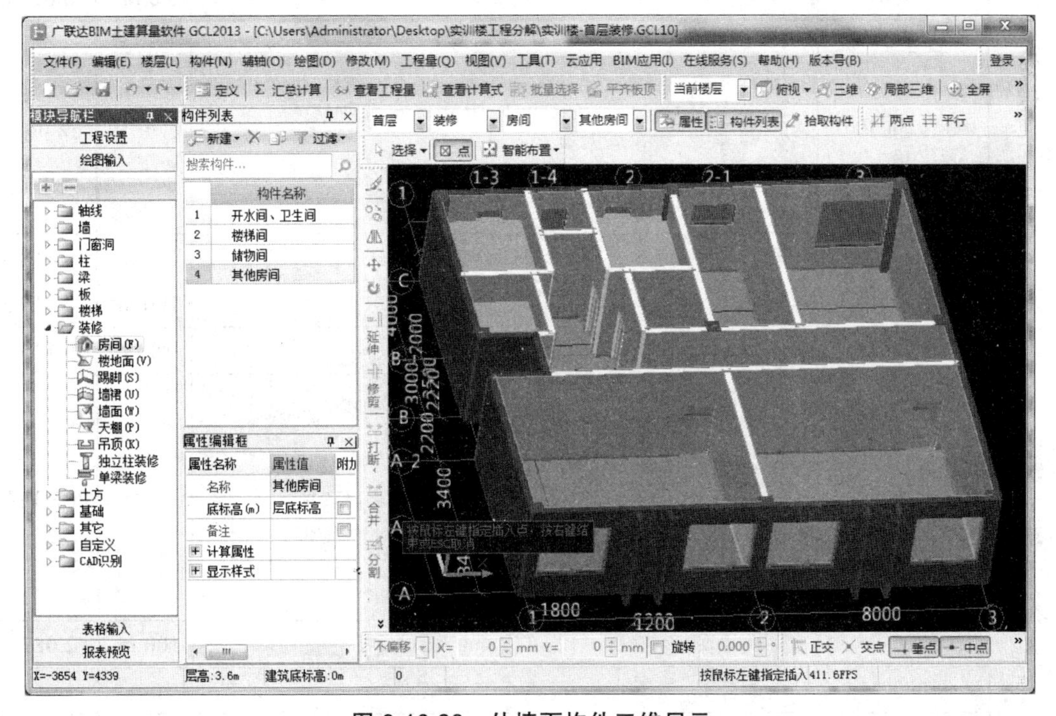

图 3.10.23　外墙面构件三维显示

5. 计算结果

点击左上角“汇总计算”按钮，选择楼层进行汇总，即可得到构件工程量。

点击模块导航栏的报表预览，点击“清单定额汇总表”，再单击“设置报表范围”，选择“房间、楼地面、天棚、吊顶、墙面、踢脚”，即可查看对应构件工程量，如表 3.10.1 所示。

表 3.10.1　首层装修清单定额工程量

序号	编码	项目名称及特征	单位	工程量
1	010904002001	楼（地）面涂膜防水 1. 部位：开水间、卫生间 2. 防水膜品种：聚氨酯三遍涂抹防水，厚 1.8 mm 3. 防水卷边高度：2.5 m	m^2	118.797 5
	01080076	聚氨酯防水涂膜 厚 1.5 mm	100 m^2	1.188
	01080077	聚氨酯防水涂膜 厚每增减 0.5 mm	100 m^2	1.188
2	011101001001	水泥砂浆地面 1. 部位：储物间 2. 面层材料品种、规格：20 厚 1∶2.2 水泥砂浆压实抹光 3. 找平层：50 厚 C15 混凝土 4. 垫层：150 厚碎石或碎砖压实 5. 地基处理：素土夯实	m^2	3.51
	01090005	地面垫层 碎石 干铺	10 m^3	0.052 7
	01090025	水泥砂浆 面层 20 mm 厚	100 m^2	0.035 1
	01090013	地面垫层 混凝土地坪 商品混凝土	10 m^3	0.017 6
3	011102003001	防滑地砖地面 1. 部位：开水间、卫生间 2. 面层材料品种、规格：8-10 厚防滑地砖 3. 找平层：20 厚水泥砂浆找平层 4. 垫层：40 厚 C15 细石混凝土 5. 地基处理：素土夯实	m^2	32.067 5
	01090105	陶瓷地砖 楼地面 周长在 1 200 mm 以内	100 m^2	0.318 4
	01090019	找平层 水泥砂浆 硬基层上 20 mm	100 m^2	0.317 3
	01090013	地面垫层 混凝土地坪 商品混凝土	10 m^3	0.126 9
4	011102003002	高级地砖地面 1. 部位：其余房间 2. 面层材料品种、规格：10 厚高级地砖 3. 黏结层：20 厚 1∶2 干硬性水泥砂浆黏结层 4. 找平层：50 厚 C15 混凝土 5. 垫层：150 厚卵石灌 M2.5 混合砂浆 6. 地基处理：素土夯实	m^2	209.337 5
	01090108	高级地砖 楼地面 周长在 2 400 mm 以内	100 m^2	2.087 5
	01090013	地面垫层 混凝土地坪 商品混凝土	10 m^3	1.040 3
	01090006	地面垫层 碎石 灌浆	10 m^3	3.121

续表

序号	编码	项目名称及特征	单位	工程量
5	011105001001	水泥砂浆踢脚线 1. 部位：储物间 2. 面层厚度、砂浆配合比：2.6厚1∶3水泥砂浆	m	7.5
	01090029	水泥砂浆 踢脚线	100 m	0.075
6	011105003001	防滑地砖踢脚 1. 部位：除开水间、卫生间以外的地砖楼地面 2. 踢脚线高度：100 3. 面层：10厚防滑地砖踢脚 4. 粘贴层厚度、材料种类：8厚1∶2水泥砂浆结合层 5. 基层处理：3.5厚1∶3水泥砂浆打底扫毛	m^2	14.132
	01090111	陶瓷地砖 踢脚线	100 m^2	0.141 3
7	011201001001	墙面一般抹灰 1. 部位：其余房间 2. 墙体类型：砖墙面 3. 找平层厚度、砂浆配合比：5厚1∶2.5建筑水泥砂浆找平 4. 底层厚度、砂浆配合比：5厚1∶3水泥砂浆扫毛	m^2	502.280 5
	01100008	一般抹灰 水泥砂浆抹灰 内墙面 砖、混凝土基层 7+6+5 mm	100 m^2	5.022 8
	01100031 *-8	一般抹灰砂浆厚度调整 水泥砂浆 每增减1 mm 子目乘以系数-8	100 m^2	5.022 8
8	011204003001	高级面砖墙面 1. 部位：开水间、卫生间 2. 面层材料品种、规格、颜色：5厚釉面砖，白水泥擦缝 3. 结合层：5厚1∶2.5建筑水泥砂浆结合 4. 底层厚度、砂浆配合比：9厚1∶3水泥砂浆打底抹平	m^2	85.923 5
	01100164	内墙面 釉面砖（水泥砂浆粘贴）周长1 200 mm以内	100 m^2	0.859 2
	01100059	装饰抹灰1∶3水浆砂浆打底抹底厚13 mm 砖墙	100 m^2	0.838 5
9	011204003002	外墙面砖 1. 部位：外墙面 2. 面层材料品种、规格、颜色：10厚面砖，随粘随刷一遍YJ-302混凝土界面处理剂 3. 找平层厚度、砂浆配合比：6厚1∶0.2∶2.5水泥浆（内掺建筑胶）	m^2	203.504 5
	01100142	外墙面 水泥砂浆粘贴面砖 周长600 mm以内 面砖灰缝5 mm以内	100 m^2	2.035
	01100059	装饰抹灰1∶3水浆砂浆打底抹底厚13 mm 砖墙	100 m^2	2.035
10	011001003001	保温隔热墙面 1. 部位：外墙面 2. 保温隔热材料品种、规格及厚度：50厚聚苯保温板保温层	m^2	259.614 5
	03132370	墙体保温 聚苯板	100 m^2	2.596 1

续表

序号	编码	项目名称及特征	单位	工程量
11	011201001002	墙面一般抹灰 1. 墙体类型：砖墙 2. 部位：外墙面 3. 找平层厚度、砂浆配合比：6 厚 1∶2.5 水泥砂浆 4. 底层厚度、砂浆配合比：12 厚 1∶3 水泥砂浆	m^2	54.15
	01100001	一般抹灰 水泥砂浆抹灰 外墙面 7+7+6 mm 砖基层	100 m^2	0.541 5
	01100031 *-2	一般抹灰砂浆厚度调整 水泥砂浆 每增减 1 mm 子目乘以系数-2	100 m^2	0.326
12	011407001001	墙面喷刷涂料 1. 部位：其他房间 2. 面层：喷水性耐擦洗涂料	m^2	502.280 5
	01120262	刮腻子二遍 水泥砂浆混合砂浆墙面	100 m^2	5.022 8
	01120266	双飞粉二遍 墙柱抹灰面	100 m^2	5.022 8
13	011407001002	外墙涂料 1. 部位：外墙 2. 面层：喷外墙涂料 HJ-80-1	m^2	56.11
	008	外墙涂料 HJ-80-1	m^2	56.11
14	011301001001	天棚抹灰 1. 部位：其他房间、楼梯间 2. 抹灰厚度、材料种类：3 厚 1∶2.5 水泥砂浆 3. 基层类型：5 厚 1∶3 水泥砂浆打底扫毛	m^2	227.774 7
	01110001	天棚抹灰 混凝土面 水泥砂浆 现浇	100 m^2	2.277 7
15	011301001002	天棚抹灰 1. 部位：空调板 2. 面层：20 厚 1∶2 水泥砂浆面层	m^2	2.08
	01110001	天棚抹灰 混凝土面 水泥砂浆 现浇	100 m^2	0.020 8
16	011302001001	吊顶天棚 1. 部位：卫生间、盥洗间、开水间 2. 面层材料品种、规格、品牌、颜色：1.0 厚铝合金条板 3. 龙骨材料种类、规格、中距：U 形轻钢次龙骨 LB45×48/LB438×12，中距小于等于 1500 4. 吊杆规格、高度：Φ6 钢筋吊杆（中距横向小于等于 1 500 纵向小于等于 1 200	m^2	29.645
	01110041	装配式 U 形轻钢天棚龙骨（上人型）龙骨间距 400 mm×500 mm 平面	100 m^2	0.296 5
	01110145	天棚面层 铝合金条板天棚 开缝	100 m^2	0.296 5
17	011407002001	天棚喷刷涂料 1. 涂料品种、喷刷遍数：喷水性耐擦洗涂料	m^2	227.774 7
	01120267	双飞粉二遍 天棚抹灰面	100 m^2	2.277 7
	01120271	双飞粉面刷乳胶漆二遍 天棚抹灰面	100 m^2	2.277 7

6. 总结拓展

装修做法每个工程各不相同，需要根据各工程对应的装修做法套取不同清单定额。

3.10.2 其他层装修工程量的计算

1. 分析图纸

分析建施-02 的装修做法表，其他楼层装修做法与首层装修的区别有楼面 1、楼面 2、楼面 3、外墙 3 及屋面 1，基础层有防水砂浆防潮层。

2. 装修构件的属性定义

屋面的属性定义：点击模块导航栏中的“其他”→“屋面”，在构件列表中单击“新建”→“新建屋面”，在属性编辑框中输入相应属性值即可，如图 3.10.24 所示。

属性名称	属性值	附加
名称	屋面	
顶标高(m)	层底标高	☐
备注		☐
+ 计算属性		
+ 显示样式		

图 3.10.24 屋面属性编辑

3. 装修构件的做法套用

1）楼面的做法套用

本工程水泥楼面的做法套用，如图 3.10.25 所示。

	编码	类别	项目名称	项目特征	单位	工程量表达式	表达式说明	措施项目	专业	单价
1	011101001	项	水泥砂浆楼面	1. 部位：储物间楼面 2. 面层：20厚1:2水泥砂浆面层	m2	DMJ	DMJ<地面积>	☐	房屋建筑与装饰	
2	01090025	定	水泥砂浆 面层20mm厚		m2	DMJ	DMJ<地面积>	☐	饰	

图 3.10.25 楼面做法套用一

本工程防滑地砖楼面的做法套用，如图 3.10.26 所示。

	编码	类别	项目名称	项目特征	单位	工程量表达式	表达式说明	措施项目	专业
1	011102003	项	防滑地砖楼面	1. 部位：开水间、卫生间楼面 2. 面层材料品种、规格：8-10厚防滑地砖300*300 3. 找平层：20厚水泥砂浆找平层 4. 找坡层：35厚C15细石砼找1%坡	m2	KLDMJ	KLDMJ<块料地面积>	☐	房屋建筑与装饰
2	01090105	定	陶瓷地砖 楼地面 周长在 1200mm以内		m2	KLDMJ	KLDMJ<块料地面积>	☐	饰
3	01090023	定	找平层 商品细石混凝土 硬基层面上 厚30mm		m2	DMJ	DMJ<地面积>	☐	饰
4	01090019	定	找平层 水泥砂浆 硬基层上 20mm		m2	DMJ	DMJ<地面积>	☐	饰
5	01090023	定	找平层 商品细石混凝土 硬基层面上 厚30mm		m2	DMJ	DMJ<地面积>	☐	饰
6	010904002	项	楼（地）面涂膜防水/1.2	1. 部位：开水间、卫生间楼面 2. 聚氨酯三遍涂抹防水，厚1.2; 3. 防水卷边高度：2.5m	m2	SPFSMJ+LMFSMJ	SPFSMJ<水平防水面积>+LMFSMJ<立面防水面积(大于最低立面防水高度)>	☐	房屋建筑与装饰
7	01080076	定	聚氨酯防水涂膜 厚 1.5mm		m2	SPFSMJ+LMFSMJ	SPFSMJ<水平防水面积>+LMFSMJ<立面防水面积(大于最低立面防水高度)>	☐	土

图 3.10.26 楼面做法套用二

本工程地砖楼面的做法套用，如图 3.10.27 所示。

	编码	类别	项目名称	项目特征	单位	工程量表达式	表达式说明	措施项目	专业
1	011102003	项	高级地砖楼面	1. 部位：其余房间、楼梯间楼面 2. 面层材料品种、规格：10厚高级地砖500*500 3. 找平层：20厚1:3水泥砂浆找平;	m2	KLDMJ	KLDMJ<块料地面积>	☐	房屋建筑与装饰
2	01090107	定	陶瓷地砖 楼地面 周长在 2000mm以内		m2	KLDMJ	KLDMJ<块料地面积>	☐	饰
3	01090019	定	找平层 水泥砂浆 硬基层上 20mm		m2	DMJ	DMJ<地面积>	☐	饰

图 3.10.27 楼面做法套用三

2）屋面的做法套用

本工程卷材防水屋面的做法套用，如图 3.10.28 所示。

	编码	类别	项目名称	项目特征	单位	工程量表达式	表达式说明	措施项目	专业
1	010902001	项	卷材防水屋面	1. 部位：非上人屋面 2. 防水卷材（SBS），翻边250mm: 3. 找平层：20厚1:3水泥砂浆: 4. 找坡层：平均40厚1:0.2:3.5水泥粉煤灰页岩陶粒，找坡2% 5. 保温层：80厚发泡聚氨酯	m2	MJ	MJ<面积>	☐	房屋建筑与装饰
2	03132343	借	屋面保温隔热工程 硬泡聚氨酯保温 50mm		m2	MJ	MJ<面积>	☐	刷油
3	03132360	借	屋面保温隔热工程 陶粒混凝土		m3	MJ*0.04	MJ<面积>*0.04	☐	刷油
4	01090019	定	找平层 水泥砂浆 硬基层上 20mm		m2	MJ	MJ<面积>	☐	饰
5	01080046	定	高聚物改性沥青防水卷材 满铺		m2	FSMJ	FSMJ<防水面积>	☐	土

图 3.10.28 屋面做法套用

3）女儿墙内侧墙面的做法套用

本工程水泥砂浆墙面的做法套用，如图 3.10.29 所示。

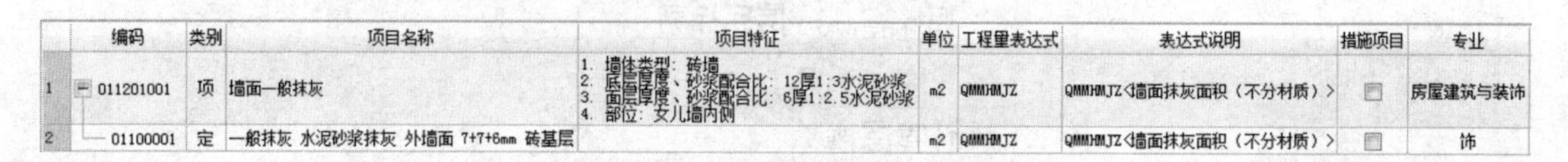

	编码	类别	项目名称	项目特征	单位	工程量表达式	表达式说明	措施项目	专业
1	011201001	项	墙面一般抹灰	1. 墙体类型：砖墙 2. 底层厚度、砂浆配合比：12厚1:3水泥砂浆 3. 面层厚度、砂浆配合比：6厚1:2.5水泥砂浆 4. 部位：女儿墙内侧	m2	QMMHMJZ	QMMHMJZ<墙面抹灰面积（不分材质）>	☐	房屋建筑与装饰
2	01100001	定	一般抹灰 水泥砂浆抹灰 外墙面 7+7+6mm 砖基层		m2	QMMHMJZ	QMMHMJZ<墙面抹灰面积（不分材质）>	☐	饰

图 3.10.29 女儿墙内侧墙面做法套用

4. 屋面的绘制方法

1）点　画

选择屋面，直接点画到女儿墙内即可。

2）定义屋面卷边

屋面设有 250 mm 高防水卷边，需要点击“定义屋面卷边”功能设置，其操作与楼地面定义防水高度一致。

3）智能布置

三层挑檐也需要绘制屋面，但无封闭墙体，需要切换到三层后，新建相同屋面，使用“智能布置”→“现浇板”布置。

绘制完毕点击正上方查看三维按钮 三维，即可查看三维图形，如图 3.10.30 所示。

5. 计算结果

点击左上角“汇总计算”按钮，选择楼层进行汇总，即可得到构件工程量。

点击模块导航栏的报表预览，点击“清单定额汇总表”，再单击“设置报表范围”，选择二、三层“房间、楼地面、天棚、吊顶、墙面、踢脚”，即可查看对应构件的实体工程量。如表 3.10.2 所示。

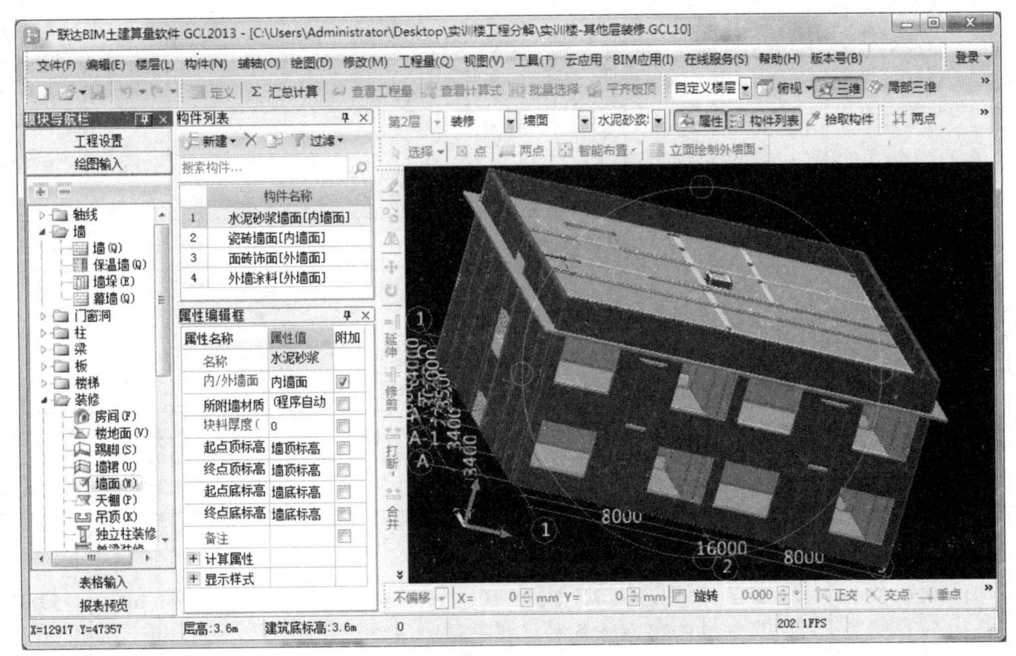

图 3.10.30　屋面构件智能布置绘制方法

表 3.10.2　其他层装修清单定额工程量

序号	编码	项目名称及特征	单位	工程量
1	010902001001	屋面卷材防水 1. 部位：非上人屋面 2. 卷材品种、规格、厚度：防水卷材（SBS），翻边 250 mm 3. 找平层：20 厚 1∶3 水泥砂浆 4. 找坡层：平均厚度 40 厚 1∶0.2∶3.5 水泥粉煤灰页岩陶粒，找坡 2% 5. 保温层：80 厚发泡聚氨酯	m^2	306.308 9
	3132343	屋面保温隔热工程　硬泡聚氨酯保温 50 mm	100 m^2	3.063 1
	3132360	屋面保温隔热工程　陶粒混凝土	10 m^3	2.450 5
	01090019	找平层　水泥砂浆　硬基层上　20 mm	100 m^2	3.063 1
	01080046	高聚物改性沥青防水卷材　满铺	100 m^2	3.063 1
2	010904002002	楼（地）面涂膜防水 1. 部位：开水间、卫生间 2. 防水膜品种：聚氨酯三遍涂抹防水，厚 1.2 mm 3. 防水卷边高度：2.5 m	m^2	61.84
	01080076	聚氨酯防水涂膜　厚　1.5 mm	100 m^2	0.618 4
	01080077	聚氨酯防水涂膜　厚　每增减 0.5 mm	100 m^2	0.618 4
3	011001003001	保温隔热墙面 1. 部位：外墙面 2. 保温隔热材料品种、规格及厚度：50 厚聚苯保温板保温层	m^2	532.961
	3132370	墙体保温　聚苯板	100 m^2	5.329 6

续表

序号	编码	项目名称及特征	单位	工程量
4	011101001002	水泥砂浆地面 1. 部位：储物间 2. 面层材料品种、规格：20 厚 1∶2.2 水泥砂浆面层	m^2	9.308
	01090025	水泥砂浆 面层 20 mm 厚	100 m^2	0.093 1
5	011102003003	高级地砖地面 1. 部位：其余房间、楼梯间楼面 2. 面层材料品种、规格：10 厚高级地砖 3. 黏结层：20 厚 1∶3 水泥砂浆黏结层	m^2	418.675
	01090107	陶瓷地砖 楼地面 周长在 2 000 mm 以内	100 m^2	4.175 1
	01090019	找平层 水泥砂浆 硬基层上 20 mm	100 m^2	4.161 4
6	011102003004	防滑地砖地面 1. 部位：开水间、卫生间 2. 面层材料品种、规格：8-10 厚防滑地砖 3. 找平层：20 厚水泥砂浆找平层 4. 垫层：35 厚 C15 细石混凝土	m^2	59.975
	01090105	陶瓷地砖 楼地面 周长在 1 200 mm 以内	100 m^2	0.595 3
	01090023	找平层 商品细石混凝土 硬基层面上 厚 30 mm	100 m^2	1.185 8
	01090019	找平层 水泥砂浆 硬基层上 20 mm	100 m^2	0.592 9
7	011105001001	水泥砂浆踢脚线 1. 部位：储物间 2. 面层厚度、砂浆配合比：2.6 厚 1∶3 水泥砂浆	m	15
	01090029	水泥砂浆 踢脚线	100 m	0.15
8	011105003001	防滑地砖踢脚 1. 部位：除开水间、卫生间以外的地砖楼地面 2. 踢脚线高度：100 3. 面层：10 厚防滑地砖踢脚 4. 粘贴层厚度、材料种类：8 厚 1∶2 水泥砂浆结合层 5. 基层处理：3.5 厚 1∶3 水泥砂浆打底扫毛	m^2	28.264
	01090111	陶瓷地砖 踢脚线	100 m^2	0.282 6
9	011201001001	墙面一般抹灰 1. 部位：其余房间 2. 墙体类型：砖墙面 3. 找平层厚度、砂浆配合比：5 厚 1∶2.5 建筑水泥砂浆找平 4. 底层厚度、砂浆配合比：5 厚 1∶3 水泥砂浆扫毛	m^2	1 002.739 5
	01100008	一般抹灰 水泥砂浆抹灰 内墙面 砖、混凝土基层 7 + 6 + 5 mm	100 m^2	10.027 4
	01100031 *-8	一般抹灰砂浆厚度调整 水泥砂浆 每增减 1 mm 子目乘以系数-8	100 m^2	10.027 4

续表

序号	编码	项目名称及特征	单位	工程量
10	011201001002	墙面一般抹灰 1. 墙体类型：砖墙 2. 部位：外墙面 3. 找平层厚度、砂浆配合比：6厚1∶2.5水泥砂浆 4. 底层厚度、砂浆配合比：12厚1∶3水泥砂浆	m^2	113.045
	01100001	一般抹灰 水泥砂浆抹灰 外墙面7+7+6 mm砖基层	100 m^2	1.130 5
	01100031 *-2	一般抹灰砂浆厚度调整 水泥砂浆 每增减1 mm 子目乘以系数-2	100 m^2	0.689 5
11	011201001003	墙面一般抹灰 1. 部位：女儿墙内侧 2. 墙体类型：砖墙面 3. 面层厚度、砂浆配合比：6厚1∶2.5建筑水泥砂浆 4. 底层厚度、砂浆配合比：12厚1∶3水泥砂浆	m^2	65.863
	01100001	一般抹灰 水泥砂浆抹灰 外墙面7+7+6 mm砖基层	100 m^2	0.500 9
12	011204003001	高级面砖墙面 1. 部位：开水间、卫生间 2. 面层材料品种、规格、颜色：5厚釉面砖，白水泥擦缝 3. 结合层：5厚1∶2.5建筑水泥砂浆结合 4. 底层厚度、砂浆配合比：9厚1∶3水泥砂浆打底抹平	m^2	171.847
	01100164	内墙面 釉面砖（水泥砂浆粘贴）周长1 200 mm以内	100 m^2	1.718 5
	01100059	装饰抹灰 1∶3水浆砂浆打底抹底厚13 mm砖墙	100 m^2	1.676 9
13	011204003002	外墙面砖 1. 部位：外墙面 2. 面层材料品种、规格、颜色：10厚面砖，随粘随刷一遍YJ-302混凝土界面处理剂 3. 找平层厚度、砂浆配合比：6厚1∶0.2∶2.5水泥浆（内掺建筑胶）	m^2	415.996
	01100142	外墙面 水泥砂浆粘贴面砖 周长600 mm以内 面砖灰缝5 mm以内	100 m^2	4.16
	01100059	装饰抹灰1∶3水浆砂浆打底抹底厚13 mm砖墙	100 m^2	4.16
14	011301001001	天棚抹灰 1. 部位：其他房间、楼梯间 2. 抹灰厚度、材料种类：3厚1∶2.5水泥砂浆 3. 基层类型：5厚1∶3水泥砂浆打底扫毛	m^2	472.837 4
	01110001	天棚抹灰 混凝土面 水泥砂浆 现浇	100 m^2	4.733 3
15	011302001001	吊顶天棚 1. 部位：卫生间、盥洗间、开水间 2. 面层材料品种、规格、品牌、颜色：1.0厚铝合金条板 3. 龙骨材料种类、规格、中距：U形轻钢次龙骨LB45×48/LB438×12，中距小于等于1 500 4.吊杆规格、高度：Φ6钢筋吊杆（中距横向小于等于1 500纵向小于等于1 200	m^2	59.29
	01110041	装配式U形轻钢天棚龙骨（上人型）龙骨间距400 mm×500 mm平面	100 m^2	0.592 9
	01110145	天棚面层 铝合金条板天棚 开缝	100 m^2	0.592 9

续表

序号	编码	项目名称及特征	单位	工程量
16	011407001001	墙面喷刷涂料 1. 部位：其他房间 2. 面层：喷水性耐擦洗涂料	m^2	1 002.739 5
	01120262	刮腻子二遍 水泥砂浆混合砂浆墙面	100 m^2	10.027 4
	01120266	双飞粉二遍 墙柱抹灰面	100 m^2	10.027 4
17	011407001002	外墙涂料 1. 部位：外墙 2. 面层：喷外墙涂料 HJ-80-1	m^2	116.965
	008	外墙涂料 HJ-80-1	m^2	116.965
18	011407002001	天棚喷刷涂料 1. 涂料品种、喷刷遍数：喷水性耐擦洗涂料	m^2	472.837 4
	01120267	双飞粉二遍 天棚抹灰面	100 m^2	4.733 3
	01120271	双飞粉面刷乳胶漆二遍 天棚抹灰面	100 m^2	4.733 3

6. 总结拓展

1）墙基防潮层的计算方法

本工程装修表中还有墙基防潮层。在基础层中砖基础需设置防潮层，位于-0.060 mm 处。计算方式为墙体平面面积，只需要使用墙体长度乘以厚度即可得到。所以只用在墙体构件上套取对应清单定额、工程量表达式进行设置即可计算出该工程量，如图 3.10.31 所示。

	编码	类别	项目名称	项目特征	单位	工程量表达式	表达式说明	措施项目	专业
1	010402001	项	砌块墙	1. 砌块品种、规格、强度等级：加气混凝土砌块 2. 墙体类型：外墙，100mm厚 3. 砂浆强度等级：M7.5混合砂浆	m3	TJ	TJ<体积>		房屋建筑与装饰
2	01040026	定	加气混凝土砌块墙 厚100		m3	TJ	TJ<体积>		土
3	010607005	项	砌块墙钢丝网加固	砌块墙钢丝网加固1. 材料品种、规格:0.8厚9×25孔钢板网	m2	(WQWCGSWPZCD+WQNCGSWPZCD+NQLCGSWPZCD)*0.3	(WQWCGSWPZCD<外墙外侧钢丝网片总长度>+WQNCGSWPZCD<外墙内侧钢丝网片总长度>+NQLCGSWPZCD<内墙两侧钢丝网片总长度>)*0.3		房屋建筑与装饰
4	01040081	定	结构结合部分防裂 构造(钢丝网片)		m2	(WQWCGSWPZCD+WQNCGSWPZCD+NQLCGSWPZCD)*0.3	(WQWCGSWPZCD<外墙外侧钢丝网片总长度>+WQNCGSWPZCD<外墙内侧钢丝网片总长度>+NQLCGSWPZCD<内墙两侧钢丝网片总长度>)*0.3		土
5	010904003	项	楼（地）面砂浆防水(防潮)	1.防水层做法:20厚1:2水泥砂浆掺5%避水浆	m2	YSCD*YSQH	YSCD<长度>*YSQH<墙厚>		房屋建筑与装饰
6	01080120	定	防水砂浆 平面20mm		m2	YSCD*YSQH	YSCD<长度>*YSQH<墙厚>		土

图 3.10.31 墙基防潮层做法套用

墙基防潮层的工程量如表 3.10.3 所示。

表 3.10.3 墙基防潮层清单定额工程量

序号	编码	项目名称及特征	单位	工程量
1	010904003001	楼（地）面砂浆防水（防潮） 1. 防水层做法：20 厚 1：2 水泥砂浆掺 5%避水浆	m^2	27.66
	01080120	防水砂浆 平面 20 mm	100 m^2	0.276 6

2）其他楼层装修的绘制方法

对于装修构件的绘制，最好不使用层间复制的方式来绘制其他楼层的装修构件。因为各楼层虽然平面图看起来基本一致，但其结构的构件如柱、梁、板等尺寸可能会发生变化，层间复制后装修构件的出错率较高，所以各楼层的装修构件建议分别点画。

3.11 楼梯工程量计算

1. 分析图纸

分析结施-15、建施-13可以得到楼梯的尺寸信息。

楼梯按水平投影面积计算混凝土和模板面积，梯梁归入整体楼梯，梯柱需单独计算。同时需考虑计算楼梯装修工程量及其附属构件如护窗栏杆、楼梯栏杆、防滑条等的计算。由建施-13可知：护窗栏杆做法详见图集西南11J412-53-1，防滑条做法详见图集西南11J412-60-2，楼梯栏杆图集选择错误，可使用西南11J412-45-6b。

2. 楼梯的属性定义

楼梯可以按照水平投影面积布置，也可以绘制参数化楼梯，按照参数化布置的优势是软件可以计算楼梯底面抹灰、侧面抹灰、楼梯栏杆等的工程量。

在模块导航栏中点击“楼梯”→“楼梯”→“参数化楼梯”，如图3.11.1所示，选择“标准双跑1”，点击“确定”进入“编辑图形参数”对话框。

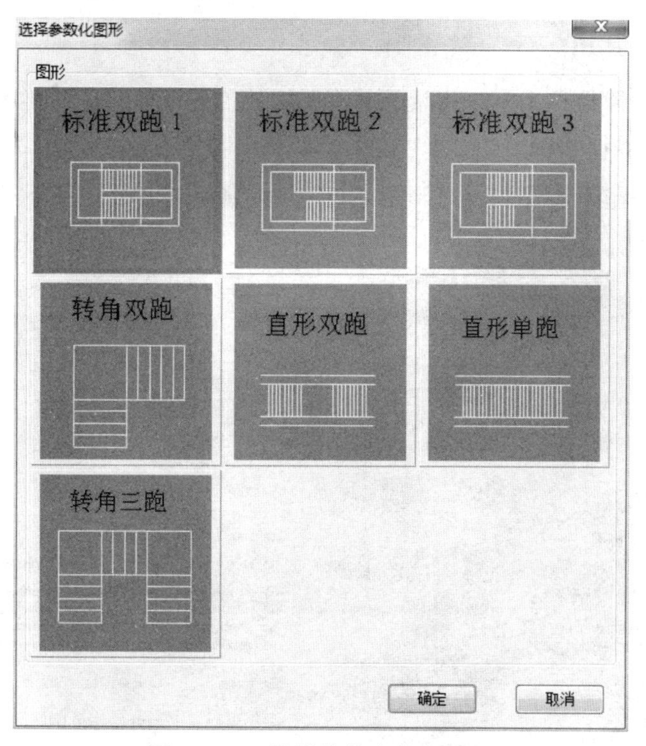

图3.11.1 楼梯构件参数化图形

按照结施-15 中的尺寸信息更改绿色的字体，其中参数图纸的 TL2 为顶部楼层梁，所以其属性值皆改为 0，楼板无需在楼梯构件上计算工程量，其宽度也改为 0。编辑完参数后点击“保存退出”，如图 3.11.2 所示。

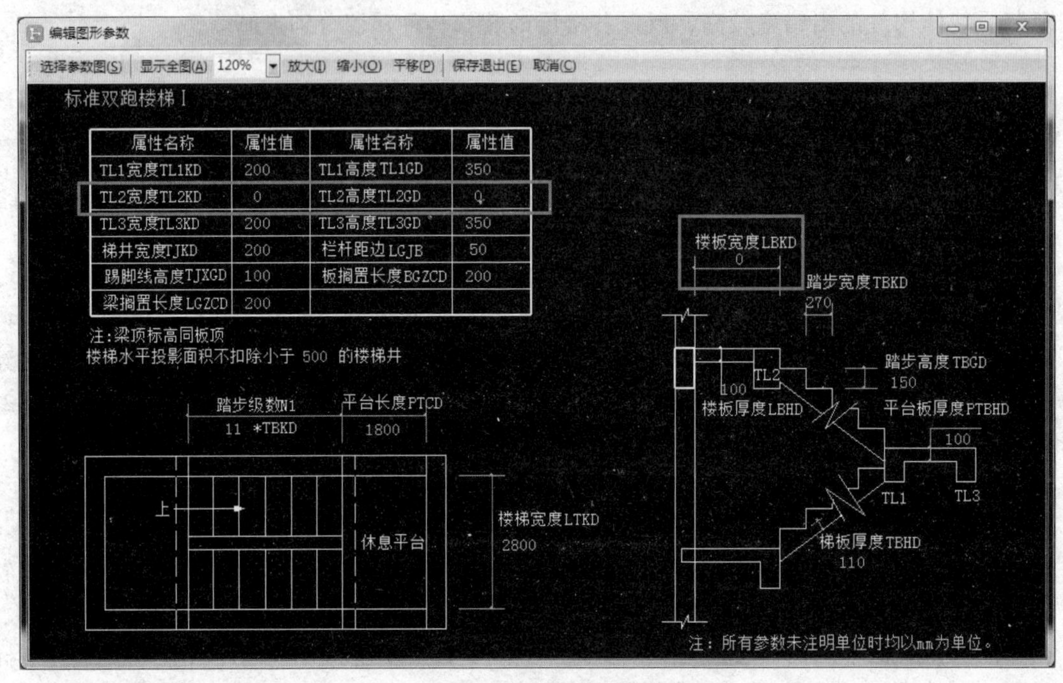

图 3.11.2　楼梯构件图形参数

3. 楼梯的做法套用

楼梯做法套用，除楼梯本身工程量及其附属构件工程量外，还需要对楼梯装修工程量进行做法套用，如图 3.11.3 所示。

	编码	类别	项目名称	项目特征	单位	工程量表达式	表达式说明	措施项目	专业
1	010506001	项	直形楼梯	1.楼梯类型:板式楼梯 2.混凝土强度等级:C30 3.混凝土拌合料要求:商品砼	m2	TYMJ	TYMJ<水平投影面积>	☐	房屋建筑与装饰
2	01050121	定	商品混凝土施工 楼梯 板式		m2	TYMJ	TYMJ<水平投影面积>	☐	土
3	011702024	项	楼梯	1.楼梯类型:板式楼梯 2.模板类型:组合钢模板	m2	TYMJ	TYMJ<水平投影面积>	☑	房屋建筑与装饰
4	01150304	定	现浇混凝土模板 楼梯 板式 组合钢模板		m2	TYMJ	TYMJ<水平投影面积>	☑	饰
5	011503001	项	楼梯栏杆	1.栏杆材料种类:不锈钢钢管 2.类型:楼梯栏杆 3.图集做法:详西南11J412-P45-6b	m	LGCD	LGCD<栏杆扶手长度>	☐	房屋建筑与装饰
6	009	补	楼梯栏杆		m	LGCD	LGCD<栏杆扶手长度>	☐	
7	011503001	项	护窗栏杆	1.栏杆材料种类:不锈钢钢管 2.类型:护窗栏杆 3.图集做法:详西南11J412-P53-1	m	1.5+0.18+0.18	1.86	☐	房屋建筑与装饰
8	010	补	护窗栏杆		m	1.5+0.18+0.18	1.86	☐	
9	AB002	补项	防滑条	1.材料种类:水泥铁屑防滑条 2.类型:踏步防滑条 3.图集做法:详西南11J412-60-2	m	(1.3-0.3)*2*12*2	48	☐	
10	01090179	定	防滑条 铁屑砂浆		m	(1.3-0.3)*2*12*2	48	☐	饰
11	011102003	项	高级地砖楼面	1.部位:其余房间、楼梯间楼面 2.面层材料品种、规格:10厚高级地砖 3.粘结层:20厚1:3水泥砂浆粘结层	m2	TYMJ	TYMJ<水平投影面积>	☐	房屋建筑与装饰
12	01090107	定	陶瓷地砖 楼地面 周长在 2000mm以内		m2	TYMJ	TYMJ<水平投影面积>	☐	饰
13	01090019	定	找平层 水泥砂浆 硬基层上 20mm		m2	TYMJ	TYMJ<水平投影面积>	☐	饰
14	011301001	项	天棚抹灰	1.部位:其他房间、楼梯间 2.抹灰厚度、材料种类:3厚1: 2.5水泥砂浆 3.基层类型:5厚1:3水泥砂浆打底扫毛	m2	DBMHMJ+TDCMMJ	DBMHMJ<底部抹灰面积>+TDCMMJ<梯段侧面面积>	☐	房屋建筑与装饰
15	01110001	定	天棚抹灰 混凝土面 水泥砂浆 现浇		m2	DBMHMJ+TDCMMJ	DBMHMJ<底部抹灰面积>+TDCMMJ<梯段侧面面积>	☐	饰
16	011407002	项	天棚喷刷涂料	1.涂料品种、喷刷遍数:喷水性耐擦洗涂料	m2	DBMHMJ+TDCMMJ	DBMHMJ<底部抹灰面积>+TDCMMJ<梯段侧面面积>	☐	房屋建筑与装饰
17	01120267	定	双飞粉二遍 天棚抹灰面		m2	DBMHMJ+TDCMMJ	DBMHMJ<底部抹灰面积>+TDCMMJ<梯段侧面面积>	☐	饰
18	01120271	定	双飞粉面刷乳胶漆二遍 天棚抹灰面		m2	DBMHMJ+TDCMMJ	DBMHMJ<底部抹灰面积>+TDCMMJ<梯段侧面面积>	☐	饰
19	011105003	项	防滑地砖踢脚	1.部位:除开水间、卫生间以外的地砖楼地面 2.踢脚线高度:100 3.面层:10厚防滑地砖踢脚 4.粘贴层厚度、材料种类:8厚1:2水泥砂浆结合层 5.基层处理:3.5厚1:3水泥砂浆打底扫毛	m2	TJXMMJ	TJXMMJ<踢脚线面积（斜）>	☐	房屋建筑与装饰
20	01090111	定	陶瓷地砖 踢脚线		m2	TJXMMJ	TJXMMJ<踢脚线面积（斜）>	☐	饰

图 3.11.3　楼梯做法套用

4. 楼梯的绘制方法

1）楼梯构件的绘制

楼梯构件定义好后，可以用点绘制，点画绘制的时候需要注意楼梯的位置，如难以找到插入点，可使用辅助轴线协助绘制。绘制好的楼梯图元如图 3.11.4 所示。

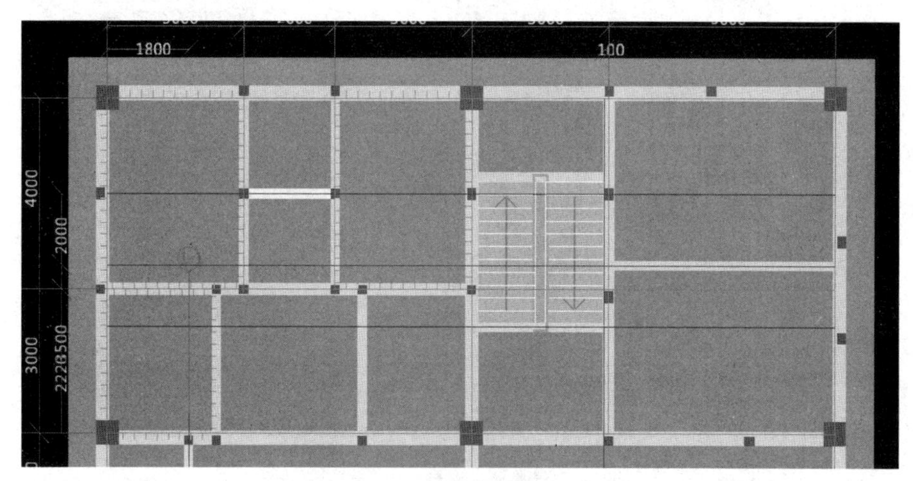

图 3.11.4　楼梯构件绘制方法

第二层的楼梯直接层间复制即可。

2）梯柱的绘制

根据结施-15，可以得到梯柱尺寸为 200 mm × 200 mm，高为 1 800 mm，位于休息平台四角，其中一角被框架柱替代。又因为在之前绘制构造柱时自动生成了构造柱，所以在绘制梯柱时，先需要把对应位置的构造柱删除后再绘制梯柱。梯柱根据其构造特征，应套取框架柱清单定额。绘制好的梯柱图元如图 3.11.5 所示。

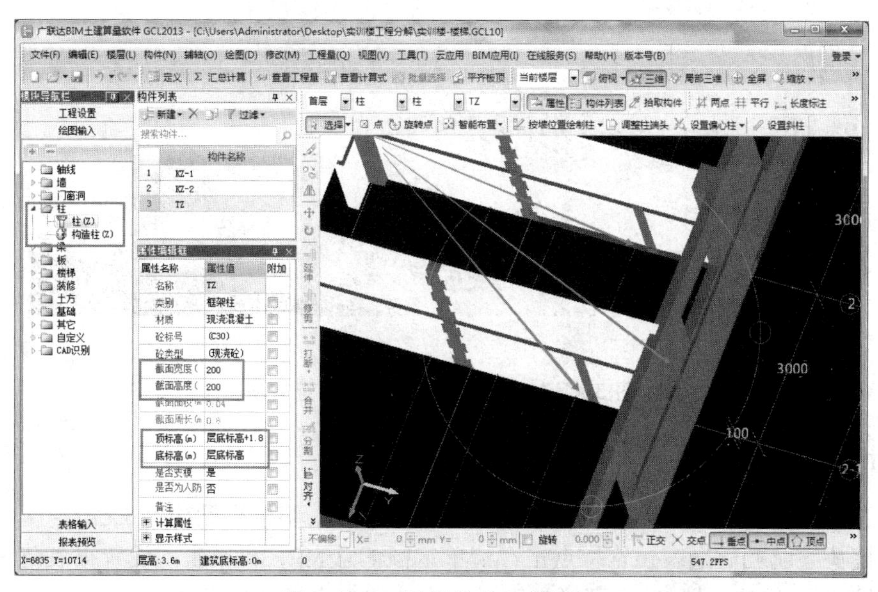

图 3.11.5　梯柱构件三维显示

3）楼梯间装修构件的调整

通过楼梯构件的绘制，可以知道楼梯间第二层、第三层底部楼面、踢脚不应满布，只能绘制到楼板边，如图 3.11.6 所示。

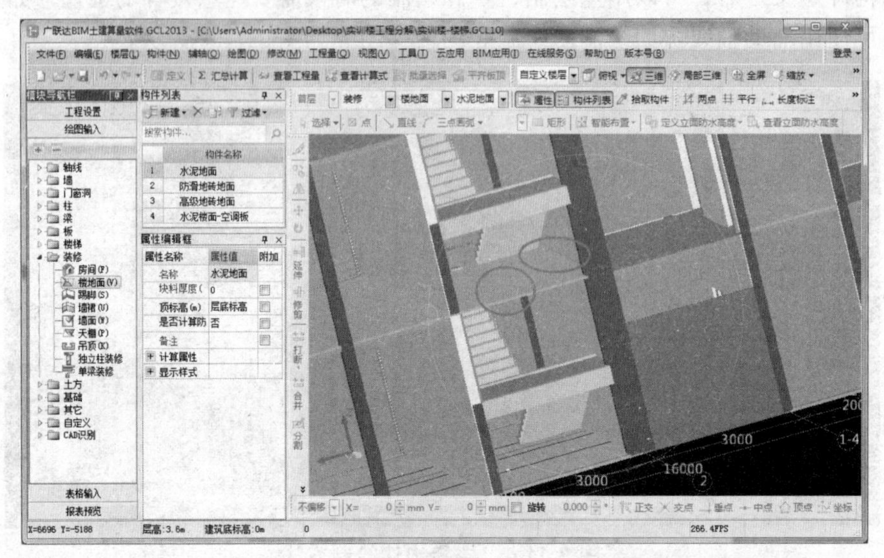

图 3.11.6　楼梯间装饰构件调整位置

可直接拉伸楼面单边中点到楼板边，使用打断功能打断踢脚后删除多余踢脚即可，如图 3.11.7 所示。

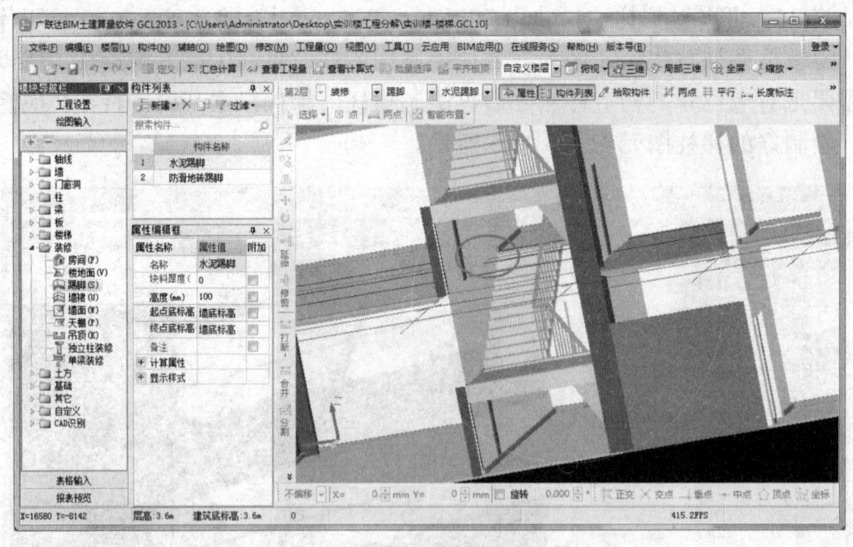

图 3.11.7　楼梯间装饰构件调整方法

5. 计算结果

点击左上角“汇总计算”按钮，选择楼层进行汇总，即可得到构件工程量。

点击模块导航栏的报表预览，点击“清单定额汇总表”，再单击“设置报表范围”，选择首层、二层“柱-梯柱、楼梯”，即可查看对应构件的工程量，如表 3.11.1 所示。

表 3.11.1 楼梯清单定额工程量

序号	编码	项目名称及特征	单位	工程量
1	011503001003	护窗栏杆 1. 栏杆材料种类：不锈钢钢管 2. 类型：护窗栏杆 3. 图集做法：详西南 11J412-P53-1	m	3.72
	010	护窗栏杆	m	3.72
2	AB002	防滑条 1. 材料种类：水泥铁屑防滑条 2. 类型：踏步防滑条 3. 图集做法：详西南 11J412-60-2	m	96
	01090179	防滑条 铁屑砂浆	100 m	0.96
3	010502001002	矩形柱 1. 混凝土强度等级：C30 2. 部位：楼梯梯柱 3. 柱截面尺寸：断面周长 1.2 m 以内 4. 混凝土拌和料要求：商品砼	m^3	0.432
	01050082	商品混凝土施工 矩形柱 断面周长 1.2 m 以内	$10\ m^3$	0.043 2
4	010506001001	直形楼梯 1. 楼梯类型：板式楼梯 2. 混凝土强度等级：C30 3. 混凝土拌和料要求：商品砼	m^2	26.712
	01050121	商品混凝土施工 楼梯 板式	$10\ m^2$	2.671 2
5	011102003003	高级地砖楼面 1. 部位：其余房间、楼梯间楼面 2. 面层材料品种、规格：10 厚高级地砖 3. 黏结层：20 厚 1∶3 水泥砂浆黏结层	m^2	26.712
	01090107	陶瓷地砖 楼地面 周长在 2000 mm 以内	$100\ m^2$	0.267 1
	01090019	找平层 水泥砂浆 硬基层上 20 mm	$100\ m^2$	0.267 1
6	011105003001	防滑地砖踢脚 1. 部位：除开水间、卫生间以外的地砖楼地面 2. 踢脚线高度：100 3. 面层：10 厚防滑地砖踢脚 4. 粘贴层厚度、材料种类：8 厚 1∶2 水泥砂浆结合层 5. 基层处理：3.5 厚 1∶3 水泥砂浆打底扫毛	m^2	4.156
	01090111	陶瓷地砖 踢脚线	$100\ m^2$	0.041 6
7	011301001001	天棚抹灰 1. 部位：其他房间、楼梯间 2. 抹灰厚度、材料种类：3 厚 1∶2.5 水泥砂浆 3. 基层类型：5 厚 1∶3 水泥砂浆打底扫毛	m^2	32.448 9
	01110001	天棚抹灰 混凝土面 水泥砂浆 现浇	$100\ m^2$	0.324 5

续表

序号	编码	项目名称及特征	单位	工程量
8	011407002001	天棚喷刷涂料 1. 涂料品种、喷刷遍数：喷水性耐擦洗涂料	m^2	32.448 9
	01120267	双飞粉二遍 天棚抹灰面	$100\ m^2$	0.324 5
	01120271	双飞粉面刷乳胶漆二遍 天棚抹灰面	$100\ m^2$	0.324 5
9	011503001002	楼梯栏杆 1. 栏杆材料种类：不锈钢钢管 2. 类型：楼梯栏杆 3. 图集做法：详见西南 11J412-P45-6b	m	16.025 7
	009	楼梯栏杆	m	16.025 7
10	011702002002	矩形柱 1. 构件类型：楼梯梯柱 2. 模板类型：组合钢模板	m^2	7.772
	01150270	现浇混凝土模板 矩形柱 组合钢模板	$100\ m^2$	0.081
11	011702024001	楼梯 1. 楼梯类型：板式楼梯 2. 模板类型：组合钢模板	m^2	26.712
	01150304	现浇混凝土模板 楼梯 板式 组合钢模板	$10\ m^2$	2.671 2

6. 总结拓展

绘制楼梯面：若只计算楼梯投影面积，或使用系数计算楼梯各工程量时，可以直接点击“新建”→“新建楼梯”进行绘制。其绘制出来的构件只是一个面，无楼梯实体图形。因楼梯计算投影面积，此种操作方式也比较常用。

3.12 钢筋算量软件与图形算量软件的联接

1. 导入钢筋工程

按图纸所给信息新建图形算量工程。

新建完毕后，进入图形算量的起始界面，点击“文件”，选择“导入钢筋（GGJ2013）工程”，如图 3.12.1 所示。

弹出“打开”对话框，选择钢筋工程文件所在位置，单击打开，如图 3.12.2 所示。

选择好钢筋工程点击打开后，会弹出“楼层高度不一致，请修改后再导入”的提示框，单击“确定”，出现“层高对比”对话框，选择“按钢筋层高导入”，如图 3.12.3 所示。

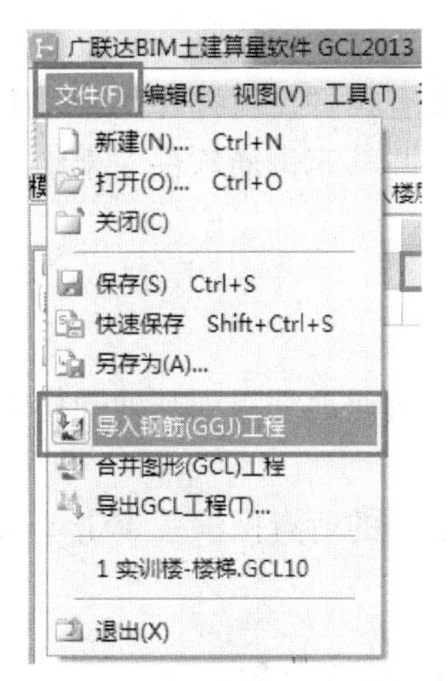

图 3.12.1 导入钢筋工程步骤一

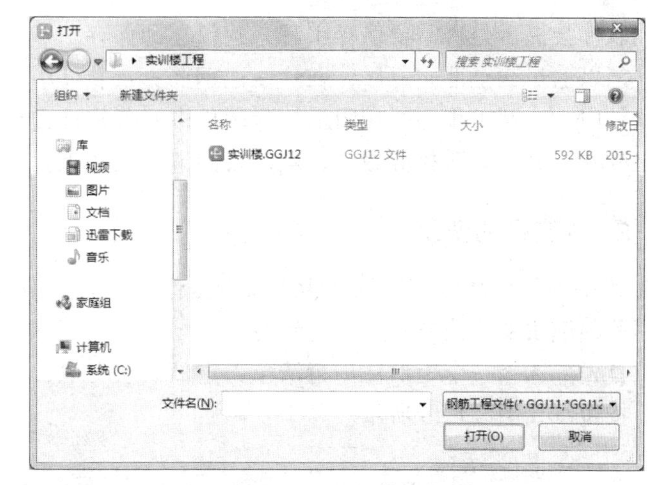

图 3.12.2 导入钢筋工程步骤二

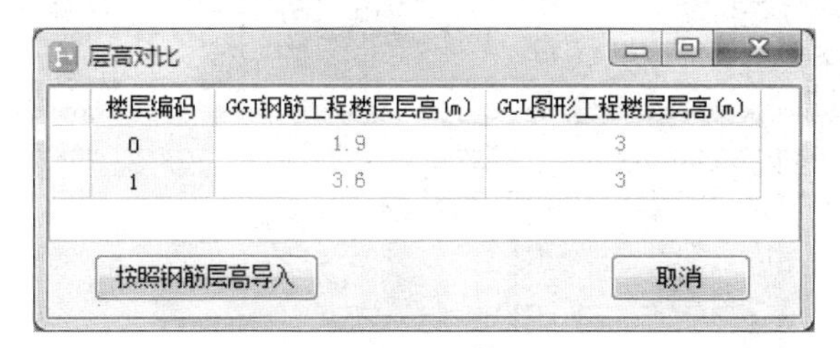

层高对比

楼层编码	GGJ钢筋工程楼层层高(m)	GCL图形工程楼层层高(m)
0	1.9	3
1	3.6	3

按照钢筋层高导入　取消

图 3.12.3 导入钢筋工程步骤三

弹出“导入 GGJ 文件”对话框，在楼层列表下方点击“全选”，在构件列表下方点击“全选”（剪力墙结构工程参见“剪力墙结构互导建议”），然后单击“确定”，如图 3.12.4 所示。

图 3.12.4 导入钢筋工程步骤四

导入完成后出现如图 3.12.5 所示的“提示”对话框，单击“确定”按钮完成导入。

图 3.12.5 导入钢筋工程步骤五

软件会提示是否需要保存工程，建议立即保存。

当以上步骤全部完成后，在广联达钢筋算量软件中绘制的所有构件，就都导入到图形算量软件中。对照工程图纸在图形算量软件中对各构件进行修改，并补充钢筋软件中未绘制的土建构件，最后套取相应做法，就能得到清单定额工程量。

2. 做法刷的使用

“做法刷”的功能其实就是为了减少工作量，把套用好的做法快速地复制到其他同样需要套用此种做法的快捷方式。以矩形柱为例。

首先，选择一个矩形柱进行清单、定额做法套取，选中套取用的所有做法，单击“做法刷”按钮，如图 3.12.6 所示。

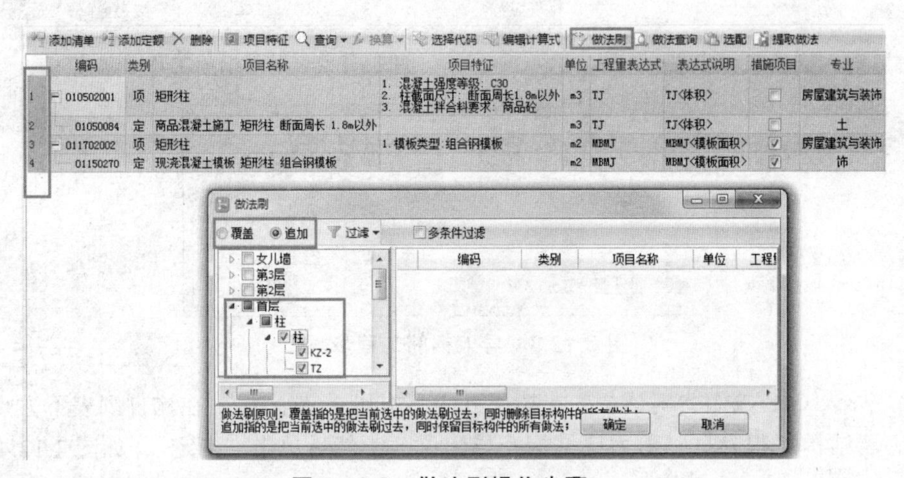

图 3.12.6 做法刷操作步骤一

做法刷界面中有“覆盖”和“追加”两个选项，“覆盖”是把选定构件中已经套用好的做法覆盖掉；“追加”就是在选定构件中已经套用好的做法上，再添加做法。

做法刷操作中比较常用的功能还有“过滤”功能，如图 3.12.7 所示。

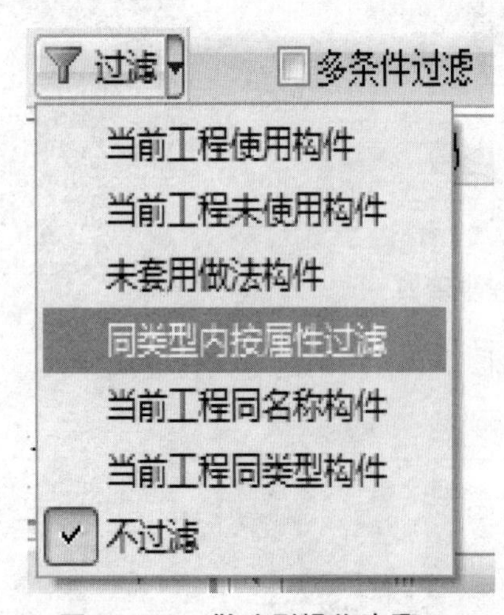

图 3.12.7 做法刷操作步骤二

图 3.12.8 做法刷操作步骤三

在“过滤”的下拉菜单中有很多种选项，可按工程实际情况进行选择。现以“同类型内按属性过滤”为例，介绍“过滤”功能。

选择“同类型内按属性过滤”，出现如图 3.12.8 所示对话框。

勾选所需要的属性，点击“设置属性”按钮，调整属性值后确定即可。框架柱以界面周长区分不同定额，可以以“截面周长”属性进行过滤。勾选“截面周长”前面的方框，在“设置属性”内容栏中可以输入需要的数值（格式需要和默认的一致）然后单击“确定”，如图 3.12.9 所示。

此时在对话框左面的楼层信息菜单中显示的构件均为已经过滤并符合条件的构件，便于选择并且不会出现错误，如图 3.12.10 所示。

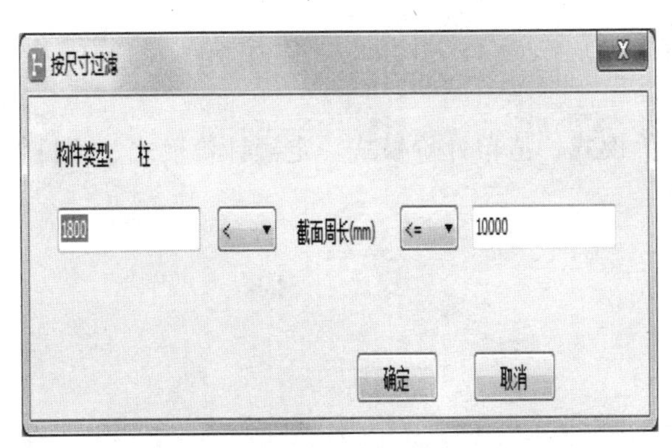

图 3.12.9　做法刷操作步骤四

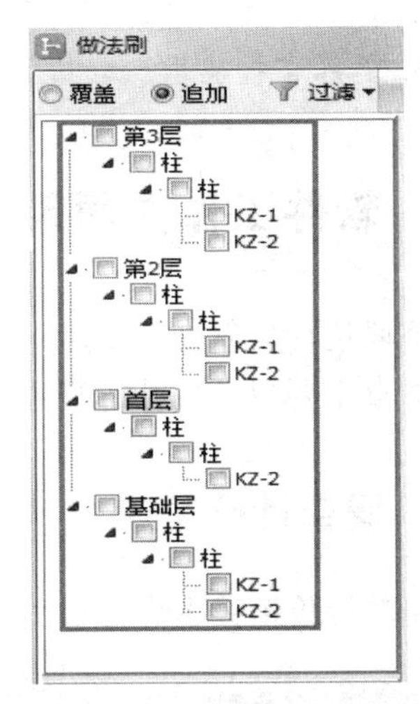

图 3.12.10　做法刷操作步骤五

选择准确后，点击确定，则选中的这些构件上都套取了对应定额，需要注意的是，跨构件类别使用做法刷，其清单定额工程量表达式一旦不符就会消失，需要重新选择工程量表达式，所以在使用做法刷时需要检查，若出现错误，重新使用做法刷功能即可。

3.13　图形算量案例

根据上述讲解内容依次将本工程绘制完毕，则本工程清单定额工程量即可汇总得到。本工程完整清单定额工程量如表 3.13.1 所示。

表 3.13.1

第 4 章　广联达计价软件

学习目标：

1. 掌握使用广联达计价软件做工程造价的流程；
2. 熟练掌握广联达计价软件的常用功能；
3. 熟练掌握应用广联达计价软件编制工程量清单、招标控制价和投标报价的工作。

4.1　软件工作界面及菜单命令

广联达计价软件 GBQ4.0 分 3 种计价模式：清单计价模式、定额计价模式、项目管理模式。本章主要以清单计价模式进行介绍。

4.1.1　清单计价模式

清单计价模式主界面如图 4.1.1 所示。

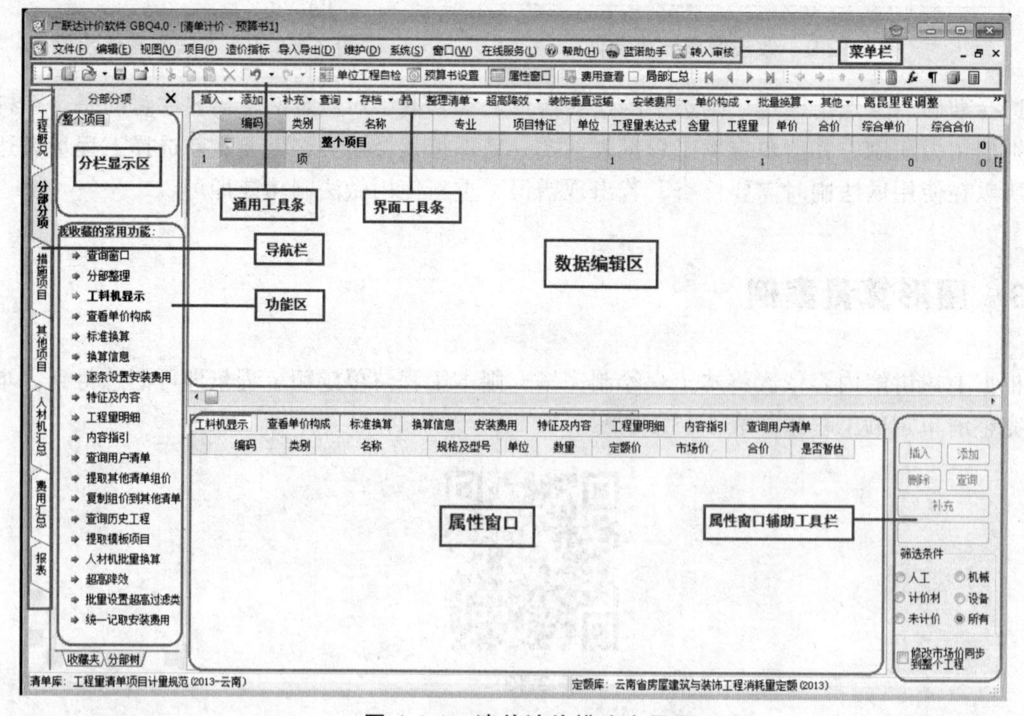

图 4.1.1　清单计价模式主界面

（1）菜单栏：集合了软件所有功能和命令。

（2）通用工具条：无论切换到任一界面，它都不会随着界面的切换而变化。

（3）界面工具条：会随着界面的切换，工具条的内容不同。

（4）导航栏：左边导航栏可切换到不同的编辑界面。

（5）分栏显示区：显示整个项目下的分部结构，点击分部实现按分部显示，可关闭此窗口。

（6）功能区：每一编辑界面都有自己的功能菜单，可关闭此功能区。

（7）属性窗口：功能菜单点击后就可泊靠在界面下边，形成属性窗口，可隐藏此窗口。

（8）属性窗口辅助工具栏：根据属性菜单的变化而更改内容，提供对属性的编辑功能，跟随属性窗口的显示和隐藏。

（9）数据编辑区：切换到每个界面，都会出现特有的数据编辑界面，供用户操作，这部分是用户的主操作区域。

4.1.2 定额计价模式主界面

同“清单计价模式主界面”。

4.1.3 项目管理模式

招标/投标管理模块主界面：主要由菜单、工具条、内容显示区、功能区、导航栏几部分组成，如图 4.1.2 所示。

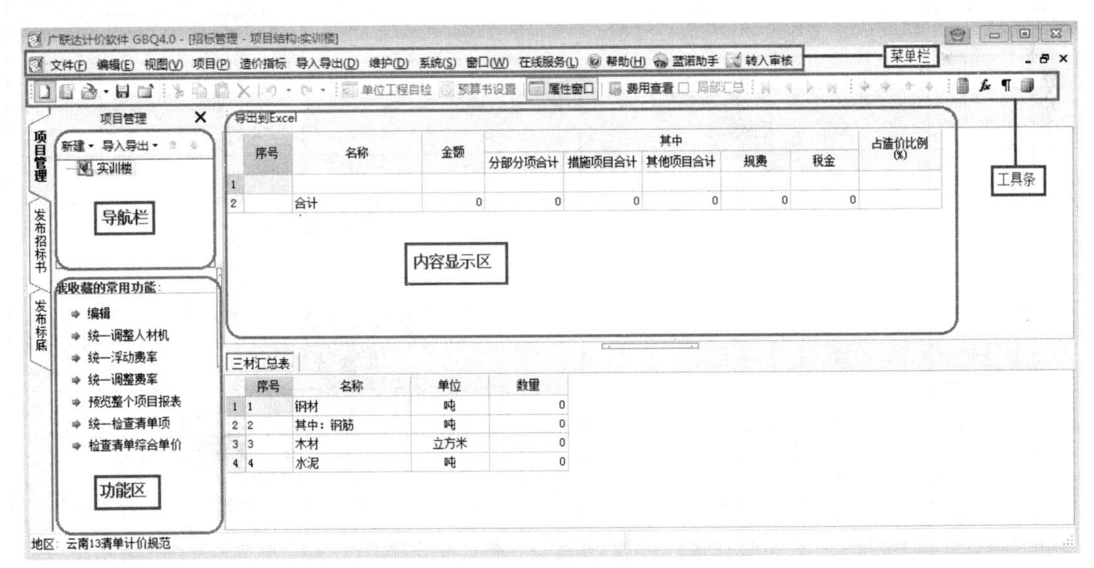

图 4.1.2 招标/投标管理模块主界面

4.1.4 常用菜单命令

常用菜单命令如图 4.1.3 所示。

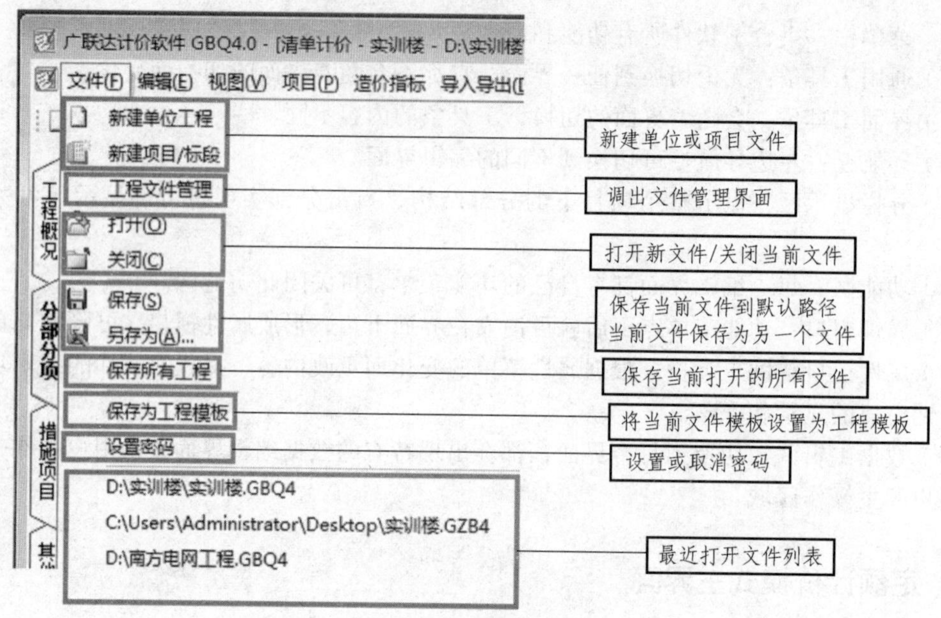

图 4.1.3　常用菜单命

“项目管理”主界面常用菜单命令如表 4.1.1 所示。

表 4.1.1　常用菜单命令表

序号	菜单栏	下级菜单	主要功能及说明
1	文件	新建	新建一个单位工程或新建一个项目或标段文件
		工程文件管理	调出文件管理界面
		打开	打开新文件
		关闭	关闭当前文件
		保存	保存项目文件
		另存为	将当前文件保存为另一个文件
		保存所有文件	保存当前打开的所有文件
		保存为工程模板	将当前文件保存为工程模板
		设置密码	设置或取消密码
2	编辑		主要是进行一些常用操作
		撤销/恢复	撤销/恢复当前的操作
		剪切/复制/粘贴/删除	剪切/复制/粘贴/删除所选择的字符
		最近文件列表	显示最近项目文件列表，方便快速打开
3	视图		主要是进行工具条显示和隐藏的编辑
		导航栏	工具条显示和隐藏的编辑
4	项目		
		预算书设置	对预算文件的常规设置

续表

序号	菜单栏	下级菜单	主要功能及说明
		调整子目工程量	调整整个工程或所选分部工程的工程量
		调整人、材、机单价	调整整个工程的人、材、机单价
		调整人、材、机含量	调整整个工程或所选分部工程的人、材、机含量
		调整工程造价	
		清除空行	删除空分部、空清单、空子目或空的措施项目行
		生成工程量清单	生成当前工程的工程量清单
5	造价指标	造价指标	指标分析只针对项目文件，不支持单位工程
6	导入导出		此菜单下的项目是本软件与外部数据传输的接口
		导入 Excel 文件	只可以导入 Excel2003 格式的文件
		导入单位工程	只可以导入与当前工程文件类型一致的文件
		导入广联达土建算量工程文件	导入 GCL 类型的土建算量工程文件
		导入广联达安装算量工程文件	导入 GCL 类型的安装算量工程文件
		导入广联达精装算量工程文件	导入 GCL 类型的精装算量工程文件
		导入广联达变更算量工程文件	导入 GCL 类型的变更算量工程文件
7	维护		用于维护定额库，人、材、机，费率等有关数据
		子目维护	
		人、材、机维护	
		费率维护	
		主要材料指标维护	
		市场价文件维护	
		常用单位维护	
		用户主材维护	
		清单项目特征维护	
8	系统		主要是设置界面显示的风格
		计算器	打开计算器工具
		图元公式	是以图形方式体现的一些常用计算公式，可以计算工程量，选择图元，输入参数，多个图元可以累加，一个图元参数输入完毕，点击下图左下方的“选择”按钮，多外图元时，可以多次选择，最后点击“确定”按钮即可累加
		土方折算	可以计算夯实、松填、虚方体积
		特殊符号	显示特殊符号开关
		系统选项	

续表

序号	菜单栏	下级菜单	主要功能及说明
9	窗口	平铺	可以编辑多个文件的显示方式及显示当前文件信息
		水平排列	
		垂直排列	
10	在线服务	在线答疑	
		在线视频	
		下载资料	
		信息资讯	
		检查更新	
11	帮助	帮助	查看软件的使用说明及功能讲解
		2013 清单要点介绍	
		关于	查看软件的内部版本信息
		注册	检测软件加密注册信息
12	蓝诺帮助		自定义工具条
13	转入审核		

4.2 软件操作流程

软件整体操作流程分为：新建项目→新建标段工程→新建单项工程→新建单位工程。

第 1 步：新建项目。双击桌面上的 GBQ4.0 图标，在弹出的界面中选择工程类型为“清单计价”，再点击“新建项目”，如图 4.2.1 所示。

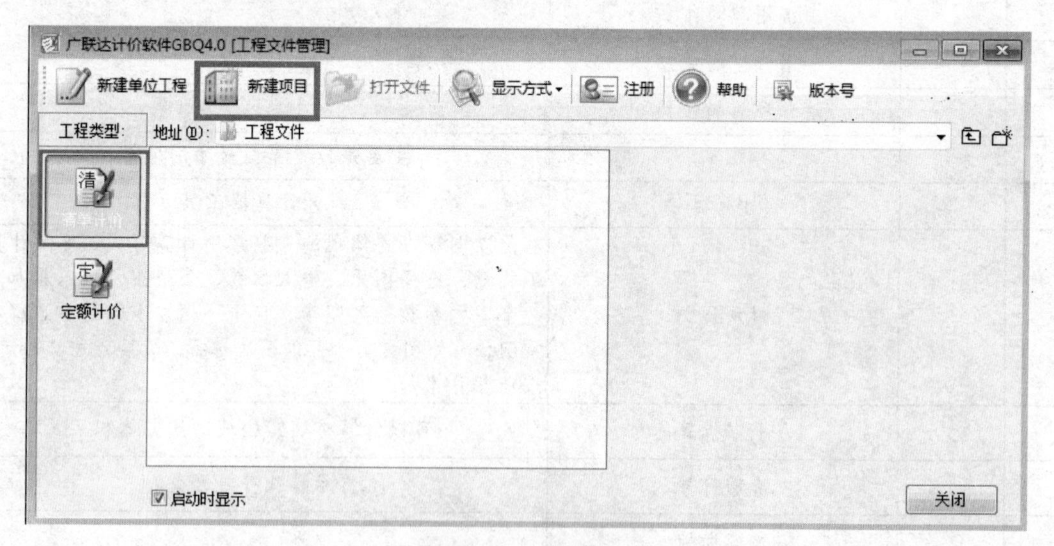

图 4.2.1　新建项目

第 2 步：新建标段工程，如图 4.2.2 所示。

（1）选择清单计价“招标”或“投标”，选择“地区标准”。

（2）输入项目名称，如实训楼项目，则保存的项目文件名也为实训楼项目。另外报表也会显示工程名称为实训楼项目。

（3）输入一些项目信息，如建设单位。

（4）点击“确定”完成新建项目，进入项目管理界面。

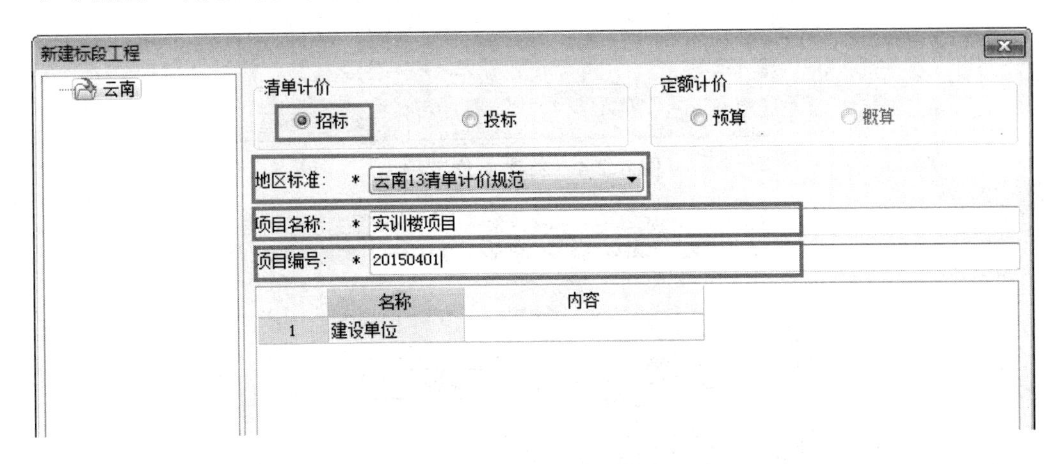

图 4.2.2　新建标段工程

第 3 步：新建单项工程。

在“实训楼项目”单击鼠标右键，选择“新建单项工程”，软件进入新建单项工程界面，输入单项工程名称后，点击“确定”，软件回到项目管理界面，如图 4.2.3 所示。

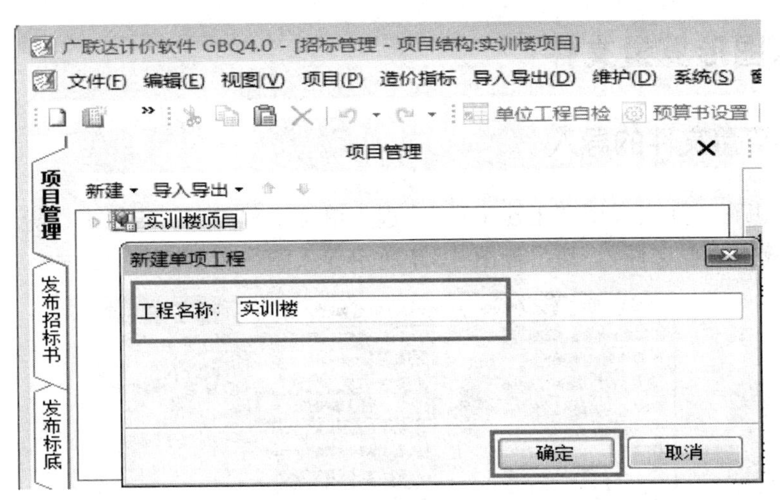

图 4.2.3　新建单项工程

第 4 步：新建单位工程。

在“实训楼”单击鼠标右键，选择“新建单位工程”，软件进入单位工程新建向导界面，输入工程名称如土建工程，点击“确定”，如图 4.2.4 所示。

根据以上步骤，我们按照工程实际建立一个工程项目，完成结果如图 4.2.5 所示。

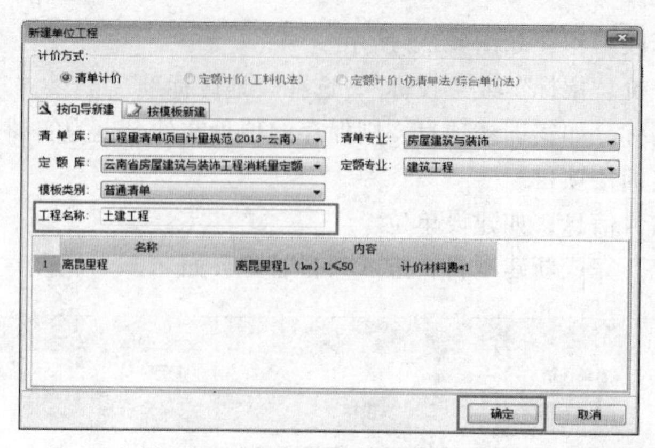

图 4.2.4　新建单位工程

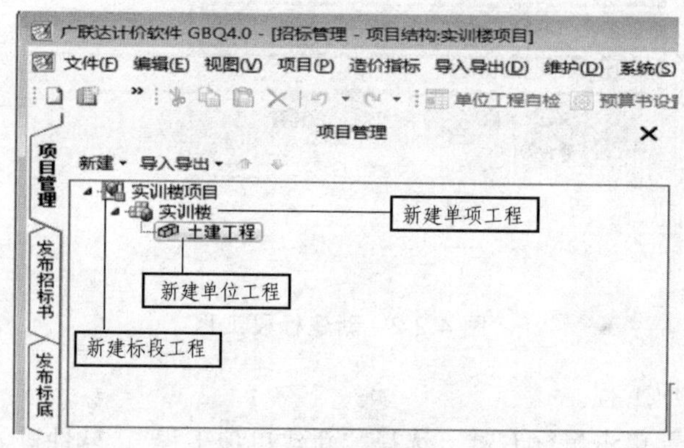

图 4.2.5　新建工程项目

4.3　导入图形算量文件

4.3.1　图形算量文件的导入

点击单位工程，如实训楼“土建工程”，进入单位工程界面，再点击“导入导出”，选择“导入广联达算量工程文件”，弹出如图 4.3.1 所示导入图形算量文件对话框。

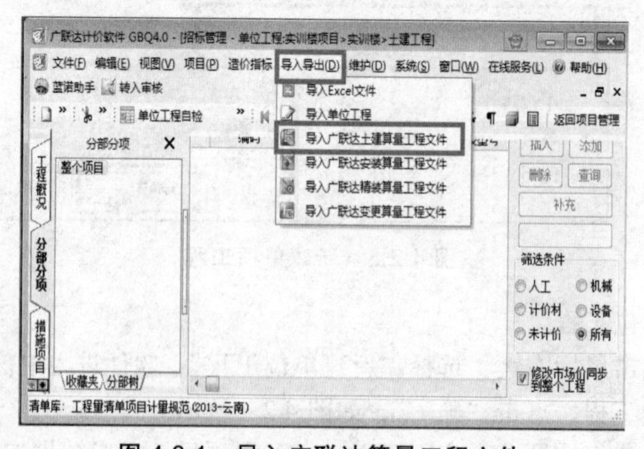

图 4.3.1　导入广联达算量工程文件

选择“导入广联达算量工程文件”，弹出如图 4.3.2 所示对话框。选择“浏览”按钮，选择文件所在位置，并核对列是否对应，检查无误后单击“导入”按钮，完成图形文件的导入，如图 4.3.3 所示。

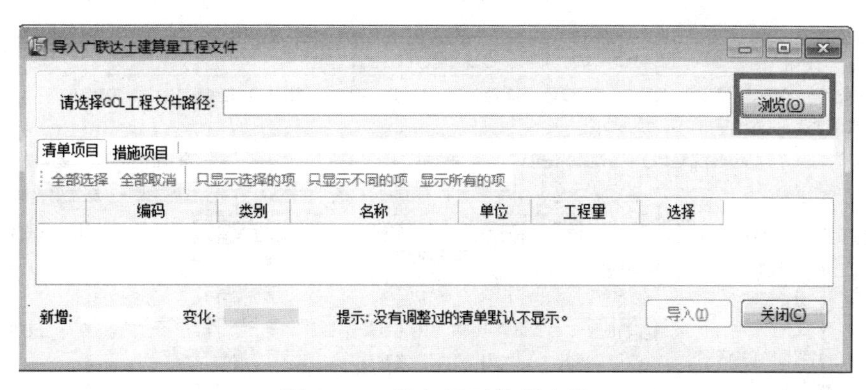

图 4.3.2　导入图形算量文件

	编码	类别	名称	单位	工程量	选择
1	010101001001	项	平整场地	m2	268.6425	☑
2	01010121	定	人工场地平整	m2	4.2025 * 100	☑
3	010101003001	项	挖沟槽土方	m3	216.2486	☑
4	01010004 R*1.	换算子目	人工挖沟槽、基坑 三类	m3	0.2443 * 100	☑
5	01010047	定	挖掘机挖土方 不装车	m3	0.2199 * 1000	☑
6	01010104	定	装卸机装土 自卸汽车运	m3	0.2443 * 1000	☑
7	010101004001	项	挖基坑土方	m3	110.4454	☑
8	01010004	定	人工挖沟槽、基坑 三类	m3	0.1104 * 100	☑
9	01010047	定	挖掘机挖土方 不装车	m3	0.0994 * 1000	☑
10	01010104	定	装卸机装土 自卸汽车运	m3	0.1104 * 1000	☑
11	010103001001	项	回填方	m3	174.2436	☑
12	01010104	定	装卸机装土 自卸汽车运	m3	0.1988 * 1000	☑
13	01010125	定	人工夯填 基础	m3	1.9881 * 100	☑
14	010103001002	项	回填方	m3	84.9806	☑
15	01010105	定	装卸机装土 自卸汽车运	m3	0.085 * 1000	☑
16	01010125	定	人工夯填 基础	m3	0.8498 * 100	☑
17	010103001003	项	房心回填	m3	36.0503	☑
18	01010104	定	装卸机装土 自卸汽车运	m3	0.0361 * 1000	☑
19	01010124	定	人工夯填 地坪	m3	0.1803 * 100	☑
20	01010132	定	填土碾压 拖式双筒羊足	m3	0.018 * 1000	☑
21	010401001001	项	砖基础	m3	28.3224	☑
22	01040001	定	砖基础	m3	2.8322 * 10	☑

图 4.3.3　导入所选图形算量文件

4.3.2　工程量清单项的整理、输入及补充

1. 清单项的整理

点击工具栏“整理清单”，选择“分部整理”，或者在左侧“我收藏的常用功能”中选择

“分部整理”，如图 4.3.4 所示，均可弹出如图 4.3.5 所示对话框，选择按专业、章、节整理，单击“确定”，软件自动将各清单项目分类并加标题，或者按照工程顺序自动编写分部名称，完成清单项的整理。

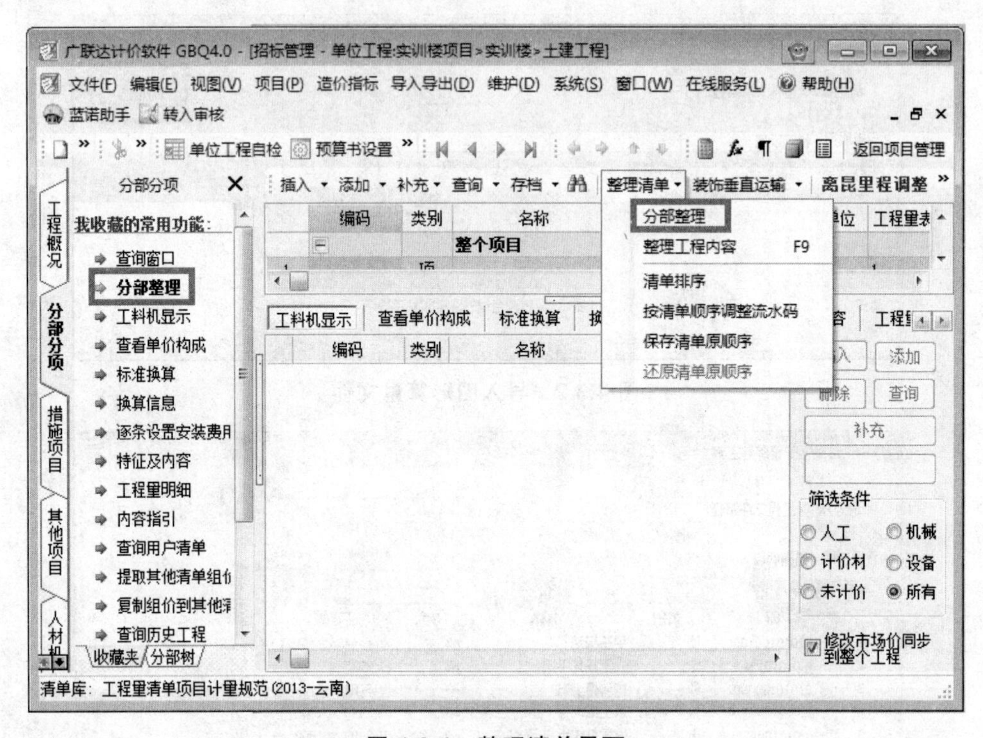

图 4.3.4 整理清单界面

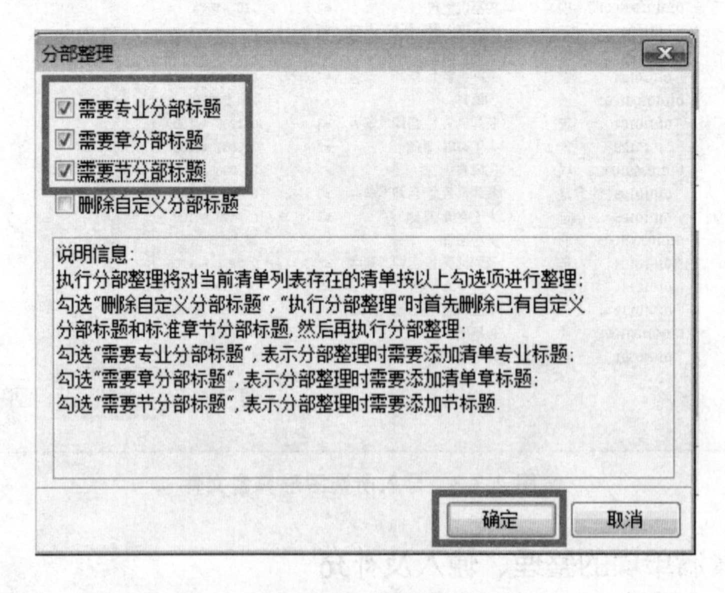

图 4.3.5 分部整理

按提供案例整理后的界面如图 4.3.6 所示。

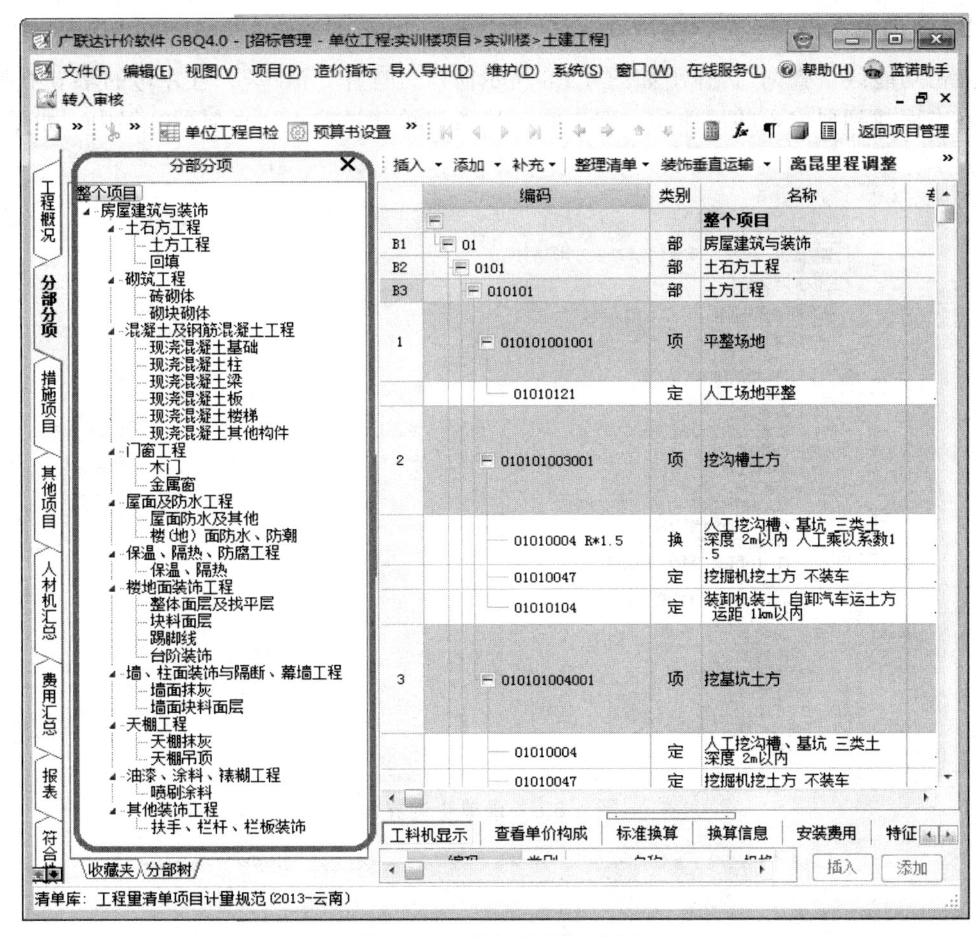

图 4.3.6 分部整理完成图

2. 清单项的输入

清单项输入有直接输入法和查询输入法两种方法。

1）直接输入

在分部分项页面中，在编码列直接输入完整的清单编码，例如，010101001002 ，完成一条清单项的输入。依据清单规范，清单编码后 3 位为顺序码，因此，软件中输入清单编码时，只要输入前九位即可，例如，010101001，软件可以自动加上后 3 位编码，如图 4.3.7 所示。

插入 ▾ 添加 ▾ 补充 ▾ 查询 ▾ 存档 ▾ 整理清单 ▾ 超高降效 ▾ 装饰垂直运输 ▾ 安装费用 ▾ 单价构成 ▾ 离昆里程调整

	编码	类别	名称	专业	项目特征	单位	工程量表达式	含量
			整个项目					
B1	01	部	房屋建筑与装饰					
B2	0101	部	土石方工程					
B3	010101	部	土方工程					
1	010101001001	项	平整场地		1. 土壤类别:综合 2. 弃土运距:综合,场地内平衡 3. 取土运距:综合,场地内平衡	m2	268.6425	
	01010121	定	人工场地平整	土		100m2	420.25	0.0156
2	010101001002	项	平整场地			m2	1	

图 4.3.7 直接输入清单编码

2）查询输入

点击功能区“查询”，弹出如图 4.3.8 所示窗口，选择“清单”，在左边的章节中选择章节，在右面找到要输入的清单项，双击它，这条清单就被输入到当前预算书中，如图 4.3.9 所示。

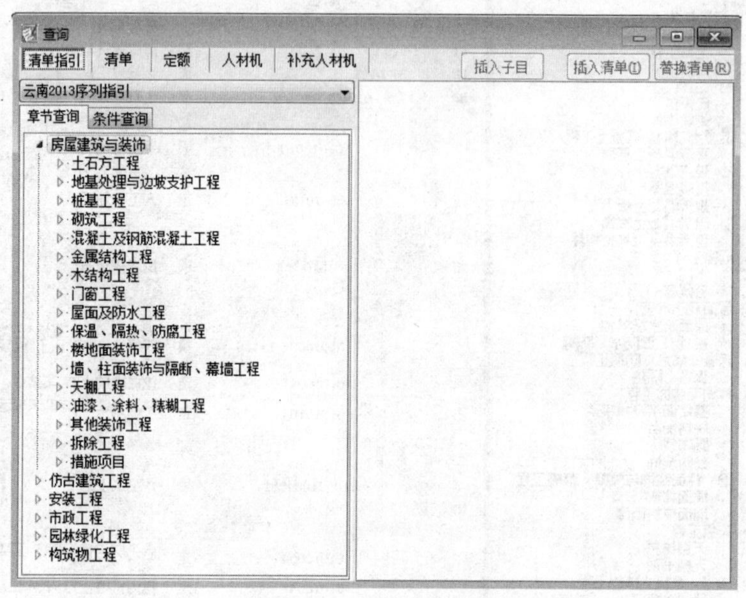

图 4.3.8　清单查询界面

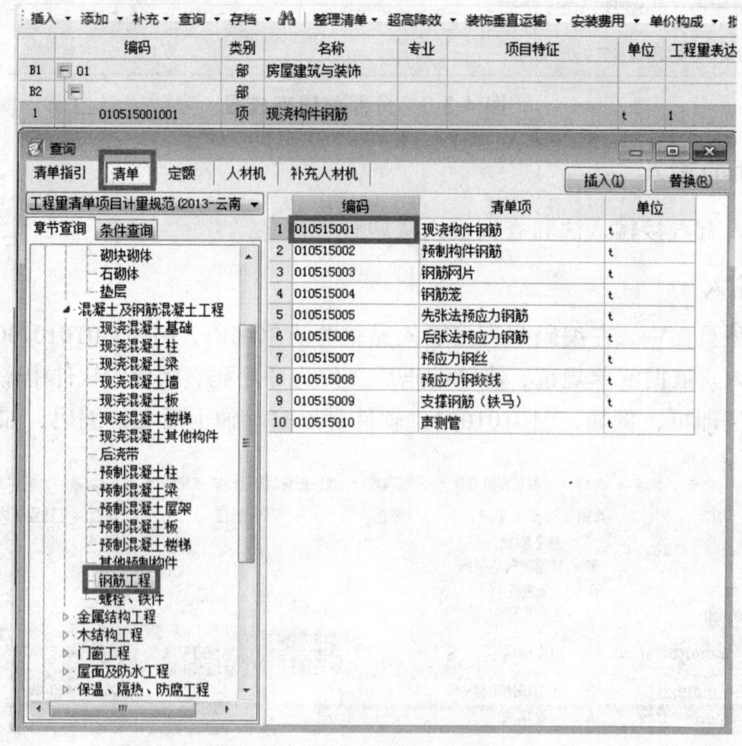

图 4.3.9　清单编码查询输入

例如，实训楼工程的清单项目除了图形软件文件导入的以外，还需要输入的清单项目主要还有以下（仅供参考）等，如钢筋工程的清单项，如图 4.3.10 所示。

插入 · 添加 · 补充 · 查询 · 存档 · | 整理清单 · 超高降效 · 装饰垂直运输 · 安装费用 · | 离昆里程调整

	编码	类别	名称	专业	项目特征	单位	工程量表达式
18	010515001001	项	砌体加筋		1. 钢筋种类、规格：砌体加固钢筋，Φ6 2. 钢筋接头要求：满足设计及相关规范要求	t	1.458
	01050356	定	砖砌体加固钢筋	土		t	QDL
	01010007	未计	Ⅰ级钢筋			t	
19	010515001002	项	现浇构件钢筋		1. 钢筋种类、规格：ф10内 2. 钢筋接头要求：满足设计及相关规范要求	t	8.236
	01050352	定	现浇构件 圆钢 ф10内	土		t	QDL
	01010007	未计	Ⅰ级钢筋			t	
20	010515001003	项	现浇构件钢筋		1. 钢筋种类、规格：ф10外 2. 钢筋接头要求：满足设计及相关规范要求	t	5.102
	01050353	定	现浇构件 圆钢 ф10外	土		t	QDL
	01010009	未计	Ⅰ级钢筋			t	
21	010515001004	项	现浇构件钢筋		1. 钢筋种类、规格：ф12 2. 钢筋接头要求：满足设计及相关规范要求	t	0.115
	01050355	定	现浇构件 带肋钢 ф10外	土		t	QDL
	01010030@1	未计	二级螺纹钢			t	
22	010515001007	项	现浇构件钢筋		1. 钢筋种类、规格：ф10以内 2. 钢筋接头要求：满足设计及相关规范要求	t	7.125
	01050354	定	现浇构件 带肋钢 ф10内	土		t	QDL
	01010029	未计	Ⅲ级螺纹钢			t	
23	010515001006	项	现浇构件钢筋		1. 钢筋种类、规格：ф12,14 2. 钢筋接头要求：满足设计及相关规范要求	t	2.202
	01050355	定	现浇构件 带肋钢 ф10外	土		t	QDL
	01010030@3	未计	Ⅲ级螺纹钢			t	
24	010515001008	项	现浇构件钢筋		1. 钢筋种类、规格：ф16,18 2. 钢筋接头要求：满足设计及相关规范要求	t	4.274
25	010515001009	项	现浇构件钢筋		1. 钢筋种类、规格：ф20,22	t	8.272

图 4.3.10　钢筋工程的清单项

3. 清单项的补充

当要输入的清单不是标准清单，可以手动补充清单，方法是：先找到合适的分部或子分部添加，点击工具栏“补充”按钮，在展开的下拉选项中，选择“清单”，或者直接输入要补充的清单编码，例如 01B001，如图 4.3.11 所示。输入项目名称、单位、项目特征、工作内容、计算规则等信息后，点击确定，如图 4.3.12 所示。

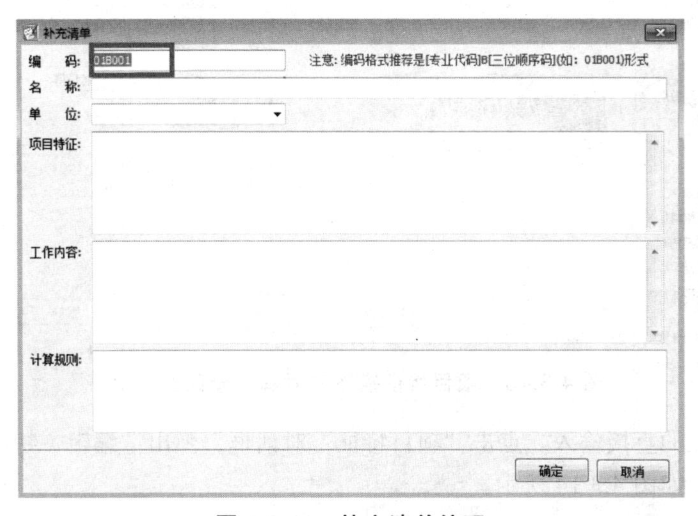

图 4.3.11　补充清单编码

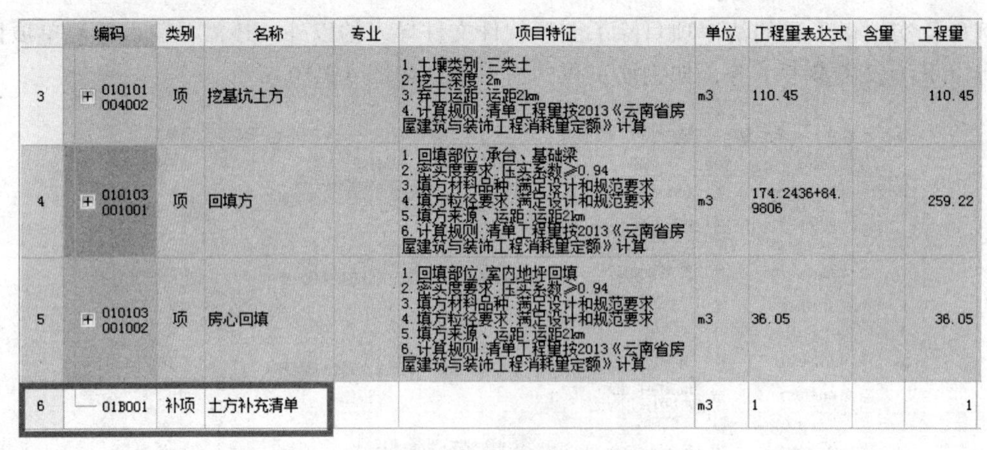

	编码	类别	名称	专业	项目特征	单位	工程量表达式	含量	工程量
3	010101004002	项	挖基坑土方		1. 土壤类别:三类土 2. 挖土深度:2m 3. 弃土运距:运距2km 4. 计算规则:清单工程量按2013《云南省房屋建筑与装饰工程消耗量定额》计算	m3	110.45		110.45
4	010103001001	项	回填方		1. 回填部位:承台、基础梁 2. 密实度要求:压实系数≥0.94 3. 填方材料品种:满足设计和规范要求 4. 填方粒径要求:满足设计和规范要求 5. 填方来源、运距:运距2km 6. 计算规则:清单工程量按2013《云南省房屋建筑与装饰工程消耗量定额》计算	m3	174.2436+84.9806		259.22
5	010103001002	项	房心回填		1. 回填部位:室内地坪回填 2. 密实度要求:压实系数≥0.94 3. 填方材料品种:满足设计和规范要求 4. 填方粒径要求:满足设计和规范要求 5. 填方来源、运距:运距2km 6. 计算规则:清单工程量按2013《云南省房屋建筑与装饰工程消耗量定额》计算	m3	36.05		36.05
6	01B001	补项	土方补充清单			m3	1		1

图 4.3.12 补充清单项

4.3.3 项目特征的描述

工程量清单项目特征描述主要有以下 3 种情况：

（1）从图形算量文件中导入的工程中已包含项目特征描述的并且不需要修改和完善的，不用再进行描述。

（2）项目特征描述的完善。分部分项页面的属性窗口中，点击“特征及内容”，或者在左侧“我收藏的常用功能”中点击“特征及内容”，进行特征及特征值的添加、修改及删除，完善项目特征，如图 4.3.13 所示。

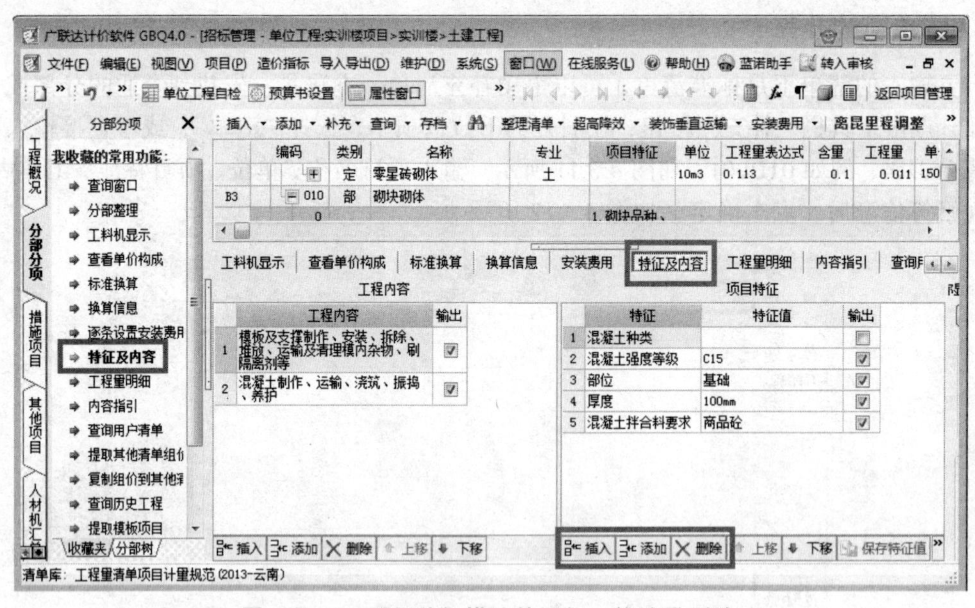

图 4.3.13 项目特征描述的添加、修改及删除

（3）项目特征的直接输入。点击“项目特征”对话框，弹出“编辑（特征）”对话框，直接输入项目特征，如图 4.3.14 所示。

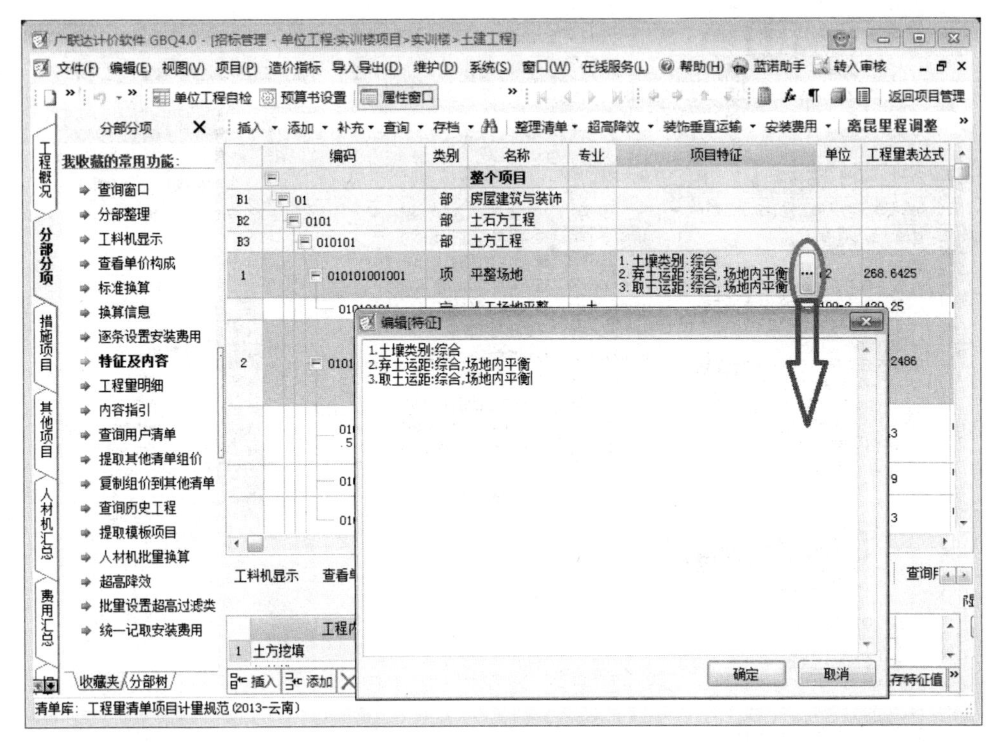

图 4.3.14 项目特征的直接输入

添加特征及内容相同的也可用复制粘贴直接填写。

4.3.4 定额项的输入与换算

1. 定额项的输入

定额项输入常用的方法有直接输入法和查询输入法。

1）直接输入

在分部分项页面中，在编码列直接输入完整的定额编码，例如 01050001，完成一条定额项的输入。

2）查询输入

点击功能区“查询”，在弹出的窗口中，选择“定额”，在左边的章节中选择章节，找到要输入的定额项，双击它，这条定额就被输入到当前预算书中，如要查询输入现浇构件钢筋制造、安装（如圆钢 Φ10 内）的定额项，其操作如图 4.3.15 所示。

2. 定额的换算

按照工程实际情况和定额说明，对定额子目进行换算。定额换算的方法常用的有标准换算、直接输入换算、批量换算。

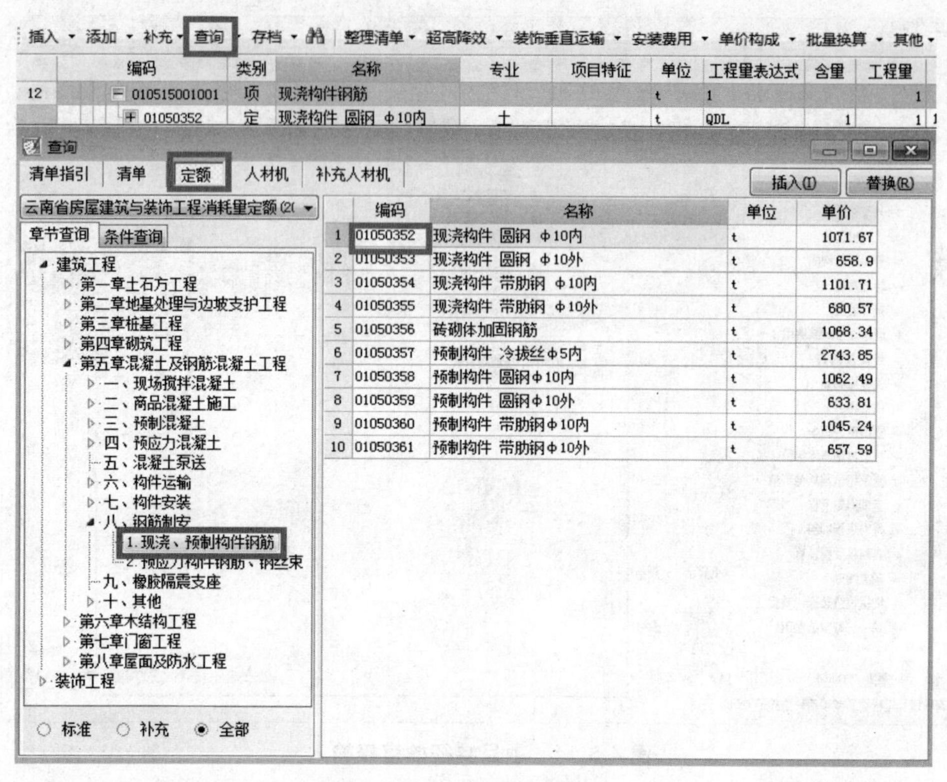

图 4.3.15　定额项的输入

1）标准换算

即按定额说明进行换算，根据定额的章节说明及附注信息，只要进行简单操作，软件会自动完成量、价的替换，同时子目的类别由“定”改为“换”以示区别。

选择需要换算的定额子目，点击功能区“标准换算”，属性窗口中就显示当前子目支持的所有标准换算，把需要进行的换算打钩即可。

（1）人、材、机系数的换算。

对于人、材、机系数均相同的换算，直接在定额编码列编码后面乘以系数即可；对于只是调整人、材、机其中某一项的系数，则在空一格后输入“r”或“c、j”（人、材、机）乘以系数；若人、材、机均要调整且调整系数不一致的，则人、材、机分别乘以系数后分别用逗号分开。

例如，工程中使用机械挖土时还需要人工辅助挖土，则人工挖土方定额子目中，人工乘以系数 1.5，其操作过程如图 4.3.16 所示。

在图 4.3.16 中，换算窗口中的其他选项的应用：

① 清除原有换算：选择此选项时，如果当前子目已经做过其他换算，则先清除原有换算再执行当前换算；

② 在原有换算上叠加：选择此选项时，如果当前子目已经做过其他换算，则保留原有换算，在原有换算基础上叠加当前换算；

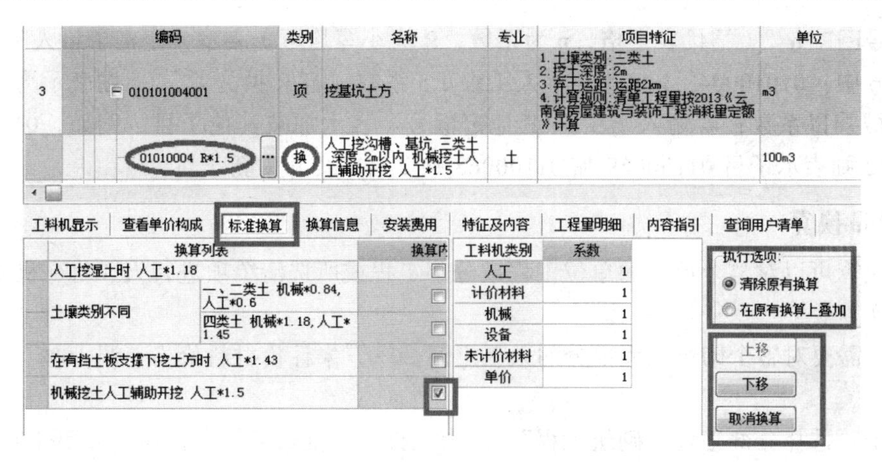

图 4.3.16 定额系数的换算

③ 上移、下移：调整换算的次序，有时候，某些换算的先后次序的换算结果是不相同的，因此，要想得到准确的结果，就应该正确地调整换算的次序。

④ 取消换算：取消当前子目的所有换算。

（2）混凝土、砂浆等级标号的换算。

对于有配合比的子目，如有需要换算的混凝土强度等级或砂浆标号的定额子目，在功能区“标准换算”界面下选择相应的混凝土强度等级或砂浆标号即可。例如，需要把定额子目 01050093 中基础梁的混凝土等级由原来的 C20 换算为 C30，其操作过程如图 4.3.17 所示。

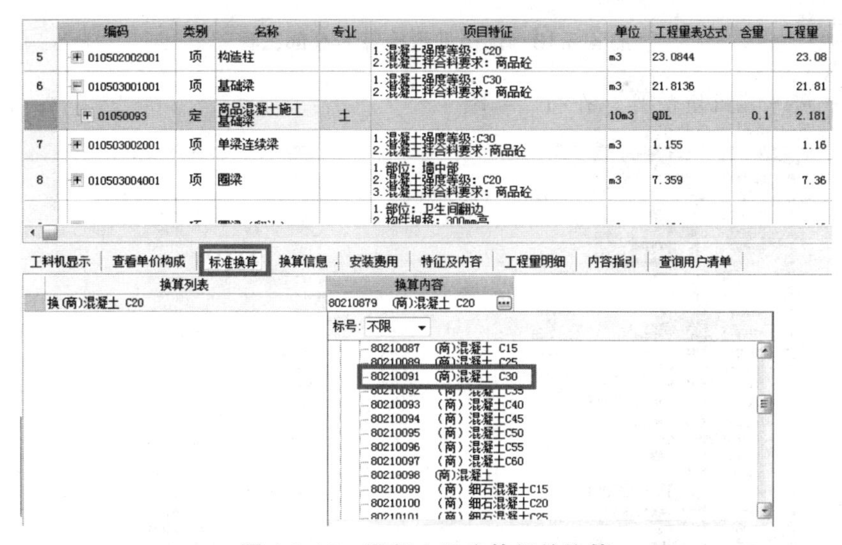

图 4.3.17 混凝土强度等级的换算

（3）材料不同的换算。

在属性窗口点人、材、机显示，在要替换的材料列点（...）按钮，在查询框找到要替换的材料点“替换”即可。

2）直接输入换算

直接输入定额子目时，可以在定额号的后面跟上一个或多个换算信息来进行换算。若输入“定额号□R*n ”（□代表空格，n 为系数，R 大小写均可）表示：定额子目人工 × 系数。如图 4.3.16 中：01010004□R*1.5 表示人工乘 1.5 系数。若 R 换为 C、J，则表示为定额子目材料、机械乘以系数；若输入“ + / – 其他定额号”表示加减其他子目，例如，01100059 + 01100063*2 则表示子目 01100059 加 01100063 乘 2 倍，合并为新子目。

3）批量换算

批量换算可以对整个项目的单位工程或分部工程或所选清单项进行人、材、机系数或价格的批量换算。

例如，需要对整个砌筑工程部分的人工上调 20%，未计价材料价格上调 10%，其操作步骤如下：

第 1 步：选择分部工程“砌筑工程”，点击工具栏“批量换算”按钮，如图 4.3.18 所示。

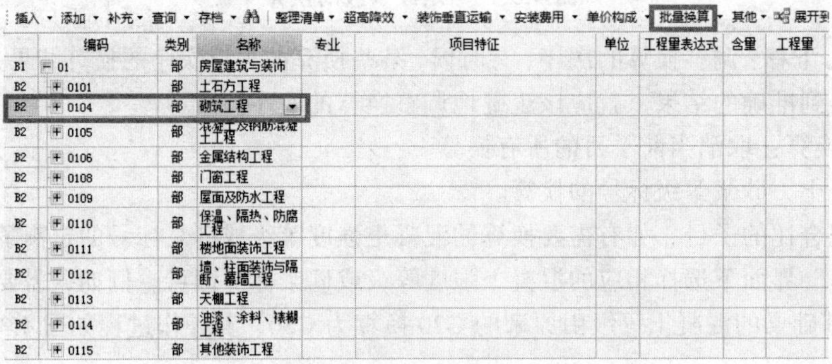

插入 · 添加 · 补充 · 查询 · 存档 · 整理清单 · 超高降效 · 装饰垂直运输 · 安装费用 · 单价构成 · 批量换算 · 其他 · 展开到

	编码	类别	名称	专业	项目特征	单位	工程量表达式	含量	工程量
B1	− 01	部	房屋建筑与装饰						
B2	+ 0101	部	土石方工程						
B2	+ 0104	部	砌筑工程						
B2	+ 0105	部	混凝土及钢筋混凝土工程						
B2	+ 0106	部	金属结构工程						
B2	+ 0108	部	门窗工程						
B2	+ 0109	部	屋面及防水工程						
B2	+ 0110	部	保温、隔热、防腐工程						
B2	+ 0111	部	楼地面装饰工程						
B2	+ 0112	部	墙、柱面装饰与隔断、幕墙工程						
B2	+ 0113	部	天棚工程						
B2	+ 0114	部	油漆、涂料、裱糊工程						
B2	+ 0115	部	其他装饰工程						

图 4.3.18　选择批量换算的分部工程

第 2 步：进入“批量换算”界面，如图 4.3.19 所示。

批量换算

替换人材机　删除人材机　恢复

	编码	类别	名称	规格型号	单位	调整系数前数量	调整系数后数量	预算价	市场价	供货方式	是否暂估
1	40010061	人	人工费		元	16632.9571	16632.9571	1	1	自行采购	
2	34110019	计价材	水		m3	25.9841	25.9841	5.6	5.6	自行采购	☐
3	− 99050072	机	灰浆搅拌机	200L	台班	5.2248	5.2248	86.9	87.07	自行采购	
4	99460187	机	折旧费及检修费等		元	73.9832	73.9832	1	1	自行采购	
5	40010023	机	人工费		元	347.1357	347.1357	1	1	自行采购	
6	34110004	机	电		kWh	44.9855	44.9855	0.73	0.75	自行采购	
7	04150040	未计价	标准砖	240*115*53(mm)	千块	4.8804	4.8804	370	370	自行采购	☐
8	− 80214801	未计价材	水泥砂浆(细砂) M5.0 P.S 32.5(未计价)		m3	7.0517	7.0517	182.96	182.96	自行采购	☐
9	04030003	未计价	矿碴硅酸盐水泥	P.S 32.5	t	1.6642	1.6642	350	350	自行采购	☐
10	04050028	未计价	细砂		m3	8.6736	8.6736	80	80	自行采购	☐
11	34110019	未计价	水		m3	2.4681	2.4681	5.6	5.6	自行采购	☐
12	− 80214810	未计价材	混合砂浆(细砂) M5.0 P.S 32.5(未计价)		m3	16.9085	16.9085	1041.94	1041.94	自行采购	☐
13	04030003	未计价	矿碴硅酸盐水泥	P.S 32.5	t	4.1426	4.1426	350	350	自行采购	☐
14	04050028	未计价	细砂		m3	20.7975	20.7975	80	80	自行采购	☐
15	04090025	未计价	石灰膏		kg	1809.2095	1809.2095	8	8	自行采购	☐
16	34110019	未计价	水		m3	5.4107	5.4107	5.6	5.6	自行采购	☐
17	− 80214811	未计价材	混合砂浆(细砂) M7.5 P.S 32.5(未计价)		m3	7.398	7.398	805.25	805.25	自行采购	☐
18	04030003	未计价	矿碴硅酸盐水泥	P.S 32.5	t	2.0492	2.0492	350	350	自行采购	☐
19	04050028	未计价	细砂		m3	9.0995	9.0995	80	80	自行采购	☐
20	04090025	未计价	石灰膏		kg	562.248	562.248	8	8	自行采购	☐
21	34110019	未计价	水		m3	2.5153	2.5153	5.6	5.6	自行采购	☐
22	0415003202	未计价	蒸压加气混凝土砌块	600*100*250	m3	2.7224	2.7224	260	260	自行采购	☐
23	0415004001	未计价	MU15混凝土普通砖	240*115*53(mm)	千块	14.8397	14.8397	370	370	自行采购	☐
24	0413000501	未计价	MU10混凝土多孔砖	190*190*90	千块	20.9838	20.9838	826.15	826.15	自行采购	☐
25	0415003201	未计价	加气混凝土砌块	600*200*250	m3	89.8787	89.8787	250	250	自行采购	☐

设置工料机系数

人工：1　计价材 1　机械：1　设备：1　未计价材 1　单价：1　高级

确定　取消

图 4.3.19　批量换算界面

第 3 步：在“批量换算”界面，进行系数的调整，结果如图 4.3.20 所示。

批量换算

替换人材机　删除人材机　恢复

	编码	类别	名称	规格型号	单位	调整系数前数量	调整系数后数量	预算价	市场价	供货方式	是否暂估
1	40010061	人	人工费		元	16632.9571	19959.5485	1	1	自行采购	
2	34110019	计价材	水		m3	25.9841	25.9841	5.6	5.6	自行采购	☐
3	99050072	机	灰浆搅拌机	200L	台班	5.2248	5.2248	86.9	87.07	自行采购	
4	99460187	机	折旧费及检修费等		元	73.9832	73.9832	1	1	自行采购	
5	40010023	机	人工费		元	347.1357	347.1357	1	1	自行采购	
6	34110004	机	电		kWh	44.9855	44.9855	0.73	0.75	自行采购	
7	04150040	未计价材	标准砖	240*115*53(mm)	千块	4.8804	5.3684	370	370	自行采购	☐
8	80214801	未计价材	水泥砂浆(细砂) M5.0 P.S 32.5(未计价)		m3	7.0517	7.7569	182.96	182.96	自行采购	☐
9	04030003	未计价材	矿碴硅酸盐水泥	P.S 32.5	t	1.6642	1.8306	350	350	自行采购	☐
10	04050028	未计价	细砂		m3	8.6736	9.541	80	80	自行采购	☐
11	34110019	未计价	水		m3	2.4681	2.7149	5.6	5.6	自行采购	☐
12	80214810	未计价材	混合砂浆(细砂) M5.0 P.S 32.5(未计价)		m3	16.9085	18.5994	1041.94	1041.94	自行采购	☐
13	04030003	未计价材	矿碴硅酸盐水泥	P.S 32.5	t	4.1426	4.5569	350	350	自行采购	☐
14	04050028	未计价	细砂		m3	20.7975	22.8773	80	80	自行采购	☐
15	04090025	未计价	石灰膏		kg	1809.2095	1990.1358	8	8	自行采购	☐
16	34110019	未计价	水		m3	5.4107	5.9518	5.6	5.6	自行采购	☐
17	80214811	未计价材	混合砂浆(细砂) M7.5 P.S 32.5(未计价)		m3	7.398	8.1378	805.25	805.25	自行采购	☐
18	04030003	未计价材	矿碴硅酸盐水泥	P.S 32.5	t	2.0492	2.2542	350	350	自行采购	☐
19	04050028	未计价	细砂		m3	9.0995	10.0095	80	80	自行采购	☐
20	04090025	未计价	石灰膏		kg	562.248	618.4728	8	8	自行采购	☐
21	34110019	未计价	水		m3	2.5153	2.7669	5.6	5.6	自行采购	☐
22	04150032@2	未计价材	蒸压加气混凝土砌块	600*100*250	m3	2.7224	2.9946	260	260	自行采购	☐
23	04150040@1	未计价材	MU15混凝土普通砖	240*115*53(mm)	千块	14.8397	16.3237	370	370	自行采购	☐
24	04130005@1	未计价材	MU10混凝土多孔砖	190*190*90	千块	20.9838	23.0822	826.15	826.15	自行采购	☐
25	04150032@1	未计价材	加气混凝土砌块	600*200*250	m3	89.8787	98.8666	250	250	自行采购	☐

设置工料机系数

人工：1.2　计价材：1　机械：1　设备：1　未计价材：1.1　单价：1　高级…

确定　取消

图 4.3.20　批量换算系数的调整

4）取消换算

对已经换算的子目如果想取消换算，可以点击鼠标右键，在右键菜单中选择“取消换算”，如图 4.3.21 所示。

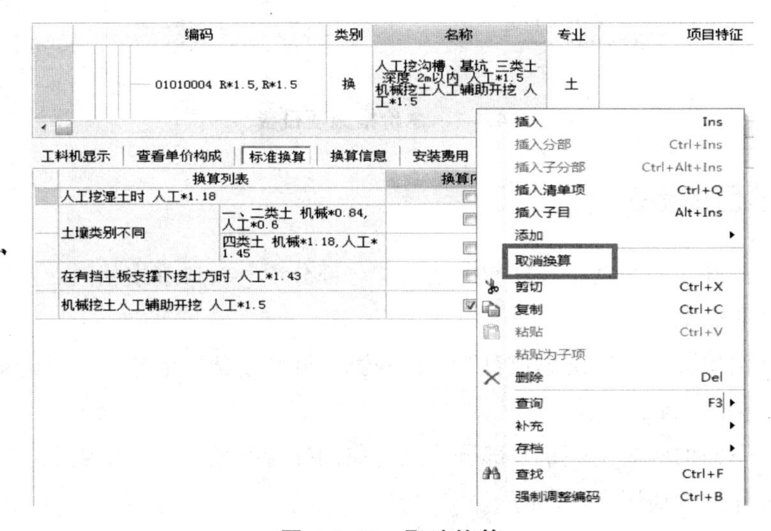

图 4.3.21　取消换算

4.4 措施项目清单编制

措施项目费用包括总价措施费和单价措施费。总价措施费是指对不可以计算工程量的措施项目，采用总价的方式，以“项”为计量单位计算的措施项目费用，其中已综合考虑了管理费和利润。按照《云南省建设工程造价计价规则及机械仪器仪表台班费用定额》，总价项目措施费包括：安全文明施工费；冬、雨季施工增加费，生产工具用具使用费，工程定位复测，工程点交、场地清理费；特殊地区施工增加费。单价项目措施费是指对能计算工程量的措施项目，采用单价方式计算的措施项目费，如模板费、脚手架费用等。

4.4.1 总价项目措施费

将软件窗口切换到“措施项目”，根据施工组织设计对不可计量的总价措施进行编制。一般情况下总价措施费由软件根据内置的计价规则自动生成，如图 4.4.1 所示。

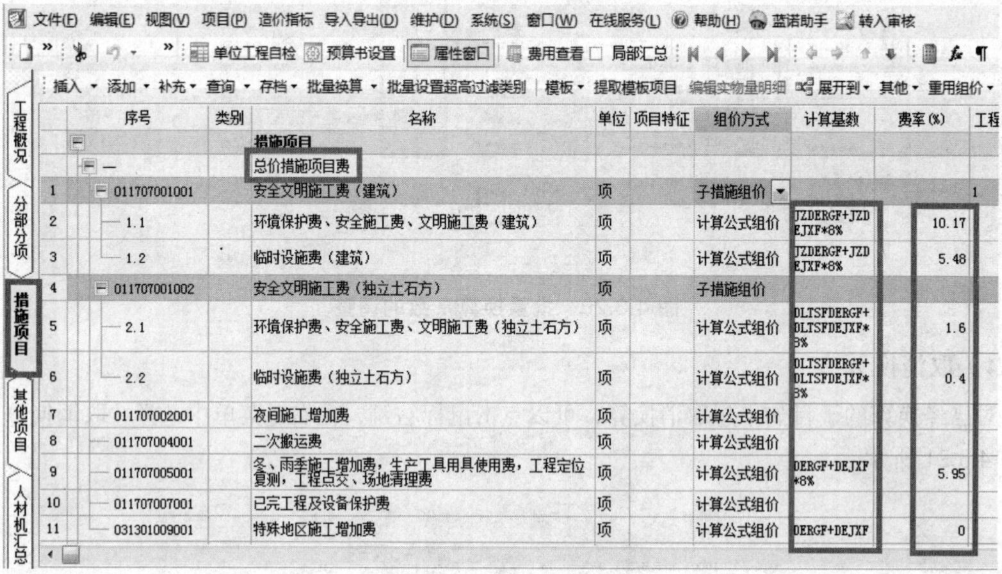

文件(F) 编辑(E) 视图(V) 项目(P) 造价指标 导入导出(D) 维护(D) 系统(S) 窗口(W) 在线服务(L) 帮助(H) 蓝诺助手 转入审核

单位工程自检 预算书设置 属性窗口 费用查看 局部汇总

插入 添加 补充 查询 存档 批量换算 批量设置超高过滤类别 模板 提取模板项目 编辑实物量明细 展开到 其他 重用组价

工程概况 分部分项 措施项目 其他项目 人材机汇总

	序号	类别	名称	单位	项目特征	组价方式	计算基数	费率(%)	工程
			措施项目						
	—		总价措施项目费						
1	011707001001		安全文明施工费（建筑）	项		子措施组价			1
2	1.1		环境保护费、安全施工费、文明施工费（建筑）	项		计算公式组价	JZDERGF+JZDEJXF*8%	10.17	
3	1.2		临时设施费（建筑）	项		计算公式组价	JZDERGF+JZDEJXF*8%	5.48	
4	011707001002		安全文明施工费（独立土石方）	项		子措施组价			
5	2.1		环境保护费、安全施工费、文明施工费（独立土石方）	项		计算公式组价	DLTSFDERGF+DLTSFDEJXF*8%	1.6	
6	2.2		临时设施费（独立土石方）	项		计算公式组价	DLTSFDERGF+DLTSFDEJXF*8%	0.4	
7	011707002001		夜间施工增加费	项		计算公式组价			
8	011707004001		二次搬运费	项		计算公式组价			
9	011707005001		冬、雨季施工增加费，生产工具用具使用费，工程定位复测，工程点交、场地清理费	项		计算公式组价	DERGF+DEJXF*8%	5.95	
10	011707007001		已完工程及设备保护费	项		计算公式组价			
11	031301009001		特殊地区施工增加费	项		计算公式组价	DERGF+DEJXF	0	

图 4.4.1 总价措施项目费

4.4.2 单价项目措施费

软件中单价措施费的编制，其操作方法与“分部分项”窗口基本相同。例如，对于外脚手架的计算操作步骤如下：

第 1 步：在清单标签下的清单项目章节区找到“外脚手架”清单项，双击录入到“单价措施”窗口中，如图 4.4.2 所示。

第 2 步：在下面的匹配定额章节部分找到对应的外脚手架定额项，双击录入到“单价措施”窗口中。操作方法如图 4.4.3 所示。

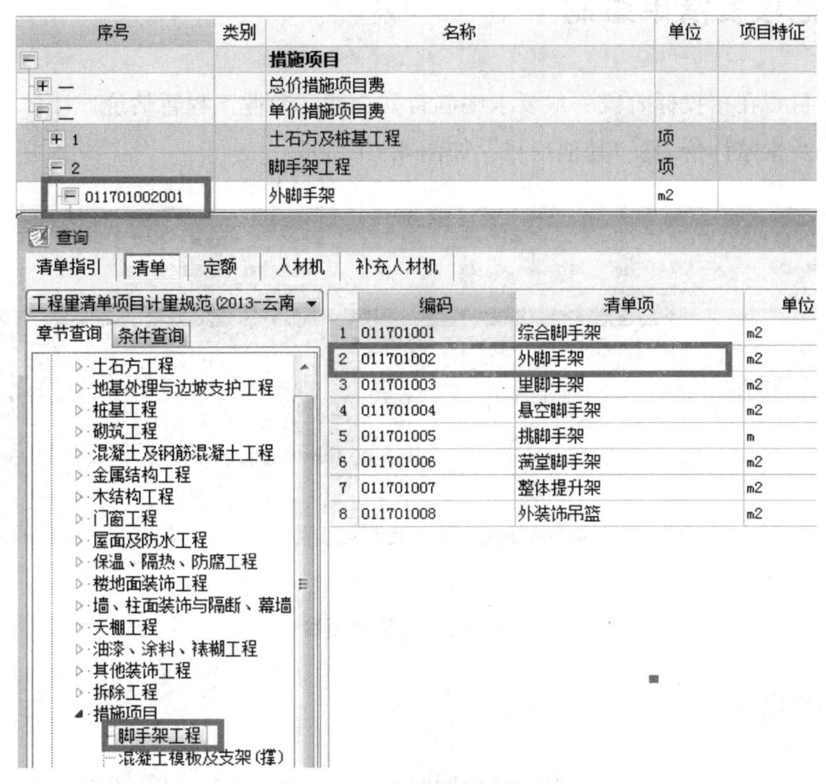

图 4.4.2 单价措施项目费

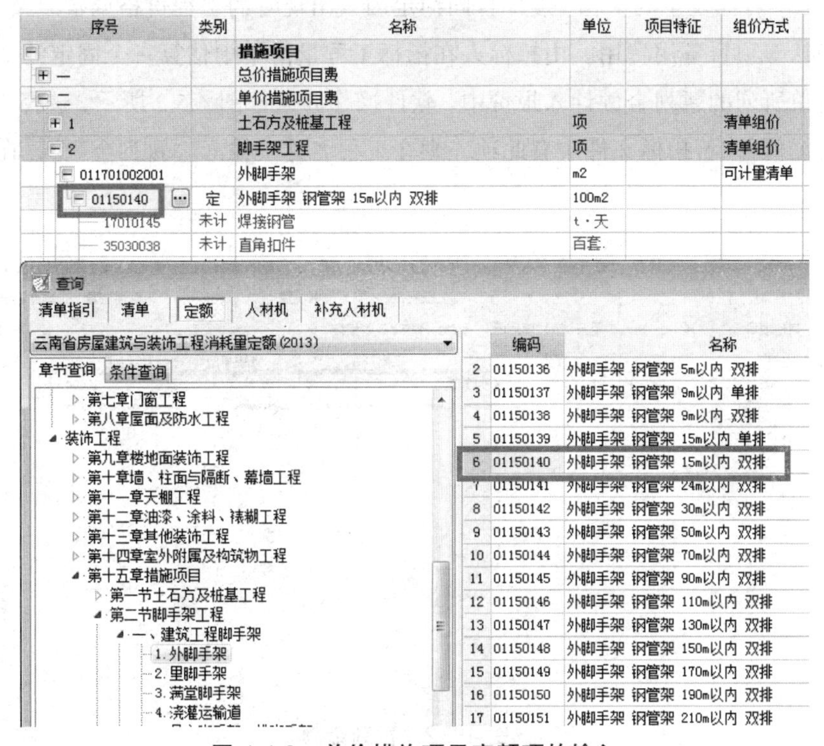

图 4.4.3 单价措施项目定额项的输入

4.5　其他项目清单编制

其他项目费在招投标阶段一般要求编制暂列金额、专业工程暂估价、计日工、总承包服务费、签证及索赔计价表。“其他项目”如图 4.5.1 所示。

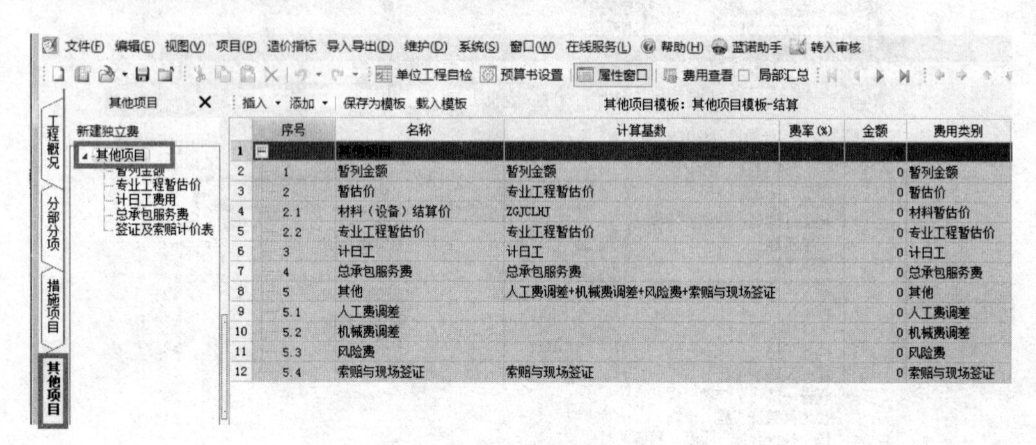

图 4.5.1　其他项目

4.5.1　暂列金额

暂列金额是指招标人和中标人签订合同时对于尚未确定或不可预见的材料、设备、服务的采购，施工中可能发生的工程变更、合同约定因素出现时的工程价格调整以及发生的索赔、现场签证确认等项目备用费用。由招标人在招标工程量清单中估算一个固定的金额，投标人按工程量清单所列的暂列金额计入报价中。软件操作界面如图 4.5.2 所示，选择“其他项目”，单击“暂列金额”，若招标文件中有此项，则在工程名称中输入“暂列金额”，在金额中输入具体数额。

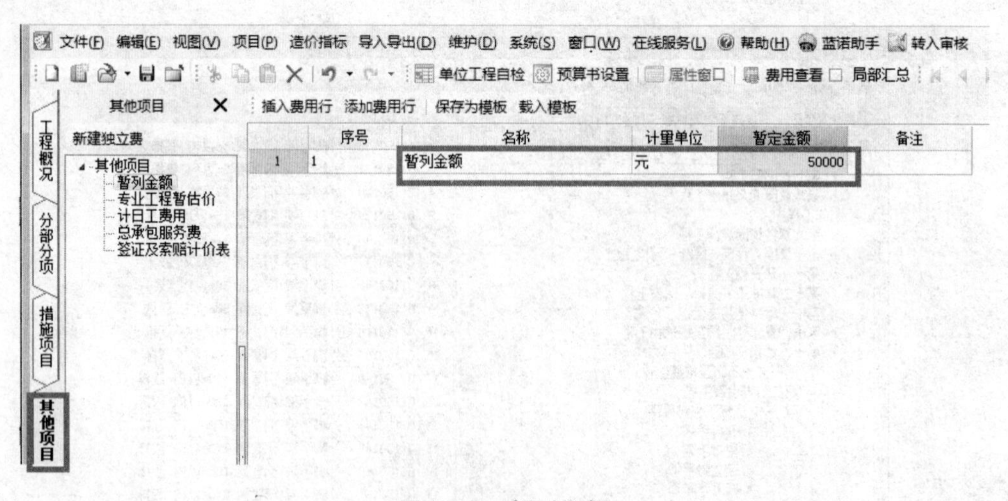

图 4.5.2　暂列金额

4.5.2　专业工程暂估价

专业工程暂估价是指在招标人和中标人签订合同时，已经确定的专业主材、工程设备或专业工程项目，但又无法确定准确价格而可能影响招标效果的，可由招标人在工程量清单中估算一个暂估价，投标人在报价时将材料（设备）暂估价计入综合单价，将专业工程暂估价直接计入投标报价的其他项目费中。软件操作界面如图 4.5.3 所示，选择“其他项目”，单击“专业工程暂估价”，若招标文件中有此项，则在工程名称中输入“专业工程暂估价”，在金额中输入具体数额。

图 4.5.3　专业工程暂估价界面

4.5.3　计日工

计日工是在施工过程中，施工单位完成发包人提出的施工图以外的零星项目或工作，按合同约定的综合单价计价，在计日工费用编辑界面要填写序号、名称、单位、数量、单价软件自动生成合价。计日工分为计日工人工、计日工材料与计日工机械 3 大类，计日工软件操作界面如图 4.5.4 所示。

	序号	名称	单位	数量	单价	合价	综合单价	综合合价	取费文件	备注
1	[illegible]									
2	一	人工						1836	人工模板	
3	1	钢筋工	工日	5	80	400	122.4	612	人工模板	
4	2	砖工	工日	5	80	400	122.4	612	人工模板	
5	3	木工	工日	5	80	400	122.4	612	人工模板	
6	二	材料						0	材料模板	
7	1	山砂	m3			0	0	0	材料模板	
8	2	水泥	t			0	0	0	材料模板	
9	三	施工机械						0	机械模板	
10	1					0	0	0	机械模板	

图 4.5.4　计日工界面

4.5.4　总承包服务费

总承包服务费是指在工程建设施工阶段实行施工总承包时，当招标人在法律、法规允许的范围内对工程进行分包和自行采购供应部分设备、材料时，要求总承包人提供相关服务（如分包人使用总包人脚手架、水电接驳）和施工现场管理等所需的费用。总承包服务费具体要填写名称、项目价值、服务内容，如果是按费率取费还要填写费率，软件自动生成总承包服务费金额。软件操作界面如图 4.5.5 所示。

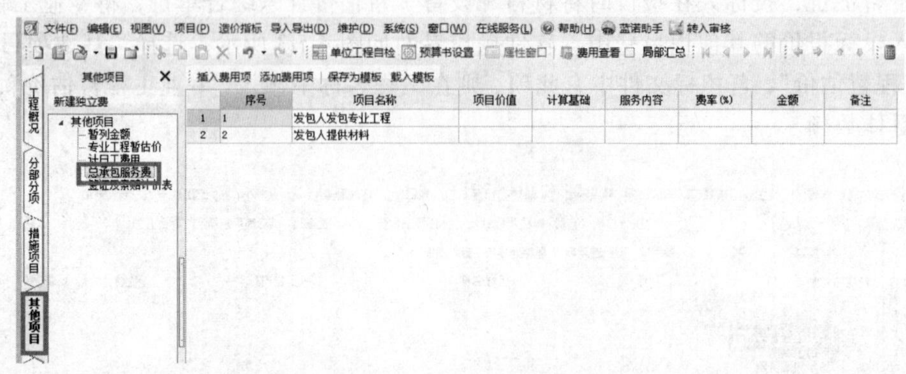

图 4.5.5　总承包服务费界面

4.6　人、材、机调整及汇总

4.6.1　直接修改市场价

在“人材机汇总”界面，选择需要修改市场价的人、材、机项，点击其市场价，输入实际市场价，软件自动汇总合价，并且以不同底色标注出修改过市场价的项。

以材料价格调整为例，其操作步骤如下：

第 1 步：在“人材机汇总”界面，按招标文件要求对材料（包括未计价材和计价材）“市场价”进行调整，如图 4.6.1 所示。

	编码	类别	名称	规格型号	单位	数量	预算价	市场价	价格来源	市场价合计	价差	价差合计
1	01010007	未计价	I级钢筋	HPB300 ϕ10以	t	9.8881	3800	3800		37574.78	0	0
2	01010009	计价材	I级钢筋	HPB300 ϕ10以	t	0.1368	4220	3800		519.84	-420	-57.46
3	01010009	未计价	I级钢筋	HPB300 ϕ10以	t	5.204	3800	3800		19775.2	0	0
4	01010029	未计价	III级螺纹钢	HRB400 ϕ10以	t	7.2675	3900	3900		28343.25	0	0
5	0101003@1	未计价	二级螺纹钢	⌀12	t	0.1173	4000	4000		469.2	0	0
6	0101003@3	未计价	III级螺纹钢	⌀12，14	t	2.246	3900	3900		8759.4	0	0
7	0101003@4	未计价	III级螺纹钢	⌀25	t	4.3421	3900	3900		16934.19	0	0
8	0101003@5	未计价	III级螺纹钢	⌀20,22	t	8.4374	3900	3900		32905.86	0	0
9	0101003@6	未计价	III级螺纹钢	⌀16,18	t	4.3595	3900	3900		17002.05	0	0
10	01010031	计价材	吊筋		kg	77.3865	4	3.8		294.07	-0.2	-15.48
11	01050015	计价材	钢丝绳	ϕ15	kg	0.005	8.2	8.2		0.04	0	0
12	01050058	计价材	钢丝绳	ϕ8.0	kg	8.1675	9.55	9.55		78	0	0
13	01090031	未计价	圆钢		t	0.2947	3800	3800		1119.86	0	0
14	01510009	未计价	铝合金靠墙条板		m	25.9467	8	8		207.57	0	0
15	01610014	计价材	镀锌铁丝	22#	kg	255.3832	6.55	6.55		1672.76	0	0
16	01610016	计价材	镀锌铁丝	8#~12#	kg	0.0498	5.64	5.64		0.28	0	0
17	01610020	计价材	镀锌铁丝	8#	kg	497.3282	5.8	5.8		2884.5	0	0
18	02190014	计价材	尼龙帽		个	473.3471	1.5	1.5		710.02	0	0
19	02270028	计价材	棉纱头		kg	15.6084	10.6	10.6		165.45	0	0
20	03010159	计价材	垫圈		个	140.541	0.32	0.32		44.97	0	0
21	03010410	计价材	镀锌水泥钢钉	4mm*65mm	kg	0.0132	9.2	9.2		0.12	0	0
22	03010468	计价材	钢套筒		个	80.8	14	14		1131.2	0	0
23	03010476	计价材	高强螺栓		kg	1.0318	17.8	17.8		18.37	0	0
24	03010802	计价材	卡箍膨胀螺栓	110	套	31.7016	8.5	8.5		269.46	0	0
25	03010928	计价材	螺母		个	281.082	0.17	0.17		47.78	0	0
26	03010946	计价材	螺栓(综合)		kg	14.1428	8.72	8.72		123.33	0	0
27	03011116	计价材	木螺丝		个	17.633	0.04	0.04		0.71	0	0
28	03011214	计价材	水泥钉		百只	183.309	8.1	8.1		1484.8	0	0

图 4.6.1　材料市场价调整

第 2 步：对于甲供材料，按招标文件要求，可在“供货方式”列选择“自行采购”“完全甲供”“部分甲供”“甲定乙供” 4 种方式，如图 4.6.2 所示。

	编码	类别	名称	规格型号	单位	数量	预算价	市场价	价格来源	市场价合计	价差	价差合计	供货方式
1	01010007	未计价	I 级钢筋	HPB300 Φ10以	t	9.8881	3800	3800		37574.78	0	0	自行采购
2	01010009	计价材	I 级钢筋	HPB300 Φ10以	t	0.1368	4220	3800		519.84	-420	-57.46	自行采购 ▼
3	01010009	未计价	I 级钢筋	HPB300 Φ10以	t	5.204	3800	3800		19775.2	0	0	自行采购
4	01010029	未计价	III级螺纹钢	HRB400 Φ10以	t	7.2675	3900	3900		28343.25	0	0	完全甲供
5	01010030@1	未计价	二级螺纹钢	Φ12	t	0.1173	4000	4000		469.2	0	0	部分甲供 甲定乙供
6	01010030@3	未计价	III级螺纹钢	Φ12，14	t	2.246	3900	3900		8759.4	0	0	自行采购
7	01010030@4	未计价	III级螺纹钢	Φ25	t	4.3421	3900	3900		16934.19	0	0	自行采购
8	01010030@5	未计价	III级螺纹钢	Φ20，22	t	8.4374	3900	3900		32905.86	0	0	自行采购

图 4.6.2 材料供货方式

第 3 步：对于暂估材料，按招标文件要求，可在“人材机汇总”界面中将暂估材料选中，如图 4.6.3 所示。

	编码	类别	名称	规格型号	单位	预算价	市场价	价格来源	市场价合计	价差	价差合计	供货方式	甲供数量	市场价锁定	输出标记	三材类别	三材系数	主要材料类别	产地	厂家	是否暂估
69	05250036	计价材	支撑方木		m3	1380	1380		4472.58	0	0	自行采购	0	☐	☑	木材	1	木材			☐
70	07030016@1	未计价材	全瓷墙面砖	100*200	m2	40	40		21735.53	0	0	自行采购	0	☑	☑		0				☑
71	07030018@1	未计价材	高级面砖	200*300	m2	45	45		12097.8	0	0	自行采购	0	☑	☑		0				☑
72	07050011@1	未计价材	防滑地砖	300*300	m2	48	48		4427.02	0	0	自行采购	0	☑	☑		0				☑
73	07050013@1	未计价材	高级地砖	500*500	m2	42	42		9011.66	0	0	自行采购	0	☑	☑		0				☑
74	07050013@2	未计价材	高级地砖	500*500	m2	42	42		17156.72	0	0	自行采购	0	☑	☑		0				☑
75	07050016@1	未计价材	深色地砖	400*100	m2	40	40		1628.33	0	0	自行采购	0	☑	☑		0				☑
76	09050012	未计价材	铝合金条板(100宽)	δ=0.6	m2	90	90		7036.84	0	0	自行采购	0	☐	☑		0				☐

图 4.6.3 暂估材料的选定

4.6.2 市场价锁定、存档及载入

1. 市场价锁定

按招标文件要求，有些材料价格是不能调整的，如甲供材料、暂估材料等，为了避免操作失误，可对修改后的材料价格进行“市场价锁定”，如图 4.6.4 所示。

	编码	类别	名称	规格型号	单位	预算价	市场价	价格来源	市场价合计	价差	价差合计	供货方式	甲供数量	市场价锁定	输出标记	三材类别	三材系数	主要材料类别	产地	厂家	是否暂估
69	05250036	计价材	支撑方木		m3	1380	1380		4472.58	0	0	自行采购	0	☐	☑	木材	1	木材			☐
70	07030016@1	未计价材	全瓷墙面砖	100*200	m2	40	40		21735.53	0	0	自行采购	0	☑	☑		0				☑
71	07030018@1	未计价材	高级面砖	200*300	m2	45	45		12097.8	0	0	自行采购	0	☑	☑		0				☑
72	07050011@1	未计价材	防滑地砖	300*300	m2	48	48		4427.02	0	0	自行采购	0	☑	☑		0				☑
73	07050013@1	未计价材	高级地砖	500*500	m2	42	42		9011.66	0	0	自行采购	0	☑	☑		0				☑
74	07050013@2	未计价材	高级地砖	500*500	m2	42	42		17156.72	0	0	自行采购	0	☑	☑		0				☑
75	07050016@1	未计价材	深色地砖	400*100	m2	40	40		1628.33	0	0	自行采购	0	☑	☑		0				☑
76	09050012	未计价材	铝合金条板(100宽)	δ=0.6	m2	90	90		7036.84	0	0	自行采购	0	☐	☑		0				☐

图 4.6.4 市场价锁定

2. 市场价存档

对同一建设项目的多个单项工程，其材料价格通常是一致的，在调整好一个单项工程的材料价后，可通过“市场价存档”将此材料价应用到其他项目。具体操作：点工具栏“市场价存档”按钮选“保存 Excel 市场价文件”，找到合适的位置，填写名称，点“保存”，如图 4.6.5 所示。下一次编制人、材、机汇总清单时可以调用。

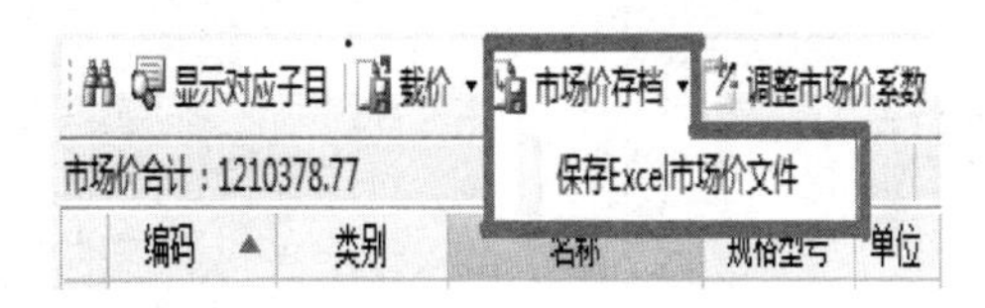

图 4.6.5 市场价存档

3. 载入市场价

在其他工程项目使用存档的市场价时，在“载入 Excel 市场价文件”窗口选择所需市场价文件，点击“确定”，软件将根据选择的市场价文件修改人、材、机汇总的人、材、机市场价，如图 4.6.6 所示。

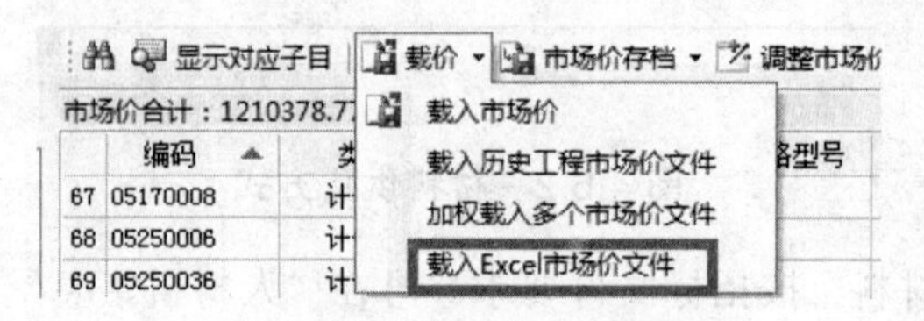

图 4.6.6　载入市场价

4.7　单位工程造价汇总

4.7.1　规费的计取

规费属于不可竞争性费用，在“费用汇总”界面，其费率按默认值计取，不用调整，如图 4.7.1 所示。查看“单位工程造价”汇总结果，如图 4.7.1 所示。

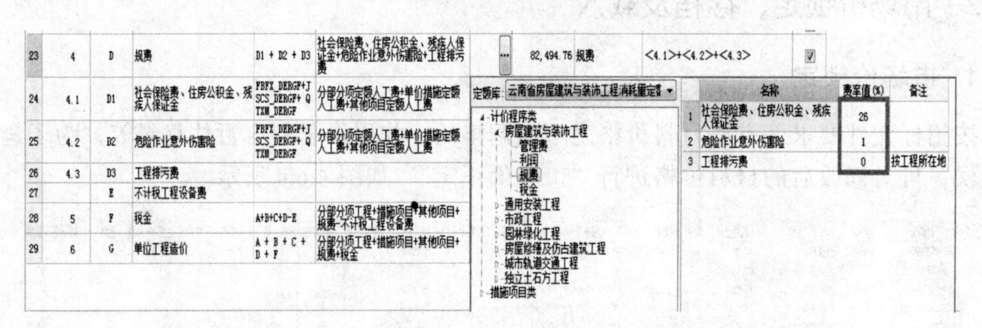

图 4.7.1　规费的计取

4.7.2　税金的计取

税金按工程所在地进行选择，如图 4.7.2 所示。

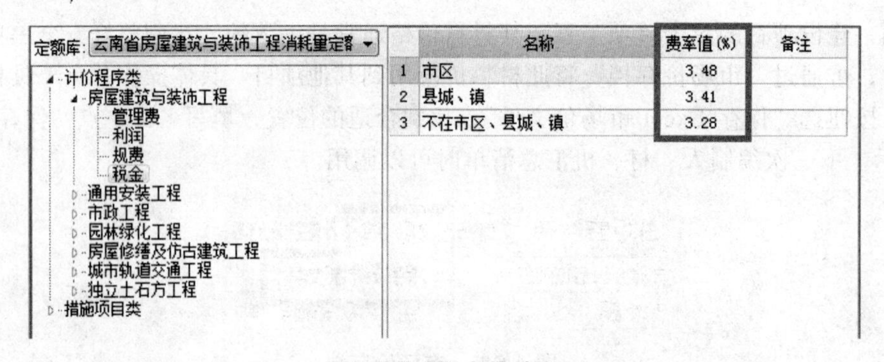

图 4.7.2　税金的计取

4.7.3　单位工程造价汇总

“单位工程造价”汇总结果，如图 4.7.3 所示。

工程概况
分部分项
措施项目
其他项目
人材机汇总
费用汇总
报表

费用汇总

我收藏的常用功能：
载入模板
保存为模板

	序号	费用代号	名称	计算基数	基数说明	费率（%）	金额	费用类别	备注	输出
1	1	A	分部分项工程	FBFXHJ	分部分项合计		1,314,479.74	分部分项合计	Σ（分部分项工程清单工程量*相应清单项目综合单价）	☑
2	1.1	A1	人工费	FBFX_DERGF	分部分项定额人工费		195,055.50		Σ（分部分项工程中定额人工费）	☑
3	1.2	A2	材料费	CLF+ZCF	分部分项计价材料费+分部分项未计价材料费		994,910.81			☑
4	1.3	A3	设备费	SBF	分部分项设备费		0.00			☑
5	1.4	A4	机械费	FBFX_DEJXF	分部分项定额机械费		20,290.87			☑
6	1.5	A5	管理费和利润	FBFX_GLF+FBFX_LR	分部分项管理费+分部分项利润		104,222.68			☑
7	2	B	措施项目	CSXMHJ	措施项目合计		410,709.47	措施项目费		☑
8	2.1	B1	单价措施项目	JSCSF	单价措施项目合计		368,225.87		Σ（单价措施项目清单工程量*清单综合单价）	☑
9	2.1.1	B11	人工费	JSCS_DERGF	单价措施定额人工费		129,780.47		Σ（单价措施项目中定额人工费）	☑
10	2.1.2	B12	材料费	JSCS_CLF+JSCS_ZCF+JSCS_SBF	单价措施项目计价材料费+单价措施项目未计价材料费+单价措施项目设备费		123,277.85			☑
11	2.1.3	B13	机械费	JSCS_DEJXF	单价措施定额机械费		47,652.02			☑
12	2.1.4	B14	管理费和利润	CSXM_GLF+CSXM_LR	措施项目管理费+措施项目利润		67,515.64			☑
13	2.2	B2	总价措施项目费	ZZCSF	总价措施项目合计		42,483.60		Σ（总价措施项目费）	☑
14	2.2.1	B21	安全文明施工费	AQWMSGF	安全及文明施工措施费		30,780.94	安全文明施工费		☑
15	2.2.1.	B211	临时设施费	LSSSF	临时设施费		10,778.25			☑
16	2.2.2	B22	其他总价措施项目费	ZZCSF-AQWMSGF	总价措施项目合计-安全及文明施工措施费		11,702.66			☑
17	3	C	其他项目	QTXMHJ	其他项目合计		0.00	其他项目费	Σ（其他项目费）	☑
18	3.1	C1	暂列金额	暂列金额	暂列金额		0.00			☑
19	3.2	C2	专业工程暂估价	专业工程暂估价	专业工程暂估价		0.00			☑
20	3.3	C3	计日工	计日工	计日工		0.00			☑
21	3.4	C4	总承包服务费	总承包服务费	总承包服务费		0.00			☑
22	3.5	C5	其他	QT	其他		0.00			☑
23	4	D	规费	D1 + D2 + D3	社会保险费、住房公积金、残疾人保证金+危险作业意外伤害险+工程排污费		87,705.71	规费	<4.1>+<4.2>+<4.3>	☑
24	4.1	D1	社会保险费、住房公积金、残疾人保证金	FBFX_DERGF+JSCS_DERGF+QTXM_DERGF	分部分项定额人工费+单价措施定额人工费+其他项目定额人工费	26	84,457.35	规费细项		☑
25	4.2	D2	危险作业意外伤害险	FBFX_DERGF+JSCS_DERGF+QTXM_DERGF	分部分项定额人工费+单价措施定额人工费+其他项目定额人工费	1	3,248.36	规费细项		☑
26	4.3	D3	工程排污费					规费细项	按有关规定计算	☑
27		E	不计税工程设备费							☑
28	5	F	税金	A+B+C+D-E	分部分项工程+措施项目+其他项目+规费-不计税工程设备费	3.48	63,088.74	税金	（<1>+<2>+<3>+<4>-按规定不计税的工程设备费）*综合费率	☑
29	6	G	单位工程造价	A + B + C + D + F	分部分项工程+措施项目+其他项目+规费+税金		1,875,983.66	工程造价	<1>+<2>+<3>+<4>+<5>	☑

图 4.7.3　单位工程造价

4.7.4　填写工程概况

在项目管理界面选单位工程名→常用功能里点编辑或直接双击单位工程名→进入单位工程主界面→点导航栏工程概况→填写工程信息、工程特征、指标信息。

4.8　工程报表

工程报表是结果的形式化体现，我们需要对报表进行预览、编辑设计、打印等操作以符合实际工程的需要。

4.8.1　编制说明

软件中自带一个简单的文字处理系统进行编制说明的文字录入和编辑，该文字处理系统的使用类似于 Windows 操作系中的写字板。具体操作步骤：在导航栏“工程概况”界面，点击“编制说明”，再点击“编辑”，即可在编辑区域内填写工程信息、工程特征等信息，如图 4.8.1 所示。

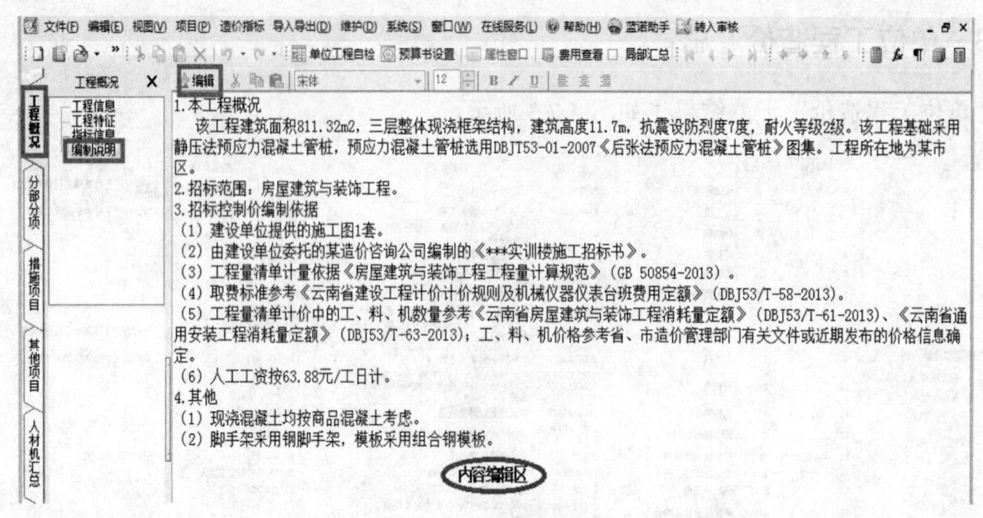

图 4.8.1　工程概况界面

4.8.2　常用的工程报表

1. 工程量清单报表

工程量清单报表如图 4.8.2 所示。

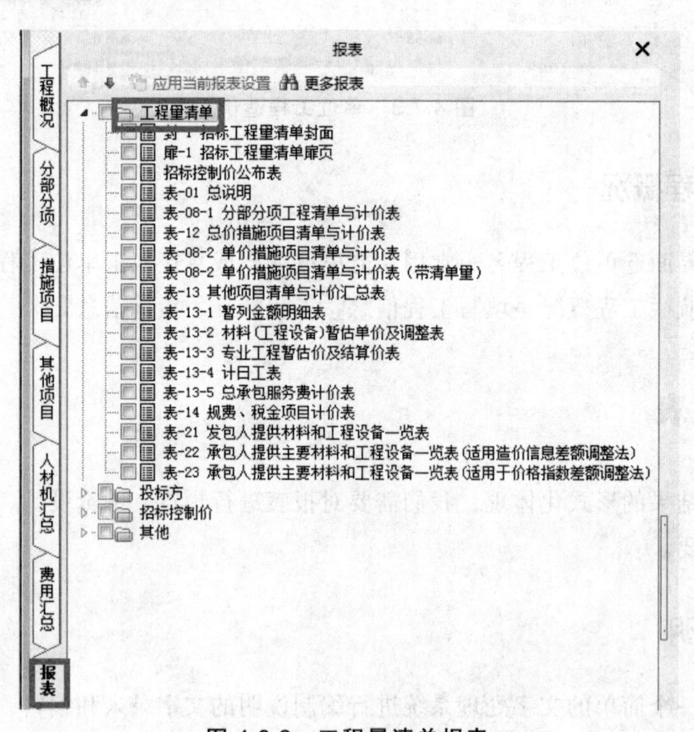

图 4.8.2　工程量清单报表

2. 投标方工程报表

投标方工程报表如图 4.8.3 所示。

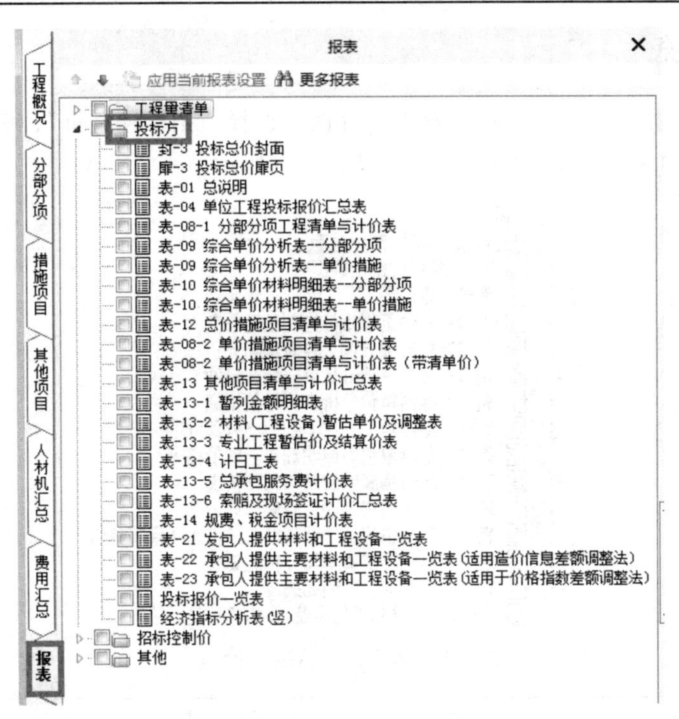

图 4.8.3　投标方工程报表

3. 招标控制价报表

招标控制价报表如图 4.8.4 所示。

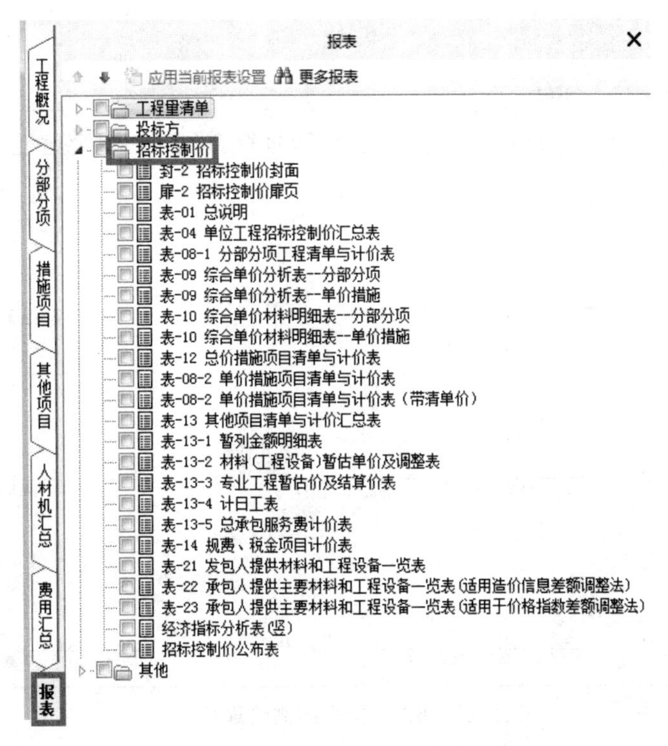

图 4.8.4　招标控制价报表

4.8.3 报表预览

用于查看报表格式。例如，在“报表”界面，选择“招标控制价”，单击“扉-2 招标控制价扉页”，如图 4.8.5 所示，预览的报表如图 4.8.6 所示。

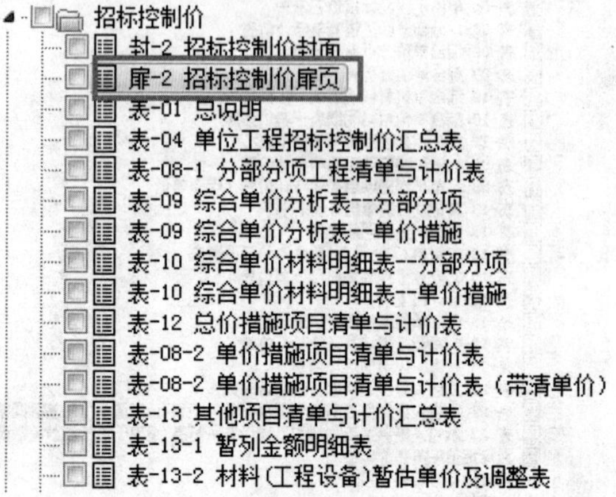

招标控制价
- 封-2 招标控制价封面
- 扉-2 招标控制价扉页
- 表-01 总说明
- 表-04 单位工程招标控制价汇总表
- 表-08-1 分部分项工程清单与计价表
- 表-09 综合单价分析表--分部分项
- 表-09 综合单价分析表--单价措施
- 表-10 综合单价材料明细表--分部分项
- 表-10 综合单价材料明细表--单价措施
- 表-12 总价措施项目清单与计价表
- 表-08-2 单价措施项目清单与计价表
- 表-08-2 单价措施项目清单与计价表（带清单价）
- 表-13 其他项目清单与计价汇总表
- 表-13-1 暂列金额明细表
- 表-13-2 材料(工程设备)暂估单价及调整表

图 4.8.5　招标控制价

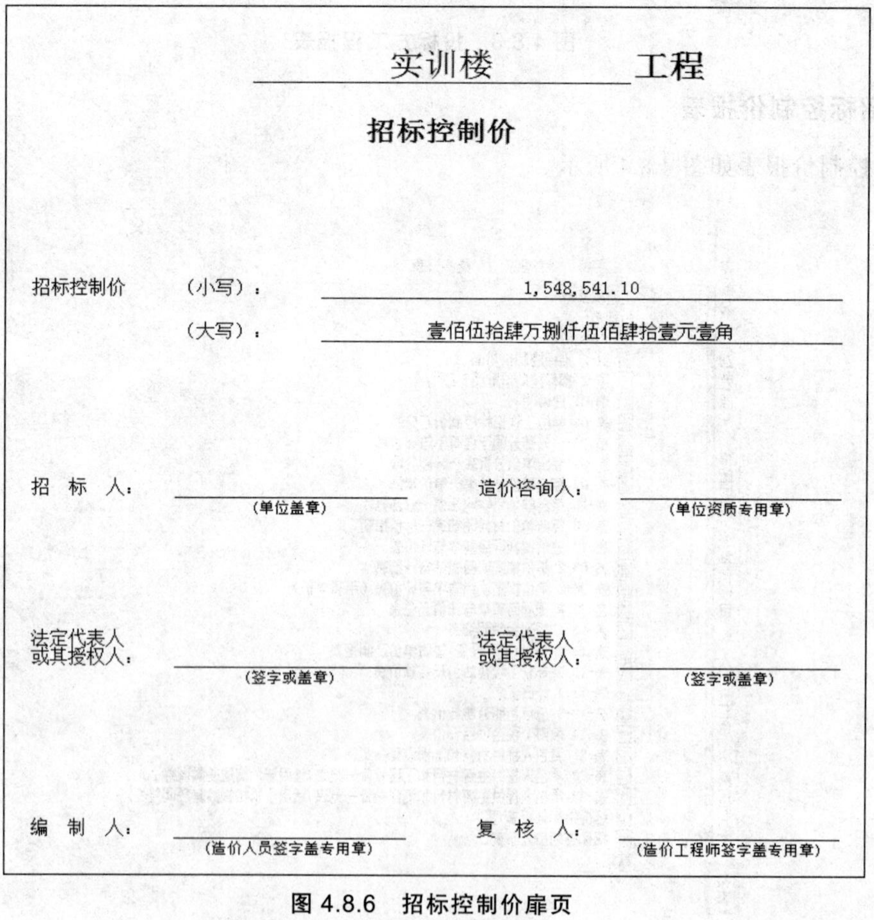

实训楼 工程

招标控制价

招标控制价　（小写）：1,548,541.10

（大写）：壹佰伍拾肆万捌仟伍佰肆拾壹元壹角

招　标　人：＿＿＿＿（单位盖章）　　造价咨询人：＿＿＿＿（单位资质专用章）

法定代表人或其授权人：＿＿＿＿（签字或盖章）　　法定代表人或其授权人：＿＿＿＿（签字或盖章）

编　制　人：＿＿＿＿（造价人员签字盖专用章）　　复　核　人：＿＿＿＿（造价工程师签字盖专用章）

图 4.8.6　招标控制价扉页

4.8.4 报表编辑设计

当软件中提供的报表格式不符合要求时，可以利用强大的报表设计功能，设计出自己需要的报表形式。例如，把竖表改为横表的操作步骤：

第 1 步：选择要编辑的报表，例如“扉-2 招标控制价扉页”，点击“简便设计”，进入“简便设计”界面，弹出如图 4.8.7 所示窗口。

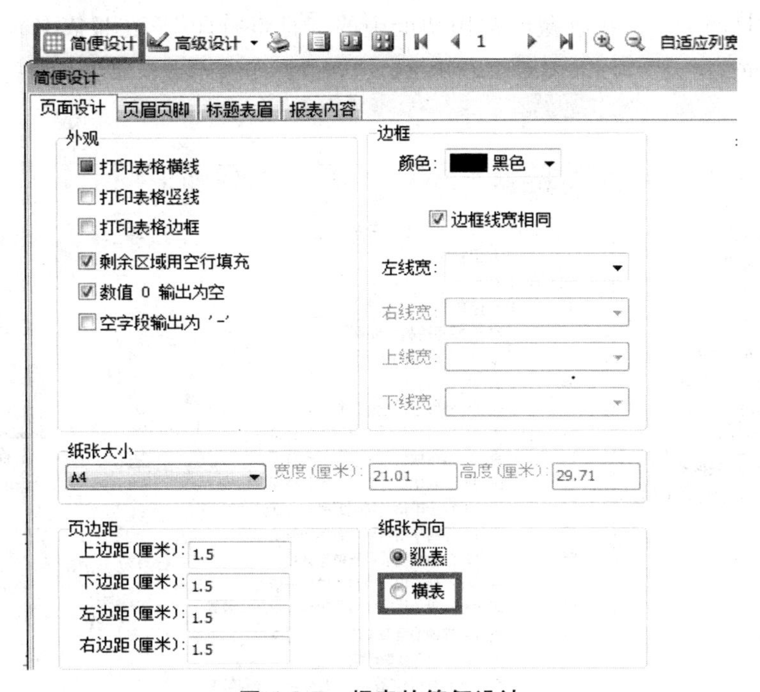

图 4.8.7 报表的简便设计

第 2 步：选择纸张方向为“横向”，点击“确定”，即可看到横向的报表，如图 4.8.8 所示。

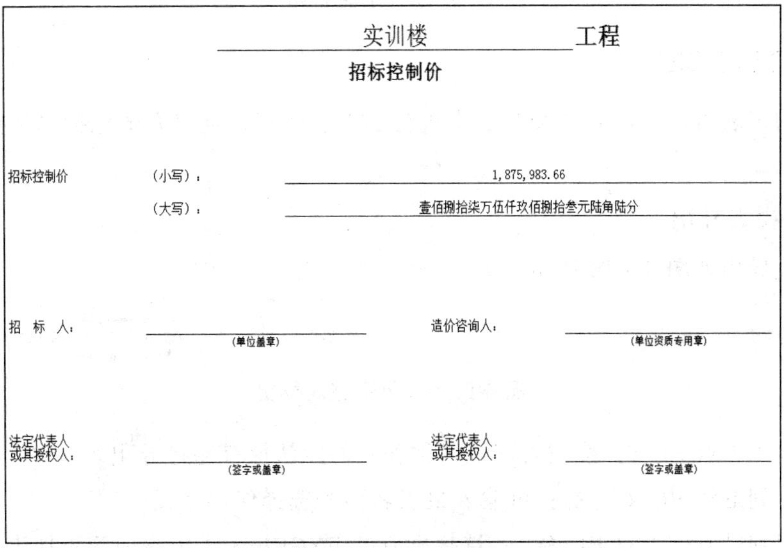

实训楼 工程

招标控制价

招标控制价 (小写)： 1,875,983.66

(大写)： 壹佰捌拾柒万伍仟玖佰捌拾叁元陆角陆分

招 标 人： (单位盖章) 造价咨询人： (单位资质专用章)

法定代表人或其授权人： (签字或盖章) 法定代表人或其授权人： (签字或盖章)

图 4.8.8 横向报表封面

4.8.5 报表输出

报表输出包括“报表打印”和“导出到 EXCEL”。

1. 报表打印

（1）单个报表打印：点击界面工具条图标，可打印当前报表；

（2）批量打印：点击我收藏的常用功能中的“批量打印”，在报表名称右边的小方框中点击鼠标，框中出现“√”，表示打印此表，点击“打印选中表”即可开始打印，如图 4.8.9 所示。

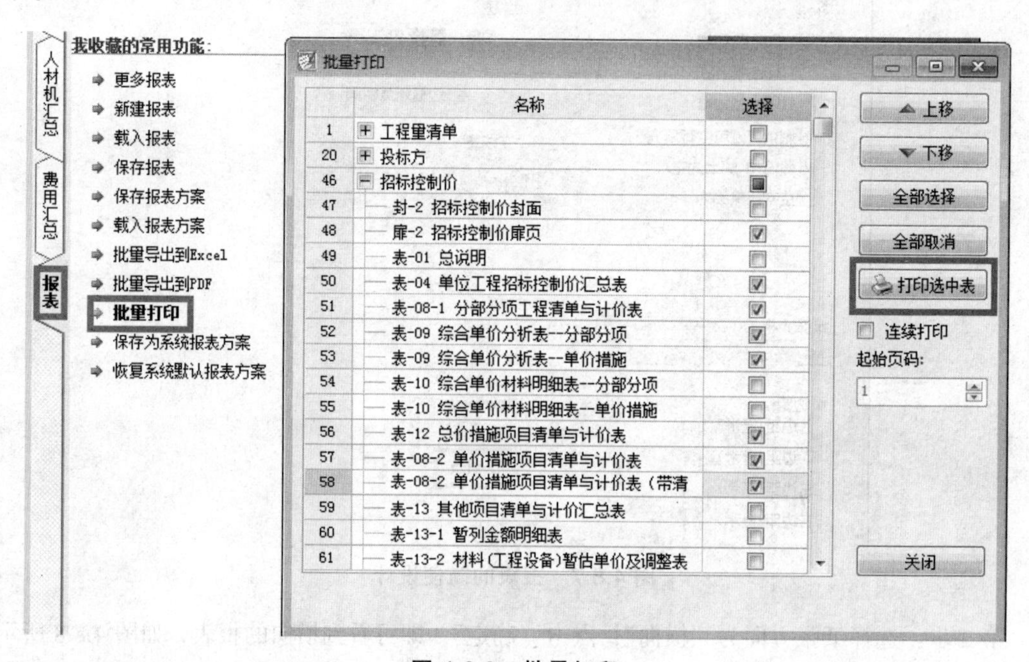

图 4.8.9 批量打印

2. 导出到 EXCEL

软件中的报表可以导出到 EXCEL 中进行加工、保存，导出方式包括单张报表导出和批量导出。

1）单张报表导出

单张报表导出如图 4.8.10 所示。

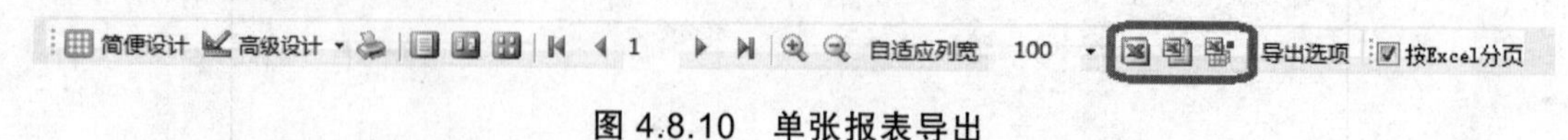

图 4.8.10 单张报表导出

（1）导出到 EXCEL：按报表默认名称和软件默认保存路径导出。

（2）导出到 EXCEL 文件：可输入报表名称和选择保存路径。

（3）导出到已有的 EXCEL 表：选择已有的 EXCEL 表将报表内容添加进去。

2）批量导出

点击“我收藏的常用功能”中的“批量导出到 Excel”，可选择多张报表一起导出，如图 4.8.11 所示。

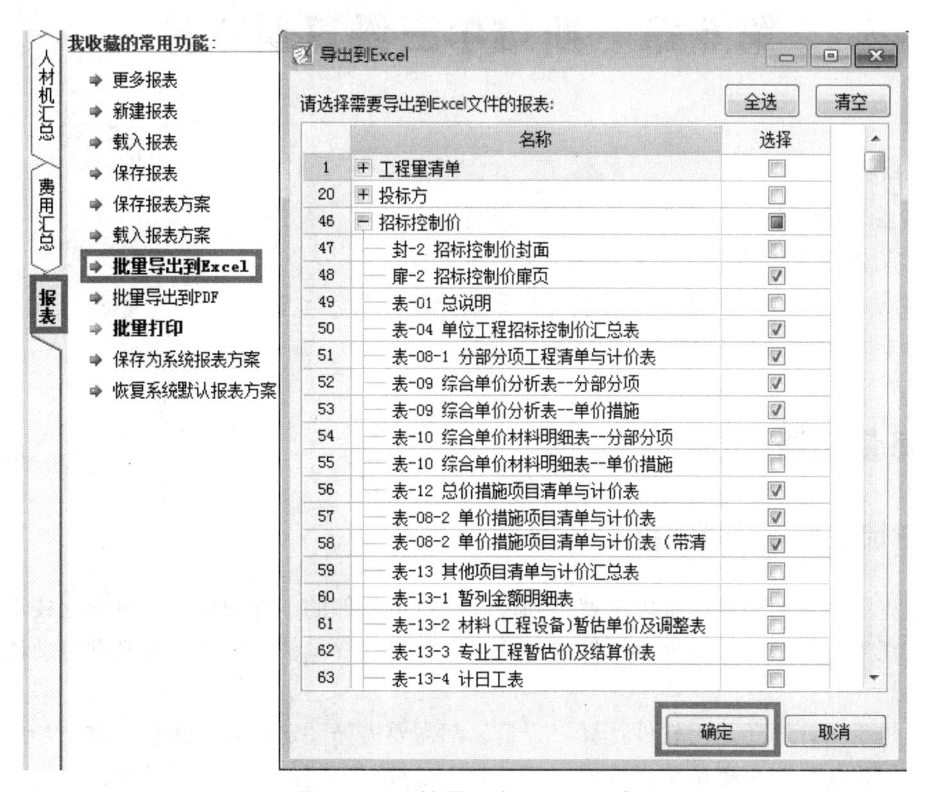

图 4.8.11　批量导出到 Excel 表

4.9　招标控制价报表实例

某工程为××实训楼，建筑面积 811.32 m^2，3 层整体现浇框架结构，建筑高度 11.7 m，抗震设防烈度 7 度，耐火等级 2 级。该工程基础采用静压法预应力混凝土管桩，预应力混凝土管桩选用 DBJT53-01-2007《后张法预应力混凝土管桩》图集。工程所在地为某市区。该工程的招标范围为房屋建筑与装饰工程。

根据该工程的施工图纸及其他资料所做的招标控制价报表见表 4.9.1～表 4.9.14。

表 4.9.1～表 4.9.14

第 5 章 斯维尔三维算量软件

学习目标：

1. 掌握使用斯维尔三维算量软件做工程的流程；
2. 熟练掌握斯维尔三维算量软件常用功能的操作；
3. 掌握用斯维尔三维算量软件计算主要构件工程量的方法。
4. 掌握工程量的核对和报表的输出。

5.1 算量思路

5.1.1 建筑工程量计算思路

三维算量软件的整体算量思路就是利用三维算量软件的“虚拟施工”可视化技术建立构件模型，在生成模型的同时提供构件的各种属性变量与变量值，并按计算规则自动计算出构件工程量。

不论是手工计算还是用软件计算工程量，都需要遵循一定的算量流程。首先是房屋的概念。而任何建筑物都由楼层单元构成，算量时也是按照不同的楼层分别计算，例如本工程分为地下室或底层、标准层、顶层等。其次是构件。每一楼层都由各种类型的构件组成，建筑物的构件类型基本上分为以下几大块：基础构件、主体构件、装饰构件和其他构件，它们之间的工程量相互依赖，又相互制约，如表 5.1.1 所示。

表 5.1.1 构件类型及名称

类　型	构件名称	
基础构件	桩基础（承台）、独立基础、条形基础（基础墙）、满堂基础等	
主体构件	柱、梁、墙、板、门窗、过梁、圈梁、构造柱等	
装饰构件	室内装饰	地面、踢脚、墙裙、墙面、天棚等
	室外装饰	外墙裙、外墙面等
其他构件	室内构件	楼梯、栏杆扶手、水池等
	室外构件	台阶、散水、阳台和花台等

按照以上楼层划分与构件分类，依次在软件中建立模型，即可计算建筑工程量。

5.1.2 钢筋工程量计算思路

手工计算钢筋时，计算钢筋的所有信息都是从结构图和结构说明中获得的，通过与结构中有关构件的基本数据结合，再遵循结构规范、构造，确定钢筋在各类构件内的锚固、搭接、弯钩长度，以及保护层厚度等，计算出每根钢筋的长度，然后根据不同钢筋的密度计算出相应的钢筋质量。最后将钢筋质量按级别、直径等为条件归并统计，制作各类报表。

运用软件进行钢筋算量的思路，是通过在软件中建立三维建筑模型，按照结构图设计要求，给各种类型的构件布置钢筋，由软件提取构件基本数据，并结合软件内置好的钢筋标准及规范确定钢筋的锚固、搭接、弯钩、密度值、保护层厚度、钢筋计算方法等，计算出钢筋长度与质量，最后按一定的归并条件统计出钢筋工程量。

除了在图形上布置钢筋的方式外，软件还提供了参数法钢筋算量的方式。对于一些简单的、重复的、没有扣减关系的钢筋布置，可以不用建立模型，直接在参数表格中按照施工图输入各项钢筋的参数，软件也会按照所输入的参数进行钢筋工程量的计算。

钢筋部分大致分为柱筋、梁筋、墙筋、板筋、基础钢筋及其他构件钢筋。一般柱、梁、墙、板、基础等大部分构件的钢筋可以用图形法快速计算；而楼梯和零星构件或其他较简单的构件可以用参数法计算钢筋。不论是图形法还是参数法，软件对于各类构件中的钢筋都是严格按照标准规定来计算的。软件中集成了 00G101、02G101、03G101、11G101 系列图集规则，最大限度地满足算量需求。

5.2 算量流程

运用三维算量软件完成一栋房屋的算量工作基本上遵循图 5.2.1 所示工作流程。

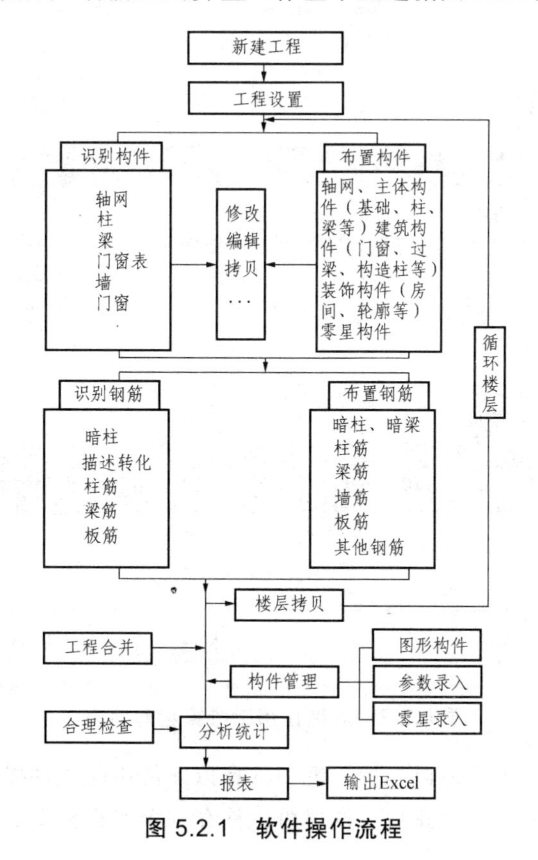

图 5.2.1 软件操作流程

按照这个工作流程灵活地运用软件，将会给工作带来很大的便利。

5.3 新建工程项目

运行三维算量软件，弹出“启动提示”对话框，如图 5.3.1 所示，在对话框中选择启动软件使用的 CAD 版本。如果不想下次启动时出现此对话框，可在“下次不再提问”前面的方框中打上钩，下次就不再出现此窗口。

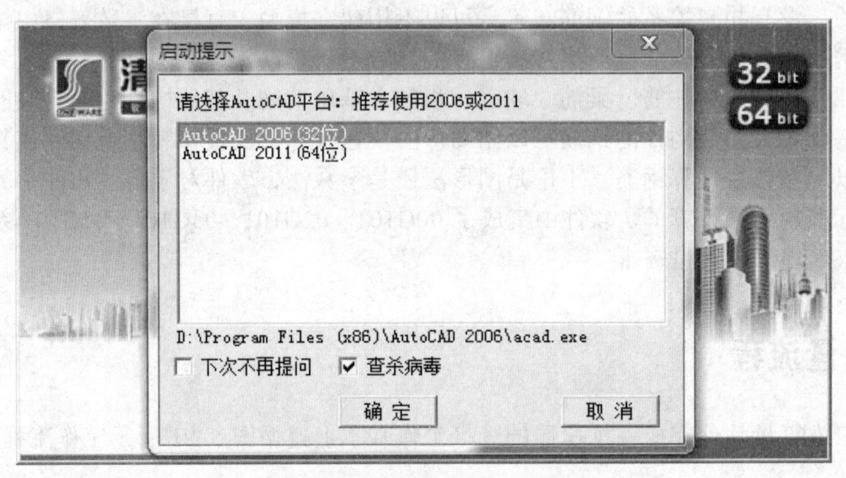

图 5.3.1 CAD 版本选择

选择完成后，点击确定按钮，进入“欢迎使用斯维尔三维算量”对话框（见图 5.3.2）。

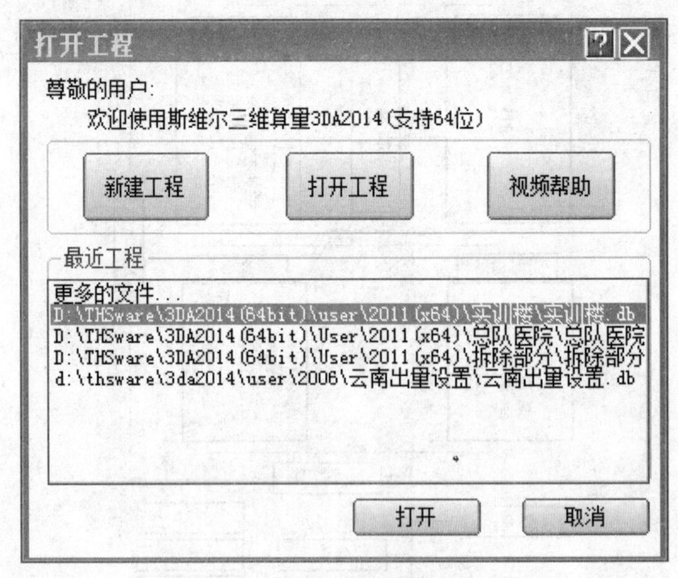

图 5.3.2 欢迎使用三维算量对话框

在此对话框中，可以在“最近工程”框中选择以前使用此软件操作过的工程，点击“打开”即可打开以前操作过的工程模型。这里可以保存 5 个操作模型。

点击“新建工程”按钮，软件提示“是否保存当前工程”，选择“是”。软件弹出新建工程对话框，在这里指定工程存储路径，工程默认的保存路径是软件安装路径下的User文件夹。接着输入文件名，输入“实训楼”，如图5.3.3所示。

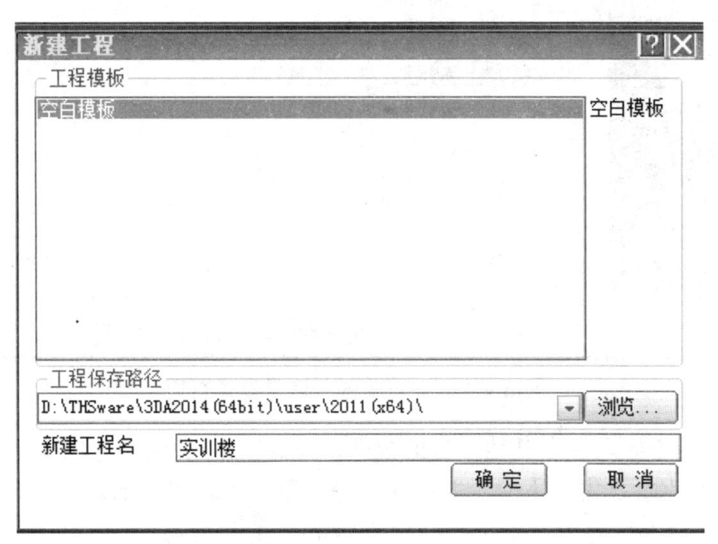

图5.3.3　新建工程

点击“打开”按钮，一个新的工程项目就建立好了，软件会进入“工程设置”对话框，下面便可以设置工程的各种相关参数了。

5.4　工程设置

执行“工程”→“工程设置”命令。

参考图纸：建筑施工总说明、结构施工说明、建筑剖面图。

新建好工程后，软件会自动进入“工程设置”对话框。在工程设置里包含6方面的内容：计量模式、楼层设置、工程特征、结构说明、标书封面和钢筋标准，依据图纸按实设置。其中钢筋标准是与计算钢筋工程量有关的设置。

5.4.1　计量模式的设置

首先是计量模式的设置。工程名称默认为“实训楼”。计量模式中，关键是“输出模式”和“计算依据”的设置。本工程采用“清单模式”。接着是“计算依据”的选择。在“清单名称”中选择“国标清单”项目，然后在“定额名称”中选择地方定额，这里以“云南省房屋建筑与装饰工程消耗量定额（2013）”为例。

“应用范围”用于设置是否计算钢筋工程量和进度工程量。“钢筋计算”是三维算量专业版提供的功能，如果使用的是标准版，则没有“钢筋计算”模块。进度管理是企业版的功能。

如果需要调整工程量的计算精度，则点击“计算精度”按钮，进入精度设置窗口调整各类工程量的计算精度即可，一般情况下无需调整。设置好的“计量模式”页面如图5.4.1所示。

工程设置: 计量模式
计量模式
楼层设置
结构说明
建筑说明
工程特征
钢筋标准
工程名称: 实训楼
计算依据
清单
实物量按清单规则计算
实物量按定额规则计算
定额
定额名称: 云南省房屋建筑与装饰工程消耗量定额(2013)
清单名称: 国标清单(2013)
相关设置
算量选项
导入工程
< 上一步
下一步 >
完成
取消

图 5.4.1　工程设置：计量模式页面

“导入工程”用于导入一个其他工程的数据，包括计算规则、工程量输出设置、钢筋选项和算量选项等的数据。点击“下一步”按钮，进入下一个设置页面。

5.4.2　楼层设置

下一步进入“楼层设置”页面。在楼层设置中主要是设置有关构件的高度数据信息，例如柱、墙、梁等。系统默认有“基础层”和“首层”。依据剖面图，在本工程中，首层标高为正负零。点击基础层，设置基础层“层高”为 2 m。地下室的“层底标高”是按“首层”的层底标高计算得出，不能修改。

“首层”是软件的系统层，不能被删除，也不能更改名称。一般情况下，可以把“首层”作为“1 层”。首层的层底标高决定了其他楼层的层底标高。点击“添加”按钮或按键盘上的向上键，依次添加第 2 层与第 3 层，并分别设置首层、第 2 层、第 3 层的层高为 3.6 m、3.6 m、3.6 m。设置好的楼层设置如图 5.4.2 所示。

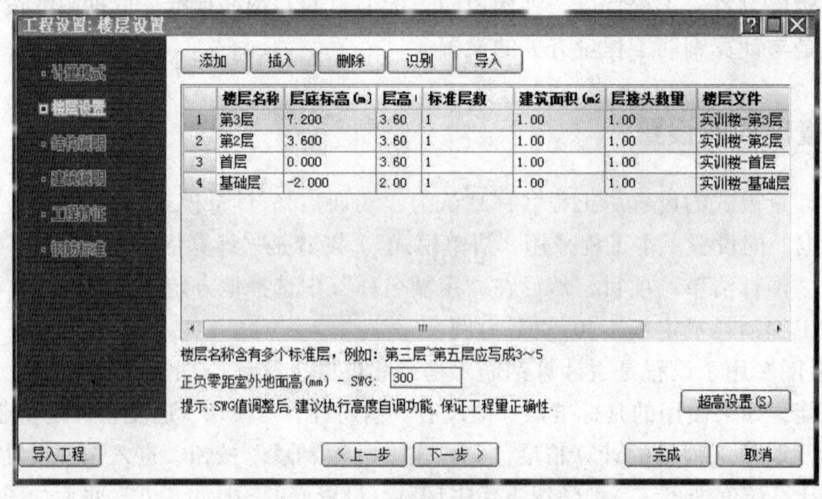

	楼层名称	层底标高(m)	层高	标准层数	建筑面积(m²	层接头数量	楼层文件
1	第3层	7.200	3.60	1	1.00	1.00	实训楼-第3层
2	第2层	3.600	3.60	1	1.00	1.00	实训楼-第2层
3	首层	0.000	3.60	1	1.00	1.00	实训楼-首层
4	基础层	-2.000	2.00	1	1.00	1.00	实训楼-基础层

图 5.4.2　工程设置：楼层设置页面

“标准层数”用于设置相同楼层的数量，在统计工程量时，软件会用标准层数乘以单个标准层的工程量得出标准层的总工程量。“层接头数量”用于确定墙柱等竖向钢筋的绑扎接头计算。机械连接的钢筋接头系统默认按每楼层一个计算，这里不可设置。

“正负零距室外地面高”用于设置正负零距室外地面的高差值，为必填项。此值用于挖基础土方的深度控制，如果基础坑槽的挖土深度设置为“同室外地坪”，则坑槽的挖土深度就是取本处设置的室外地坪高到基础垫层底面的深度。

5.4.3 工程特征

点击“下一步”按钮，进入“工程特征”设置页面。在这些属性中，用蓝色标识的属性为必填的属性。软件会自动根据“结构特征”“土壤类型”“运土距离”等属性值生成清单的项目特征，作为统计工程量的归并条件之一。本教程中没有提供例子工程的施工组织资料，大家可以任意设置，方便练习。

“地下室水位深”的属性值会影响挖土方中的挖湿土体积的计算。如果地下室水位深为800，而在楼层设置中室内外地坪高差为300，则地下室水位的标高为“－1.100 m”，如果基础深度在这以下，则在计算挖基础土方时软件会自动计算湿土的体积。工程特征页面如图5.4.3 所示。

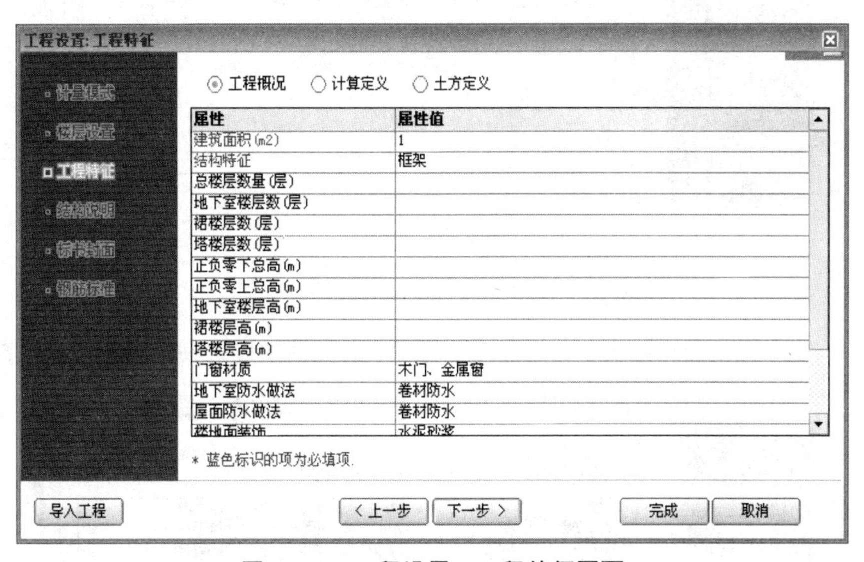

图 5.4.3 工程设置：工程特征页面

5.4.4 结构说明

进入“结构说明”页面。“结构说明”页面用于设置整个工程的混凝土材料等级，砌体材料，以及抗震等级，浇捣方法等。需要注意的是，在设置结构说明之前，必须先设置好楼层，如图 5.4.4 所示。

结构说明分为 4 个子页面，以“砼材料设置”为例。按照结构设计总说明，将构件的混凝土强度等级设置好。设置好的“砼材料设置”如图 5.4.5 所示。

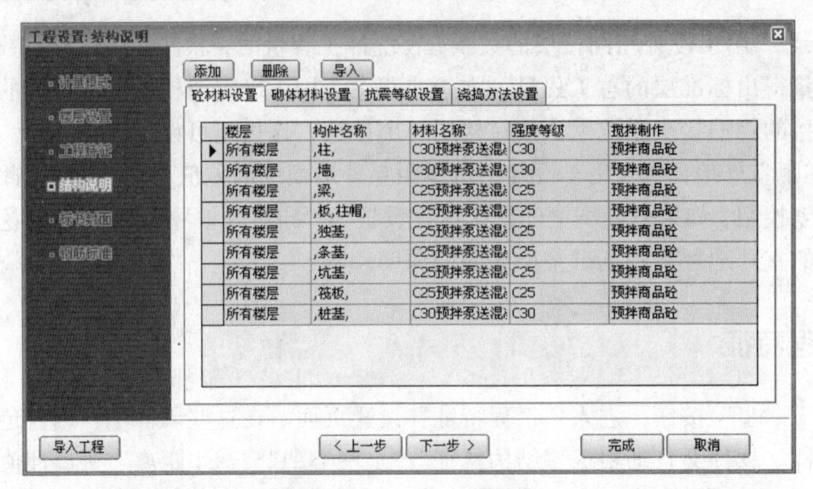

图 5.4.4　结构说明

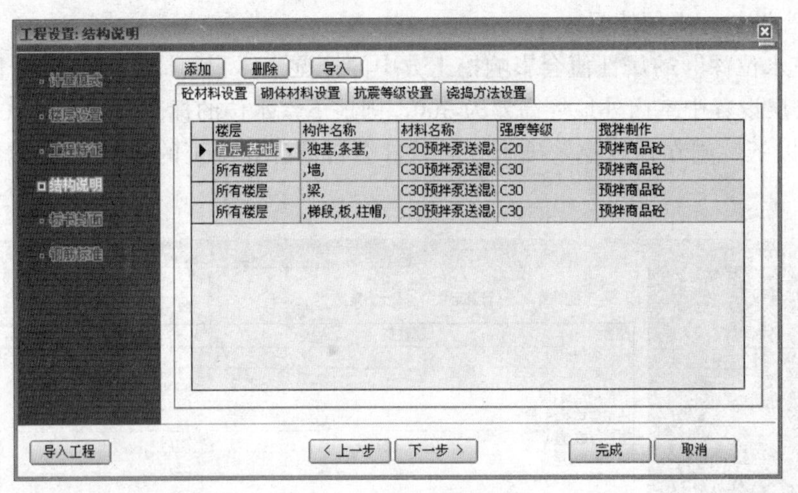

图 5.4.5　砼材料设置

类似的，按建筑设计总说明，在“砌体材料设置”页面中设置砌体材料，如图 5.4.6 所示。

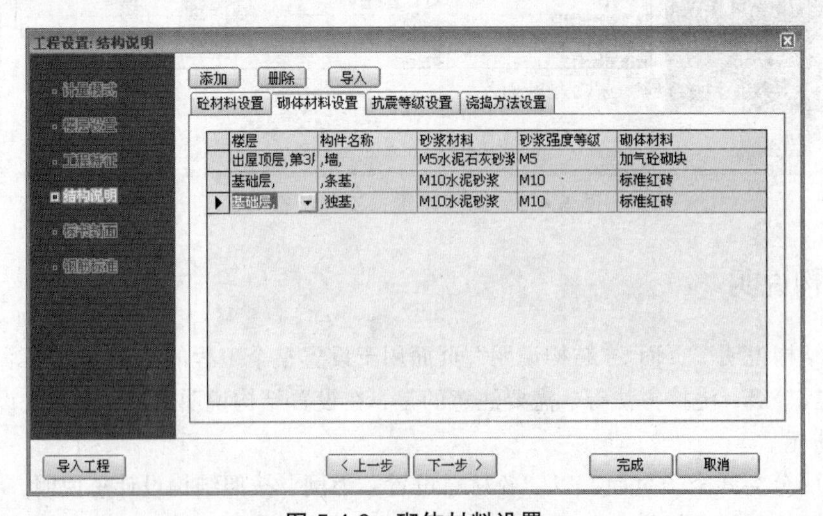

图 5.4.6　砌体材料设置

抗震等级设置如图 5.4.7 设置。

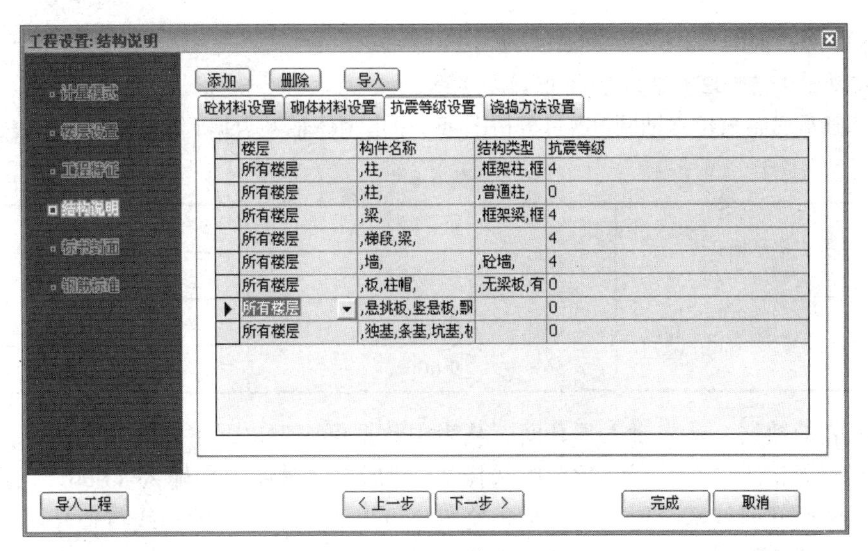

图 5.4.7 抗震等级设置

提示：

在抗震等级设置和浇捣方法设置页面中，结构类型只针对某一类构件，例如柱的结构类型分为框架柱、普通柱等。如果构件名称中选择了多类构件，则不能设置结构类型，只需设置这些构件相同的抗震等级或浇捣方法。

5.4.5 标书封面与钢筋标准

设置好工程特征后，点击“下一步”按钮，进入“标书封面”设置页面。标书封面的设置与工程量计算无关，本工程不用设置。

当在计量模式页面的应用范围中钩选了钢筋计算时，在标书封面页面中点击“下一步”会进入钢筋标准的设置页面，选择设计要求的钢筋标准即可。如果应用范围中没有钩选钢筋计算，将不会出现钢筋标准页面。

5.5 基础层工程量及钢筋

手工算量往往从基础层开始，自下而上计算工程量。应用软件算量却并非如此，如果从标准层开始建模，就可以利用楼层拷贝功能快速生成其他楼层的模型，提高工作效率。因此，运用软件时，可以根据工程的实际情况来选择最快的建模顺序，没有严格的规定。本工程按传统方式，从基础开始建模来进行工程量计算。

基础层包括的构件有：独立基础及基础梁。

其中基础内的垫层、挖土方、填土方等是依附于基础主体的子构件，在软件内不单独作为独立的构件来布置。布置基础构件时，设置好子构件的属性后可随同基础主构件一同布置。

5.5.1 建立轴网

命令模块："轴网"→"绘制轴网"

参考图纸：结施.02（基础平面布置图）

依据基础平面图来建立轴网。通过分析图纸，得出主体轴网数据（除辅轴外）如表 5.5.1 所示。

表 5.5.1

下开间（上开间）	①～②	②～③
	8 000	8 000
左进深（右进深）	A～B	B～C
	9 000	7 000

依据上表的数据，首先录入下开间。从表中数据可以看出，下开间共有两个，且前、后两个开间距相同，所以在"开间数"中选择 2，然后在"轴距"中输入 8 000，点击"追加"按钮，这样两个开间就都设置好了，从预览窗口可以看到下开间的轴线与轴号。开间方向的两根辅助轴线暂不绘制。

切换到"左进深"，左进深中没有相邻且轴距相同的轴线，因此进深数要改成 1，然后依次在轴距中录入进深距并点击"追加"按钮即可。设置好轴网数据后，点击"确定"按钮，返回图形界面，在图面上点击插入点，就可以将轴网布置到界面上。

在基础平面布置图的轴网系统中，还有 8 条辅助轴线需要添加，分别是 1.1、1.2、1.3、1.4、2.1、A.1、A.2 及 B.1 辅轴。点击"轴网"菜单下的"平行辅轴"按钮，按命令行提示进行操作。绘制到图上的辅轴与主轴线之间没有轴距标注，可以用"修改轴网"命令，选中任意一根轴线，进入"修改轴网"对话框，不做任何修改，直接点击"确定"按钮，便可以看到辅轴的标注都已经添加到图上了，如图 5.5.1 所示。

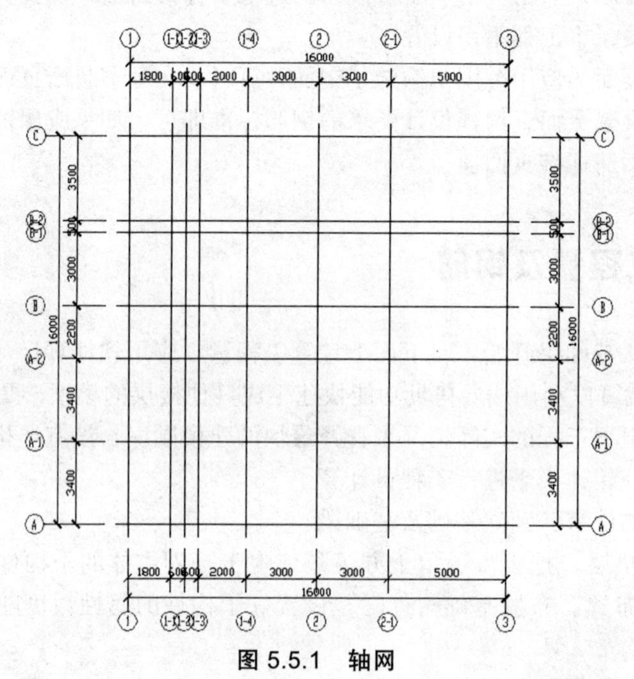

图 5.5.1 轴网

5.5.2 独立基础工程量及钢筋布置

命令模块：“基础” → “独基布置”

参考图纸：结施.02（基础平面布置图）

手工建模的操作流程是：定义编号→布置构件。在软件中，构件布置遵循编号优先原则，即大部分构件都必须先定义编号与属性，才能进行布置。其中做法的定义可以在定义编号的同时完成，也可以在布置构件后再挂接做法，可以根据习惯采用。建议手工建模时采用前者，识别建模时采用后者。

1. 定义独立基础编号

命令模块：“基础” → “独基布置”

参考图纸：基础布置图、基础承台大样图

执行命令后，进入“定义编号”界面。依据独基详图，需要定义两个独基编号，CT-1 及 CT-2。

点击工具栏上的“新建”按钮，在独基节点下新建一个编号。每个基础编号下都会带有相关的垫层、砖模与坑槽的定义，本工程的基础不采用砖胎模，因此可以将砖模节点删除，选中“砖模”后，点击工具栏的“删除”按钮即可。其他类型模板的工程量，例如木模板，已经包含在独基的属性中，无需单独定义。

新建好编号后，接着进行属性的定义。首先将软件默认的构件编号改成 CT-1，然后在“基础名称”中选择“矩形”，在示意图窗口中便可以看到矩形独基的图形，参照示意图与施工图内的基础详图，填写各种尺寸参数值，如图 5.5.2 所示。

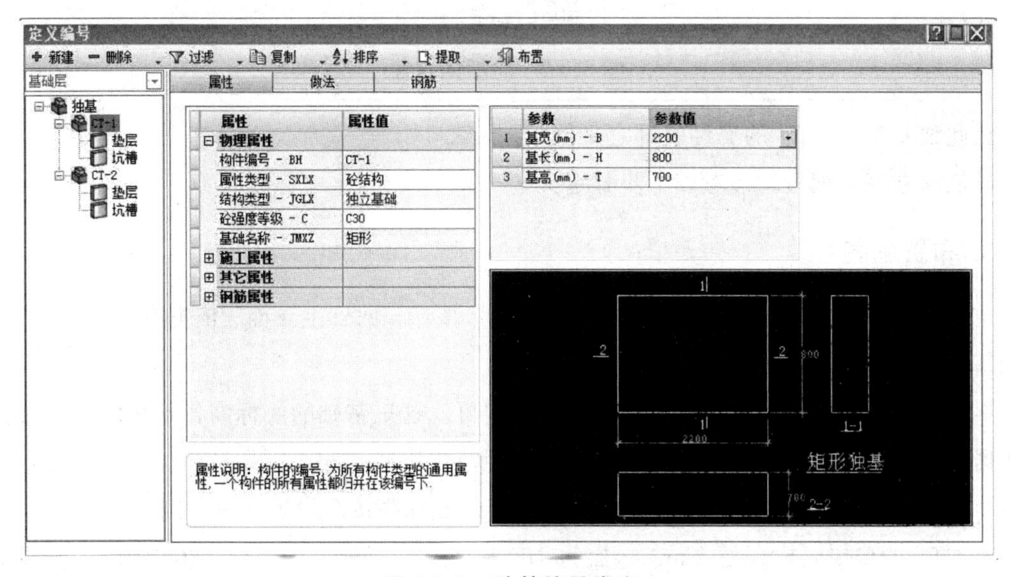

图 5.5.2 独基编号定义

2. 定义垫层与坑槽

在定义完独立基础 CT.1 的属性后，下面还要定义其编号下的垫层与坑槽的属性与做法。

1）垫层的定义

点击编号树中的“垫层”节点，首先来看一下垫层的“属性”设置。“外伸长度”为100，“厚度”是指基础下第一个垫层的厚度，这里为 100。“垫层一厚度”与“垫层二厚度”是指当基础下有多个垫层时，第二个垫层与第三个垫层的厚度。本工程基础只有一个垫层，因此这两个值设为 0。

2）坑槽的定义

基础土方均用坑槽来进行计算。在坑槽的属性中，其“工作面宽”“放坡系数”是根据“挖土深度”和土方类别进行自动判定的，主要应注意挖土深度的取定。选择挖土深度“同室外地坪”，表示基础的挖土深度从室外地坪到基础垫层底面的深度取值。施工现场对于基础回填土方一般是按照挖多深就填多深的原则，这里将回填深度定为“同挖土深度”，如图 5.5.3 所示。

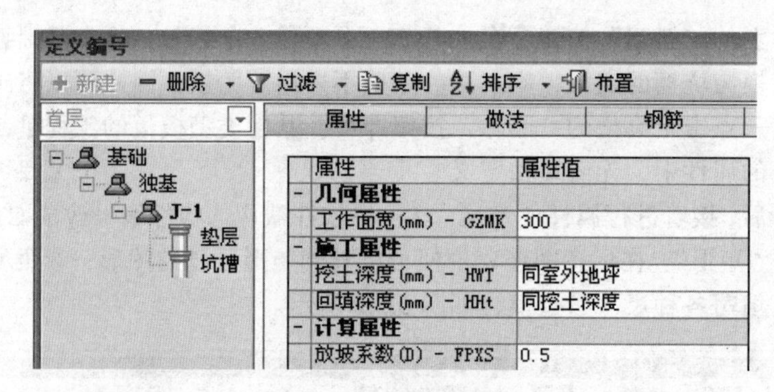

图 5.5.3　坑槽的属性

至此独立基础 CT.1 的属性就都定义好了。

其他独立基础编号均参考以上步骤定义。。

3. 布置独基

定义完所有的基础后，点击工具栏的“布置”按钮，回到主界面，依据基础平面布置图，将独基布置到相应的位置上，如图 5.5.4 所示。

本工程的独基很少，使用“点布置”方式即可。这里基础的底标高各不相同，在布置时应依据图纸随时修改导航器中基础的底标高。规范规定基础的底标高是相对正负零标高来标注的，软件的基底标高遵循这一规则，这里基础的底标高按图设置即可。例如布置 CT-1，施工图上 CT1 的垫层底标高是 2 m，垫层为 100 厚，则在导航器中将标高值设为-1.9。采用居中布置的方式布置，其余基础按此步骤，即可布置其他编号的基础。

布置到界面上的基础会默认显示垫层与坑槽，如果觉得不便观察，可以用“视图”菜单下的“构件显示”功能隐藏垫层与坑槽。布置完基础后的三维模型如图 5.5.5 所示。

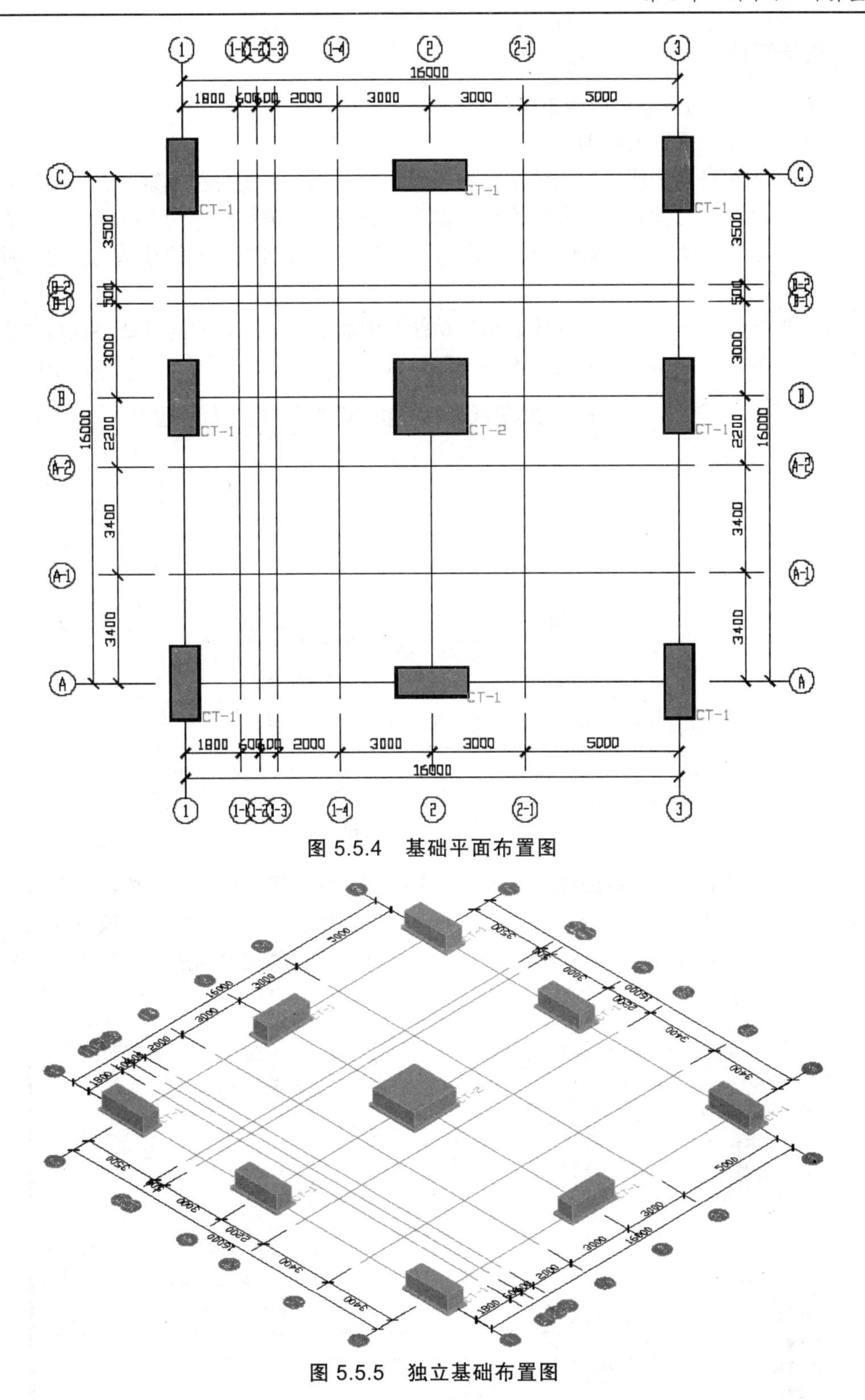

图 5.5.4　基础平面布置图

图 5.5.5　独立基础布置图

布置完独基后，执行“报表”菜单下的“分析”命令分析统计地下室的独基，软件便可以计算出地下室独立基础的工程量了。

4. 独基钢筋

命令模块：“钢筋”→“钢筋布置”

参考图纸：基础承台大样图

在给独基布置钢筋之前，应先依据结构设计总说明完成一些与独基钢筋有关的设置。这里主要是保护层厚度的设置。按照结构设计说明，独基的保护层厚度为 35 mm，因此在独基的定义编号界面中，设置独基的保护层厚度为 35，这样布置到图面上的独基就符合钢筋设计的要求。

下面给独基布置钢筋。用“构件显示”功能在图面上只显示轴网与基础，执行“钢筋”菜单中的“钢筋布置”命令，弹出图 5.5.6 所示对话框。

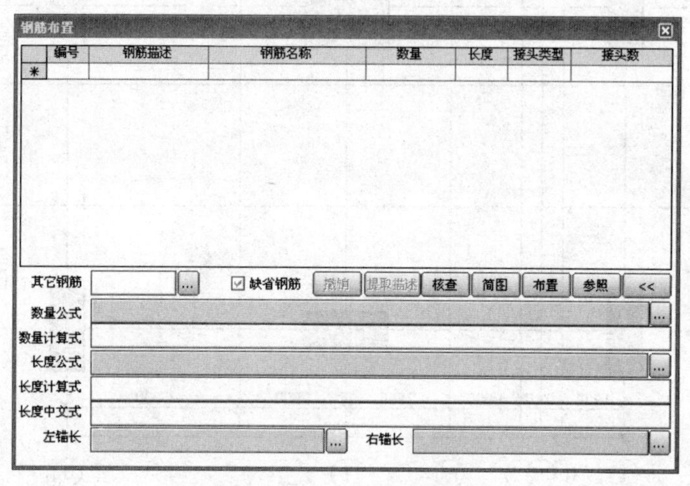

图 5.5.6　钢筋布置

根据命令行提示，其他钢筋包含独基在内多种钢筋的布置，因此用光标选择图面上的独立基础，以 A 轴上的 CT-1 为例，点击鼠标右键确认选择，如果对话框中“缺省钢筋”选项前打了钩，则软件会自动根据所选择的构件类型，给出缺省的钢筋描述，以供参考。分别对应设置好钢筋描述列及钢筋名称列，再点击布置，如图 5.5.7 所示。

独基筋布置 CT-1[2200×800×700高 700] [用量:212.829KG/M3 体积:1.232M3 钢筋:262.205KG]

	钢筋描述	钢筋名称	数量	长度	接头类型	接头数
1	7C18	宽方向筋(按根计两端弯起)	7	2480	双面焊	0
2	7C18	宽方向基顶筋(按根计两端下弯	7	2720	双面焊	0
3	4C12	B方向侧向筋	4	2120	绑扎	0
4	C14@100	长方向分布矩形箍(6)	23	6547	绑扎	0
5						

其它钢筋　缺省　撤销　提取　核查　简图　选择　参照　布置　<<

数量公式

数量计算式

长度公式　DJWC+B+DJWC-2*CZ+LJT+2*WG180

长度计算式　10*D+2200+10*D-2*40

长度中文式　弯起长度+宽+弯起长度-两倍保护层

左锚长　右锚长

图 5.5.7　独基钢筋布置

再布置 CT-2 的钢筋。CT-2 只有基底钢筋，为双向 C16@110。因此在对话框中修改钢筋描述为 C16@110，钢筋名称取软件缺省值，数量、长度、接头类型以及接头数是软件自动根据钢筋描述与钢筋名称，提取构件基本数据，按照钢筋规范计算得出。点击对话框中的“展开”按钮[>>]，展开钢筋计算明细，如图 5.5.8 所示。

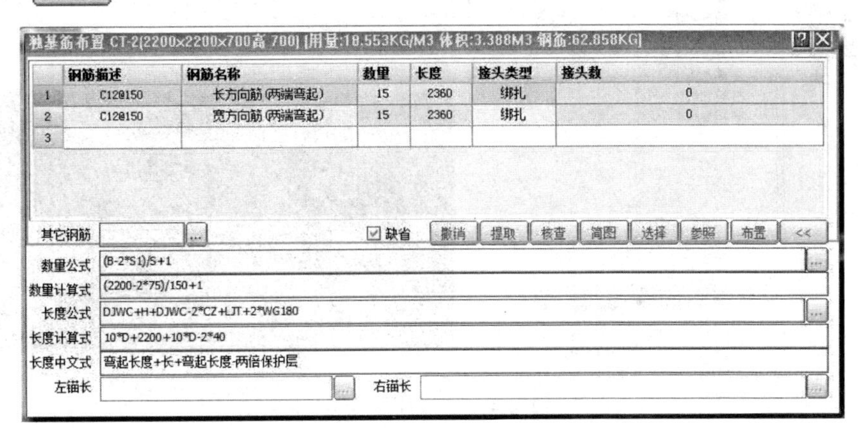

图 5.5.8 独基钢筋计算明细

将光标置于某项名称的钢筋，就可在下部展开栏内看到该条钢筋的数量与长度的计算公式，可以对公式进行修改。点击公式栏后的“[...]”按钮，进入公式编辑对话框查看各个变量的说明。

5.5.3 基础梁工程量及钢筋布置

1. 基础梁布置

命令模块：“基础”→“条基布置”

参考图纸：基础平面布置图

地下室基础梁 DL1、DL2、DL3 使用“基础”菜单下的“条基布置”命令来布置，其编号定义方法与独立基础类似，但要注意一点，在定义基础梁编号的属性时，要正确指定结构类型。条基编号的结构类型分为“带形基础”与“基础主梁”“基础次梁”“地下框架梁”“地下普通梁”“基础连梁”“承台梁”7 种类型，不同的结构类型钢筋构造会不同，且基础梁遇到柱或独立基础、承台会自动断开，而带形基础只有遇到承台才会断开。这里给编号指定结构类型为“基础主梁”即可。基础梁的基宽和基高如基础承台大样图示，其他属性取默认值即可。子节点的定义同独基。如图 5.5.9 所示。

定义好基础梁后，点击“布置”回到主界面。与基础承台一样设置好梁顶标高为-1.2 m。这里采用“手动布置”的方式绘制基础梁。在绘制边梁时，梁的外边要与边柱外边对齐，可以修改定位点为“上边”，遵循一定的顺序，例如从左到右、从下到上来绘制基础梁。选取柱边与轴线的交点作为起点，再选取另一端的柱边与轴线的交点作为终点即可。基础梁会自动在柱边断开。绘制中间梁时将定位点设置为“居中”，选取轴网交点作为起点和终点。绘制好的基础梁与独立基础的组合效果如图 5.5.10 所示。

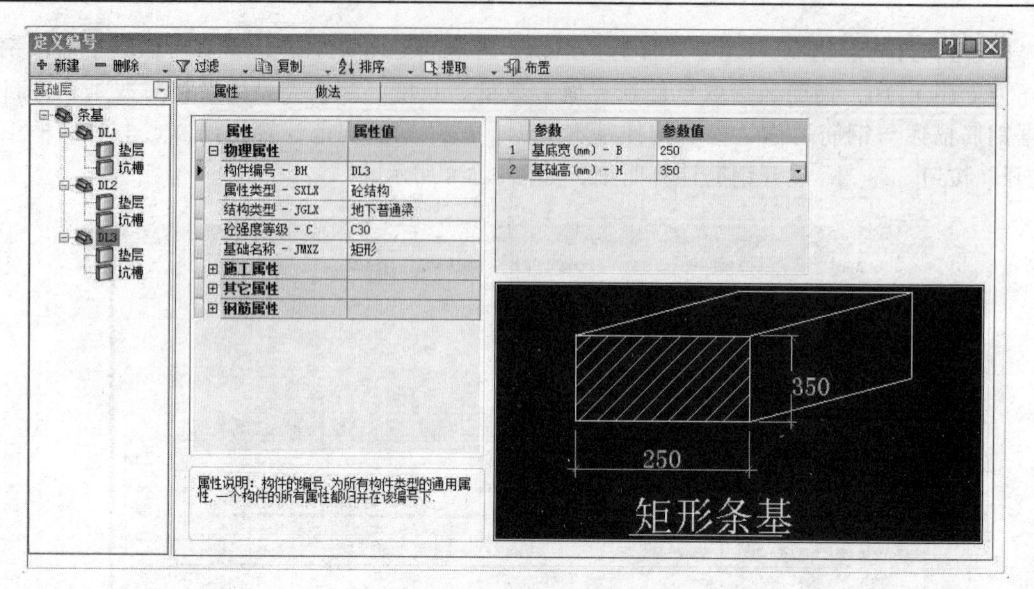

图 5.5.9　基础梁定义

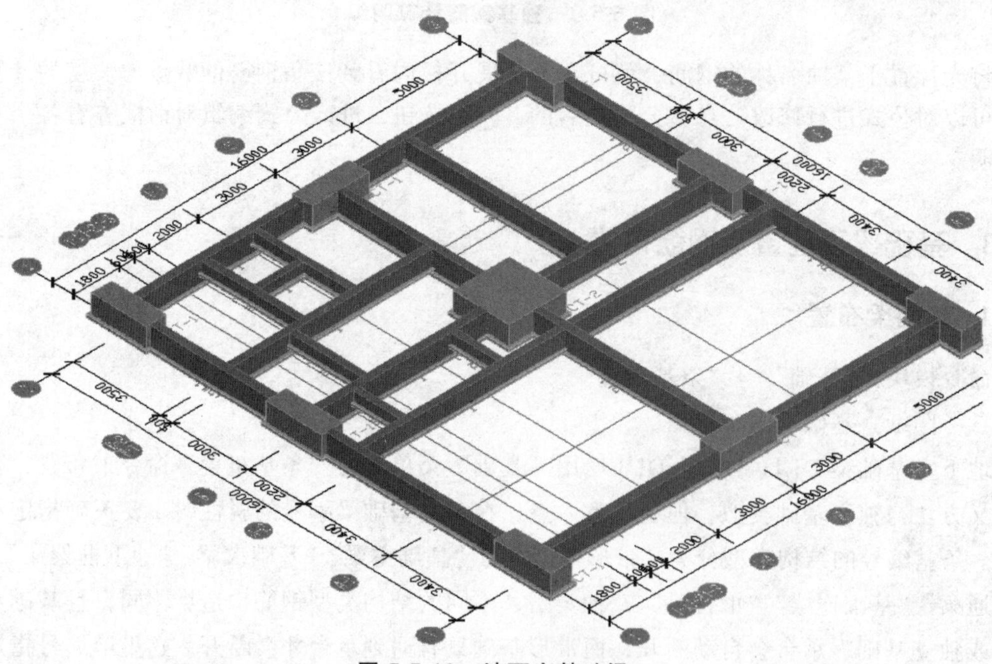

图 5.5.10　地下室基础梁

2. 基础梁钢筋

命令模块：“钢筋”→“梁筋布置”

参考图纸：基础承台大样图

首先依据结构设计说明，在基础梁的编号属性中，确认保护层厚度为 25。基础梁的钢筋用“梁筋布置”来布置，软件中条基钢筋与梁筋布置使用的是同一个命令和对话框，如图 5.5.11 所示。

激活命令后，选择基础梁并右键确认，对话框会变成如图 5.5.12 所示形式。

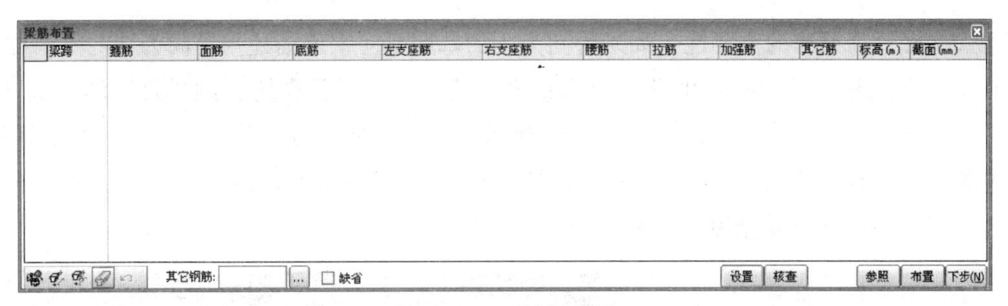

图 5.5.11 梁筋布置

条基筋布置 JL-1(370x500)

梁跨	箍筋	底筋	面筋	左支座筋	右支座筋	腰筋	拉筋	加强筋	基底横向筋	基底纵向筋	其它筋	标高(m)	截面(mm)
集中标注	A8@100/200	2B20	2B20									-5.3	370x500
1				4B20	4B20								
2					4B20								
3					4B20								

图 5.5.12 条基钢筋布置

对话框中出现的是缺省的钢筋描述，以及基础梁的标高（顶面标高）与截面尺寸描述。基础梁的顶面标高与截面尺寸可以直接在钢筋导航器中修改，在布置钢筋的同时，软件会重新调整基础梁的标高与截面尺寸，且集中标注中会显示基础梁的底面标高。由于基础梁钢筋用的是梁筋导航器，因此钢筋描述是按平法规则录入。依据图纸以 DL1 为例，基础梁的箍筋为 A8@200，上部筋和底部筋分别为 4C18、4C20，腰筋为 2C12，拉筋为两根 A8@400。则只需在“集中标注”一行中分别录入箍筋、上部筋、底部筋、腰筋及拉筋的描述即可，其他钢筋全部删除。录入完后点击“布置”按钮即可，如图 5.5.13 所示。

梁筋布置 DL1(300x700)

梁跨	箍筋	面筋	底筋	左支座筋	右支座筋	腰筋	拉筋	加强筋	其它筋
集中标注	A8@200	4C18	4C20			2C12	2*A8@400		
1									
2									

图 5.5.13 基础梁钢筋计算明细

3. 其他场景——条基基底钢筋的处理

对于某些多阶条基而言，除了要布置条基内梁的钢筋外，还有基底钢筋需要布置。在软件中布置条基基底钢筋的方法是：在梁筋表格中，对应的位置输入基底横向筋和基底纵向筋的钢筋描述即可。将“下步”展开，将光标指向“基底纵向筋”列下横向“集中标注”行的单元格内，在展开的钢筋明细中依据跨号，对应的单元格内就已经有对应钢筋描述和钢筋名称了，如图 5.5.14 所示。

录入基底钢筋梁跨的重要性：如果跨间为 1 的基底横向钢筋描述与跨间为 2 的不一样时，则应在梁跨单元格内选择相应的跨号录入钢筋描述。如果通长布置，则梁跨应调整成 0（0 跨并非没有梁跨，而是通长跨的数值描述）。录入完后软件便会自动计算出条基内基底钢筋的数量与长度。这样在布置钢筋时，基底横向钢筋会布置到条基上，但图面上不会显示基底钢筋描述，只会按平法显示条基内梁的钢筋。

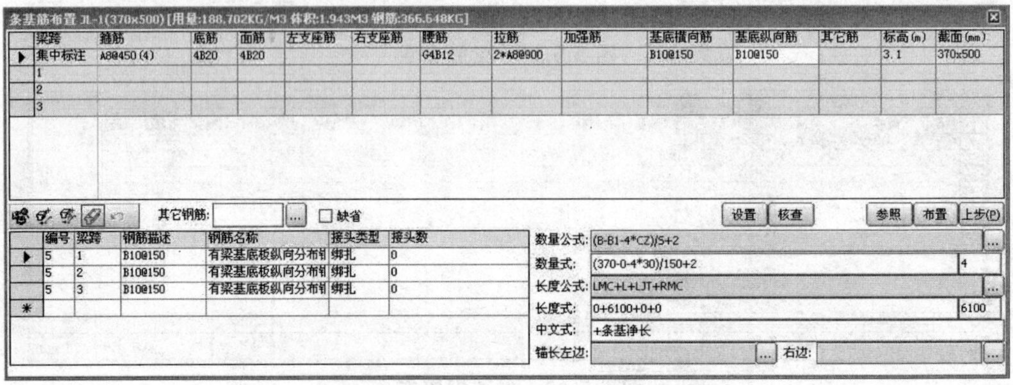

条基筋布置 JL-1(370x500) [用量:188.702KG/M3 体积:1.943M3 钢筋:366.648KG]

梁跨	箍筋	底筋	面筋	左支座筋	右支座筋	腰筋	拉筋	加强筋	基底横向筋	基底纵向筋	其它筋	标高(m)	截面(mm)
集中标注	A8@450(4)	4B20	4B20			G4B12	2*A8@900		B10@150	B10@150		3.1	370x500
1													
2													
3													

其它钢筋： … 缺省　设置　核查　参照　布置　上步(P)

编号	梁跨	钢筋描述	钢筋名称	接头类型	接头数
5	1	B10@150	有梁基底板纵向分布钢	绑扎	0
5	2	B10@150	有梁基底板纵向分布钢	绑扎	0
5	3	B10@150	有梁基底板纵向分布钢	绑扎	0

数量公式：(B-B1-4*CZ)/S+2
数量式：(370-0-4*30)/150+2　4
长度公式：LMC+L+LJT+RMC
长度式：0+6100+0+0　6100
中文式：+条基净长
锚长左边：　右边：

图 5.5.14　条基基底分布钢筋的录入

本工程的基础梁无需布置基底横向钢筋。下面查看一下底部筋的钢筋计算公式，其中由于底部筋采用的是焊接接头，不用计算搭接长度，因此接头长为 0。而左锚长与右锚长的计算公式相同，都取的是支座与保护层的差小于最小锚固长度时的判定式，保护层厚度为 25（支座柱子的钢筋保护层厚度），与实际情况相符，如果锚长计算错误，可以通过修改锚长左边或锚长右边计算公式来调整。例如 A、C、E 轴上的基础梁左端本应以地下室的柱子为支座，但由于楼层不同的缘故，软件无法正确取到基础梁钢筋在地下室柱子中的锚固长，此时就需要手动调整左锚长度计算公式。

核对箍筋、上部筋和底部筋的计算结果无误后，点击对话框中的“布置”按钮，基础梁的钢筋就布置好了。关闭对话框，返回图面，布置后的基础梁钢筋采用平法标注显示。

5.6　首层工程量及钢筋

基础层的模型建好后，在建立首层建筑模型时便可以利用基础层的一些数据快速建模，不用从头开始。如基础层的轴网可以直接拷贝到首层，无需重新建立。

5.6.1　柱的工程量及钢筋布置

1. 柱的布置

命令模块：“结构” → “柱体布置”

参考图纸：柱平面配筋图

在布置地下室柱子之前，先定义柱子编号。点击“结构”菜单下的“柱体布置”按钮，在定义编号界面中新建柱编号。在定义柱编号之前，先依据结构设计说明，在结构节点上设置好公共属性。例如将“模板类型”改成木模板，其他的属性取默认值即可。下面在柱节点下建立编号。首先新建编号 Z1，结构类型为框架柱，截面形状为矩形。KZ1 默认是 500 × 500 的柱子，与施工图相同。柱高取同层高属性，其他属性取默认值。接着新建 KZ2，可直接选中 KZ1 进行新建，可以直接继承 KZ2 的所有属性

用“点布置”的方式，选取图纸对应的轴线交点，柱就布置好了。也可以使用“选择轴网布置”的方式，框选需要布置柱子的轴网区域即可。布置之前要事先设置好柱的底高及柱高，这里我们将柱底高设置为同基础顶，柱高设置为通层高。布置好的柱子与独立基础组合起来的效果如图 5.6.1 所示。

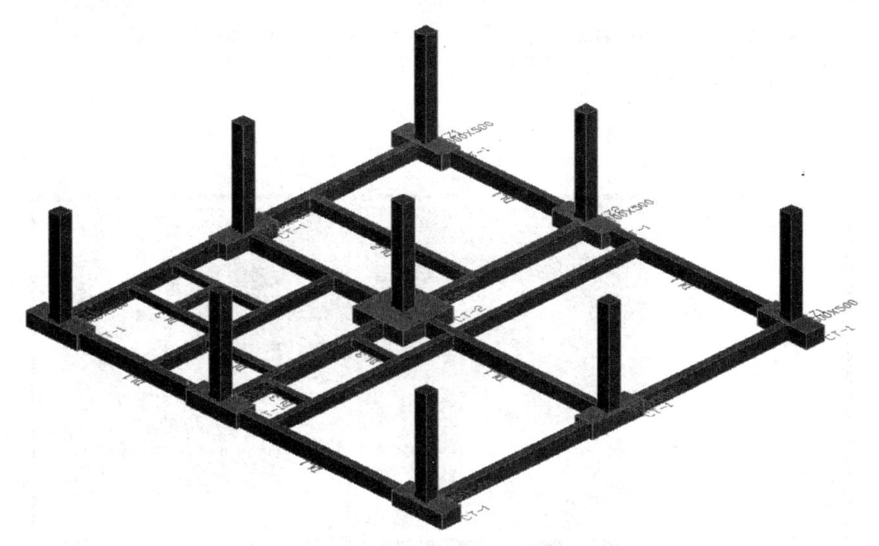

图 5.6.1　首层柱三维图

2. 首层柱筋

命令模块：“钢筋” → “钢筋布置”、“钢筋” → “柱筋平法”

参考图纸：结施.12（一层柱平面结构图）

在给柱布置钢筋之前，应确定柱编号属性中，保护层厚度为 25 mm，抗震等级为 3。设置好后，执行“钢筋布置”命令，如图 5.6.2 所示。

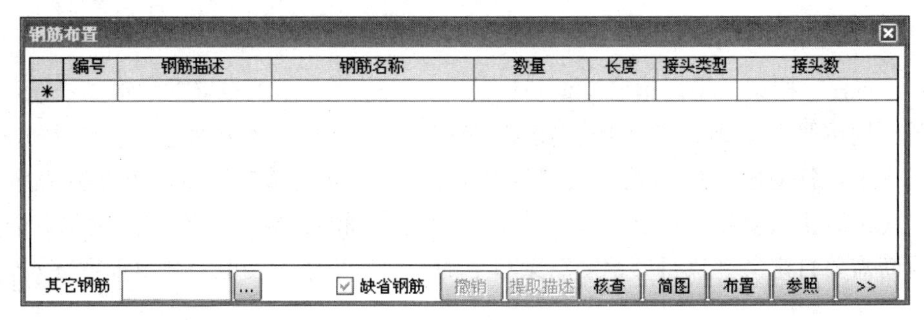

图 5.6.2　柱筋布置

在图面上选择要布置钢筋的柱子，右键确认，对话框中会出现柱编号、柱截面类型以及缺省的柱钢筋信息。依据一层柱平面图中的柱表，修改对话框中的钢筋描述。以 KZ1 为例，角筋为“4C22”，b 边及 h 边一侧中部筋均为“2C22”，箍筋为 A10@100/200。

注意：箍筋肢数与矩形柱 B 边的钢筋肢数以及 H 边的钢筋肢数有关，而对于矩形柱的 B 边和 H 边，软件默认是将 B 边作为长边，例如 300×400 的柱子，软件会将 400 的长边作为 B 边，并且指定箍筋肢数时，长边的肢数必须在前，例如 400 长边的肢数是 4，而 300 短边的肢数是 2，则箍筋肢数应该为“4*3”。

柱表中 KZ1 为矩形柱，箍筋为 4*4 肢箍，因此在钢筋名称中选择“矩形箍（4*4）”。点击简图按钮，可以查看箍筋简图，与柱表箍筋截面形式一致即可，如图 5.6.3 所示。

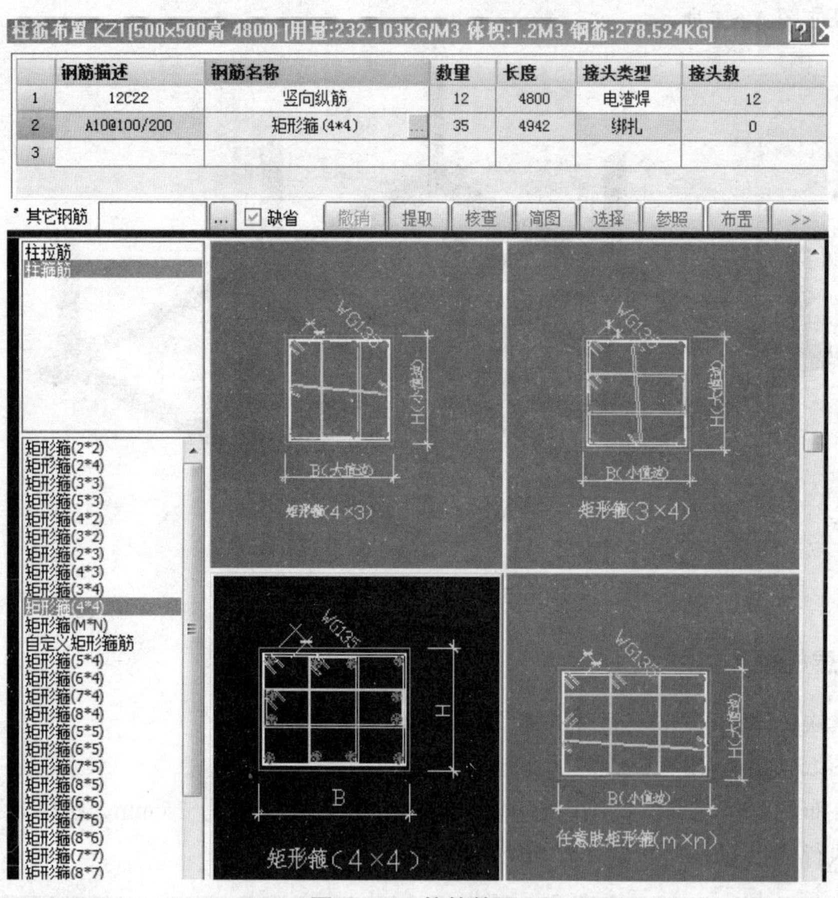

图 5.6.3　箍筋简图

点击“布置”按钮，将柱钢筋布置到柱子上，柱子旁会出现布置上的钢筋描述。

遵循“同编号”原则，KZ1 的钢筋就布置好了。按照上述方法，将柱表中 KZ2 的钢筋布置到柱上。针对复杂的钢筋需要特殊处理，图 5.6.4 是施工图上的 L 形柱截面图，可以看出，其箍筋比较复杂，且在“柱筋布置”中找不到与该箍筋相对应的钢筋，因此这个 L 形柱箍筋需要自定义。执行“钢筋”菜单下的“柱筋平法”功能，弹出如图 5.6.5 所示的对话框。

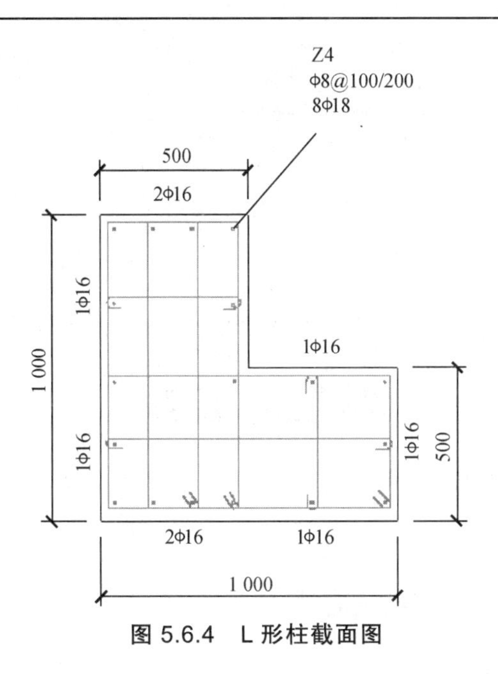

图 5.6.4 L 形柱截面图

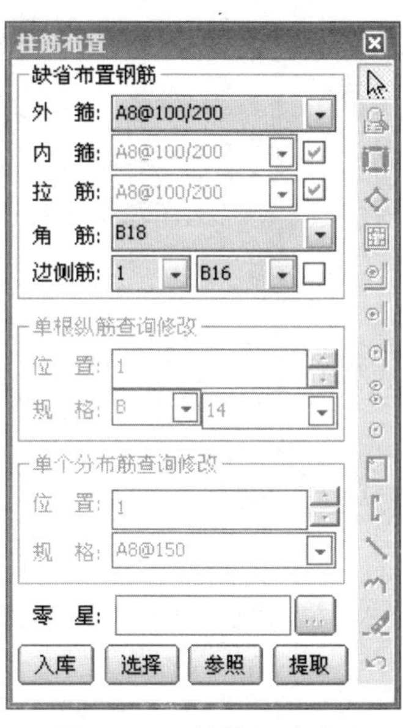

图 5.6.5 柱筋平法定义

首先，按命令行提示，选择 Z4 构件，右键确认选择后，软件会在当前选中的柱的右上角标注出此柱的构件信息和钢筋信息，如图 5.6.6 所示。

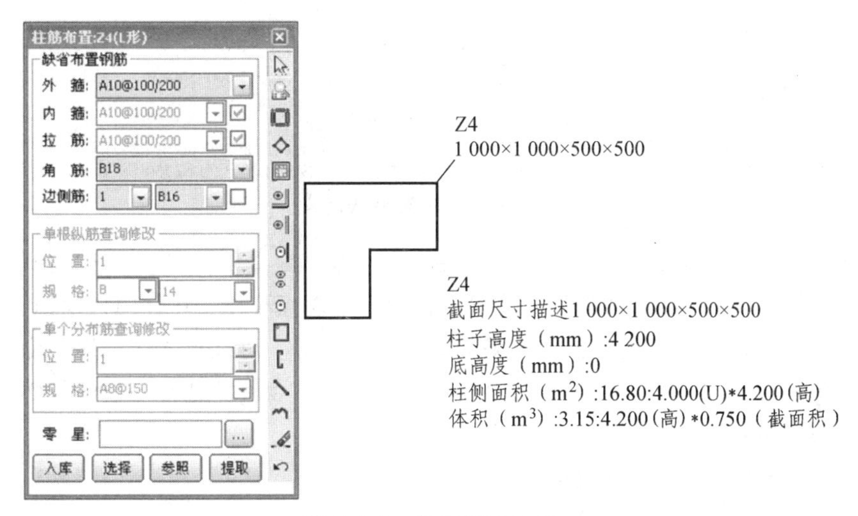

图 5.6.6 柱筋平法定义

此时，在柱筋布置窗口中，输入钢筋信息，外箍 A8@100/200，角筋 B18，边侧筋为 B16，如果边侧筋处为灰色，不可修改状态，可将边侧筋行后的钩选框去掉钩选，即可修改。修改完成后，点击“矩形外箍”命令，按命令行提示，在柱内捕捉矩形外箍对角点，一个矩形外箍就布置上了。同样的操作将另外一个矩形外箍布置上去，布置效果如图 5.6.7 所示。

矩形外箍绘制上去后，纵向钢筋就可以布置了。点击“自动布置角筋”命令，8 根 18 的二级钢筋就自动生成在矩形外箍的角部了。现在开始边侧纵筋的布置。点击“双边侧钢筋”命令，按提示，在矩形外箍上捕捉输入点，一个对称位置的两根 16 的二级边侧钢筋就定位上去了。按同样的方法，按照图纸，将剩下的 8 根钢筋定位到柱图形上面，效果如图 5.6.8 所示。

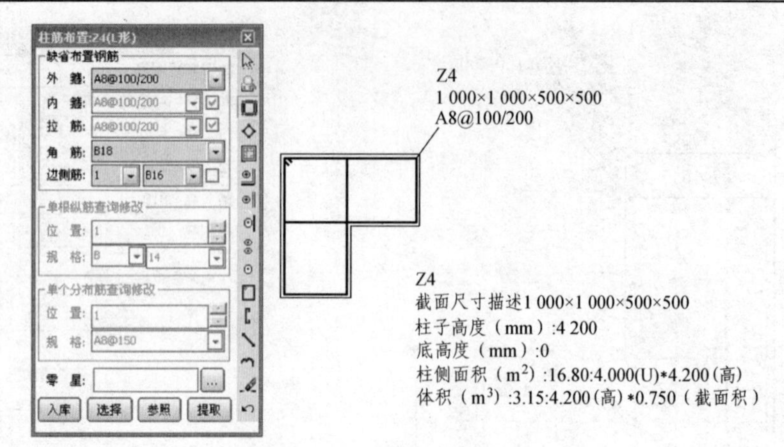

图 5.6.7　柱筋平法定义

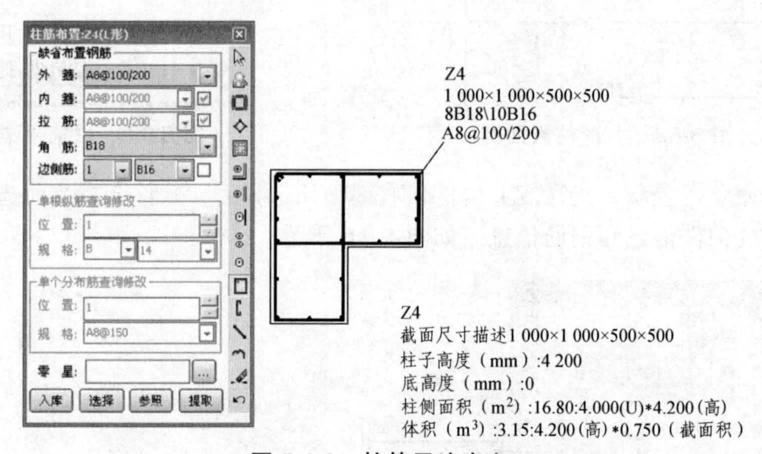

图 5.6.8　柱筋平法定义

布置矩形内箍筋和拉筋，点击“矩形内箍”命令，按命令行提示，捕捉边侧钢筋位置，生成矩形内箍筋。点击“内部拉筋”命令，按提示和图纸要求，在柱内描绘出拉筋的位置。这样，一个柱筋平法就布置完成了，效果如图 5.6.9 所示。可以点击“入库”命令，将此钢筋入库保存在钢筋公式库中，以后遇到同样的钢筋形式，点解“选择”命令，然后在钢筋库中选择入库的钢筋模型即可。

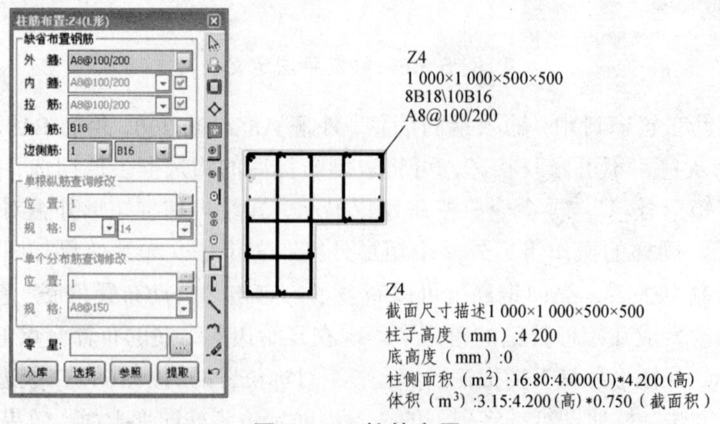

图 5.6.9　柱筋布置

3. 首层插筋布置

命令模块："钢筋"→"自动钢筋"

参考图纸：基础承台大样图

按照设计要求，基础中还应含有柱插筋。软件中柱的插筋是在柱上面布置的，不是布置在基础构件上，且如果柱钢筋是用柱筋平法布置时，不用再额外布置柱插筋。当使用钢筋布置功能布置柱钢筋时，软件提供自动布置插筋的功能。但自动布置柱插筋和柱筋平法的自动计算插筋都有 3 个前提条件：

（1）柱上有柱钢筋。

（2）基础上柱为底层柱。

（3）柱底标高与基础顶标高在同一高度。

对于第一个条件，即要求基础和柱要布置在同一楼层，如果基础和柱分别在各自的楼层，柱插筋将无法取到基础高度，钢筋长度将无法正确计算。对于第二个条件，只要给柱布置钢筋就可以了。而第三个条件则要求柱的属性为底层柱。在软件中，柱的楼层位置是依据楼层表来定义的，软件自动判断最下面一层的柱子为底层柱，最上面一层柱子为顶层柱。对于本工程这种特殊情况，软件无法自动处理。首层不是楼层表中的最底楼层，因此柱子的楼层位置默认成中间层。在布置插筋之前，需要对柱子的属性进行调整。选中首层所有基础上的柱子，执行"构件查询"功能，在属性中将"楼层位置"改为"底层"，点击"确定"退出。下面便可以给柱子布置插筋了。

执行"自动钢筋"功能，请看命令行提示，点击命令行的"插筋"按钮，柱插筋就自动布置上去了，其插筋根数与直径引用原柱钢筋描述，箍筋描述引用原箍筋描述。

5.6.2 梁的工程量及钢筋布置

1. 梁的布置

命令模块："结构"→"梁体布置"

参考图纸：二层楼面梁配筋图

依据图纸，在梁的定义编号界面中定义好首层所有的梁编号与做法。

下面布置首层梁。可以把梁的编号列表放在导航器左边，方便切换编号。直形梁的布置比较简单，基本上使用"手动布置""点选轴网附近布置"这两种布置方法。注意在手动布置时，为保持边梁与柱外边平齐，应使用"上边"或"下边"定位法。而悬挑梁的布置采用"选择梁布置悬挑梁"的方式，按一定的悬挑长布置连续梁的悬挑端。布置好所有的直形梁后，下面看一下弧形梁的布置方法。

指定起点：

此时选择右边辅轴与 E 轴的交点作为起点；

指定下一个点或[圆弧（A）][半宽（H）][长度（L）][放弃（U）][宽度（W）]：

此时点击命令行的[圆弧（A）]按钮，进入圆弧绘制状态；

指定圆弧的端点或[角度（A）][圆心（CE）][方向（D）][半宽（H）][直线（L）][半径（R）][第二个点（S）] [放弃（U）][宽度（W）]：

此时点击命令行的[半径（R）]按钮；

指定圆弧的半径：

在命令行输入半径，回车；

指定圆弧的端点或[角度（A）]：

选择左边辅轴与 E 轴的交点作为端点，回车；

命令：输入编号!

不需要编号，直接回车结束命令，圆弧辅轴就绘制好了。

绘制好辅轴后，便可以布置弧形梁了。执行梁体布置命令，选择梁编号，用“手动布置”的方法，按下面的命令交互步骤操作：

输入起点：

选择圆弧辅轴左端点为起点；

[圆弧（A）]或请输入下一点<退出>：

点击命令行的[圆弧（A）]按钮，进入绘制圆弧梁状态；

请输入终点<退出>：

选择圆弧辅轴右端点为弧形梁终点；

请输入弧线上的点<退出>：

此时在圆弧辅轴上任意选择一点即可，回车结束命令。

本工程首层梁效果图如图 5.6.10 所示。

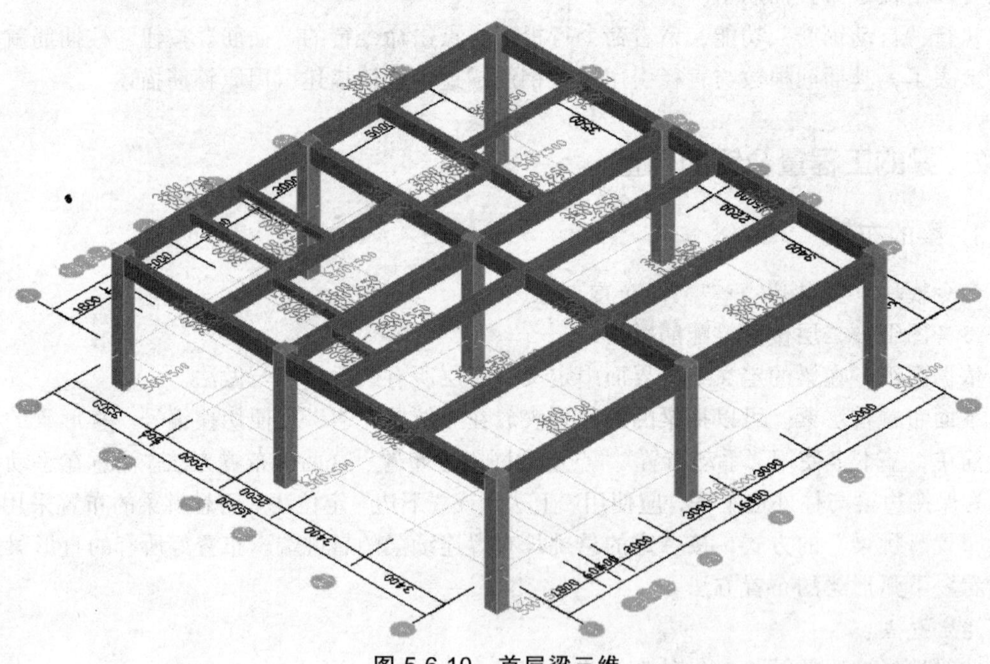

图 5.6.10　首层梁三维

2. 首层梁筋

命令模块：“钢筋”→“梁筋布置”

参考图纸：结施.08（一层楼面梁结构图）

依据结构设计说明，梁的保护层厚度为 25，抗震等级为 3 级，在定义梁编号时应注意设置正确。下面给梁布置钢筋，用“构件显示”命令将柱和梁显示出来。

激活“梁筋布置”命令，如图 5.6.11 所示。

梁筋布置 KL5(2)(300x650)

梁跨	箍筋	面筋	底筋	左支座筋	右支座筋	腰筋	拉筋	加强筋	其它筋	标高(m)	截面(mm)
集中标注	A8@100/200	2B20	2B20							0	300x650
1				4B20	4B20						
2					4B20						

其它钢筋： ☑ 缺省 设置 核查 参照 布置 下步(N)

图 5.6.11 梁筋布置

这里梁筋导航器的标高是相对于当前层的层顶标高计算的。当梁按“同层高”布置时，梁筋对话框梁的标高就是 0。如果梁要降一定的高度，在标高中就应输入一个相对于当前层顶标高的负数，例如“－0.5”m；如果升起一定的高度，则需输入一个相对于当前层顶标高的正数值，此标高值会标注在梁的集中标注中。

在布置梁筋之前，先完成一些钢筋设置。点击“设置”按钮，进入识别设置对话框，如图 5.6.12 所示。

钢筋选项

钢筋设置 计算设置 节点设置 识别设置

◉梁 ○条基 ○腰筋表 导入 恢复

	设置项目	设置值
1	公用	
1.1	是否识别梁截面与标高	识别
1.2	识别后保留原图	不保留
1.3	识别原位标注的面筋	识别
1.4	双层钢筋的垫筋	无垫筋
1.5	折梁处角托钢筋	2B18
1.6	带悬挑钢筋端头是否按回弯形式	按标准
1.7	布置对话框中修改标高是否同编号	单独处理
1.8	布置对话框中修改截面尺寸是否同编号	单独处理
1.9	布置对话框中修改平法钢筋后点下步时选项	每次提示
2	箍筋	
2.1	框架梁说明性箍筋描述	不设置
2.2	普通梁说明性箍筋描述	不设置
2.3	梁悬挑端说明性箍筋描述	不设置
2.4	自动布置主次梁加密箍	自动布置
2.5	主次梁加密箍筋描述	6
2.6	自动布置井字梁节点加密箍	手动布置
2.7	井字梁节点加密箍筋描述	6
2.8	梁悬挑端箍筋是否同集中标注	同集中标注 箍筋
2.9	折梁处加密箍设置	14
3	腰筋	
3.1	自动布置构造腰筋	指定布置
3.2	构造腰筋描述	2B12
3.3	计算腰筋板下梁高度取值设置	取小值
3.4	布置构造腰筋的梁净高(mm)	450
3.5	起始梁高构造腰筋排数(排)	2
3.6	每增加一排构造腰筋的高度间距(mm)	200
3.7	拉筋配置	(按规范计算)
3.8	梁构造拉筋间距	2倍非加密箍间距

提示内容

确定 取消

图 5.6.12 识别设置

在图 5.6.12 中可以设置自动布置腰筋的条件、缺省的腰筋、拉筋描述以及自动布置吊筋、井字梁加密箍等。按设计要求，板下梁净高大于 450 时要布置腰筋，将“自动布置构造腰筋”选项设为“自动布置”，并设置好腰筋与拉筋的描述，以及腰筋排数等等，这里的默认值均是按规范设置的。注意，这里的“布置腰筋的起始梁高”指的是梁净高，不包含梁上板的相交高度。如果目前没有布置板，或者布置板后没有执行过梁的工程量分析，软件会取梁的截高作为梁净高，以此为条件布置的腰筋是不正确的。因此在不满足上述条件的情况下，不能设置腰筋的自动布置，腰筋要另行处理。前面在讲解手工建模时，已经布置了板并执行了工程量分析，因此这里可以将“自动布置构造腰筋”设为“自动布置”。设置好后点击“确定”按钮，返回梁筋布置界面。

在图面上选择要布置钢筋的梁，以 KL4（2）为例，点击右键确认选择。该梁是两跨连续梁，对话框中相应地显示出含集中标注在内的 3 行数据，每一跨梁对应一行钢筋数据，下一步是按平法规则录入钢筋描述。先是集中标注的录入。依据一层楼面梁结构图，1KL4（2）的集中标注中有箍筋、受力锚固面筋和底筋，分别录入到集中标注的箍筋、上部筋和下部筋中。

接着录入原位标注钢筋，例如第一跨的梁底直筋以及支座负筋。梁底直筋录入到 1 行的“底部筋”中；录入支座负筋时应注意按照原位标注在梁跨上的相对位置来录入。软件将负筋分为“左支座筋”和“右支座筋”，如果原位标注在梁跨的左端，则录入到“左支座筋”中，在右端则录入到“右支座筋”中，软件会自动根据梁跨号判断该支座筋是端头支座负筋还是中间支座负筋。该梁没有原位标注，在此无需录入。该梁与次梁相交处软件会自动生成主次梁加密箍筋。

其中第 2 跨上还有吊筋，在软件中，吊筋和节点加密箍筋等都属于加强筋，因此要录入到“加强筋”列中。录入吊筋时，应根据平法规则在钢筋描述前加上吊筋代号“V”。第 2 跨上有两处吊筋，可以用“;”或“/”隔开两个吊筋描述，此梁录入“V2C16”，如图 5.6.13 所示。

梁筋布置 1KL4[2](300×650)

梁跨	箍筋	面筋	底筋	左支座筋	右支座筋	腰筋	拉筋	加强筋	其它箍
集中标注	A10@100/200(2)	2C20	4C25			N4A12	2*A6@400		
1								J6A10(2);J6A1	
2								V2C16;J6A10(	

其它钢筋： 缺省 识梁 组跨 设置 核查 选择 参照 布置 下步(N)

图 5.6.13 梁筋录入

核对钢筋明细无误后，点击“布置”按钮，梁钢筋就布置到 KL4（2）上了，以平法标注显示在梁上，如图 5.6.14 所示。

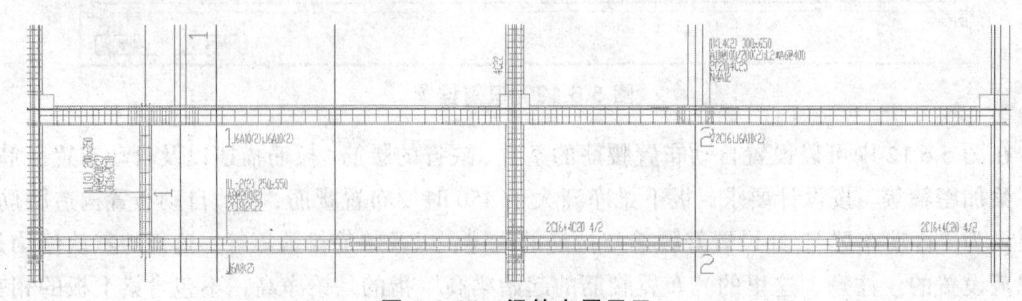

图 5.6.14 梁筋布置显示

注意：

（1）梁钢筋遵循同编号布置原则，因此对于相同编号的梁，其各个梁跨应该相对应，尤其是镜像布置的梁，如果梁跨号错误，则该梁上的钢筋也会计算错误。因此，不论是手工布置梁钢筋，还是识别梁筋，都应先核查梁跨号是否正确，调整好梁跨号后，再布置梁筋。梁跨的调整可以用“工具”菜单下的“跨段组合”功能来完成。

（2）要正确设置梁的结构类型，区分框架梁和普通梁。在布置梁钢筋时，普通梁的钢筋会锚入框架梁内，如果框架梁错设置成普通梁，普通梁钢筋将取不到锚固值。

（3）自动布置梁腰筋的前提条件是已经布置了板，这样软件才能取到正确的梁净高，否则软件会取梁截高作为自动布置腰筋的起始梁高。梁腰筋还可以用“自动钢筋”中的“腰筋调整”来布置或调整，具体操作方法请见识别梁筋章节。

（4）录入钢筋描述时，标点符号必须是半角的，全角的符号软件不支持。

5.6.3 板的工程量及钢筋布置

1. 板的布置

命令模块：“结构”→“板体布置”

参考图纸：二层板配筋图

在布置板之前，先将图面上不需要显示的构件和轴网隐藏起来，只留下柱和梁。依据二层板配筋图，分别建立板厚为 120 板编号。板的布置方法比较简单，只要在封闭区域点取一点就可以了。

2. 首层板筋

命令模块：“钢筋”→“板筋布置”

参考图纸：二层板配筋图

在软件中，板筋是像构件一样绘制出来的钢筋，不同于其他构件上只显示描述而无图形显示的钢筋，且板钢筋不遵循同编号布置原则。

在布置板筋之前，应打开软件的“对象捕捉”功能。先执行“工具”菜单中的“捕捉设置”命令，在弹出的对话框中钩选“垂足”和“最近点”，点击“确定”按钮退出对话框，然后点击状态栏的“对象捕捉”按钮（或按键盘上的 F3 键），使对象捕捉处于打开状态即可。如果布置的板筋以水平的和竖直的为主，则需要将“正交”打开，以确保绘制出来的板筋成直线形状。

执行“板筋布置”命令，弹出“布置板筋”对话框。

1）布置板底筋和板面筋

两种钢筋的布置方法相同，在布置之前，先选中弹出窗口中对应的板筋类型为底筋及布置方式为选板双向，然后在该窗口中设置好相应板的底筋 X 向和底筋 Y 向，最后选择需要布置的板点击鼠标右键即可布置好板底筋，如图 5.6.15 所示。

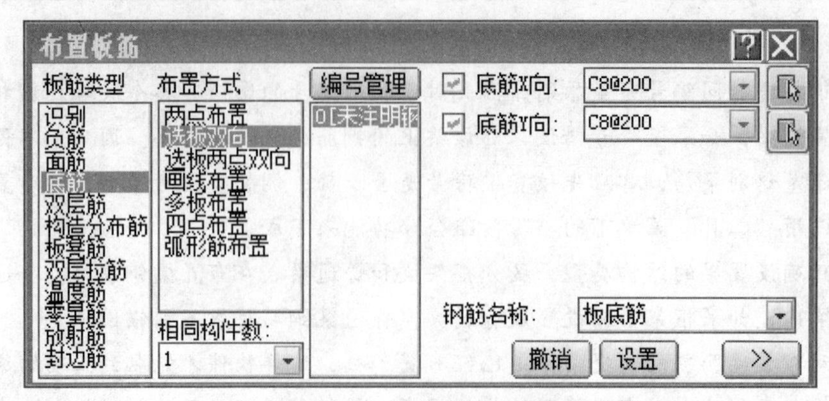

图 5.6.15　板底筋布置

2）布置板负筋

板负筋的布置方式类似板底筋。以 A.1 轴梁上的板负筋为例，在板筋布置窗口中对应的板筋类型选择负筋，布置方式选择选梁墙布置；然后输入面筋描述为 C8@200，构造筋输入 A6@200，挑长输入上下挑均为 800（注意点开窗口右下方的设置，设置好单挑和双挑的距离是到梁边还是梁中，如图 5.6.16、5.6.17 所示）。设置好之后选择需要布置的梁点击鼠标右键即可完成单梁上负筋的布置，如图示 5.6.18 所示。

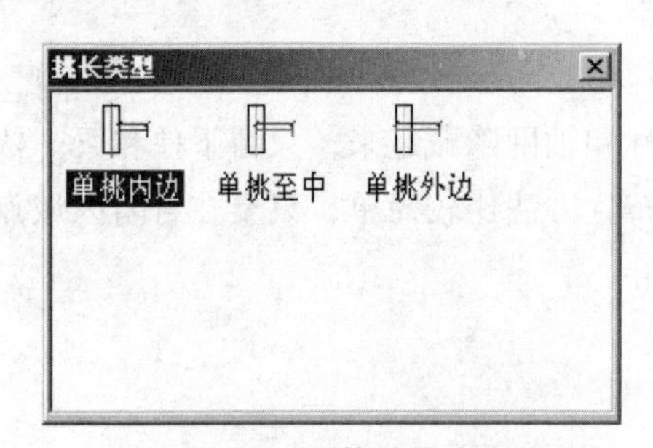

图 5.6.16　面筋单挑类型设置

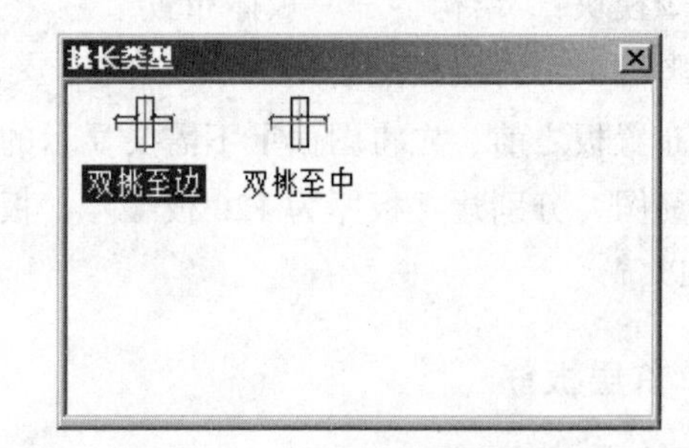

图 5.6.17　面筋双挑类型设置

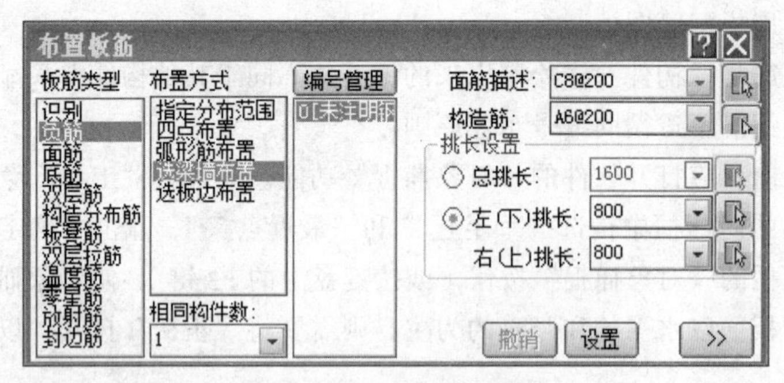

图 5.6.18　板负筋布置

对于横跨两条或者多条梁上的负筋，布置方式可以选择 4 点布置。如图中（二层板配筋图），B 轴和 A.2 轴梁上的负筋，在设置好钢筋描述及挑长设置之后，先竖向画一根线横跨该两条梁，然后再横向画一根线起点和终点代表该负筋分布的范围即可。

为了检查钢筋布置是否正确，可以选中已布置好的钢筋点击鼠标右键，打开该板筋的明细开关来检查钢筋的布置范围是否正确，如图 5.6.19 所示。

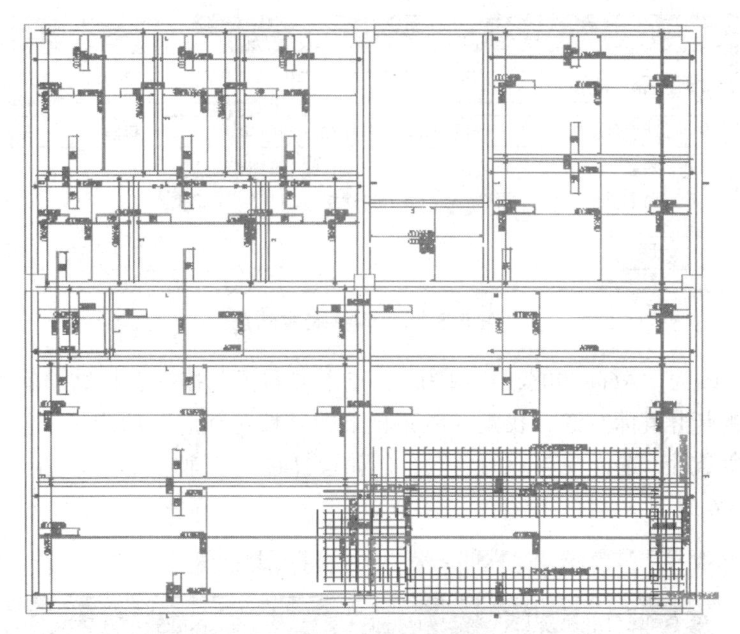

图 5.6.19 板筋明细

5.6.4 砌体墙的工程量及钢筋布置

1. 砌体墙的布置

命令模块："结构"→"墙体布置"

参考图纸：一层平面图

首先依据施工图，在墙定义编号界面中定义墙体编号。从施工图可以看出，一层的砌体填充墙只有一种"120"厚度，首先定义砌体墙编号，然后布置墙体。使用"手动布置"的方式，选择"上边"为定位点，墙位置设置为"外墙"，底高为"0"，高度设置为"同梁底"，然后以轴线交点为参照点，画出所有的外墙。注意，在手动绘制墙时，软件默认为连续画墙的形式，如果下一段墙体与之前绘制的墙体不是连续的，则需先点击鼠标右键取消连续画墙，再重新选取下一段墙的起点绘制。如墙中和梁中线重合，布置墙体时可以用"选梁布置"的方式，选中梁点击鼠标右键就可以快速布置梁下的砌体墙了。由于首层部分墙体需要延伸到基础顶，因此需要调整墙体底高。用"构件查询"功能，选中要修改的墙段，在构件查询对话框中将底高调整为"同基础顶"即可。

2. 砌体墙拉结筋

命令模块："钢筋"→"自动钢筋"

参考图纸：结构施工说明

按照结构设计要求，本工程柱与内外墙的连接应设拉结墙筋。填充墙沿框架柱全高每隔500设2A6拉筋，沿墙体全长贯通。在软件中，砌体墙拉结筋采用自动布置的方式实现。

执行"钢筋"菜单下的"自动钢筋"功能，请看命令行提示，点击命令行的"砌体墙拉结"按钮，弹出以下对话框，如图5.6.20所示。

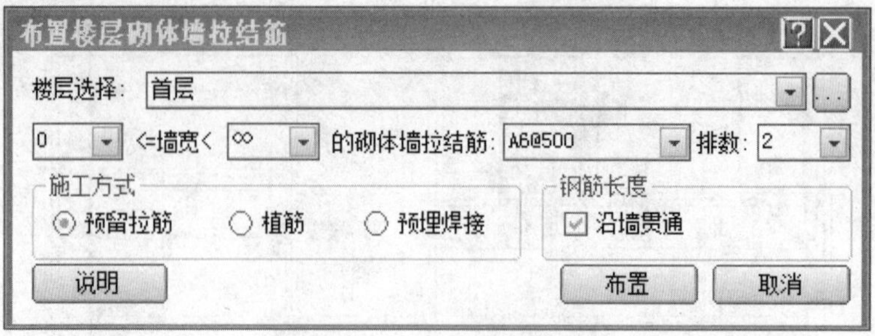

图 5.6.20　砌体墙拉结筋

拉结筋描述改为“A6@500”，排数为 2，点击“布置”按钮，拉结筋就布置好了。

选中某段墙点击鼠标右键，找到导航菜单下的“核对钢筋”功能来查看砌体墙拉结筋。执行核对钢筋命令后，选择要查看的墙段，例如选择首层 A 轴上的砌体墙，点击鼠标右键确认，弹出如图 5.6.21 所示对话框。

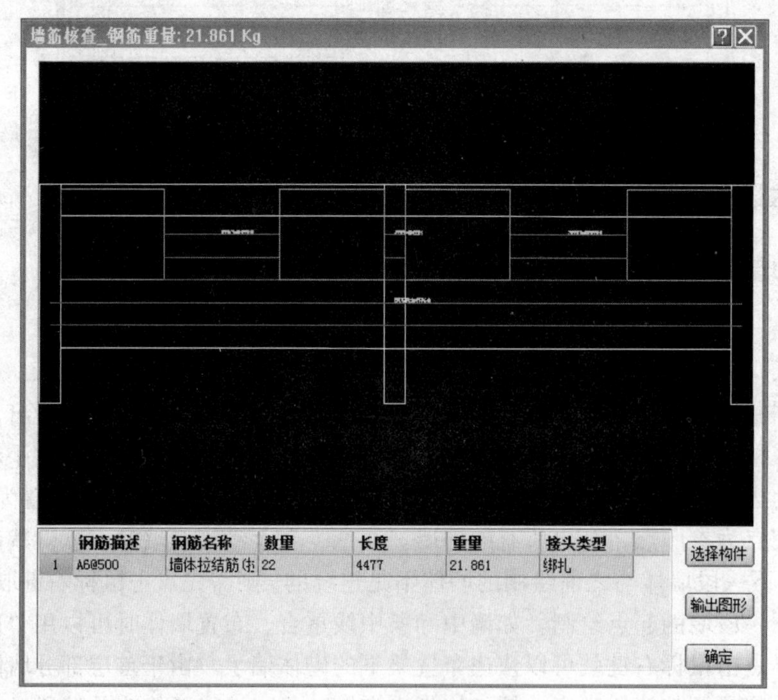

图 5.6.21　砌体墙筋核对

5.6.5　门窗洞口的工程量布置

命令模块：“建筑一”→“门窗布置”

参考图纸：门窗详图及门窗表、一层平面图

首层的普通门窗是指除了飘窗之外的门窗布置。依据门窗表便可以定义门窗编号，其定义方法请参照其他构件，这里就不再介绍了。定义好门窗编号之后进行布置，布置的时候要注意设置门的底高和窗台高。如高度设置得不对会影响到过梁的计算。

门窗布置后的效果图如图 5.6.22 所示。

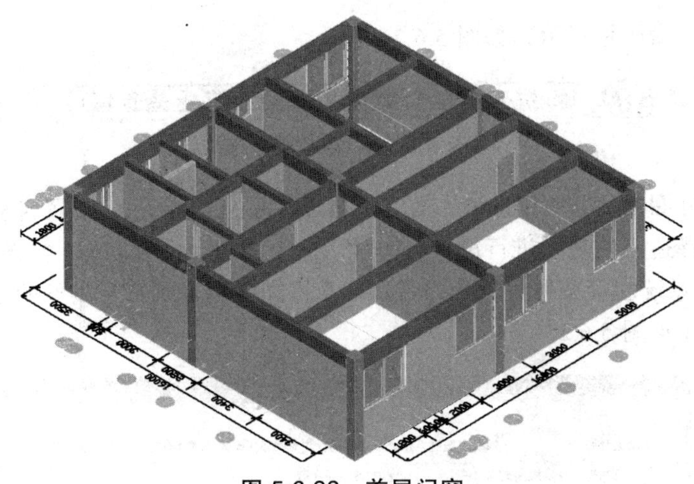

图 5.6.22　首层门窗

5.6.6　过梁、圈梁、构造柱的工程量及钢筋布置

1. 过　梁

命令模块："梁体" → "过梁布置"

参考图纸：结构施工说明

依据结构施工说明过梁表，定义过梁编号。过梁的截宽取同墙宽即可，截高按不同的墙厚及洞宽按要求进行设置，定义好过梁编号后，再进行布置。

1）手工过梁布置

布置之前设置好过梁的左、右挑长及梁底高为"同洞口顶"，然后选中需要布置过梁的门洞或者窗洞点击鼠标右键完成过梁的布置。过梁的钢筋布置同梁筋。

2）表格法布置过梁

表格法可以快速准确地布置过梁及钢筋。点击布置工具栏内的"表格钢筋"按钮，在命令行中选择"过梁表"，软件会弹出过梁表（见图 5.6.23），在这里过梁表用于保存过梁的自动布置条件。首先设计图纸的过梁表，设置好过梁的属性及配筋，点击保存按钮，再点击"布置过梁"按钮，地下室的过梁就一次性布置好了，如图 5.6.23 所示。

过梁表

编号	材料	墙厚>	墙厚<=	洞宽>	洞宽<=	过梁高	单挑长度	上部钢筋	底部钢筋	箍筋
GL1	C20	0	200	0	1200	100	250		2B12	A6@200
GL2	C20	0	200	1200	1500	100	250		3B12	A6@200
GL3	C20	0	200	1500	1800	200	250	2B12	3B14	A6@200
GL4	C20	0	200	1800	2400	200	250	2B12	3B16	A6@200
GL5	C20	0	200	2400	3000	300	250		3B16	A6@200

楼层：首层　识别过梁表　保存　导入定义　定义编号　导入　导出　布置过梁　钢筋布置

图 5.6.23　过梁表

2. 圈　梁

命令模块："梁体" → "圈梁布置"

执行命令后，命令栏提示，如图 5.6.24 所示。

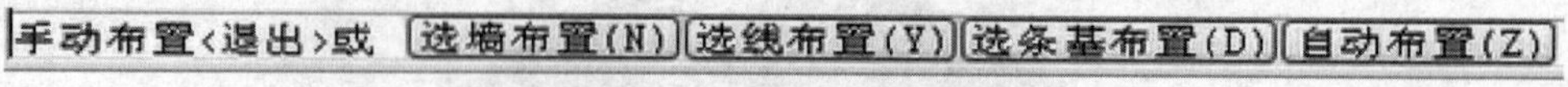

手动布置<退出>或 [选墙布置(N)] [选线布置(Y)] [选条基布置(D)] [自动布置(Z)]

图 5.6.24　命令栏提示

通常在定义好圈梁后，使用选墙布置，也可以使用自动布置："设置自动布置参数"对话框可根据需要选择适当的规则进行设置，将对话框中的内容设置完后，点击"确定"（注意观察命令行提示），系统就会按照设置的条件，自动将圈梁布置到符合条件的墙体上，也可布置到指定的墙体上（见图 5.6.25）。

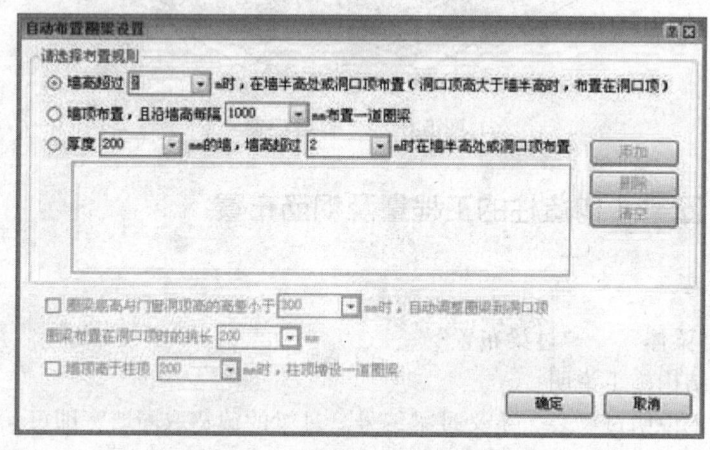

图 5.6.25　圈梁自动布置参数对话框

3. 构造柱

命令模块："柱体"→"构造柱布置"

构造柱及其钢筋的布置可以参照柱体的布置。也可以使用自动布置，根据结构设计说明设置好构造柱的生成规则即可一次性将所有楼层的构造柱布置完成，如图 5.6.26 所示。

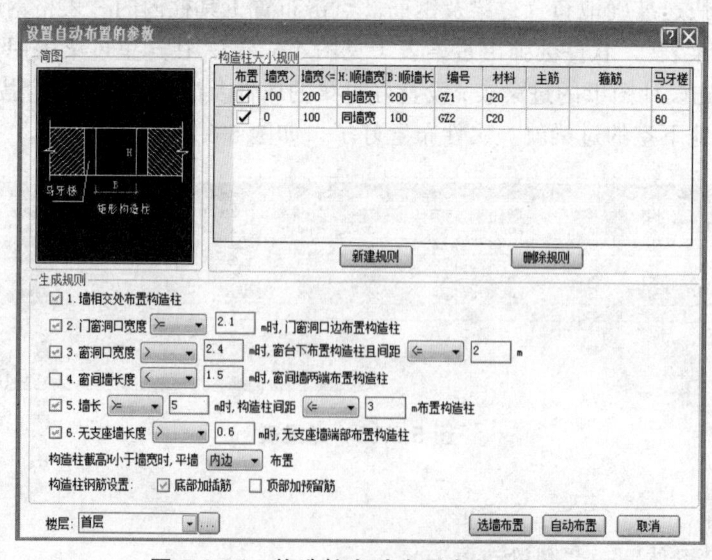

图 5.6.26　构造柱自动布置参数对话框

5.6.7 楼梯的工程量及钢筋布置

本工程中的楼梯是整体双跑式楼梯，它所包含的构件有：梯柱、楼梯平台板、楼梯梁、梯段以及栏杆扶手。下面详细讲解如何将这些构件组合成楼梯。

1. 楼梯梯段

命令模块：“楼梯”→“梯段”

参考图纸：楼梯配筋图

首先依据施工图定义梯段编号。在定义编号界面中新建一个梯段编号，软件提供了多种梯段类型，在属性的结构类型中可以选择，并且每一种梯段类型都有对应的示意图。这里选择不带平台板的 A 型梯段。其他的参数设置如图 5.6.27 所示。

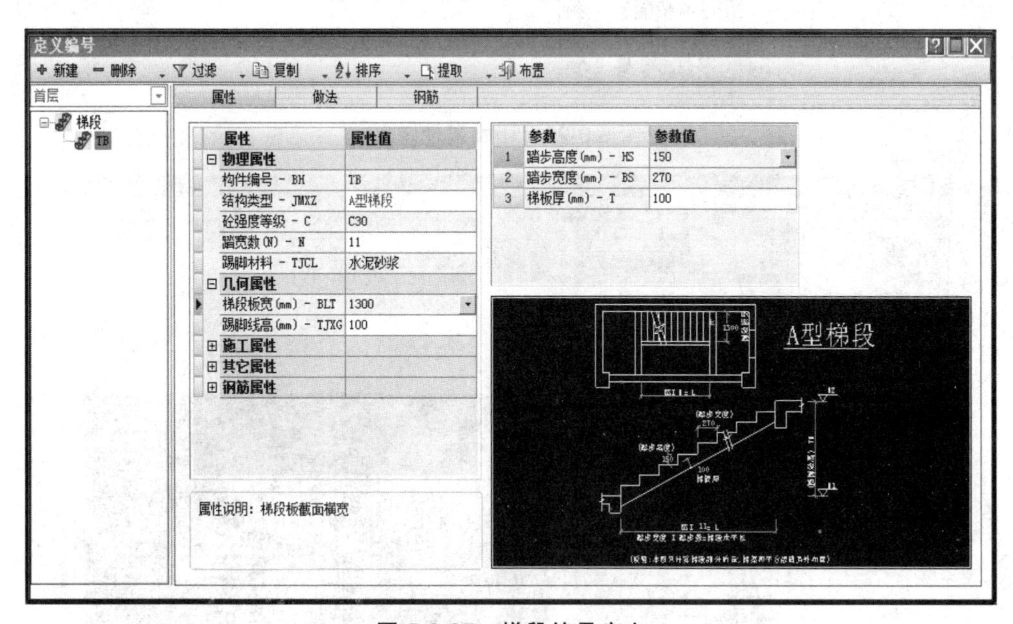

图 5.6.27 梯段编号定义

在物理属性中，“踏步数目”指的是纯踏面数，不包含楼梯梁，软件按踏步数目计算梯段高度。

2. 组合楼梯

命令模块：“楼梯”→“楼梯”

参考图纸：楼梯配筋图

新建一个楼梯编号 LT1，楼梯参数设置窗口如图 5.6.28 所示。

依据图纸，将楼梯类型设置成“下 A 上 A 型”，即一个双跑楼梯的两个梯段都是软件设置的楼梯类型中的 A 型梯段。首先选择下跑梯段的编号选择为 TB，上跑梯段编号选择为 TB，梯口梁编号为框架梁，选择为空，平台梁编号为 TL2，平台口梁为 TL3，平台板编号为 PTB1，栏杆编号为 LG，扶手编号为 FS，然后再对应图纸设置好各楼梯梁、平台板的几何属性。设置好的效果如图 5.6.29 所示。

属性	属性值
- 物理属性	
构件名称 - BH	LT1
属性类型 - SXLX	砼结构
楼梯类型 - LX	
踢脚的材料 - TJCL	混合砂浆
楼梯装饰材料 - TMCI	混合砂浆
下跑梯段编号 - BBH	
下跑踏步数(N) - BN	10
E型下跑下段踏步数(N)	4
E型下跑上段踏步数(N)	4
上跑梯段编号 - TBH	
上跑踏步数(N) - N	8
E型上跑下段踏步数(N)	4
E型上跑上段踏步数(N)	4
梯口梁编号 - TKL	
平台梁编号 - PTL	
平台口梁编号 - PTKL	
平台板编号 - PTBBH	

图 5.6.28　楼梯属性定义

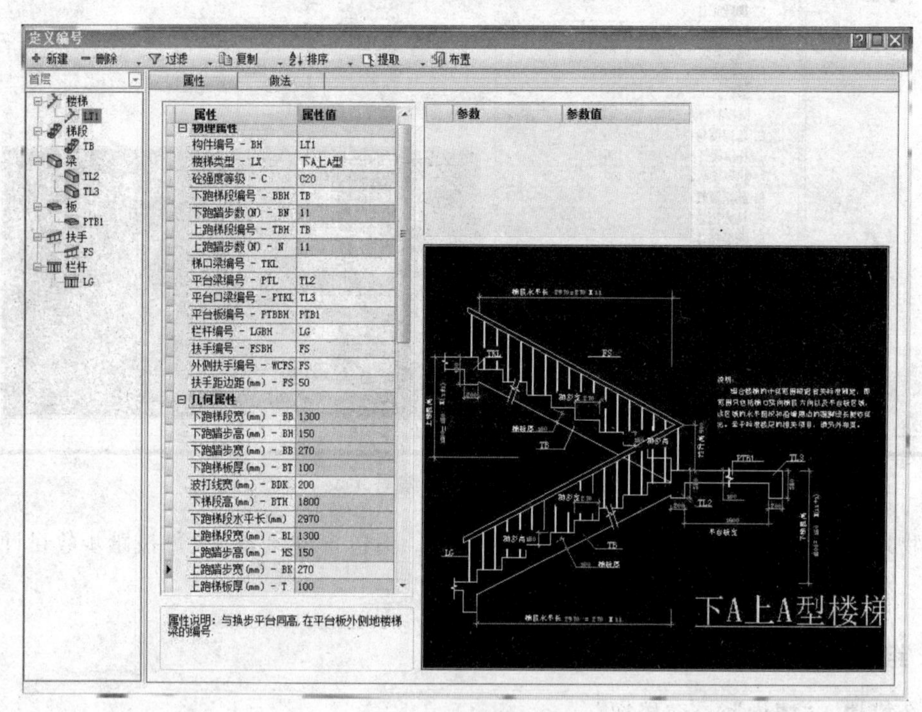

属性	属性值
日 物理属性	
构件编号 - BH	LT1
楼梯类型 - LX	下A上A型
砼强度等级 - C	C20
下跑梯段编号 - BBH	TB
下跑踏步数(N) - BN	11
上跑梯段编号 - TBH	TB
上跑踏步数(N) - N	11
梯口梁编号 - TKL	
平台梁编号 - PTL	TL2
平台口梁编号 - PTKL	TL3
平台板编号 - PTBBH	PTB1
栏杆编号 - LGBH	LG
扶手编号 - FSBH	FS
外侧扶手编号 - WCFS	FS
扶手距边距(mm) - FS	50
日 几何属性	
下跑梯段宽(mm) - BB	1300
下跑踏步高(mm) - BH	150
下跑踏步宽(mm) - BB	270
下跑梯板厚(mm) - BT	100
波打线宽(mm) - BDK	200
下梯段高(mm) - BTH	1800
下跑梯段水平长(mm)	2970
上跑梯段宽(mm) - BL	1300
上跑踏步高(mm) - HS	150
上跑踏步宽(mm) - BK	270
上跑梯板厚(mm) - T	100

图 5.6.29　楼梯设置

当然，这里并不是所有的参数都已经定义好了，还需定义组合楼梯的平台板宽和指定踢脚宽两个参数。定义完后退出“定义编号”窗口，在导航器框中，选择楼梯类型为：标准双跑逆时针，外侧布置栏杆和外侧布置扶手的选项，都去掉勾选。确定布置插入点，在界面上点击需要布置楼梯的对应插入点，最后再将楼梯柱布置到相应的位置（参照柱的布置）以及 PTL1 也布置到相应位置（参照梁体的布置）。这样就将整个楼梯布置完成了，如图 5.6.30 所示。

图 5.6.30 楼梯布置效果

布置好楼梯之后，先参照柱筋、梁筋、板筋的布置方法将对应的楼梯柱、楼梯梁、平台板的钢筋布置好，再将梯段的钢筋布置好，这样就完成了整个楼梯钢筋的布置，如图 5.6.31 所示。

梯段筋布置 TB_A型梯段[150×270×100] [用量:76.095KG/M3 体积:0.731M3 钢筋:55.648KG]

	钢筋描述	钢筋名称	数量	长度	接头类型	接头数
1	C10@120	梯板底筋	12	3627	绑扎	0
2	A6@200	梯板底分布筋	18	1325	绑扎	0
3	C10@120	板上端负弯筋	12	1351	绑扎	0
4	A6@200	板上端负弯筋分布筋	6	1325	绑扎	0
5	C10@120	板下端负弯筋	12	1351	绑扎	0
6	A6@200	板下端负弯筋分布筋	6	1325	绑扎	0

其它钢筋 ☑缺省 撤消 提取 核查 简图 选择 参照 布置 <<

数量公式 (BLT-2*CZ)/S+1

数量计算式 (1300-2*25)/120+1

长度公式 LMC+L*sqrt(BS*BS+HS*HS)/BS+RMC+2*WG180

长度计算式 (200/2*sqrt(270*270+150*150)/270)+2970*sqrt(270*270+150*150)/270+(200/2*sqrt(270*270+150*150)/270)

长度中文式 锚入梯梁长度+斜长+锚入梯梁长度

左锚长 MAX(5D,B/2*SQRT(BS*BS+HS*HS)/BS) 右锚长 MAX(5D,B/2*SQRT(BS*BS+HS*HS)/BS)

图 5.6.31 梯段配筋布置

5.6.8 装修装饰

1. 装修装饰定义

命令模块：“装饰”→“房间布置”

参考图纸：建施.01（建筑设计说明）、建施.02（建筑一层平面图）

从一层平面图可以看出，首层的房间有实训室、办公室、储物间、楼梯间和卫生间，需要分别布置这 5 个房间的装饰。首先进入房间布置的定义编号界面，在定义房间编号之前，先定义侧壁、地面和天棚编号。

依据建筑说明的装饰做法说明建立地面编号，有水泥地面、防滑地砖地面及地砖地面编号。其编号属性定义如图 5.6.32 所示。

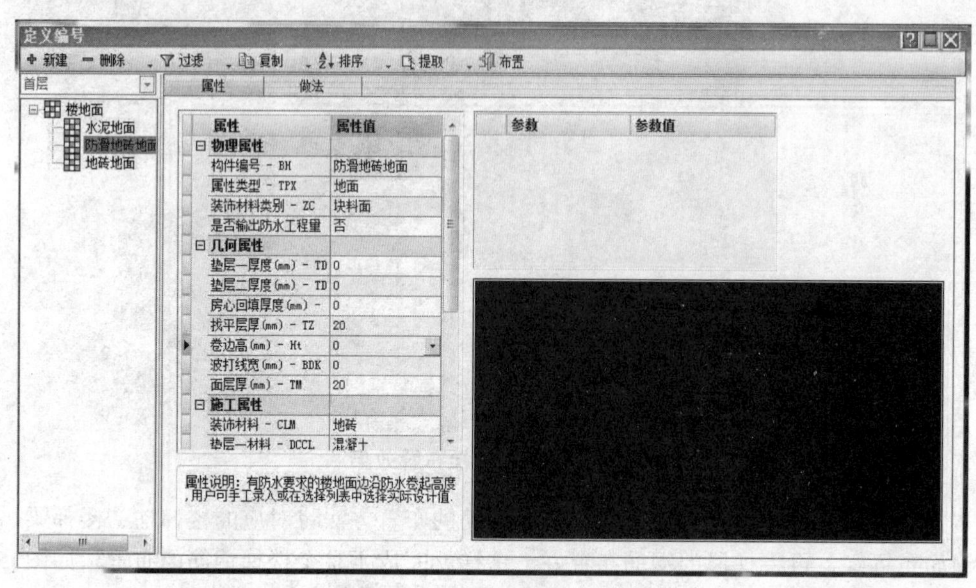

图 5.6.32　地面属性定义

定义时要注意：装饰材料类别要正确选择是抹灰面还是块料面，因不同材料计算规则不同，如选择错误会影响工程量的计算。另外遇到卫生间等用水房间需要计算防水卷边的面积时，可以在地面定义的时候设置好卷边高来进行计算。

然后建立侧壁编号，一共有水泥踢脚和地砖踢脚两种编号。其中踢脚的定义如图 5.6.33 所示。

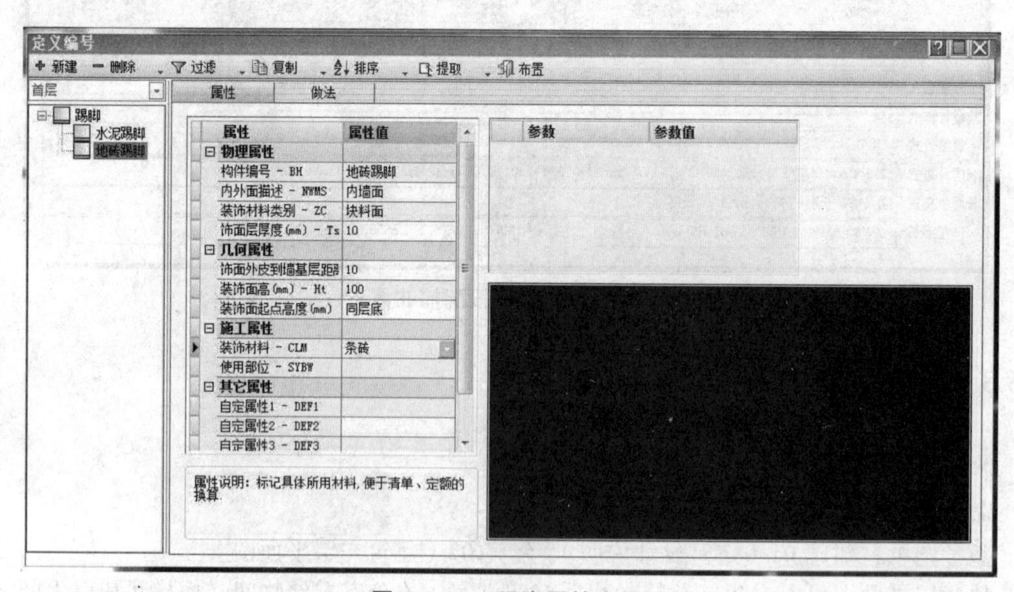

图 5.6.33　踢脚属性定义

墙面的定义如图 5.6.34 所示。

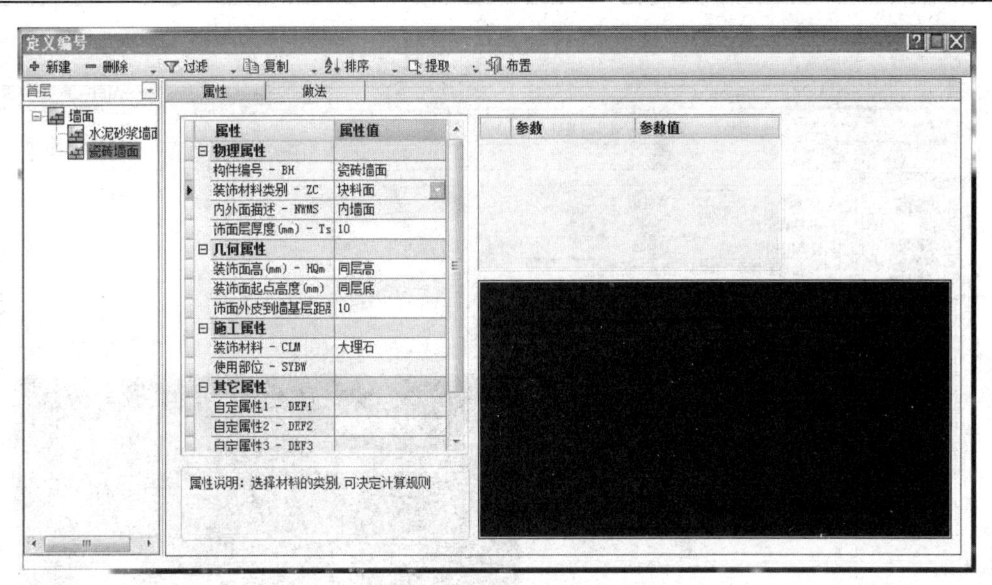

图 5.6.34　墙面属性定义

同样，也要注意选择正确的装饰材料类别。比如在云南 2013 定额计算规则中规定块料装饰墙面需计算门窗侧的工程量，而抹灰面装饰材料则不需要计算。

天棚主要有铝合金条板吊顶和抹灰天棚两种，其编号定义如图 5.6.35 所示。

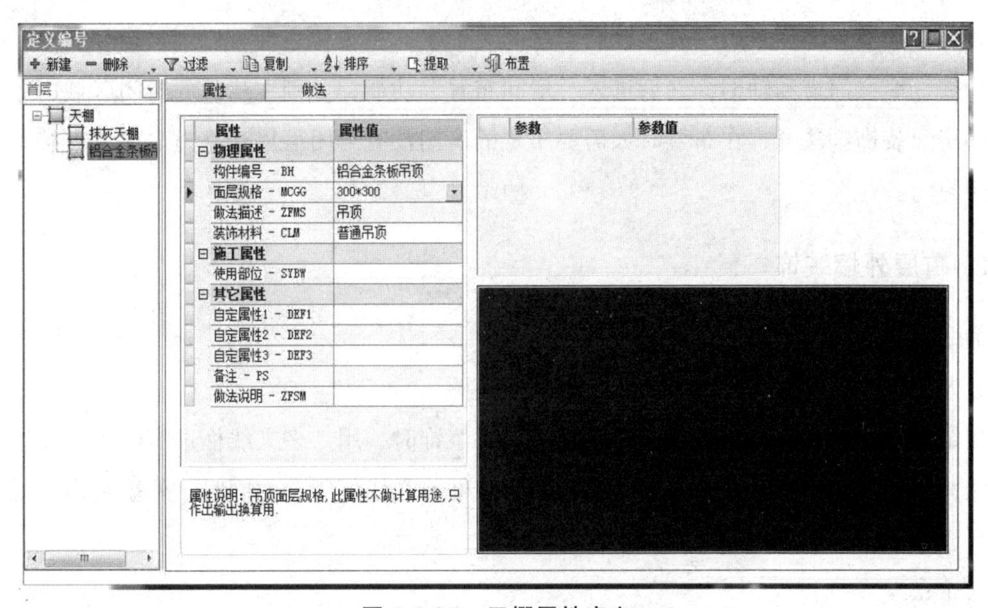

图 5.6.35　天棚属性定义

在定义天棚时需正确选择做法描述是抹灰面还是吊顶。两者计算规则不同，抹灰面是按接触面积计算，而吊顶是按投影面积进行计算。

在建立完地面、侧壁和天棚编号后，下面就可以建立房间编号了。在房间节点下新建房间编号，然后再按对应的房间选择定义好的地面、踢脚、墙面及天棚等构件。这里以卫生间为例，因卫生间没有踢脚、墙裙的构件，可空选。其编号定义如图 5.6.36 所示。

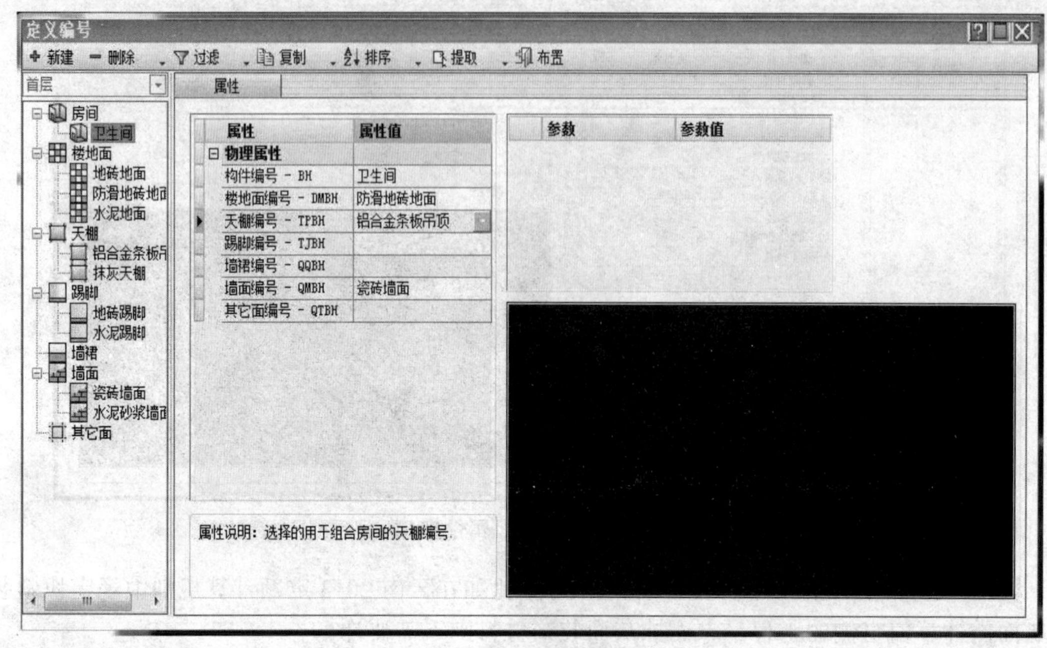

图 5.6.36　卫生间房间编号定义

定义好各类装饰编号后，就可以布置房间装饰了。在布置之前可以用“构件显示”功能只显示柱、墙、门窗和轴网，然后进入“房间布置”功能，分别在房间的封闭区域内布置上相应的房间装饰。注意，在布置时如需要布置的房间没有封闭可以建立虚墙或者直接画直线来用于封闭。

2. 首层外墙装饰

命令模块：“装饰”→“墙面布置”

参考图纸：建筑施工装饰做法表、建筑立面图

先定义首层外墙装饰的编号。在布置首层外装饰时，用“多义线框选实体生成外边界”的方法，用多义线绘制出一个包围首层建筑的线框，在线框闭合的同时，外墙装饰也就布置好了。

提示：

布置外墙装饰时，应该将外墙上的所有外悬构件都隐藏起来再进行布置。所有外悬构件的装饰面积应该另外套挂定额。

如需核对所布置的外墙装饰是如何计算的，可以选中外墙装饰点击鼠标右键导航菜单中的核对构件，可以清晰地看出详细的计算公式以及图形的扣减情况（此功能同样适用其他构件），如图 5.6.37 所示。

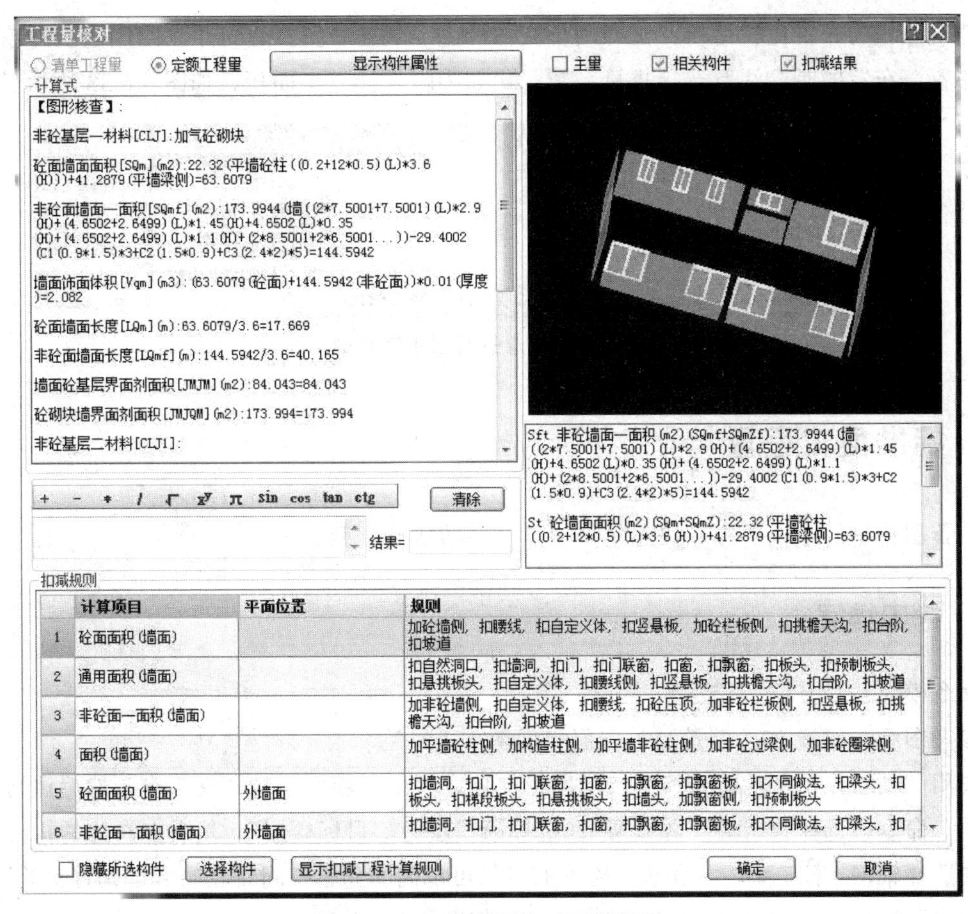

图 5.6.37 外墙面的工程量核对

5.6.9 平整场地及建筑面积的布置

1. 平整场地

命令模块:“自定义构件”→“自定义面”

平整场地与建筑面积都是计算面积的,在软件中没有平整场地这种构件,可以采用“自定义面”命令来计算所有与面积有关的项目。在定义编号界面中新建一个自定义面编号,编号的属性对要计算的项目没有作用,可以不用修改。

布置平整场地面构件:在导航器中设置顶高为 0。按照清单计算规则,平整场地工程量按建筑物首层面积计算,用“实体外围”的方法框选建筑即可布置成功。查看面的属性,可以看到面积已经计算出来。

如果平整场地需按建筑轮廓每边扩大 2 m 计算,则可以沿建筑轮廓布置了自定义面后,用“修改”菜单下的“偏移”功能,将面轮廓向外偏移 2 000 mm 后,得到平整场地的面积。

2. 建筑面积

命令模块:“其他构件”→“建筑面积”

建筑面积的布置比较简单，可以用“实体外围”快速布置，也可手工绘制建筑外轮廓来进行布置。布置的时候注意选择折算系数，比如阳台选择一半面积，如图 5.6.38 所示。

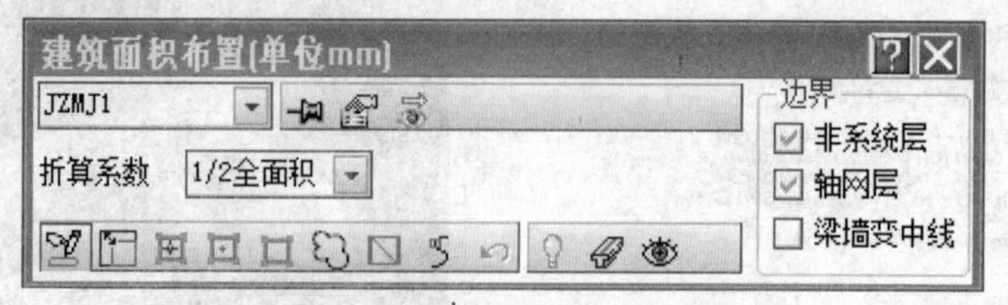

图 5.6.38　建筑面积折算系数

5.7　标准层工程量

在首层模型的基础上可以快速建立二、三层的建筑模型。

5.7.1　拷贝楼层

命令模块：“构件”→“拷贝楼层”

参考图纸：建施.03（建筑二、三层平面图）

先用“楼层显示”功能切换到二层图形文件，开始二层模型的建立工作。然后执行“拷贝楼层”命令，选择首层为“源楼层”，选择第二层为“目标楼层”，然后在右边的构件类型窗口中选择轴网、柱、梁、墙和板，拷贝的时候可以同时勾选“同时复制所选构件钢筋”，点击“确定”按钮，首层的模型就拷贝过来了，如图 5.7.1 所示。

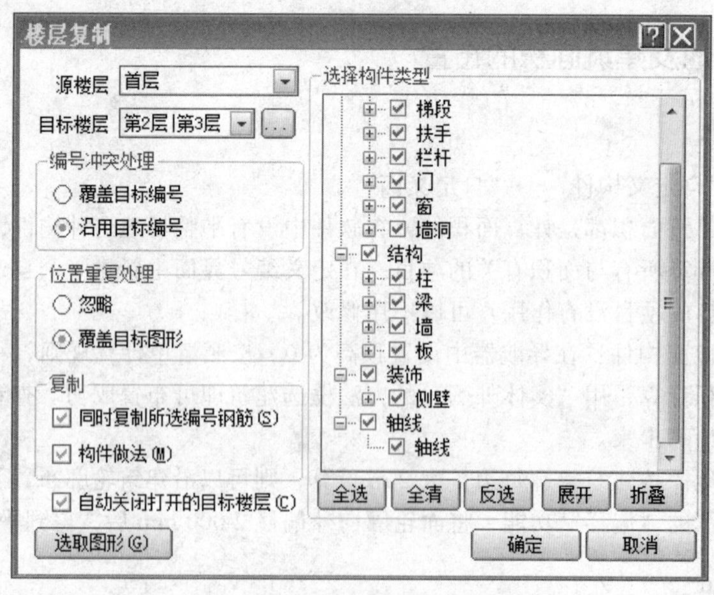

图 5.7.1　楼层拷贝

拷贝的时候要正确勾选“编号冲突处理”和“位置重复处理”两个选项的区别。

5.7.2　构件的修改

构件的修改主要为 3 大类，可以选择需要修改的构件点击鼠标右键在导航菜单中找到，分别为构件查询、构件编辑、定义编号。构件查询主要可以修改构件的编号、强度等级、底标高及顶标高等亮显的属性，如图 5.7.2 所示。

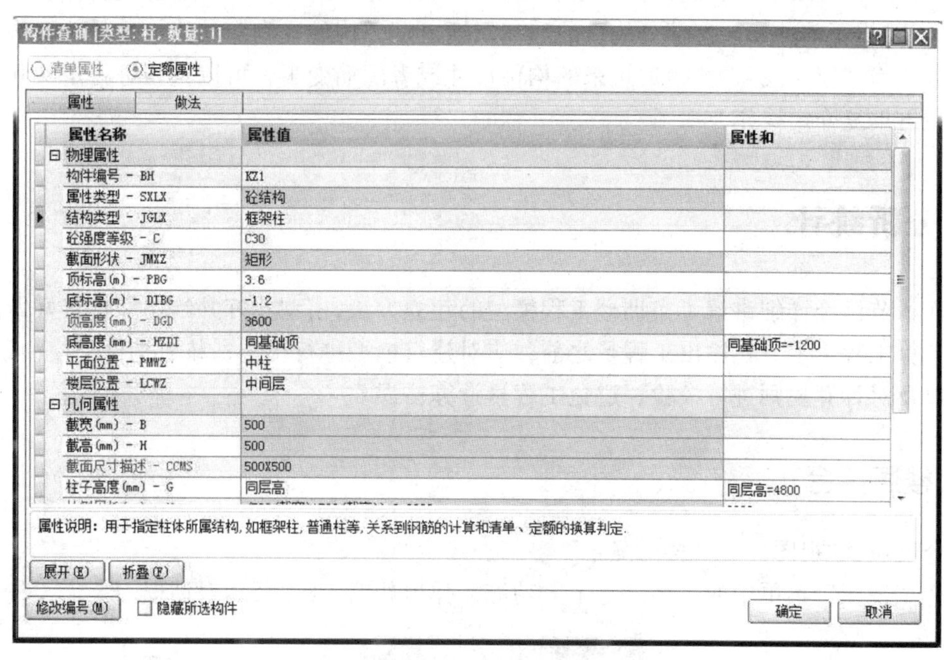

图 5.7.2　构建查询

构件编辑和构件查询类似，除了可以修改构件查询可以修改的部分，还可修改构件颜色。另外，如梁这类特殊构件，因会存在同一梁多跨尺寸不一样，可用构件编辑修改整梁或者某一跨梁，如图 5.7.3 所示。

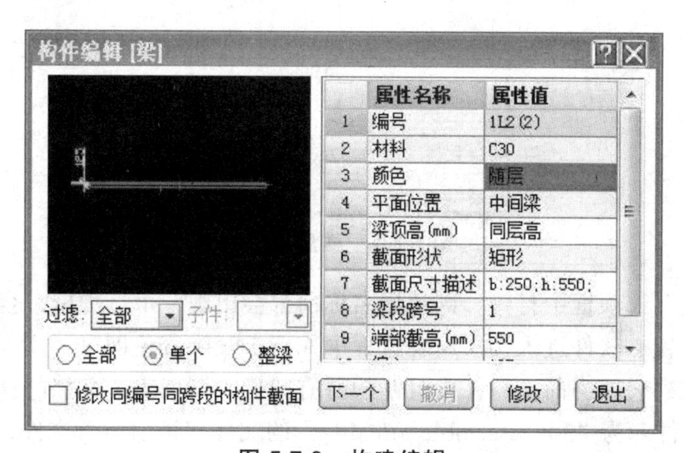

图 5.7.3　构建编辑

定义编号，主要是用于修改同一编号的所有属性。软件遵循同编号原则，即同一编号构件的几何属性及钢筋属性遵循唯一性（板除外）。

通过上述 3 种主要的修改方法，将拷贝过来的构件进行修改。若首层与二、三层的层高不相同，但由于柱、梁、板等构件的顶高都默认为“同层高”，因此软件会自动根据楼层表中的层高自动更新构件的楼层顶高，如果刚拷贝上来时发现构件高度没有调整，可以用“视图”菜单下的“高度自调”功能调整构件高度。需要注意的是，首层有部分柱子和墙的底面伸到基础顶，而拷贝到二层后，这部分柱子和墙下就没有基础了，但属性中底高会仍然保留“同基础顶”，因此要单独修改这部分构件的底高属性。用“构件查询”功能，批量选择构件后，将底高调整为“同层底”。如拷贝过来的构件尺寸或者配筋变了，可以重新进行定义和配筋。这里就不再重复介绍操作方法了。

5.8 分析统计

前面章节已经详细讲解了实训楼工程模型的建立方法,模型建好并给构件挂接好做法后，便可以计算工程量了。在输出工程量之前，应对建筑模型进行检查，核对构件的模型是否有问题；以及对计算规则进行校验，避免工程量计算错误。

5.8.1 楼层组合

命令模块：“视图”→“楼层显示”

执行“视图”菜单中的“楼层显示”功能，弹出如图 5.8.1 所示对话框。

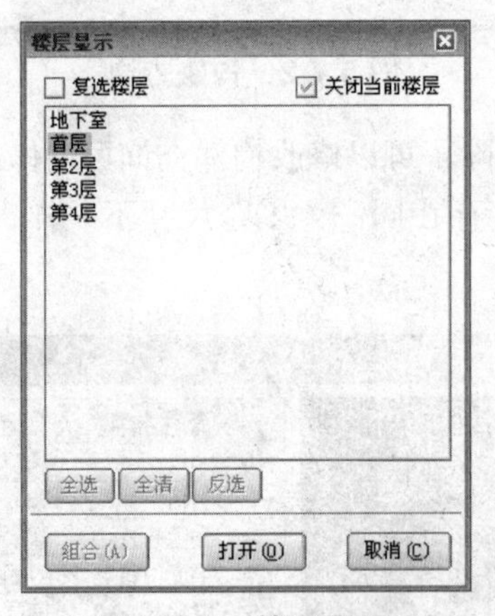

图 5.8.1 楼层显示

在“复选楼层”选项框中打钩，则楼层名称前都会出现一个选项框，全选所有楼层，然后点击“组合”按钮，软件进入楼层组合进程中，点击三维着色即可。

在菜单下端的列表即当前在软件中打开的所有图形文档列表，文档的存储路径也会显示在列表中。其中文件名为“3da_assemble_file.dwg”的文件即楼层组合文件，在菜单中选择楼层组合文件，软件便会切换到楼层组合视图，如图 5.8.2 所示。此时便可以从不同的角度来观察楼层模型了。还可以通过“构件显示”功能，选择要在楼层组合图形中显示的构件类型，如图 5.8.2 所示。

图 5.8.2　楼层组合图形

5.8.2　图形检查

命令模块：“报表”→“图形检查”

图形的正确与否，关系到工程量计算是否正确。而在图形建立过程中，由于各种原因，会出现错漏、重复和其他一些异常的情况，影响了工程量计算的精度。此时可以通过图形检查工具完成对图形误差的检查，消除误差，保证计算的准确性。

首先用“楼层显示”功能打开需要检查的楼层图形文件，然后执行报表菜单下的“图形检查”命令，进入图形检查对话框，如图 5.8.3 所示。

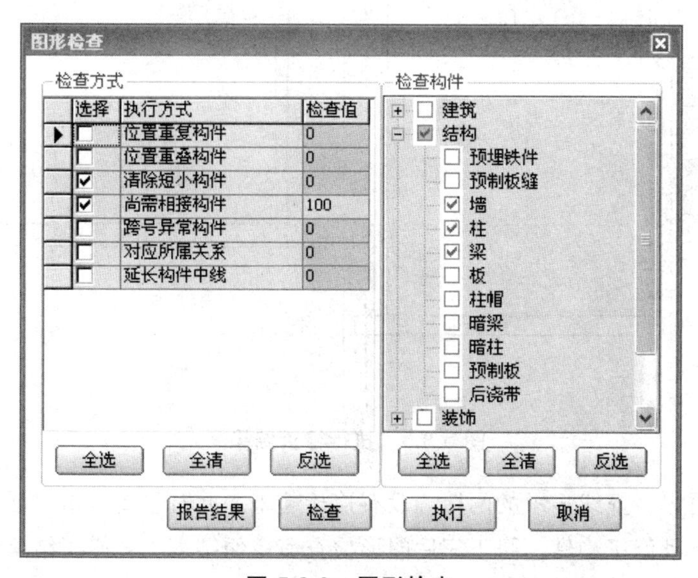

图 5.8.3　图形检查

从图左边的“检查方式”中可以看出，图形检查可以对位置重复构件、位置重叠构件、短小构件、尚需相接构件、梁跨异常构件和对应所属关系等异常情况进行检查。而图右边是要接受检查的构件类型，钩选的即要检查的构件。例如，可以检查当前楼层的墙、柱和梁中短小的构件和尚需相接的构件，对于尚需相接构件，还需输入一个检查值，表示两个构件相隔多远时需要进行连接，这里按 100 来检查。点击“检查”按钮，等检查进度结束后，就可以点击“报告结果”按钮，查看检查结果。检查结果以清单的方式列出了发生异常情况的构件的数量，如图 5.8.4 所示。

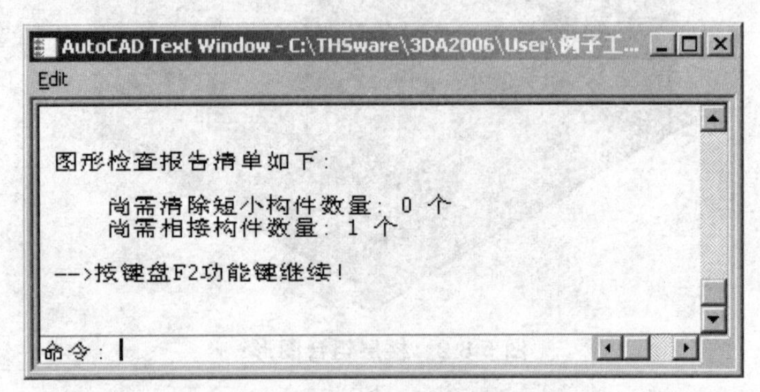

图 5.8.4　图形检查结果

从结果中可以看出，当前的图形文件中有一个尚需相接的构件。按键盘上的 F2 键返回图形检查对话框，可以对异常构件进行修正。点击“执行”按钮，软件会自动返回图形界面，出现如图 5.8.5 所示的处理相接构件对话框，且图面上出现问题的构件会用虚线亮显出来，表示问题出在这些构件上。

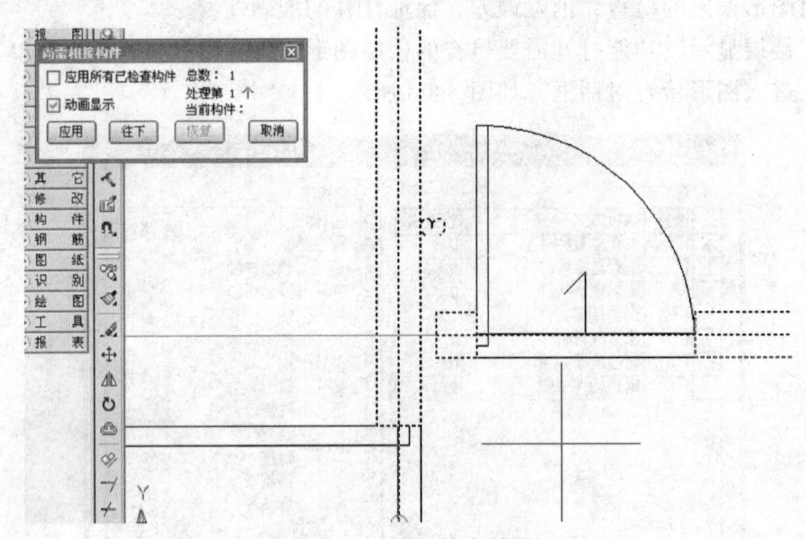

图 5.8.5　执行检查结果

从图上可以看出，虚线显示的两堵墙没有连接起来，此时只要点击对话框中的“应用”按钮，软件便会自动修正构件，修正完后图形检查命令便结束了。修正结果如图 5.8.6 所示。

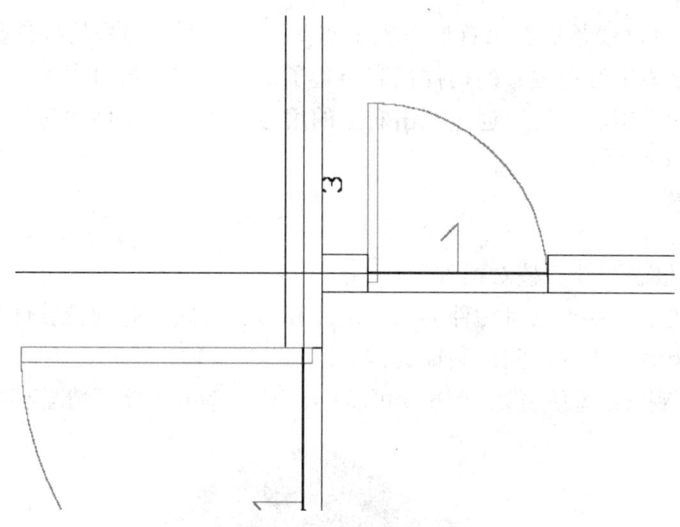

图 5.8.6 图形检查修正结果

如果检查报告中有多处异常构件，则在执行检查结果时，点击“应用”按钮，软件可以逐处修正构件，如果不想一处处修正，可以钩选“应用所有已检查构件”，然后再点击应用按钮，软件便可以一次性修正所有的异常构件。

5.8.3 图形管理

命令模块：“数据维护”→“图形管理”

“图形管理”功能用于对整个工程全局的检查。在图形管理器中可以看到整个工程所有的工程信息。可以直观地看到构件的几何属性、钢筋和做法等信息，如图 5.8.7 所示。

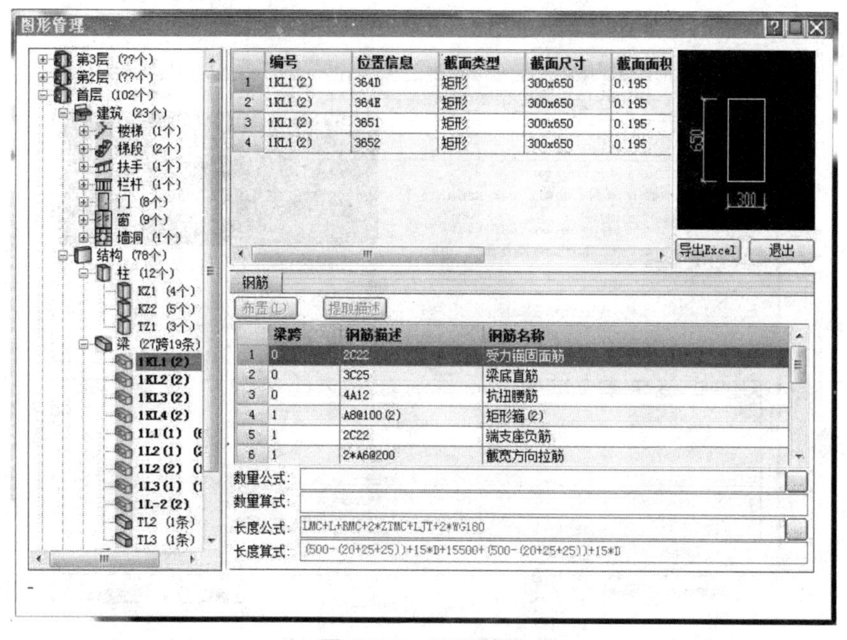

图 5.8.7 图形管理

在图 5.8.7 中可以清楚地看出首层布置了哪些构件，不同编号的构件数量有多少个等信息。特别要说的是表中红色编号的构件代表布置了钢筋，右下窗口中可以看到钢筋信息，而白色的代表漏布置了钢筋。可以通过双击右上的编号反查图形文件中对应的构件。

5.8.4 核对构件

命令模块：“报表”→“核对构件”

核对构件功能主要用于核对构件的工程量计算明细，同时起到校验计算规则是否正确的作用。这里以一个坡屋顶的房间内装饰为例。

在三维视图下观察出屋顶楼层的侧壁，可以看出侧壁的高度与实际情况不同，如图 5.8.8 所示。

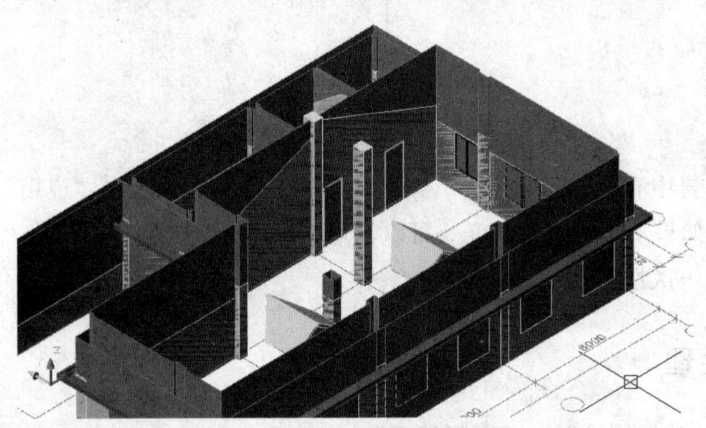

图 5.8.8 顶层房间侧壁布置

可以用“报表”菜单下的“核对构件”功能来验证一下软件对这部分侧壁的计算是否正确。执行核对构件命令后，选择要核对的侧壁，例如选择楼梯间侧壁，点击鼠标右键确认，进入工程量核对对话框，如图 5.8.9 所示。

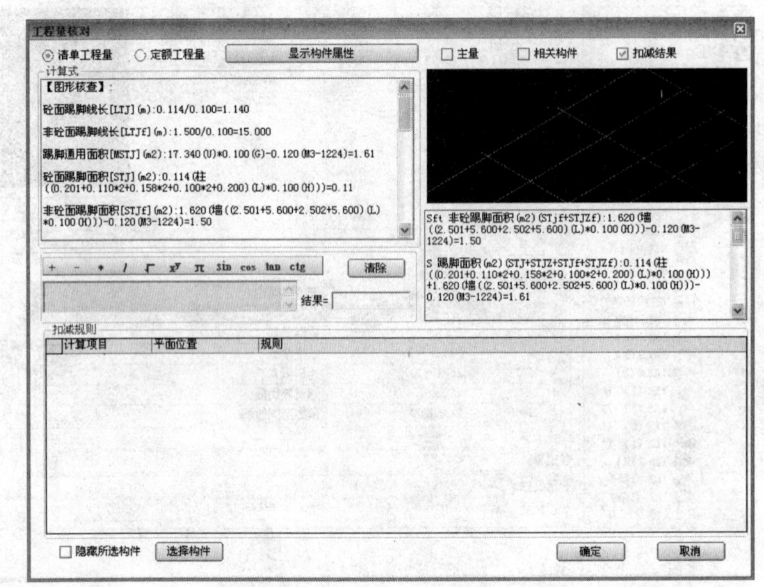

图 5.8.9 核对侧壁工程量

在这里可以查看到侧壁的计算明细，各种中间量都有中文注释。在“图形核查”分界下方的计算式中选择“砼面墙面面积”计算式（注意，选择计算式时，要点击计算式的最末尾处），在图形窗口中便会出现软件分析出来的楼梯间混凝土墙墙面的装饰面积，如图 5.8.10 所示。

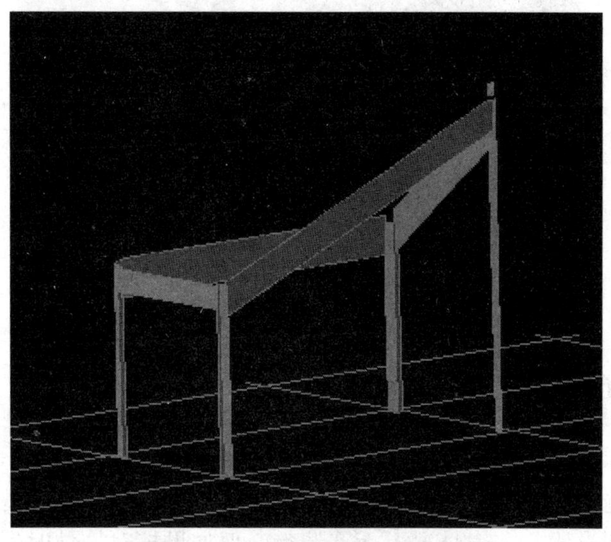

图 5.8.10　砼墙墙面面积核查图形

从图 5.8.10 中可以看出，软件分析出了斜梁的面积，且柱子侧壁的抹灰高度也是正确的，此时便可以核对计算式的数据是否正确，如果计算明细错误，则可能是计算规则设置不正确，需要进行调整。

同样的，在计算式中选择“非砼面墙面面积”，右边窗口中显示的核查图形如图 5.8.11 所示。

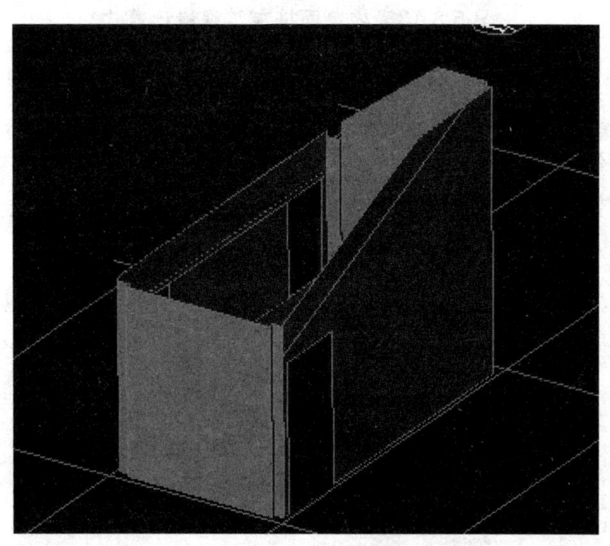

图 5.8.11　非砼墙墙面面积核查图形

再来核查顶层天棚的工程量。会议室天棚面积核查图形如图 5.8.12 所示。

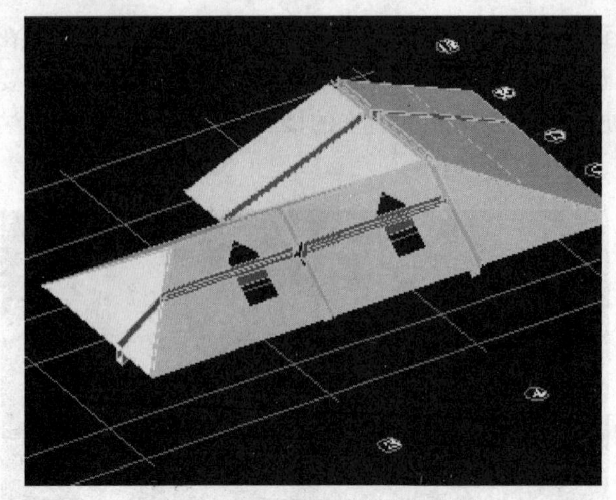

图 5.8.12　天棚面积核查图形

5.8.5　计算规则设置

命令模块：“工具”→“算量选项”

在新建工程时选择的计量模式和定额名称决定了软件算量时采用的计算规则，计算规则默认按各地计算规则设置，一般情况下无需调整。但如果核对构件时发现计算明细不符合计算要求，则可以修改计算规则。例如前面用核对构件查看的墙面面积时，其“砼面墙面面积”的计算式中包含了“有墙梁侧”的抹灰量，如图 5.8.13 所示，如果有墙梁侧的抹灰应算到天棚抹灰面积中，则可以通过调整计算规则来实现。

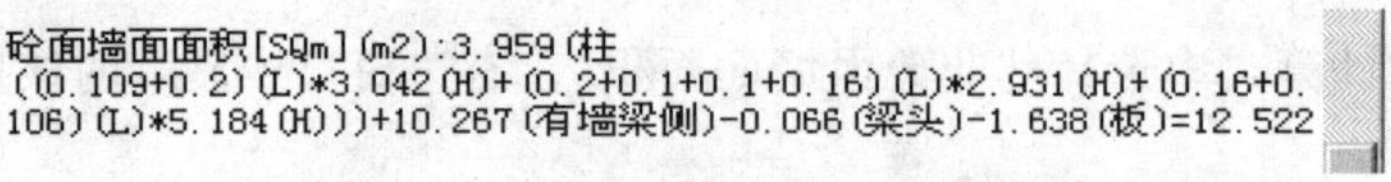

砼面墙面面积[SQm](m2):3.959(柱((0.109+0.2)(L)*3.042(H)+(0.2+0.1+0.1+0.16)(L)*2.931(H)+(0.16+0.106)(L)*5.184(H)))+10.267(有墙梁侧)-0.066(梁头)-1.638(板)=12.522

图 5.8.13　内墙面抹灰工程量计算式

执行工具菜单下的“算量选项”功能，进入“计算规则”页面，如图 5.8.14 所示。

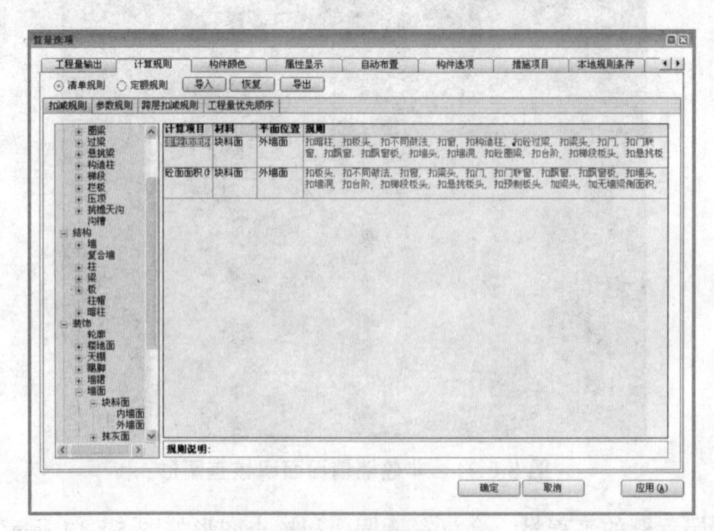

图 5.8.14　计算规则设置

软件已经按不同的构件类型提供了齐全的计算规则明细，且分为“清单规则”与“定额规则”。因同类构件的某些特征不同，所以不是同类构件都适用相同的规则，如砼墙和砌体墙的规则差别很大。为了查看方便，软件中的计算规则是分级设置的，先按构件类型分级，构件类型下再按某些特征分级（如“砼结构”和“砌体结构”，“内墙”和“外墙”）。点击规则列表中的下拉按钮，便可以进入“选择扣减项目”对话框，如图 5.8.15 所示。

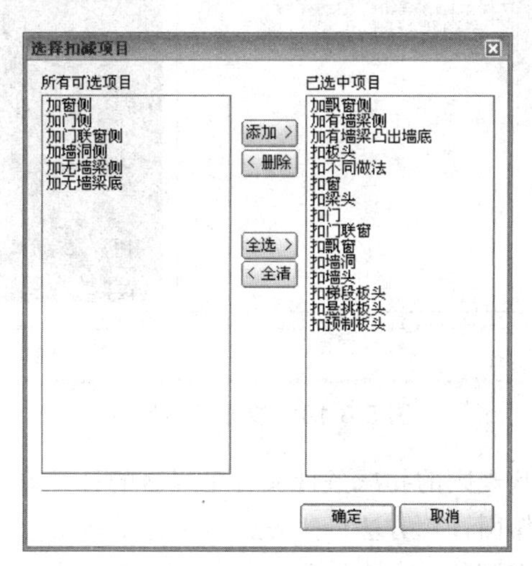

图 5.8.15 选择扣减项目

在“已选中项目”列表中的便是当前内墙面抹灰所采用的计算规则，软件按照这些计算规则计算墙面抹灰工程量，而“所有可选项目”列表中的是可供选择的计算规则。通过添加或删除扣减项目便可以调整计算规则。

这里在“已选中项目”中选中“加有墙梁侧”，双击或点击“删除”按钮，该项目就移动到左边的可选项目中。点击“确定”按钮，调整结果便保存下来了。按相同的步骤，设置天棚的计算规则，使天棚的抹灰面面积中包含“有墙边界梁侧”“有墙中间梁侧”等。设置好后点击“确定”按钮，退出算量选项对话框。下面再用核对构件功能核对一下楼梯间的侧壁，其“砼面墙面面积”的计算式变成了图 5.8.16 所示的计算式。

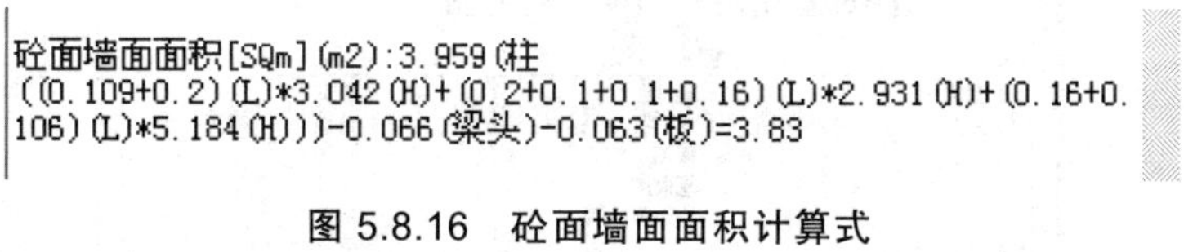

砼面墙面面积[SQm](m2):3.959(柱((0.109+0.2)(L)*3.042(H)+(0.2+0.1+0.1+0.16)(L)*2.931(H)+(0.16+0.106)(L)*5.184(H)))-0.066(梁头)-0.063(板)=3.83

图 5.8.16 砼面墙面面积计算式

可以看出，有墙梁侧已经不包含在砼墙面的抹灰面积中，计算规则调整成功。而天棚的核对结果如图 5.8.17 所示，天棚的抹灰已经加上了有墙梁侧的面积。

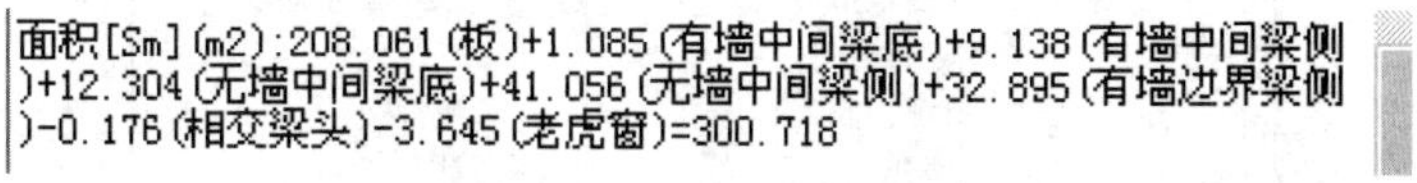

面积[Sm](m2):208.061(板)+1.085(有墙中间梁底)+9.138(有墙中间梁侧)+12.304(无墙中间梁底)+41.056(无墙中间梁侧)+32.895(有墙边界梁侧)-0.176(相交梁头)-3.645(老虎窗)=300.718

图 5.8.17 天棚面积计算式

在计算规则中除了可以选择扣减项目外，还可以设置扣减条件。在计算规则页面中点击“参数规则”页面，如图 5.8.18 所示。

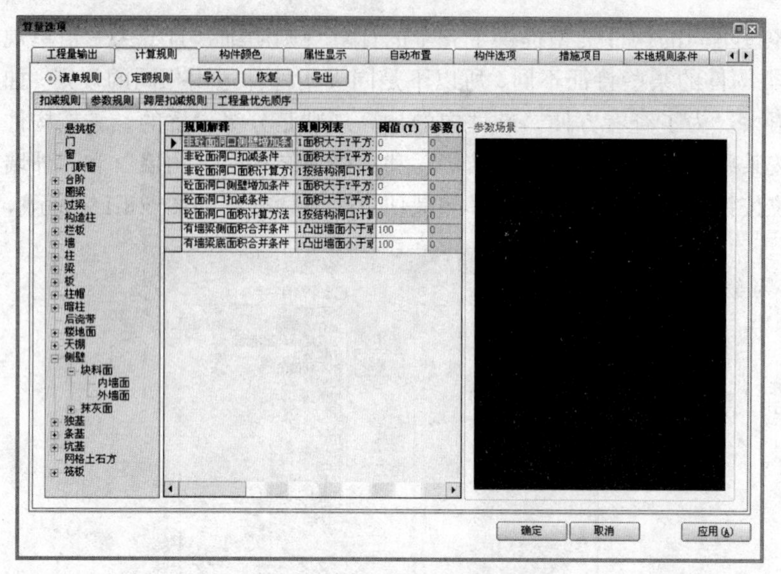

图 5.8.18　参数规则设置

在此界面可以设置扣减规则的扣减条件或者工程量的计算方法。例如侧壁扣减洞口的条件，坑基（挖土方）的工作面计算方法、边坡计算方法等等。这里的规则均默认按各地计算规则设置，一般情况下无需调整。

5.8.6　分析统计工程量

命令模块："计算汇总"

在完成图形检查和计算规则设置工作后，便可以分析统计工程量了。工程量分析是根据计算规则，通过分析各构件的扣减关系得到构件的计算属性和扣减值。因此工程量分析是统计的前提。执行报表菜单下的"分析"功能，进入工程量分析对话框，如图 5.8.19 所示。

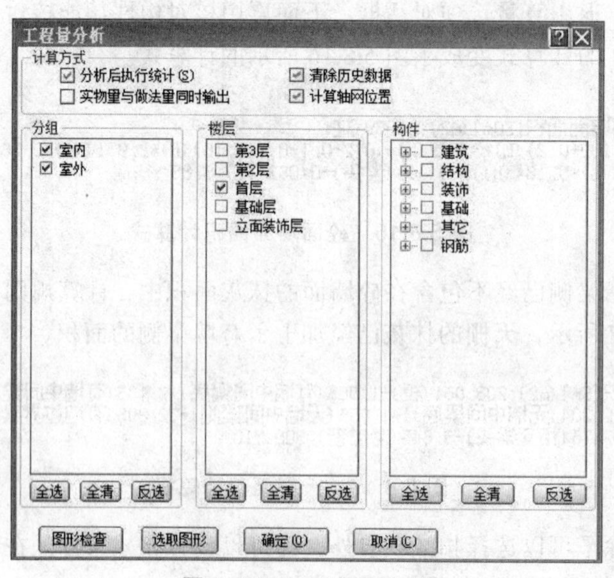

图 5.8.19　工程量分析

在对话框中可以选择“分析后执行统计”，使工程量分析和统计同步进行。在楼层中选择要分析的楼层，且在构件中选择要分析的构件类型，在这里只计算基础层和首层的所有工程量及钢筋，然后点击“确定”按钮，软件便开始分析统计构件工程量了。

统计结束后会进入统计结果预览界面，可以查看工程量统计结果和计算明细，如图 5.8.20 所示。

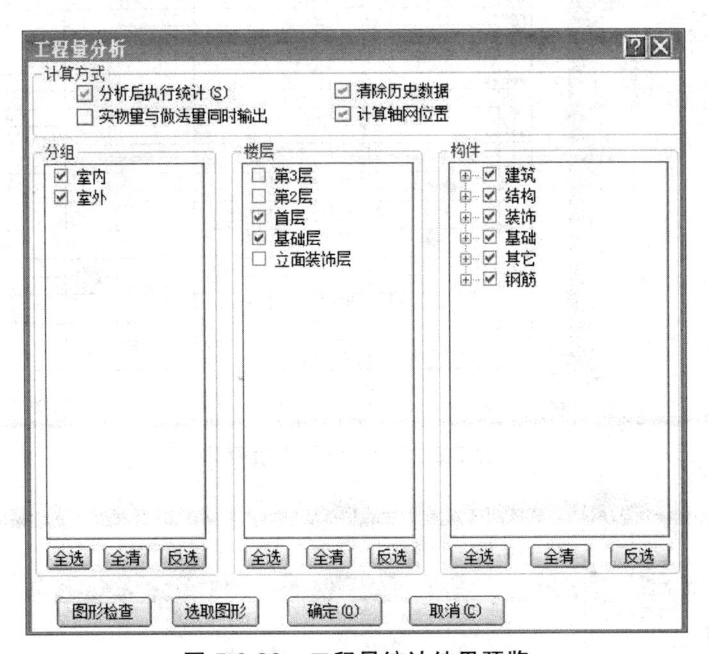

图 5.8.20　工程量统计结果预览

统计结果由两部分组成，上面的部分是按清单项目统计的汇总数据，在清单的项目名称中，软件自动生成了每条项目的项目特征。清单编码的后 3 位序号也自动生成了。下面则是每一条清单项目下的构件明细，可以查看哪些构件挂接了这条清单项目，以及工程量计算式明细。双击某一条计算明细，还可以返回图面核查图形。如果想挂接清单定额，可以直接选中汇总得出的结果依据项目特征进行挂接。

5.8.7　报表输出

得到工程量统计结果后，便可以将结果输出到报表进行打印了。

可以直接在统计结果预览界面中点击“查看报表”按钮，进入报表打印界面。也可以在统计完工程量后，点击报表菜单下的“报表”按钮进入。进入报表打印界面后，从左边的报表目录树中选择要查看的报表，在右边的预览窗口便可以查看到报表内容，如图 5.8.21 所示。

钢筋工程量报表如图 5.8.22 所示。

对于需要打印的报表，选中后点击报表菜单下的“打印”即可。如果需要将报表另存为 Excel 文件，可选择报表菜单下的“另存为 Excel”功能，在弹出的对话框中选择保存的路径即可，保存之后软件会自动打开 Excel 文件。

图 5.8.21　工程量报表打印

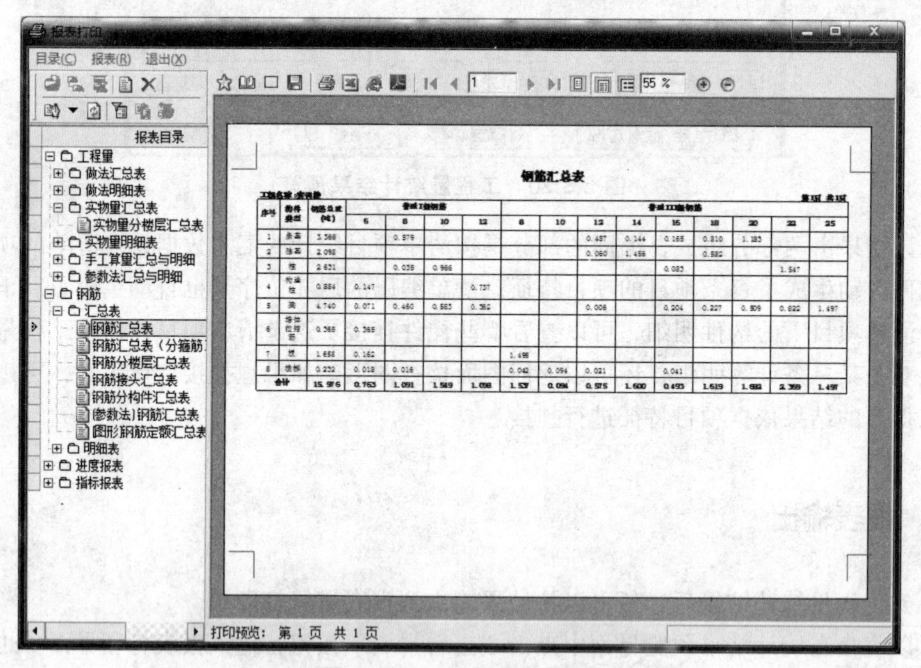

图 5.8.22　钢筋汇总报表

第 6 章　斯维尔计价软件

学习目标：

1. 掌握使用斯维尔计价软件做工程造价的流程；
2. 熟练掌握斯维尔计价软件的常用功能；
3. 熟练掌握应用斯维尔计价软件编制工程量清单、招标控制价和投标报价的工作。

清华斯维尔清单计价软件结合多年建设工程造价信息领域的技术研发和行业应用的先进经验，以“实用、易用、通用”作为软件开发的指导思想，主要应用于建设工程发包方、承包方、咨询方、监理方等单位用于编制工程预、决算，以及招投标报价。

本章通过介绍清华斯维尔清单计价软件的功能和操作特点，通过实例实践操作的方式，详细讲解了工程量清单编制、招标控制价编制、投标报价和结算审计等计价方法。

6.1　软件工作界面及菜单命令（功能简介）

6.1.1　软件工作界面

斯维尔清单计价软件是集计价、招标管理、投标管理、预算对比和审计审查于一体的计价软件。本软件能同时适用于定额计价和清单计价。软件操作方便、界面简洁，如图 6.1.1 和图 6.1.2 所示。

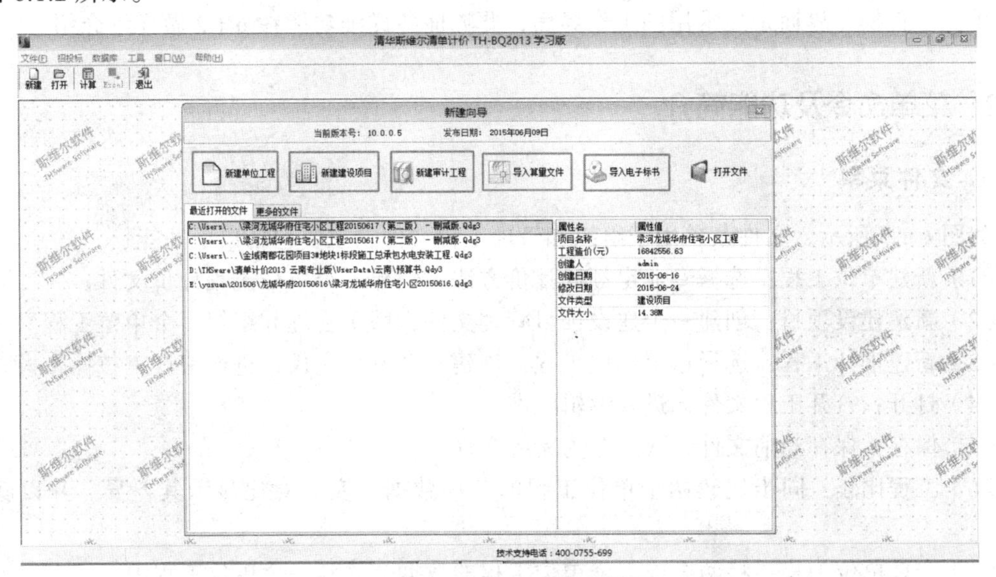

图 6.1.1　新建向导操作界面

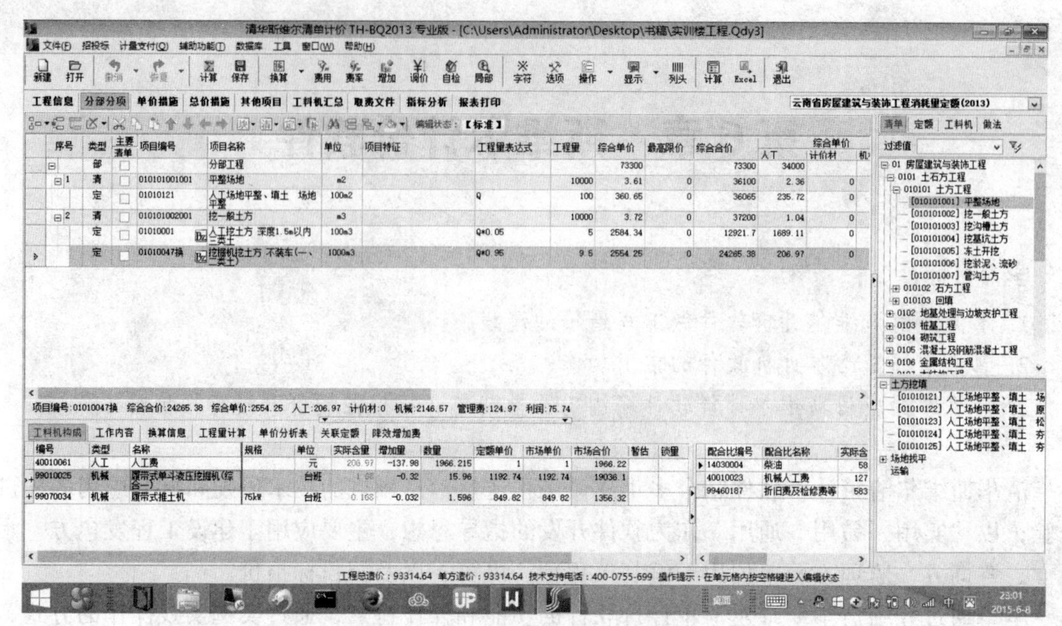

图 6.1.2 单位工程操作界面

在图 6.1.1 所示向导界面，可以进行如下工作：

（1）新建单位工程、建设项目文件：进行预算，招标控制价文件编制，也可以将编制好的计价文件导出为电子招标书或投标文件。

（2）新建审计工程：建立审计文件，进行工程审计，对报送计价文件进行编辑、修改，针对计价问题填写备注说明。

（3）导入算量文件：如果采用了斯维尔算量软件，并挂接了清单或定额，可以直接导入计价软件，进行组价工作。

（4）导入电子标书：将招标电子标书导入计价软件，进行投标报价。

单位工程操作界面是最常用的工作界面，此界面各详细功能在 6.1.2 做详细介绍。

6.1.2 菜单命令及功能简介

1. 文件菜单

如图 6.1.3 所示，文件菜单用于组织和管理工程文件，主要包括以下功能：

（1）新建单位工程：选择专业定额和计价方法，创建一个单位工程计价文件。

（2）新建建设项目：创建一个建设项目管理文件，用于管理和组织多个单位工程。

（3）新建审计工程：选择送审单位工程，创建一个审核文件，进入审计审核操作模式。

（4）打开：打开工程文件，进入编辑状态。

（5）保存：保存当前文件，或另存为新的文件。

（6）工程比较：同步比较两个单位工程的各项数据，实时对比显示其差异，并以颜色标注。

（7）合并单位工程：将两个或多个单位工程的数据合并到一个单位工程中。

（8）备份单位工程：将选择的一个或多个单位工程，经过压缩处理，保存到指定的存储路径中。

（9）恢复单位工程：通过备份导出的单位工程或自动备份产生的文件，经过解压缩处理，保存到计算机中。

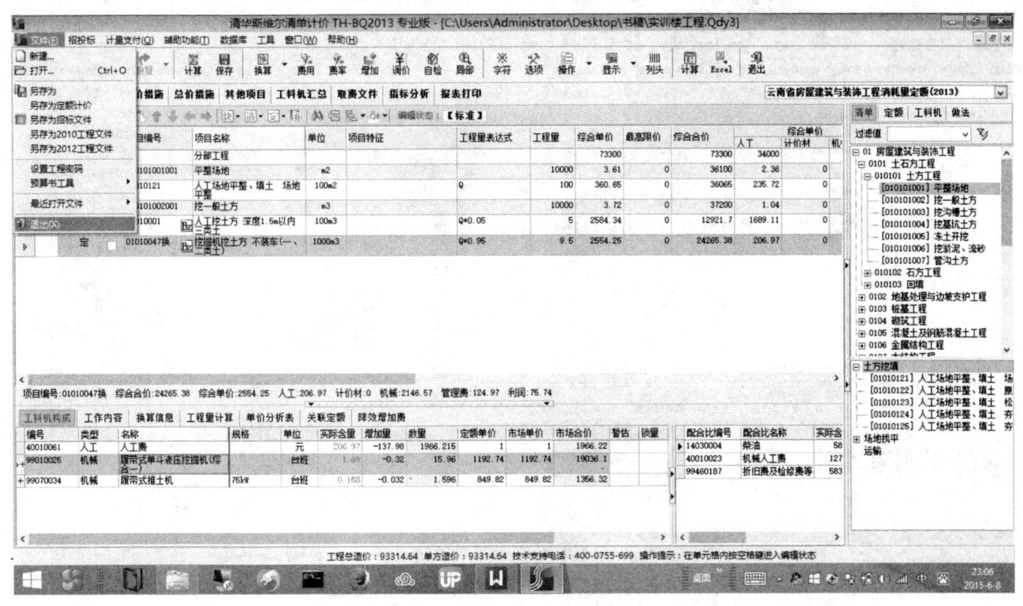

图 6.1.3 文件菜单

2. 招投标菜单

如图 6.1.4 所示，招投标菜单用于编制招投标文件，可以导入电子标书进行电子投标；也可以编制电子标书，导出电子标书，进行电子招标。

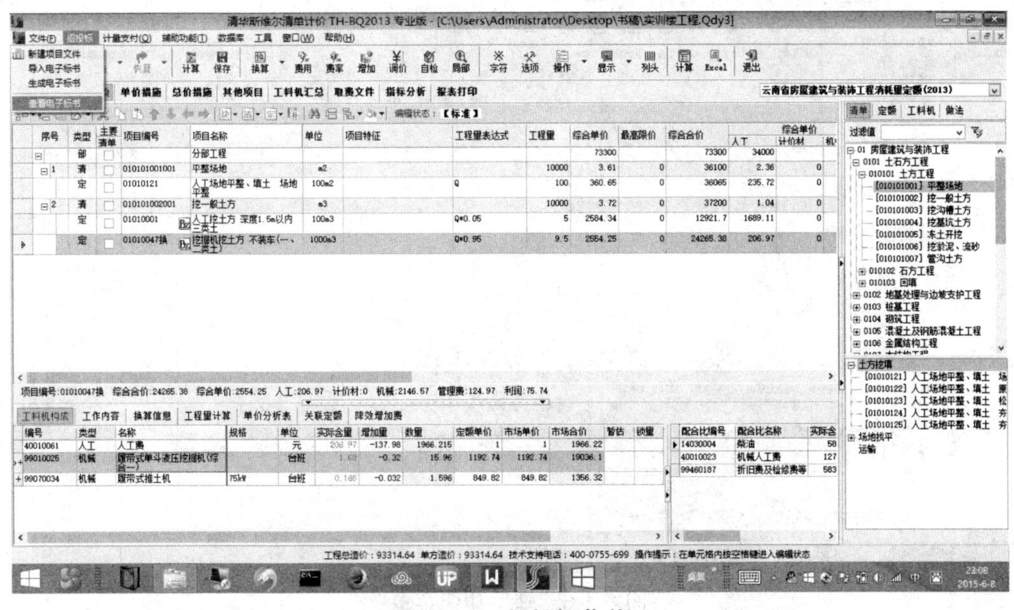

图 6.1.4 招投标菜单

3. 计量支付菜单

如图 6.1.5 所示的计量支付菜单，用于进度款结算，输入当前工程进度工程量，即可计算当前所需支付造价金额。

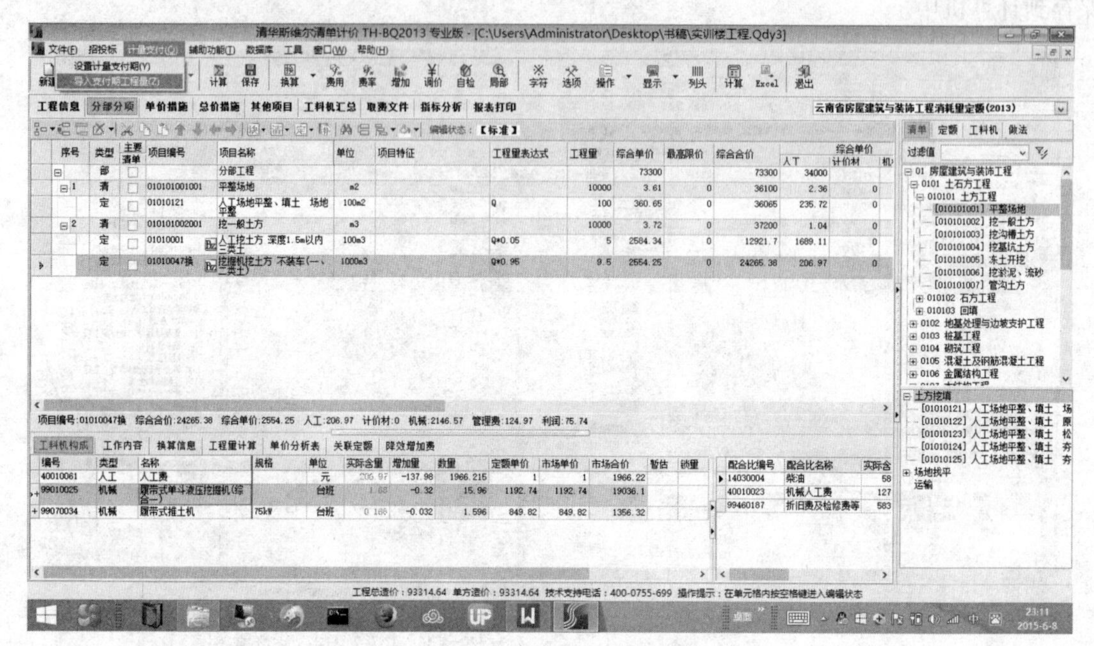

图 6.1.5 计量支付菜单

4. 辅助功能菜单

如图 6.1.6 所示，辅助功能菜单主要有以下功能：

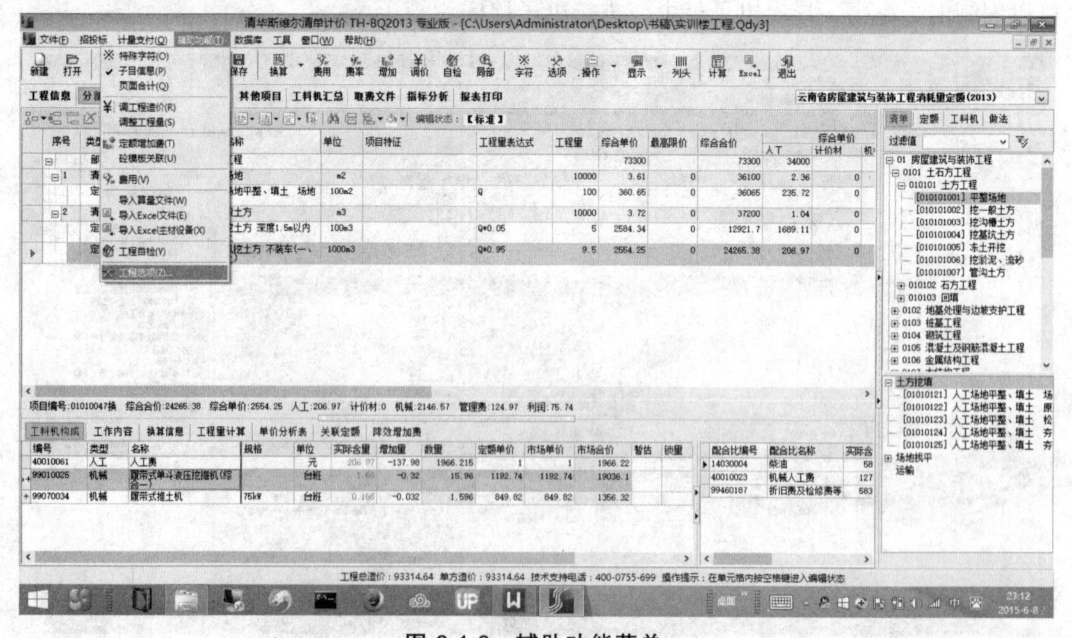

图 6.1.6 辅助功能菜单

（1）特殊字符的输入。

（2）调整工程造价。

（3）调整工程量。

（4）定额增加费。用于计算超高降效、高层施工增加费；安装专业的脚手架费用、安装与生产同时进行施工增加费、在有害身体健康环境中施工增加费和系统检测检验费等。

（5）砼关联模板。在计算分部分项的砼定额子目的同时，计取单价措施费中的模板费用。

（6）导入算量文件。导入三维算量、安装算量软件的工程量计算结果，创建一个单位工程。

（7）导入 Excel 格式工程量清单。从 Excel 格式文件导入工程量清单到分部分项或者措施项目。

（8）导入 Excel 格式主材设备。从 Excel 格式文件导入主材设备及价格到工料机。

（9）工程自检。通过自检，检查出工程量为零，清单编码重复，未组价的清单等错误提示，方便更正问题。

（10）工程选项。设置操作习惯和系统选项。

5. 数据库菜单

如图 6.1.7 所示数据库菜单，主要用于维护定额库、清单做法经验库、人材机库、清单子目、取费标书等系统数据，以及导入、导出信息价和编制信息价文件等功能。

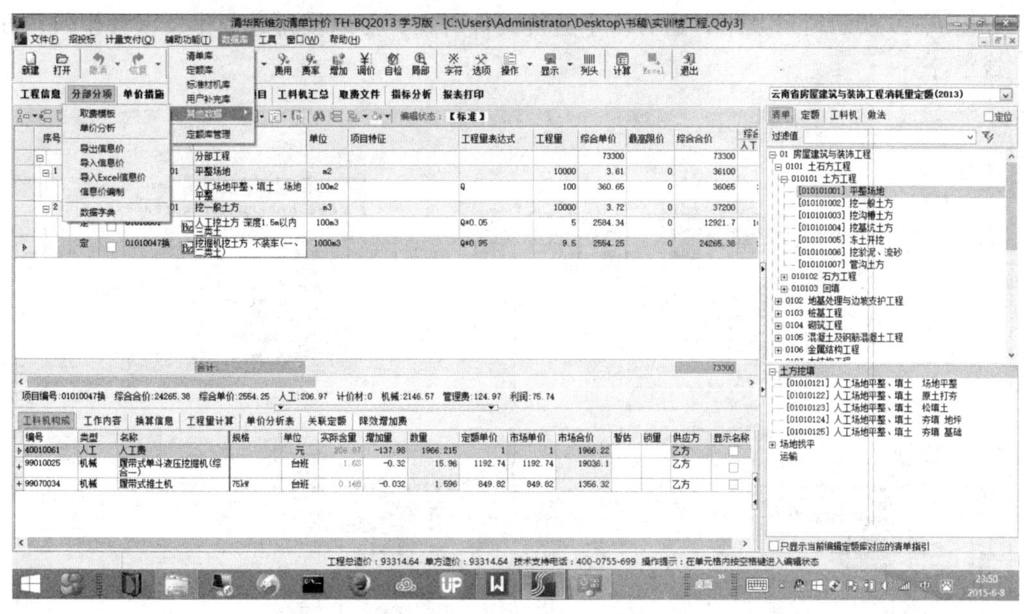

图 6.1.7　数据库菜单

6. 工具菜单

如图 6.1.8 所示工具菜单，主要有以下 3 点功能：

（1）软件配备了五金、预算速查等小工具，方便造价编制使用。

（2）局域网或 VPN 连接使用网络锁时，可以修改网络锁配置。

（3）系统选项：可以设置默认保存路径，自动保存时间间隔等。

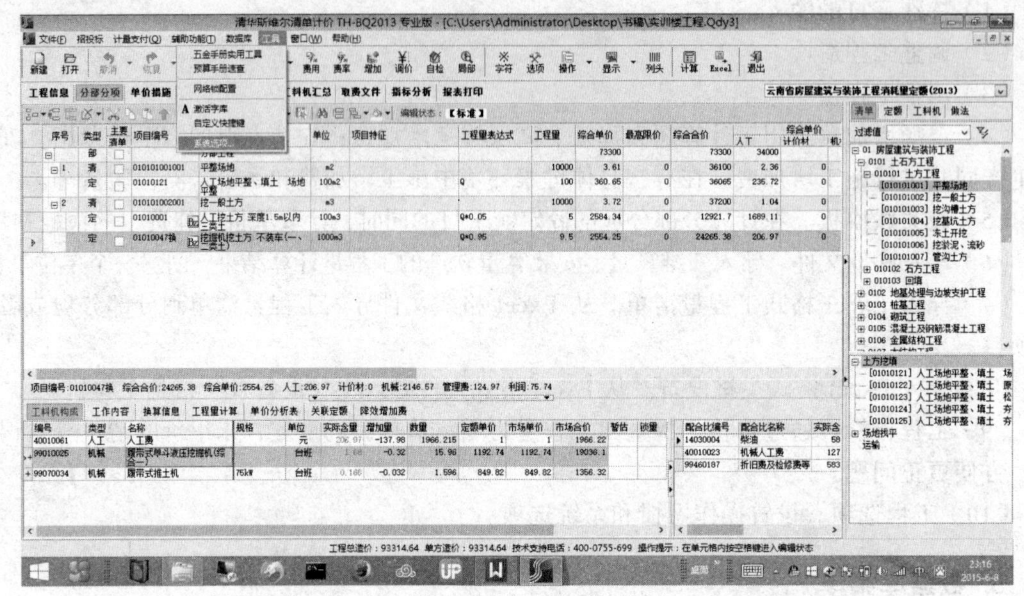

图 6.1.8　工具菜单

7. 窗口菜单

如图 6.1.9 所示窗口菜单，遇有多个造价文件对比，可以横排或竖排及重叠排列，方便对比或审计。

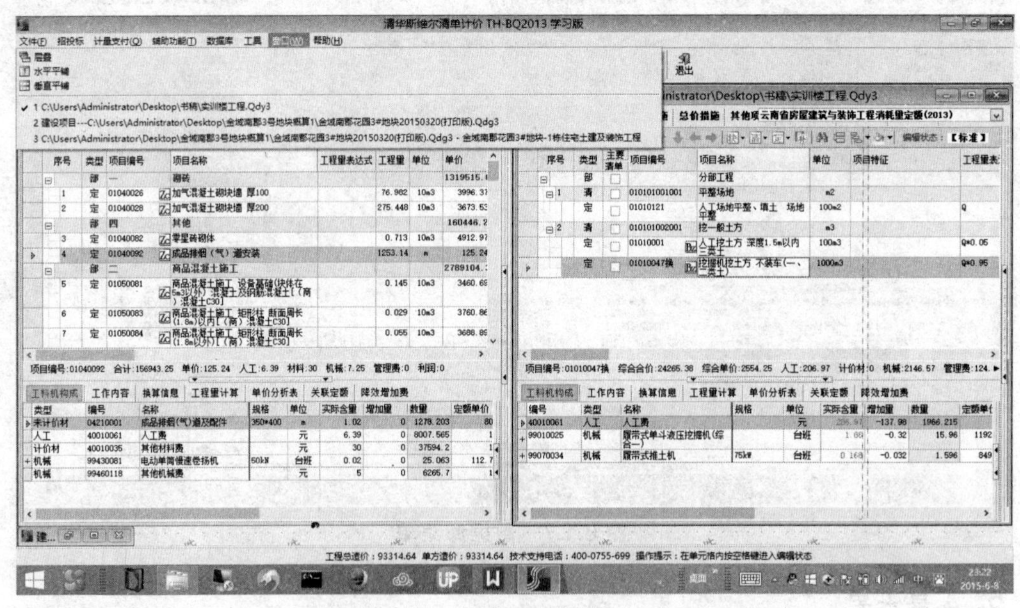

图 6.1.9　窗口菜单

8. 帮助菜单

如图 6.1.10 所示，帮助文件菜单中，可以设置自动更新软件，有关帮助信息、云南省造价相关文件政策及信息价下载等，也包含了清华斯维尔联系网站及求助方式等。

图 6.1.10 帮助菜单

9. 快捷菜单设置

如图 6.1.11 所示，菜单栏下方，设置了常用快捷菜单，包括新建、打开、撤销、恢复、保存、计算、换算、费用、费率、增加、调价、自检等等，也包含了编制预算书的辅助工具和各地方版的特殊功能。

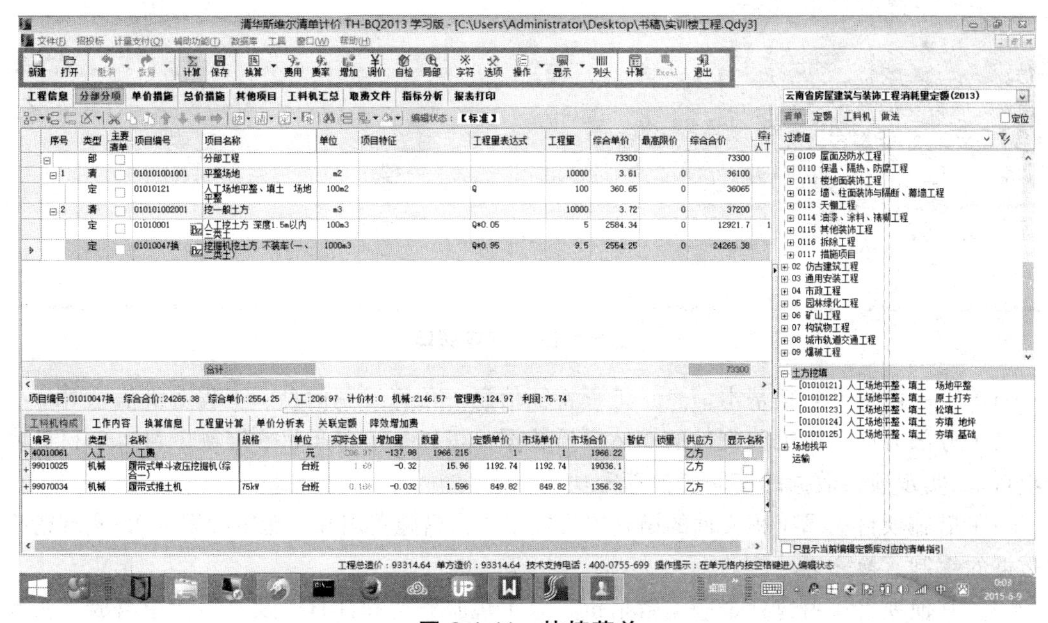

图 6.1.11 快捷菜单

（1）修改费率：可以通过修改工程属性页面的工程特征等信息，使取费模板及单价分析中费率与之一一对应。

（2）显示设置：可控制分部分项、措施项目、其他项目、工料机、取费文件页面显示方式。

（3）设置单价分析模板：由于管理费率和利润费率分专业不同，可使同一取费模板对应不同专业单价分析模板。

（4）设置降效：用于设置建筑超高、高层增加费等费用的计算。

（5）关联定额：录入某些特定定额时可以自动弹出相关联的其他定额，可以选择录入关联定额及关联系数。

（6）快速调价：快速按比例调整子目单价，并提供“撤销调价”功能。

10. 主体窗口

如图 6.1.12 所示，主体窗口菜单，用于编制工程招投标文件，以及编制预结算书。包括工程属性、分部分项、措施项目、其他项目、工料机汇总、取费文件、报表打印等功能模块。

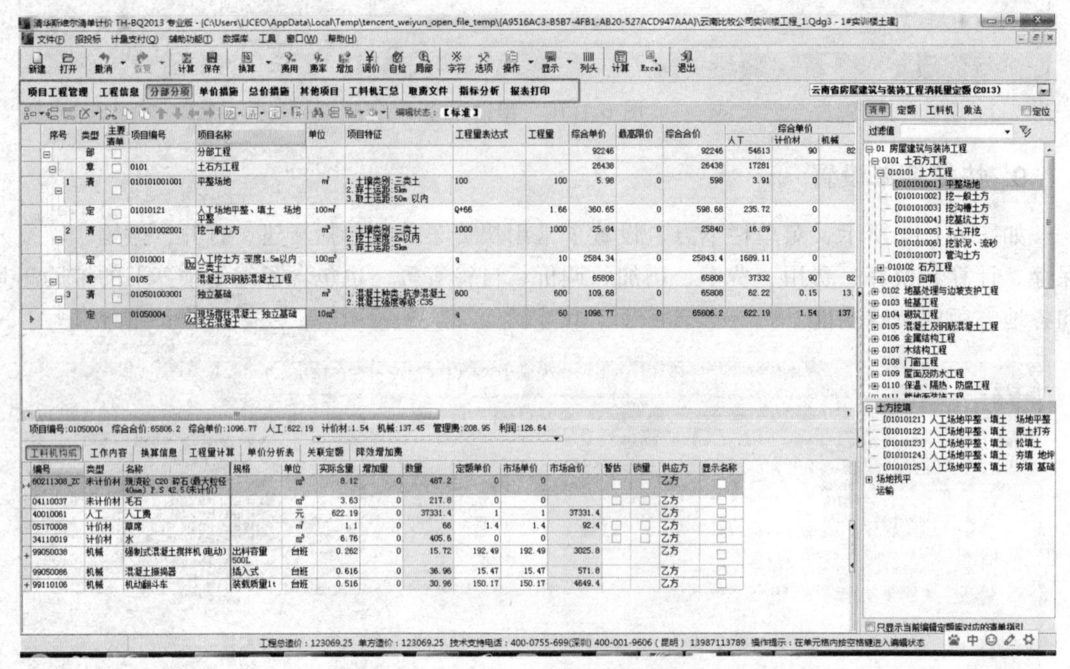

图 6.1.12　主体窗口

（1）工程信息：包括基本信息、工程特征信息、预算编制信息、工程造价信息等。

（2）分部分项：属工程文件的实体项目数据（可以是清单子目、定额子目、工料机或估价项目），实现项目数据的编制、换算等功能。

（3）措施项目：属工程文件的措施项目数据（由措施费用和措施定额组成），实现措施项目数据的编制、换算等功能。

（4）其他项目：由暂列金额、暂估价、总承包服务费和计日工及其他费用组成，实现其他项目数据的编制功能。

（5）工料机汇总：由工料机汇总、主要材料、三材汇总等组成，实现汇总单位工程的人材机的用量和造价，以及主要材料的筛选和价格调整等功能。

（6）取费文件：包括取费文件和单价分析模板，实现取费调整和造价计算，以及修改单价分析模板等功能，并且可建立不同专业的多个取费文件，实现分专业取费计算功能。

（7）报表打印：包括标书封面、编制说明等文档的编辑、打印，以及设计和打印各类报表，输出报表到 Excel 格式文件等功能。

6.2 软件操作流程

软件操作流程如图 6.2.1 所示。

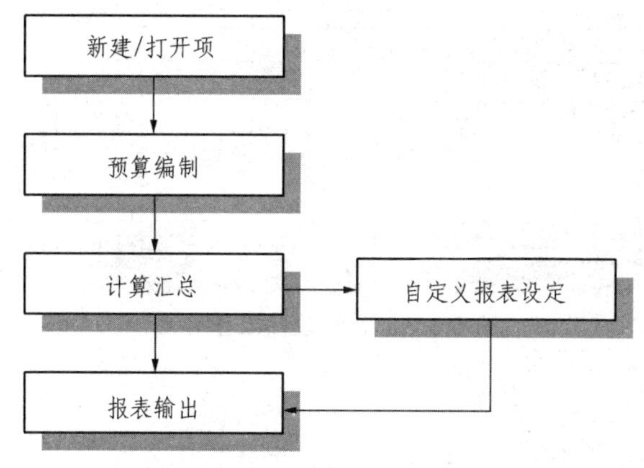

图 6.2.1 软件操作流程

如果为群体项目，可以先新建项目，项目下新建子项目，子项目下再新建单位工程；也可以新建各专业的单位工程，编制完成后，导入新建的项目中。

6.3 计价软件工作界面

新建单位工程后，进入计价软件的工作界面，如图 6.3.1 所示。计价软件工作界面主要包括：

（1）菜单栏，本书 6.1.2 节已经做了较详细的介绍。

（2）快捷菜单，本书 6.1.2 节已经做了较详细的介绍。

（3）清单及定额计价主菜单，包含了工程信息，分部分项，单价措施，总价措施，其他项目，工料机汇总，取费文件，指标分析，报表打印等主菜单及其子菜单。

（4）工具栏，方便清单定额套用及编辑的工具。

（5）清单和定额输入窗口。

（6）页面小计栏。

（7）子目信息栏。

（8）清单和定额查询窗口。

（9）工料机构成等信息栏。

（10）配合比信息栏。

（11）主要造价信息和技术服务联系方式。

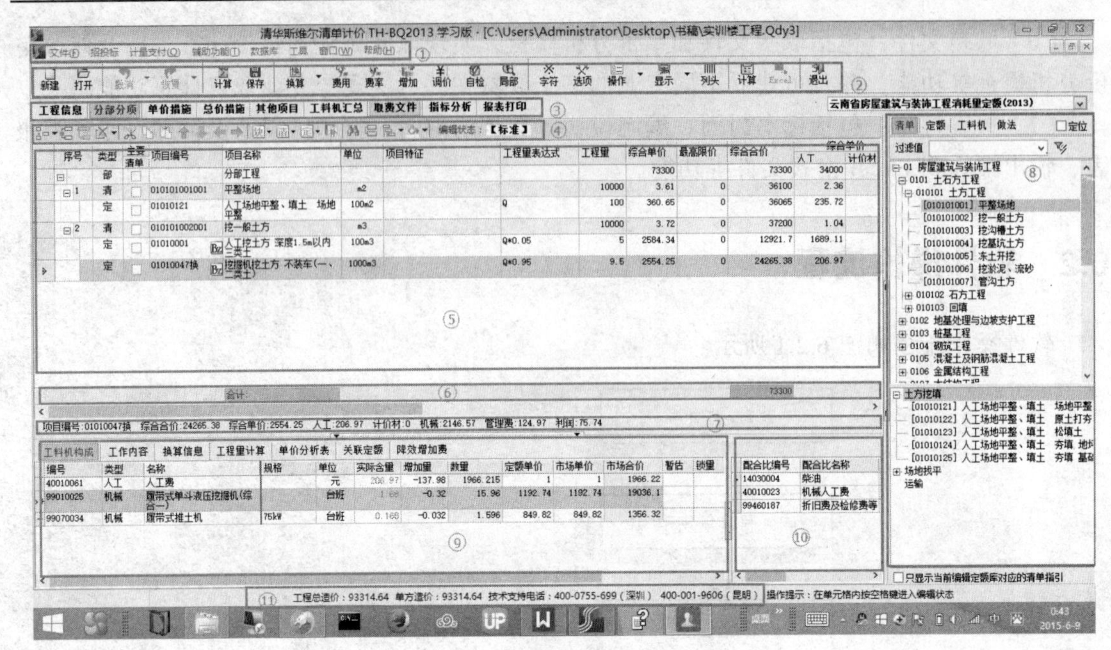

图 6.3.1 计价软件工作界面

6.4 新建工程

新建工程包括新建建设项目和新建单位工程。

本招标文件实例工程包含建筑和安装两个单位工程，可以将两个单位工程合并在同一个建设项目中进行编制；单位工程又可以分为直接新建单位工程和导入斯维尔三维算量文件两种方法进行编制，下面将逐一介绍。

6.4.1 新建建设项目

新建一个建设项目管理文件，用于组织和管理多个单位工程，操作步骤如下：

第 1 步：点击工具栏的“新建”按钮，弹出新建向导操作界面，如图 6.4.1 所示。

第 2 步：在图 6.4.1 所示操作界面，选中“建设项目”后，点击“确定”按钮，弹出新建建设项目管理文件操作界面，如图 6.4.2 所示。

第 3 步：在图 6.4.2 操作界面，点击“确定”后，进入建设项目管理操作界面，如图 6.4.3 所示。

第 4 步：在图 6.4.3 所示操作界面的建设项目节点下，点击“⊏”按钮或右键菜单选择“新增子工程”，创建一个单项工程，在工程名称栏输入单项工程名称“1＃实训楼”，在页面右下方可以添加本单项工程属性，在工程属性页面输入属性值。

第 5 步：在单项工程节点下，点击“⊏”按钮或右键菜单选择“新增单位工程”，弹出新建单位工程向导操作界面，如图 6.4.4 所示，选择“新建并添加单位工程”，点击“确定”进入下一步新建单位工程操作界面。

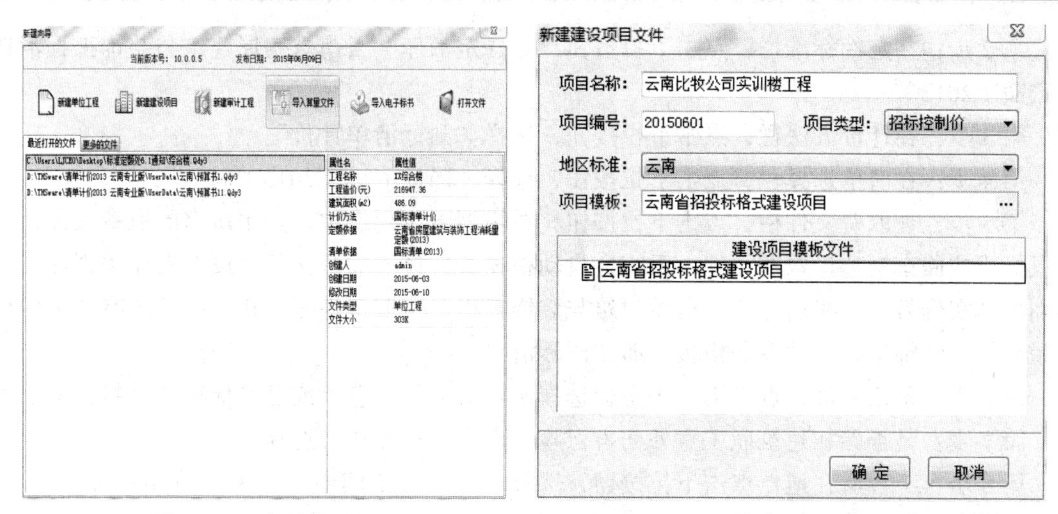

图 6.4.1　新建向导　　　　图 6.4.2　新建建设项目管理文件

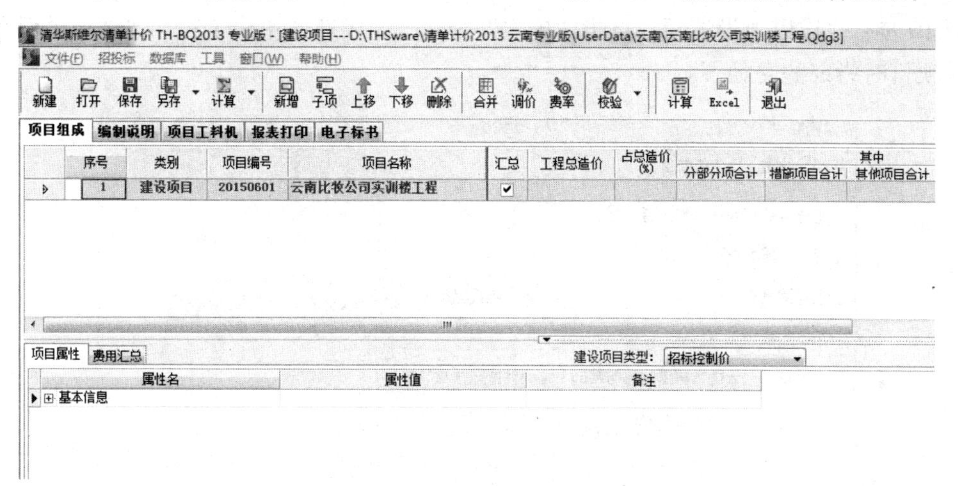

图 6.4.3　建设项目管理界面

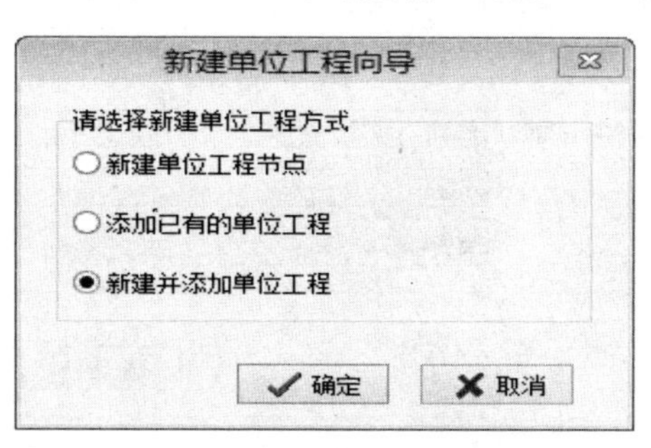

图 6.4.4　新建单位工程导向

6.4.2　新建单位工程

在图 6.4.4 所示操作界面，点击“确定”进入新建单位工程操作界面，如图 6.4.5 所示。按照以下操作步骤完成新建单位工程操作。

第 1 步：在工程名称栏，录入工程名称“1#实训楼土建工程”。

第 2 步：在定额标准栏，点击下拉按钮，选择定额库“云南省房屋建筑与装饰工程消耗量定额（2013）”。

第 3 步：在计价方法栏，点击下拉按钮，选择“国标清单计价”。

第 4 步：在清单选择栏，点击下拉按钮，选择“国标清单（2013）”。

第 5 步：在取费文件栏，点击下拉按钮，在树型下拉列表中，选中所需的取费文件，双击鼠标或按回车键选择取费文件，系统会自动根据所选择的取费文件，设置专业类别和工程类别，本实例教程中我们选用“房屋建筑与装饰工程”为取费模板，相对应的还有“全费用房屋建筑与装饰工程”的取费模板，即“国际清单”。

第 6 步：价格文件，点击下拉按钮，选择所在地区的信息价或已经保存的材料价格。

第 7 步：是否参加建筑职工意外伤害保险，点击下拉按钮，选择“参加”。

第 8 步：工程所在地，点击下拉按钮，选择“市区”，用于选择工程所在地税金。

第 9 步：特殊地区，点击下拉按钮，选择“海拔≤2 500 m”。

第 10 步：完成以上设置后，点击“确定”按钮，完成新建单位工程，文件自动保存在新建建设项目时指定的路径下。

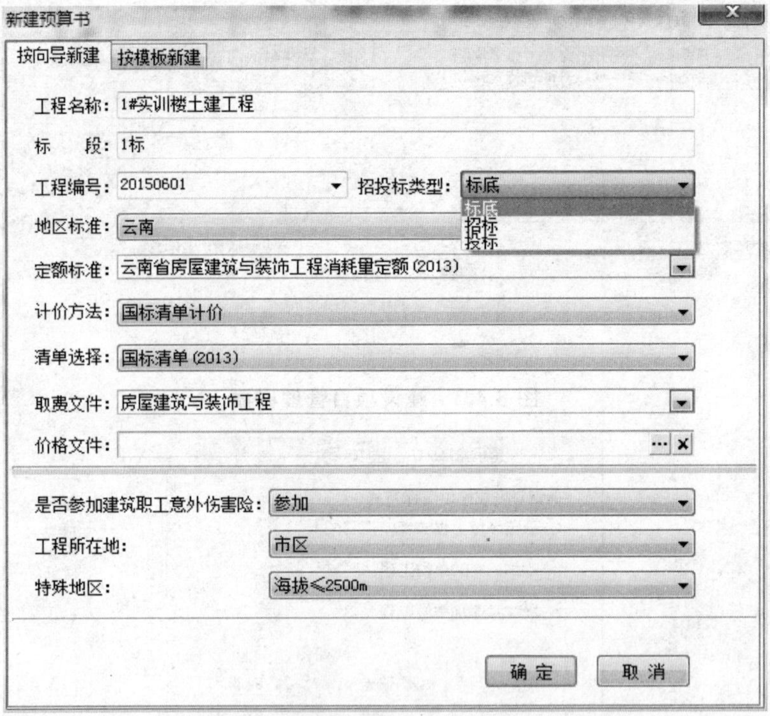

图 6.4.5　新建建筑工程预算书

回到建设项目窗口，用同样的方法新建“1#实训楼安装工程”。此页面最下方需要增加一项输入“编制基区距离”，用于安装材料的价格调整。

在主菜单“窗口”或“项目工程管理”菜单中切换到建设项目窗口，至此完成一个含有两个单位工程的拦标价项目的建立，如图 6.4.6 所示建设项目结构图。可以在项目属性或单位工程属性中输入相关招投标内容，也可以查看费用汇总情况。

图 6.4.6　建设项目结构图

6.5　导入图形算量文件

单位工程新建后，如果有算量文件且挂接了清单或定额后，可以采用导入图形算量文件的方式，建立单位工程。 如果没有算量文件，可以直接填写清单，套取定额。

6.5.1　图形算量文件的导入

导入三维算量、安装算量软件的工程量计算结果，创建一个单位工程，操作如下：

第 1 步：点击工具栏的“新建”按钮，弹出新建向导操作界面，如图 6.5.1 所示。

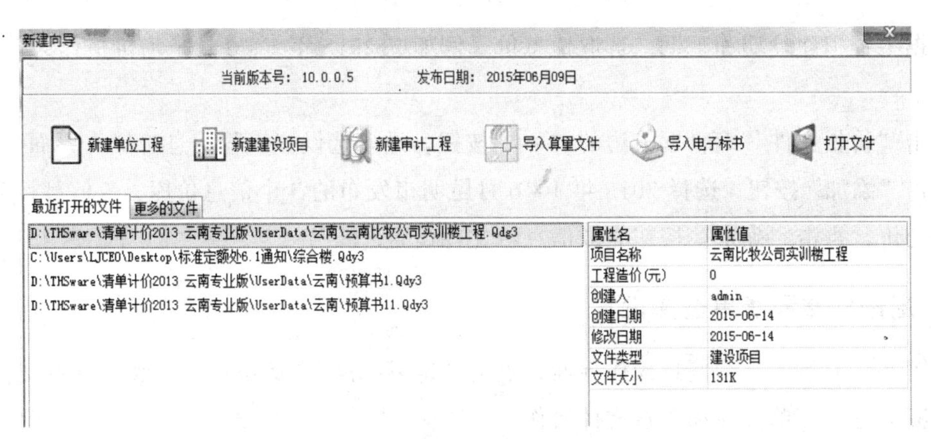

图 6.5.1　新建向导

第 2 步：在上图所示操作界面，选中“导入算量文件”后，点击“确定”按钮，弹出导入算量文件操作界面，如图 6.5.2 所示。

在图 6.5.2 所示操作界面，选择算量文件，点击“确定”按钮执行导入操作，完成了单位工程的创建，并导入了三维算量软件的工程量计算结果，包括工程量清单和组价定额。

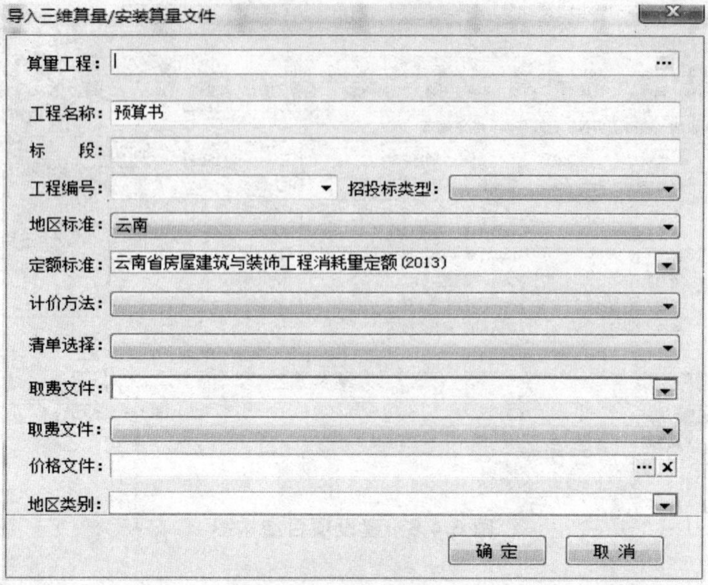

图 6.5.2　导入算量文件

在本章的 6.4.1 节，新建建设项目如图 6.4.4 所示操作界面，选择“添加已有单位工程”，将导入算量文件创建的单位工程挂接到建设项目下。

6.5.2　工程信息填写

打开单位工程，切换至“工程信息”操作界面，如图 6.5.3 所示，设置有关工程信息。

1. 信息价文件

根据工程拟建日期和工期，选取信息价，例如取 2015 年 1 ~ 6 月平均价格作为信息价，操作如下：

点击“价格文件”编辑框右边的“…”按钮，进入选设置工程信息价操作界面。

点击“添加”按钮，选择 2015 年 1 ~ 6 月昆明市发布的 3 个信息价库；权值都设为“1”，计算平均价，点击“确定”按钮完成信息价文件设置。

2. 定额标准和清单选择设置

在图 6.5.3 所示工程信息操作界面，点击“定额标准”“清单选择”和“取费文件”，可进行定额标准、清单选择和取费文件操作。

3. 建筑面积

在图 6.5.3 所示操作界面，有一项建筑面积填写，填写此项后软件可以进行有关指标分析计算。

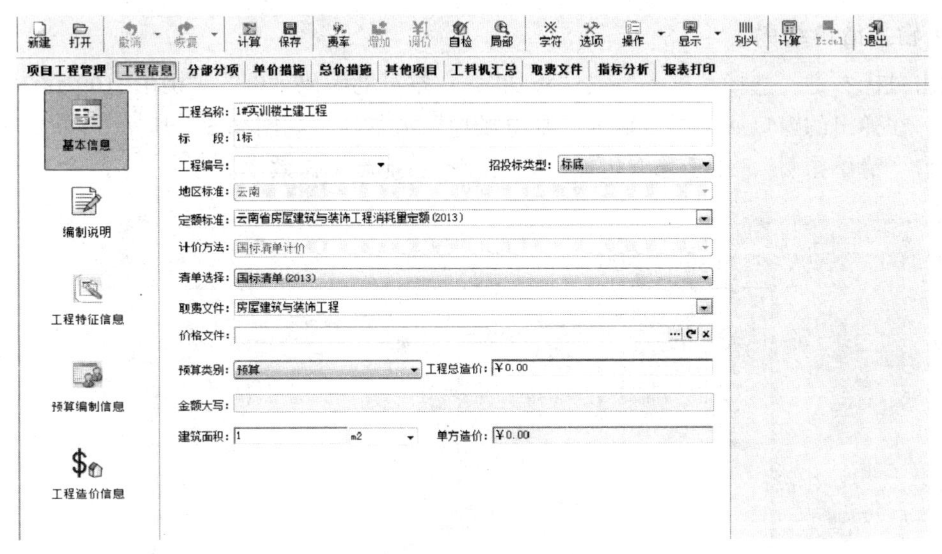

图 6.5.3 工程信息操作界面

6.5.3 工程量清单项的整理、输入及补充

导入工程量清单后，根据工程实际需要，进行整理、输入及补充。增加的工程量清单可以通过查询清单库手工输入，或导入 Excel 工程量清单，下面将逐一介绍。

1. 手动输入工程量清单

1）查询输入

在图 6.5.4 所示清单库查询页面，找到“平整场地”清单项，双击鼠标或拖曳清单子目到分部分项主界面，实现清单录入。

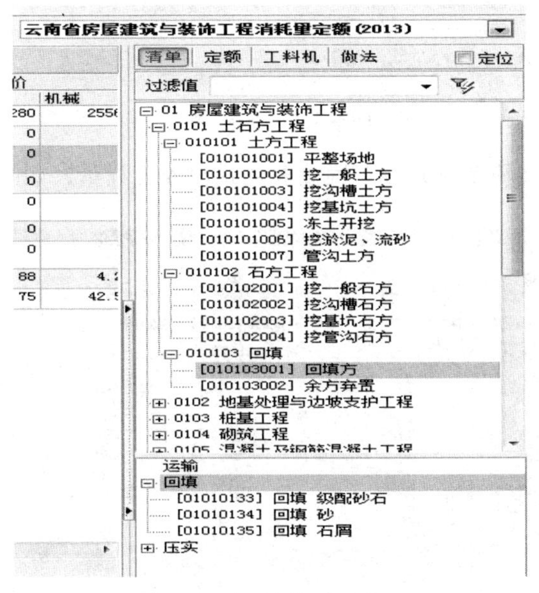

图 6.5.4 查询清单库

2）输入清单编码

点击鼠标右键，选择“插入”或“添加”，在空行的编码列输入“010101001002”，点击回车键，在弹出的窗口回车即可输入“平整场地”清单项，如图 6.5.5 所示。同时，会跳出一个窗口“清单指引”，用于选取定额，方便套价，提高工作效率。

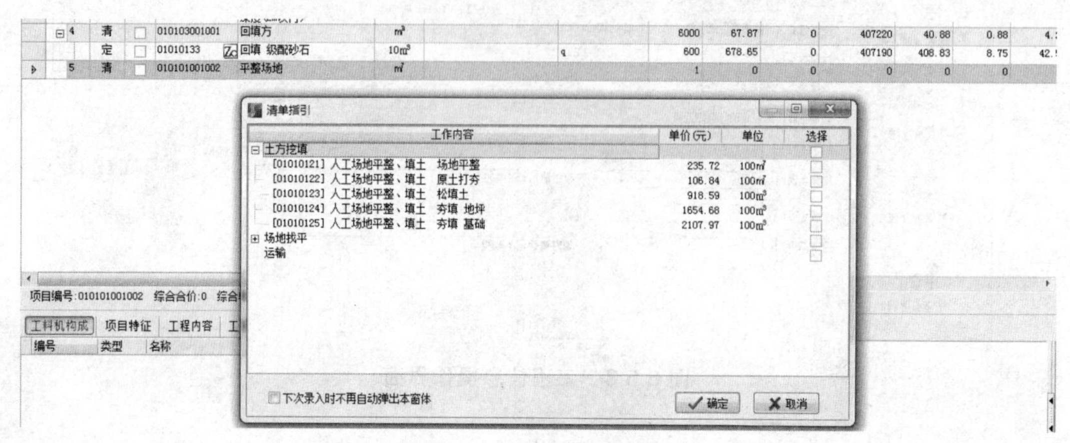

图 6.5.5 按编码输入

如果接下来的清单在上一条清单的章节下如“010101006”，只要在上一条清单编辑完之后，直接在项目编号单元格中输入“6”回车即可输入“挖淤泥、流砂”清单项，如图 6.5.6 所示。

新建 打开 主页 保存 选项 计算 换算 附项 插入 添加 子项 撤销 删除 复制 粘帖 公式 上移 下移 升级 降级 信息

工程属性 分部分项 措施项目 其他项目 工料机汇总 取费文件 报表打印

序号	项目编号	项目名称	项目特征	工程量表达式	工程量	单位	类型
⊟		分部工程					分部
1	010101001001	平整场地		1	1	m2	清单
2	010101003001	挖基础土方		1	1	m3	清单
3	010101006002	管沟土方		1	1	m	清单

图 6.5.6 简码输入

按以上方法输入其他清单，并在工程量表达式输入工程量，如图 6.5.7 所示。

清华斯维尔清单计价 TH-BQ2013 专业版

文件(F) 招投标 计量支付(Q) 辅助功能(T) 数据库 工具 窗口(W) 帮助(H)

新建 打开 撤消 恢复 计算 保存 换算 费用 费率 增加 调价 自检 局部 字符 选项 操作 显示 列头 计算 Excel 退出

项目工程管理 工程信息 分部分项 单价措施 总价措施 其他项目 工料机汇总 取费文件 指标分析 报表打印

编辑状态：【标准】

序号	类型	主要清单	项目编号	项目名称	单位	项目特征	工程量表达式	工程量	综合单价	最高限价	综合合价	综合单价 人工	计价材
⊟	部			分部工程					640844		640844	392191	5370
1	清		010101001001	平整场地	m²		100	100	5.98	0	598	3.91	0
2	清		010101002001	挖一般土方	m³		1000	1000	25.84	0	25840	16.89	0
3	清		010101004001	挖基坑土方	m³		3000	3000	47.06	0	141180	30.76	0
4	清		010501003001	独立基础	m³		600	600	109.68	0	65808	62.22	0.15
	定		01050004	现场搅拌混凝土 独立基础 毛石混凝土	10m³		q	60	1096.77	0	65806.2	622.19	1.54
5	清		010103001001	回填方	m³		6000	6000	67.87	0	407220	40.88	0.88
6	清		010101001002	平整场地	m²		300	300	0.66	0	198	0.06	0
7	清		010101006001	挖淤泥、流砂	m³		900	900	0	0	0	0	0

图 6.5.7 录入清单工程量

2. 导入 Excel 工程量清单

将 Excel 格式文件的工程量清单，导入到分部分项中。

在主菜单“辅助功能”中，选择“导入 Excel 工程量清单”菜单，进入导入 Excel 工程量清单操作界面，如图 6.5.8 所示，主要操作如下：

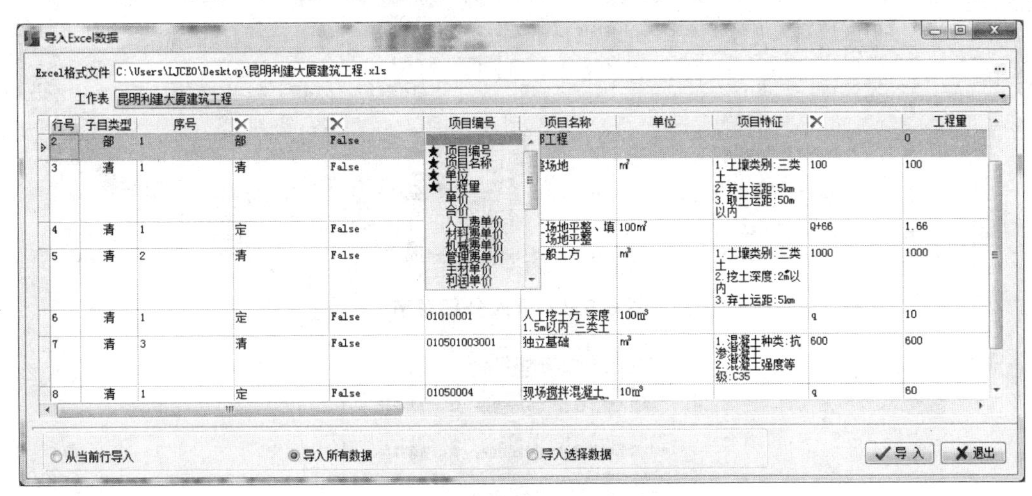

图 6.5.8 导入 excel 工程量清单

（1）单击 Excel 格式文件编辑框后的“...”按钮，在打开文件对话框中选择工程量清单 Excel 格式文件，在工作表下拉列表中选择 Excel 工作表。

（2）单击表格的列表头选择当前列对应的字段，如图 6.5.8 所示，带“★”的字段必须配置对应的列。

（3）从表格中选择需要导入的数据，系统提供以下几种选项：

① 从当前行开始导入：将从当前选择的记录开始到表格结束的所有数据导入到分部分项。

② 导入所有数据：将当前工作表的所有数据导入到分部分项。

③ 导入选择数据：将选中的所有数据导入到分部分项。

（4）选择子目类型：如果 Excel 表格中有“分部”“备注”等记录，则需在图 6.5.8 窗口的“子目类型”列下拉选择相应的子目类型，清单、定额子目不需选择，系统可自动识别。

（5）如果数据错误或数据和字段类型不匹配，单击“导入”按钮后，系统将不匹配的记录用颜色标识，可在表格中直接修改数据。

3. 调整显示顺序

系统提供以下方式调整分部分项数据的显示顺序：

（1）按录入顺序显示：自动隐藏册、章、节等数据，分部分项数据按录入的先后顺序显示和输出报表。

（2）按章节顺序显示：用户可选择添加册、章、节等数据，分部分项数据按册、章、节层次结构排序显示和输出报表。

点击主菜单“分部分项”，在主操作界面单击右键选择“清单操作/分部整理（调整显示顺序）”菜单，进入调整显示顺序操作窗口，如图 6.5.9 所示。按提示设置相关选项，点击“确定”按钮，完成分部分项数据按选定的方式排序，如图 6.5.10 所示。

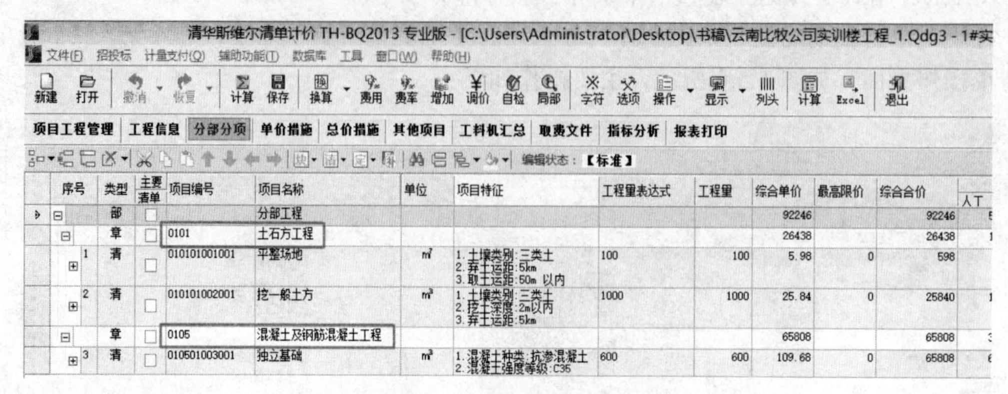

图 6.5.9　录入分部章节

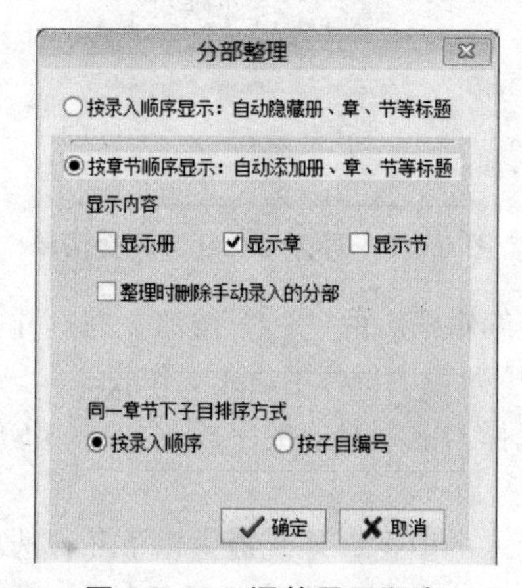

图 6.5.10　调整显示顺序

6.5.4　项目特征的描述

点击当前清单，如“010101002001 挖一般土方”，在工料机构成界面点击“项目特征”，在特征描述中选择相关特征或补充相关特征描述，如图 6.5.11 所示，在“输出”一栏打钩，将项目特征生成至右边对话框，同时该项目特征也会显示在分部分项下面项目特征列中，如图 6.5.12 所示，依此方法录入本工程其他清单的项目特征。

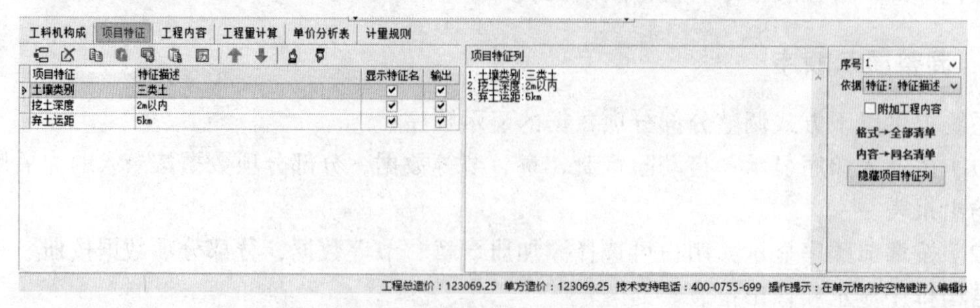

图 6.5.11　录入项目特征

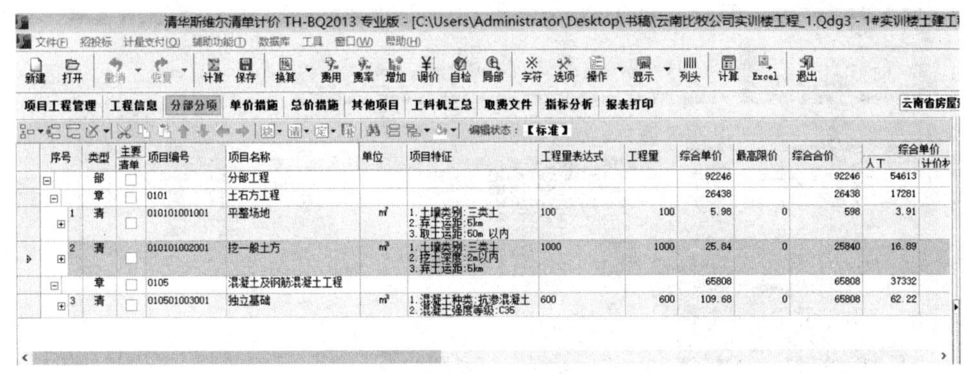

图 6.5.12　生成项目特征

在图 6.5.8 中，项目特征可以引用历史工程数据；可以自动复制其他清单特征；工程特征中可以附加工程内容；还可以把写好的项目特征一键写入相同的清单中。

6.5.5　定额项的输入与换算

1. 清单套定额价

通常情况下清单套定额组价一般有以下 3 种方式：

1）定额编码录入

在分部分项的“项目编号”列直接输入定额编码，按回车键。

定额编码录入法，采用定额编码智能匹配规则，生成匹配的定额编码，录入时和上一条定额子目前面相同部分可以省略，只需录入不同部分（如上一条定额子目是“1001.2”，假如下一条需要录入“1001.5”，只需在项目编码中录入　“5”，即生成相应的编码：1001.5）。

2）查询定额库

在查询定额库窗口，双击定额子目或拖曳定额到分部分项。

查询清单库相关操作：

（1）定位：钩选“定位”按钮，分部分项中定额子目移动时，在清单查询窗口自动定位到相应的定额子目。

（2）查找：在查找页面输入查找值，选择按编码和名称查找匹配的定额子目。

（3）过滤：在查找页面输入过滤值，可选择按编码和名称过滤匹配的定额子目。

（4）定额借用：在定额库列表中选择定额库和定额子专业，在查找页面显示当前定额的章节和定额子目。

（5）补充定额：切换到“补充”页面，显示用户补充定额。

3）查询清单指引

清单计价可通过查询清单指引录入定额。

已经有清单，快速套取相应定额：或者点击分部清单项目编码下拉框弹出该条清单的清单指引，如图 6.5.13 所示，双击选择所需定额子目。

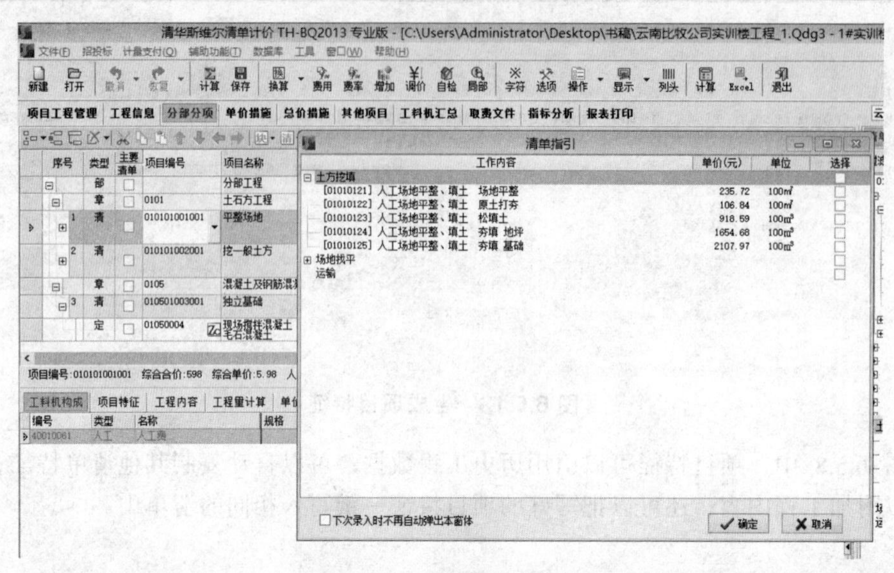

图 6.5.13　查询清单指引

没有清单时，需要同时套取清单和定额：点击分部分项右边界面的清单库选择相关清单，在清单库下方将显示该条清单的清单指引，如图 6.5.14 所示窗口，在清单指引窗口双击定额子目，将定额子目添加到清单下，作为清单的子节点，实现清单套价。

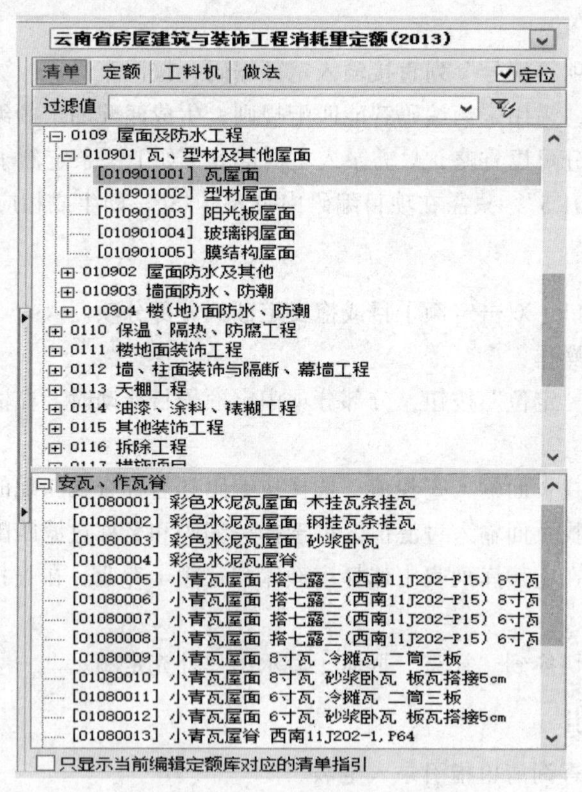

图 6.5.14　查询清单指引

按照上述几种方法挂接清单下定额，可以实现清单套定额组价。

2. 输入定额子目工程量

软件默认定额子目工程量与清单工程量相同，实际工程中定额工程量可能与清单工程量不相同。定额工程量的得出有以下两种方式：

（1）在当前定额的工程量表达式栏中编辑工程量表达式，按回车键，得出定额工程量。

（2）点击工料机构成界面的“工程量计算”，如图 6.5.15 所示，在“计算表达式”栏中编辑工程量表达式；也可点击表达式后，点击后面的“166 …”按钮，如图 6.5.16 所示，在弹出的“工程量表达式”编辑窗口提供了系统函数、简单构件图形编辑公式，如图 6.5.17 所示，依次录入边长数据后把光标放到计算式中，然后单击“确定”按钮，回到图 6.5.16 界面，得出定额工程量。

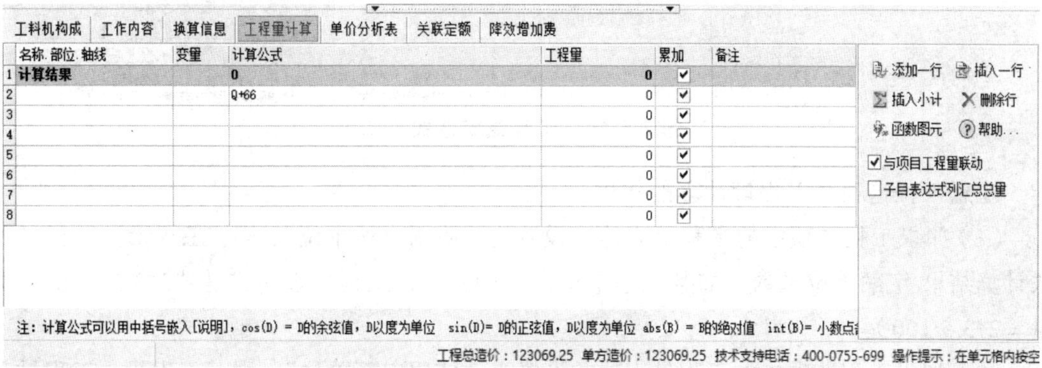

工料机构成　工作内容　换算信息　工程量计算　单价分析表　关联定额　降效增加费

	名称.部位.轴线	变量	计算公式	工程量	累加	备注
1	计算结果		0	0	✓	
2			Q+66	0	✓	
3				0	✓	
4				0	✓	
5				0	✓	
6				0	✓	
7				0	✓	
8				0	✓	

添加一行　插入一行　插入小计　删除行　函数图元　帮助…
☑与项目工程量联动
☐子目表达式列汇总总量

注：计算公式可以用中括号嵌入[说明]，cos(D) = D的余弦值，D以度为单位　sin(D)= D的正弦值，D以度为单位 abs(B) = B的绝对值　int(B)= 小数点

工程总造价：123069.25　单方造价：123069.25　技术支持电话：400-0755-699　操作提示：在单元格内按空

图 6.5.15　编辑计算表达式

清华斯维尔清单计价 TH-BQ2013 专业版 - [C:\Users\Administrator\Desktop\书稿\云南比牧公司实训楼工程_1.Qdg3 - 1#

文件(F)　招投标　计量支付(Q)　辅助功能(T)　数据库　工具　窗口(W)　帮助(H)

新建　打开　撤消　恢复　计算　保存　换算　费用　费率　增加　调价　自检　局部　字符　选项　操作　显示　列头　计算　Excel　退出

项目工程管理　工程信息　分部分项　单价措施　总价措施　其他项目　工料机汇总　取费文件　指标分析　报表打印

编辑状态：【标准】

序号	类型	主要清单	项目编号	项目名称	单位	项目特征	工程量表达式	工程量	综合单价	最高限价	综合合价
	部	☐		分部工程					92246		92246
	章	☐	0101	土石方工程					26438		26438
1	清	☐	010101001001	平整场地	m²	1. 土壤类别:三类土 2. 弃土运距:5km 3. 取土运距:50m 以内	100	100	5.98	0	598
	定	☐	01010121	人工场地平整、填土　场地平整	100m²		166 …	1.66	360.65	0	598.68
2	清	☐	010101002001	挖一般土方	m³	1. 土壤类别:三类土 2. 挖土深度:2m以内 3. 弃土运距:5km	1000	1000	25.84	0	25840
	章	☐	0105	混凝土及钢筋混凝土工程					65808		65808
3	清	☐	010501003001	独立基础	m³	1. 混凝土种类:抗渗混凝土 2. 混凝土强度等级:C35	600	600	109.68	0	65808
	定	☐	01050004	现场搅拌混凝土　独立基础	10m³		q	60	1096.77	0	65806.2

项目编号:01010121　综合合价:598.68　综合单价:360.65　人工:235.72　计价材:0　机械:0　管理费:77.79　利润:47.14

工料机构成　工作内容　换算信息　工程量计算　单价分析表　关联定额　降效增加费

	名称.部位.轴线	变量	计算公式	工程量	累加	备注
1	计算结果		166	166	✓	
2			Q+66	166	✓	
3				0	✓	
4				0	✓	
5				0	✓	
6				0	✓	
7				0	✓	
8				0	✓	

添加一行　插入一行　插入小计　删除行　函数图元　帮助…
☑与项目工程量联动
☑子目表达式列汇总总量

注：计算公式可以用中括号嵌入[说明]，cos(D) = D的余弦值，D以度为单位　sin(D)= D的正弦值，D以度为单位 abs(B) = B的绝对值　int(B)= 小数点

工程总造价：123069.25　单方造价：123069.25　技术支持电话：400-0755-699　操作提示：在单元格内按空

图 6.5.16　工程量表达式（一）

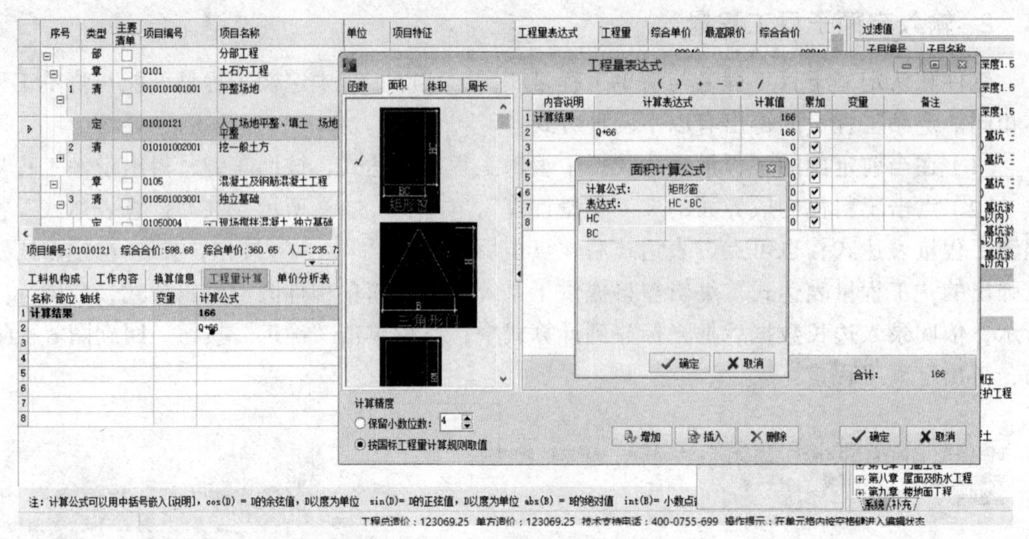

图 6.5.17　工程量表达式（二）

注意工程选项对工程量计算的作用：

（1）如果工程选项中的工程量表达式设置为“使用自然单位”，则：工程量 = 工程量表达式计算结果/定额单位系数（如某定额单位是“100 m”，工程量表达式是“2*3.5”，则：工程量 = 2*3.5/100）。

（2）如果工程选项中的工程量表达式设置为“使用定额单位”，则：工程量 = 工程量表达式计算结果（如某定额单位是“100 m”，工程量表达式是“2*3.5”，则：工程量 = 2*3.5）。

3. 定额换算

定额换算通常有系数换算、智能换算、组合换算、主材换算、混凝土砂浆换算等，下面在例子工程中逐一介绍。

1）系数换算

在挂接“场地平整”清单下录入定额“01010121”时，考虑到工程的实际情况，如施工环境恶劣、人工涨价等因素，可以对人工费进行系数换算。点击功能栏中的“换算”按钮弹出定额换算窗口，对该条定额人工费进行系数换算，输入“人工*1.5”，如图 6.5.18 所示，点击“确定”按钮，完成换算操作。

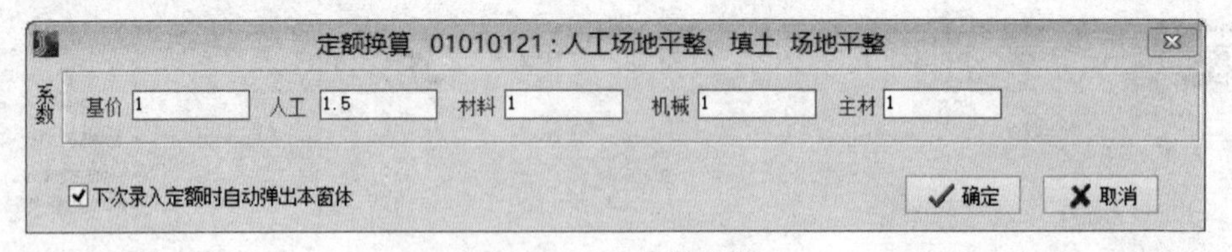

图 6.5.18　系数换算

同时在该条定额的项目编号后会自动加上“换”字，在项目名称中记录换算操作，如图 6.5.19 所示。

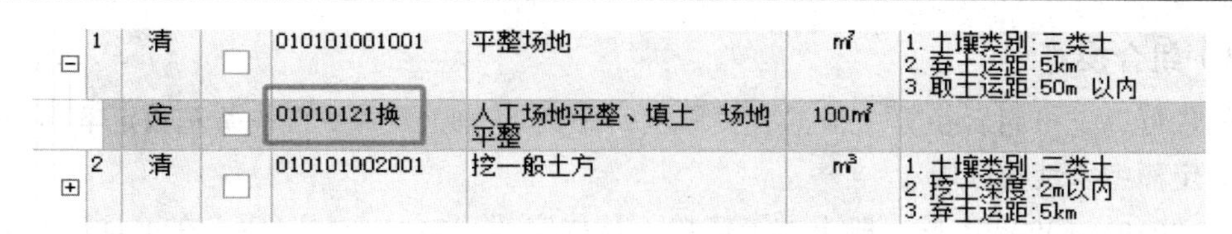

图 6.5.19 系数换算标注

点击“换算信息”页面，可查看详细换算信息，并可通过点击“撤销选中换算”按钮，撤销选中换算，如图 6.5.20 所示。

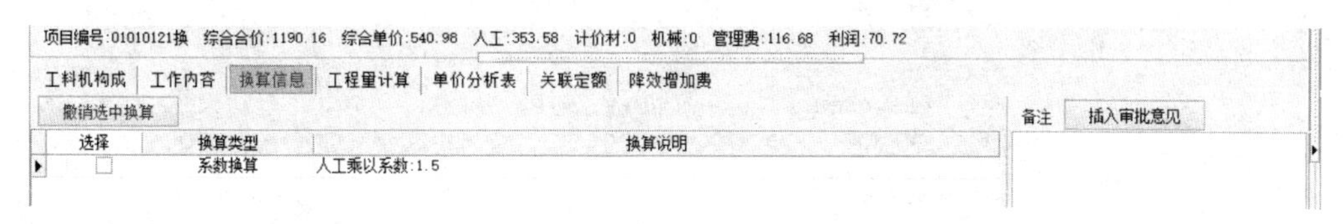

图 6.5.20 换算信息

系数换算包括人工、材料、机械等系数，如需对人、材、机统一调整为某一系数，只需在基价中输入综合系数即可；系数换算并不直接修改工料机构成的工料机消耗量，在计算时分别对定额人、材、机单价和工料机汇总用量乘以相应的系数。

2）智能换算

软件可以实现智能换算，系统自动进行相应的工料机、系数等换算。

如在“010101002001 挖一般土方”清单下录入定额“01010001”，会自动弹出换算窗口，进行换算；过后也可以单击“换算”按钮，再次进行修改换算信息，在弹出的定额换算对话框，可以选择一条或多条进行换算，如图 6.5.21 所示，点击“确定”完成换算。

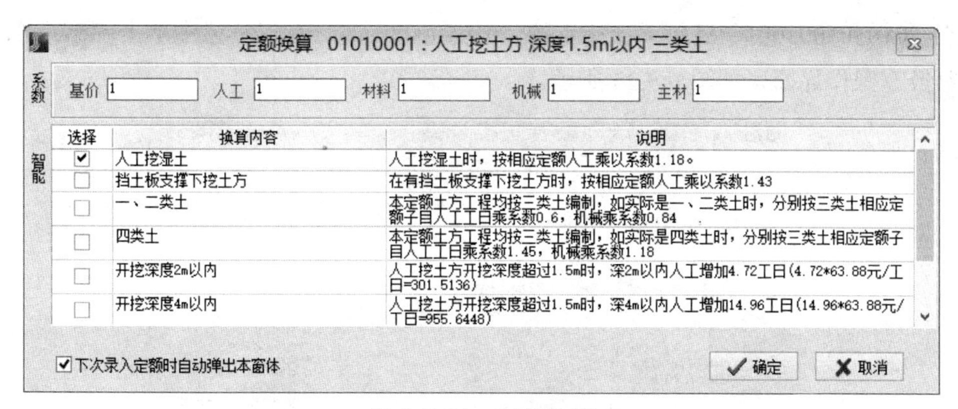

图 6.5.21 智能换算

此时定额“01010001”项目编号后也会自动加上“换”字，并且在定额的项目名称中自动标注换算信息，如图 6.5.22 所示。（Bz 表示标准换算）

2	清		010101002001	挖一般土方	m³	1. 土壤类别:三类土 2. 挖土深度:2m以内 3. 弃土运距:5km	1000
	定		01010001换	Bz 人工挖土方 深度1.5m以内 三类土(人工挖湿土)	100m³		

图 6.5.22 智能换算信息

3）组合换算

软件可以进行组合换算，根据有关厚度、距离、高度等需要将一条基数定额与一条以上的增减定额组合使用换算。

在“010101002001 挖一般土方”清单下挂接定额“01010037”后，在工具栏点击“换算”按钮，弹出定额换算对话框，输入实际值“300 m”，如图 6.5.23 所示，单击“确定”完成组合换算操作。

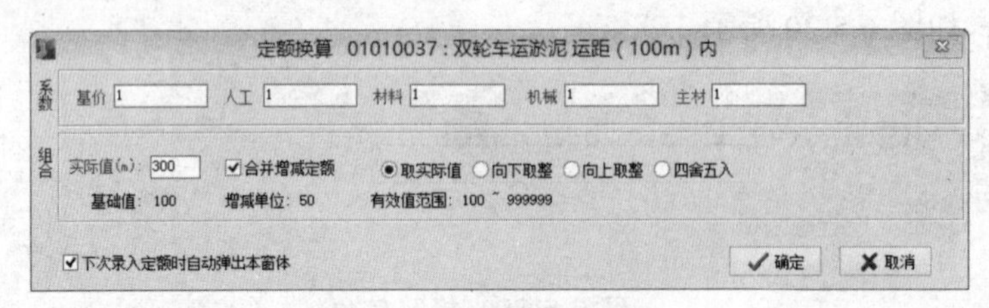

图 6.5.23　组合换算

系统自动将“01010038”定额的增减量组合到定额“01010037”中，并在项目编号后也会自动加上“换”字，在项目名称中标注换算信息，如图 6.5.24 所示。

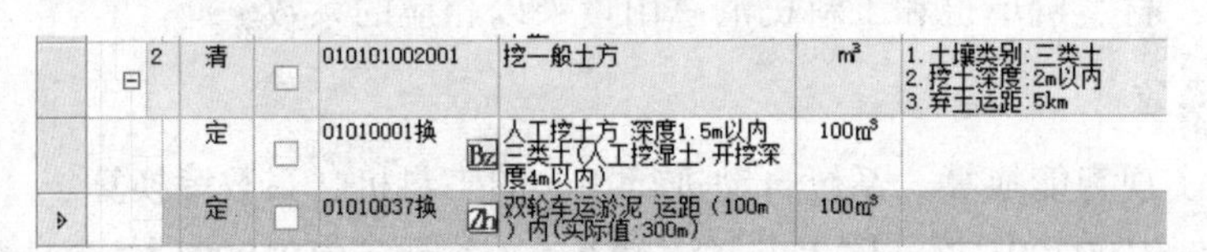

	类别		编号	名称	单位	项目特征
2	清		010101002001	挖一般土方	m³	1. 土壤类别：三类土 2. 挖土深度：2m以内 3. 弃土运距：5km
	定		01010001换	Bz 人工挖土方 深度1.5m以内 三类土(人工挖湿土，开挖深度4m以内)	100m³	
	定		01010037换	Zh 双轮车运淤泥 运距（100m）内(实际值:300m)	100m³	

图 6.5.24　组合换算信息

4）主材换算

在“010501003001”清单下挂接定额“01050004”时，在工具栏中单击“换算”按钮，弹出定额换算操作界面，如图 6.5.25 所示。

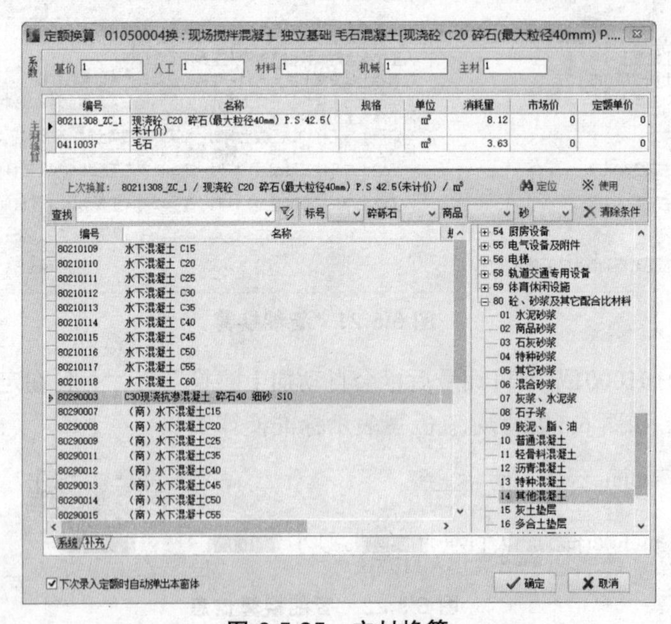

图 6.5.25　主材换算

右侧窗口为工料机查询窗口，可以进行工料机选择。点击图 6.5.24 所示操作界面的工料机编号后，如图 6.5.25 所示，选择“C30 现浇砼抗渗混凝土”双击该条主材，完成主材替换，点击图 6.5.25 所示操作界面的“确定”按钮，完成主材换算操作。

5）混凝土砂浆换算

在清单编码为“010501003001”项目下，录入定额“01050004”后，可以按照上述方法进行主材换算，也可以双击“工料机构成”中需要换算的材料，在右侧工料机窗口中选择相应材料，然后双击进行替换，但是要注意含量等是否需要修改，特别要注意现场拌制混凝土和商品砼的替换，如图 6.5.26 所示。

在图 6.5.26 所示操作界面，混凝土的配合比会出现在工料机构成窗口的右侧。

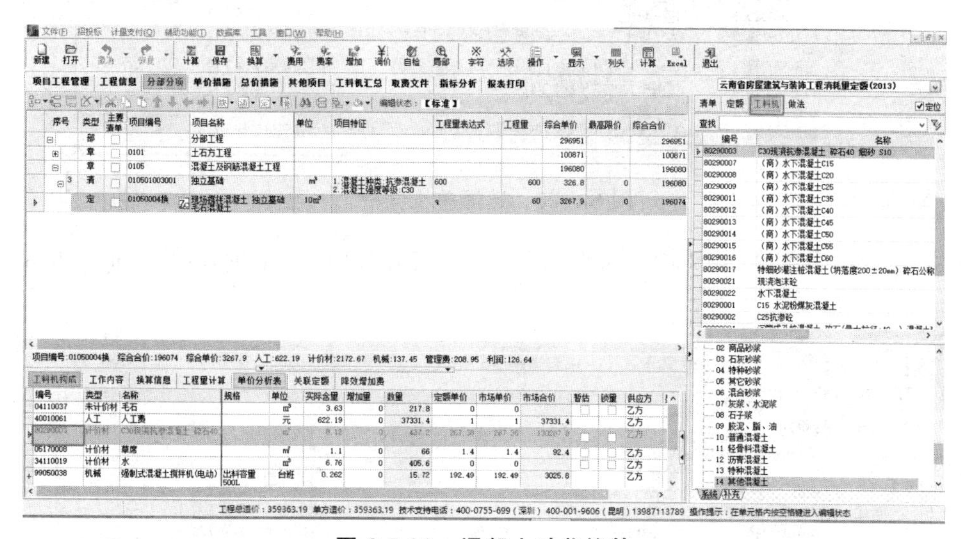

图 6.5.26 混凝土砂浆换算

6）查询换算记录和撤销换算

方法一：选中需要撤换的定额，单击“换算”，在定额换算操作窗口，如图 6.5.21 所示，将换算值恢复回换算前的值。

方法二：点击清单“010101002001”下的定额“01010037 换”，如图 6.5.27 所示，勾选想要撤销的换算信息，点击“撤销选中换算”按钮，可撤销选中的换算操作。

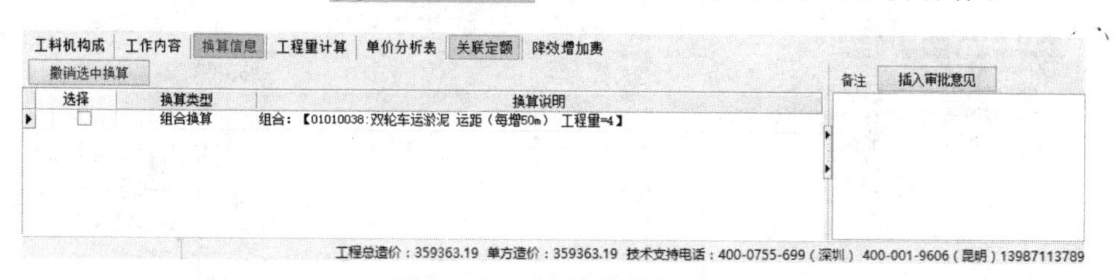

图 6.5.27 查询换算记录

4. 综合单价

清单综合单价由人工费、材料费、施工机械使用费和企业管理费和利润，以及一定范围内的风险费用组成。下面举例说明综合单价的设置。

点击工具栏的“费用”按钮，弹出子目单价分析选择操作界面，如图 6.5.28 所示，如本实例土石方工程分部“0101 土石方工程”，可在图 6.5.28 所示操作界面的“单价分析”列，选择“房屋建筑与装饰工程”，实现按房屋建筑与装饰工程的费率标准进行计费。如果是属于独立土石方，则如图 6.5.29 所示，修改为独立土石方专业，按其规定费率计费。

费用组成

选择公式 单价分析

展开 折叠

序号	项目编号	项目名称	单价分析
		分部工程	房屋建筑与装饰工程
	0101	土石方工程	房屋建筑与装饰工程
1	010101001001	平整场地	房屋建筑与装饰工程
	01010121换	人工场地平整、填土 场地平整	房屋建筑与装饰工程
2	010101002001	挖一般土方	房屋建筑与装饰工程
	01010001换	人工挖土方 深度1.5m以内 三类土(人工挖湿土,开挖深度4m以内)	房屋建筑与装饰工程
	04010037换	双轮车运淤泥 运距(100m)内(实际值:300m)	房屋建筑与装饰工程
	0105	混凝土及钢筋混凝土工程	房屋建筑与装饰工程
3	010501003001	独立基础	房屋建筑与装饰工程
	01050004换	现场搅拌混凝土 独立基础 毛石混凝土	房屋建筑与装饰工程

图 6.5.28 选择单价分析

如需查看或编辑单价分析模板，可点击图 6.5.29 操作界面的“单价分析”页面，如图 6.5.30 所示。

费用组成

选择公式 单价分析

展开 折叠

序号	项目编号	项目名称	单价分析
		分部工程	房屋建筑与装饰工程
	0101	土石方工程	房屋建筑与装饰工程
1	010101001001	平整场地	房屋建筑与装饰工程
	01010121换	人工场地平整、填土 场地平整	房屋建筑与装饰工程
2	010101002001	挖一般土方	独立土石方工程
	01010001换	人工挖土方 深度1.5m以内 三类土(人工挖湿土,开挖深度4m以内)	独立土石方工程
	01010037换	双轮车运淤泥 运距(100m)内(实际值:300m)	独立土石方工程
	0105	混凝土及钢筋混凝土工程	房屋建筑与装饰工程
3	010501003001	独立基础	房屋建筑与装饰工程
	01050004换	现场搅拌混凝土 独立基础 毛石混凝土	房屋建筑与装饰工程

图 6.5.29 选择单价分析费

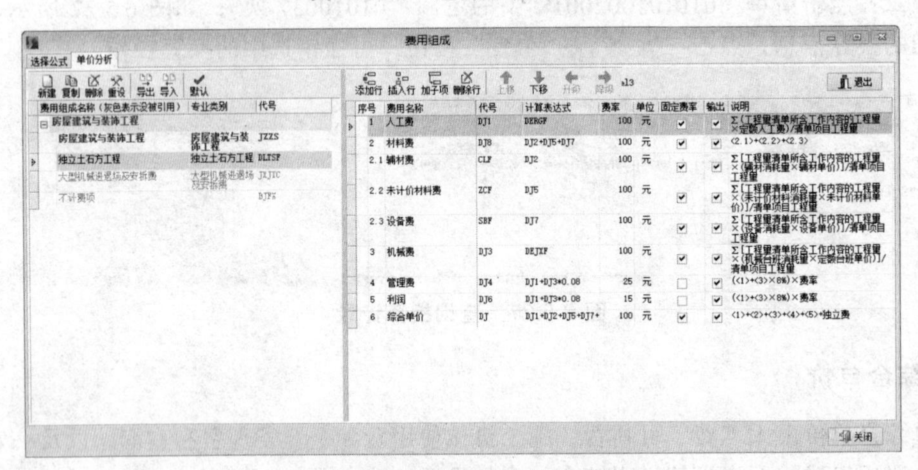

费用组成名称（灰色表示没被引用）	专业类别	代号
房屋建筑与装饰工程		
房屋建筑与装饰工程	房屋建筑与装饰工程	JZZS
独立土石方工程	独立土石方工程	DLTSF
大型机械进退场及安拆费	大型机械进退场及安拆费	JXJTC
不计费项		DJFX

序号	费用名称	代号	计算表达式	费率	单位	固定费率	输出	说明
1	人工费	DJ1	DERGF	100	元	✔	✔	Σ(工程量清单所含工作内容的工程量×定额人工费)/清单项目工程量
2	材料费	DJ8	DJ2+DJ5+DJ7	100	元	✔	✔	<2.1>+<2.2>+<2.3>
2.1	辅材费	CLF	DJ2	100	元	✔	✔	Σ[工程量清单所含工作内容的工程量×(辅材消耗量×辅材单价)]/清单项目工程量
2.2	未计价材料费	ZCF	DJ5	100	元	✔	✔	Σ[工程量清单所含工作内容的工程量×(未计价材料消耗量×未计价材料单价)]/清单项目工程量
2.3	设备费	SBF	DJ7	100	元	✔	✔	Σ[工程量清单所含工作内容的工程量×(设备消耗量×设备单价)]/清单项目工程量
3	机械费	DJ3	DEJXF	100	元	✔	✔	Σ[工程量清单所含工作内容的工程量×(机械台班消耗量×定额台班单价)]/清单项目工程量
4	管理费	DJ4	DJ1+DJ3*0.08	25	元		✔	(<1>+<3>×8%)×费率
5	利润	DJ6	DJ1+DJ3*0.08	15	元		✔	(<1>+<3>×8%)×费率
6	综合单价	DJ	DJ1+DJ2+DJ5+DJ7+	100	元	✔	✔	<1>+<2>+<3>+<4>+<5>+独立费

图 6.5.30 编辑单价分析模板

5. 计算降效

工程中会涉及相关降效费用，如脚手架搭拆费、高层建筑增加费、系统调整费、安装与生产同时进行增加费等。

在主菜单“辅助功能”中，选择“定额增加费”菜单，或者在快捷菜单中选择“增加”，点击“添加”，进入费用增加操作界面，如图 6.5.31 所示。

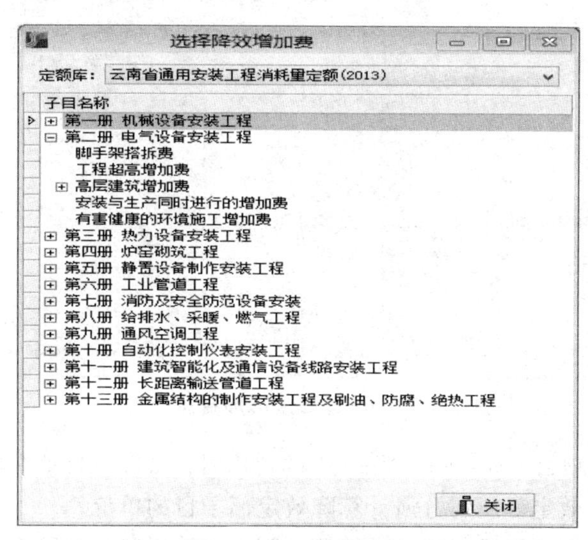

图 6.5.31 计算降效

根据工程实际情况选择降效费用，如“机械设备工程”中的设备底座安装标高超过地平面正或负 15 m 时的超高增加费，双击“第一册机械设备安装工程”下的“设备底座安装标高超过地平面正或负 15 m 时超高增加费”，如图 6.5.32 所示，选择降效增加费；弹出对话框，进行费用设置，软件智能勾选相应定额子目，如图 6.5.33 所示设置降效增加费，在对话框下界面显示调整系数。

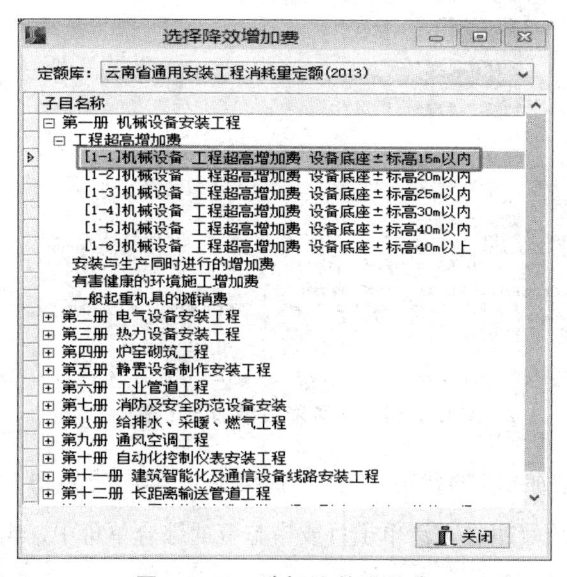

图 6.5.32 选择降效增加费

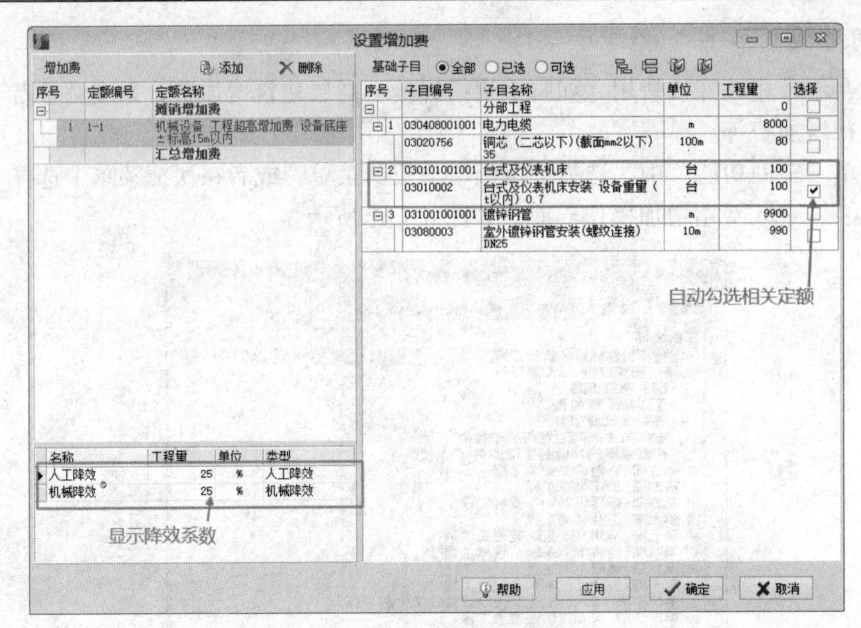

图 6.5.33　设置降效增加费（一）

降效类型为“措施项目（如：脚手架等）”的费用时，系统将自动在措施项目页面添加相应降效定额，并根据降效定额所属分册计算降效定额子目的单价。

依次对工程的各分部工程进行超高增加费、脚手架使用费、高层建筑增加费、系统调整费、安全与生产同时进行增加费的降效，如图 6.5.34 所示。

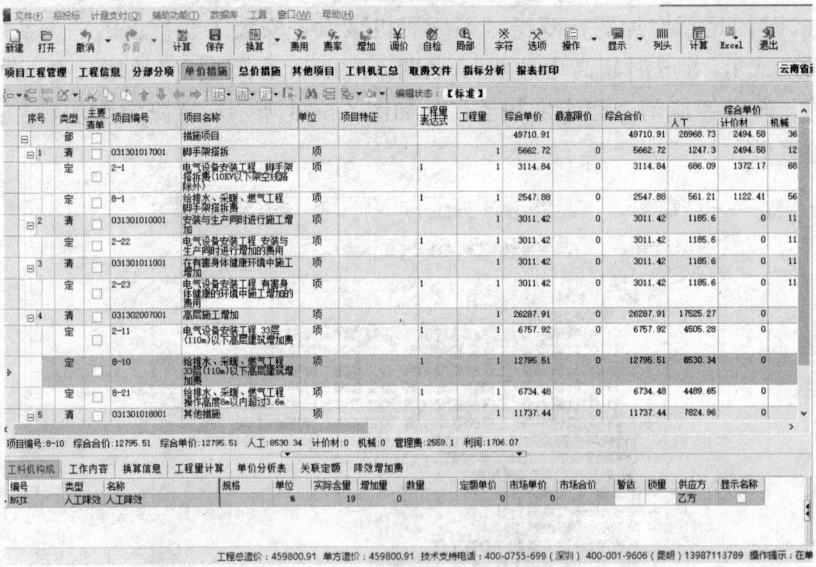

图 6.5.34　设置降效增加费（二）

降效类型是“定额增加费”的费用，单击快捷菜单“增加”，点击“添加”，如图 6.5.35 所示，选择降效所增加的费用进入清单子目或措施费的综合单价中，本例选择进入了单价措施清单中。

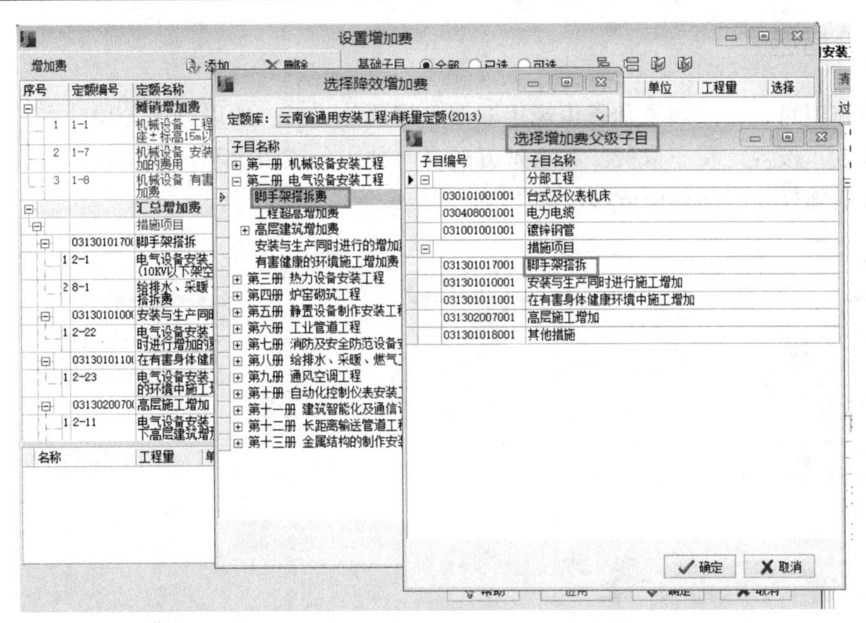

图 6.5.35 设置增加费计入的位置

在图 6.5.36 所示设置降效增加费操作界面，取消“选择”列“√”，则取消该项降效费用的计算，从而达到撤销当前降效的目的。

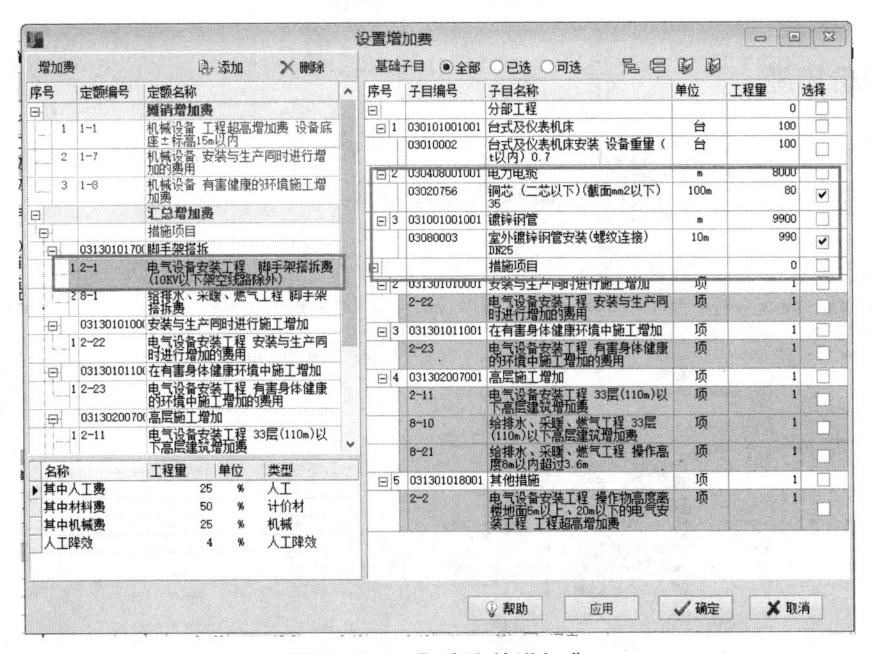

图 6.5.36 取消降效增加费

6.6 措施项目清单编制

措施项目清单包括单价措施和总价措施两部分。

6.6.1 总价措施

总价措施项目，按照国家和省市规定取费，按项计入。一般以分部分项的人工、机械和材料等为基数，按规定费率取费。其组价方式有两种：公式组价和定额组价，可以根据需要选用。总价措施操作界面如图 6.6.1 所示

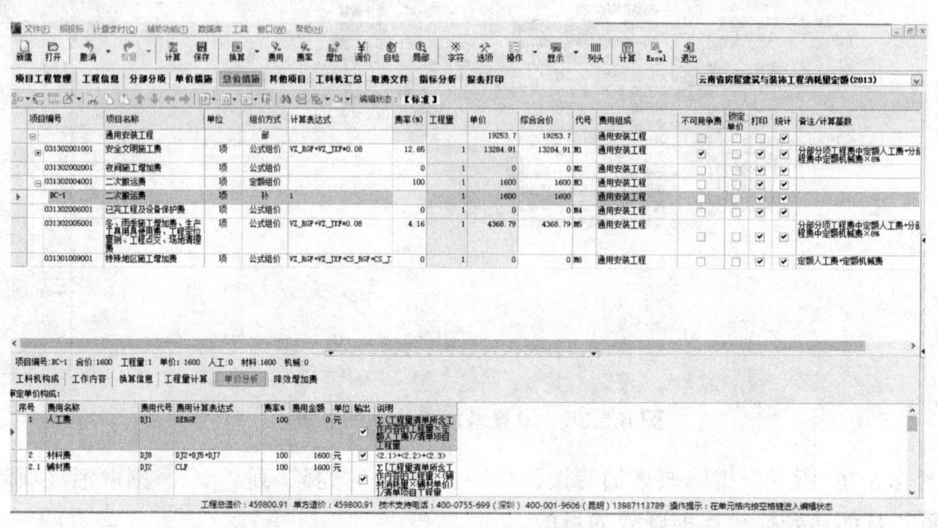

文件(F) 招投标 计量支付(Q) 辅助功能(T) 数据库 工具 窗口(W) 帮助(H)

新建 打开 撤消 恢复 计算 保存 换算 费用 费率 增加 调价 自检 局部 字符 选项 操作 显示 列头 计算 Excel 退出

项目工程管理 工程信息 分部分项 单价措施 总价措施 其他项目 工料机汇总 取费文件 指标分析 报表打印 云南省房屋建筑与装饰工程消耗量定额(2013)

编辑状态：【标准】

项目编号	项目名称	单位	组价方式	计算表达式	费率(%)	工程量	单价	综合合价	代号	费用组成	不可竞争费	锁定单价	打印	统计	备注/计算基数
	通用安装工程		部				19253.7	19253.7		通用安装工程	☐	☐	☐	✔	
031302001001	安全文明施工费	项	公式组价	VZ_RGF+VZ_JXF*0.08	12.65	1	13284.91	13284.91	M1	通用安装工程	✔	☐	✔	✔	分部分项工程费中定额人工费+分部 程费中定额机械费×8%
031302002001	夜间施工增加费	项	公式组价		0	1	0	0	M2	通用安装工程	☐	☐	✔	✔	
031302004001	二次搬运费	项	定额组价		100	1	1600	1600	M3	通用安装工程	☐	☐	✔	✔	
BC-1	二次搬运费	项	补	1		1	1600	1600		通用安装工程	☐	☐	✔	✔	
031302006001	已完工程及设备保护费	项	公式组价		0	1	0	0	M4	通用安装工程	☐	☐	✔	✔	
031302005001	冬、雨季施工增加费、生产工具用具使用费、工程定位复测、工程点交、场地清理费	项	公式组价	VZ_RGF+VZ_JXF*0.08	4.16	1	4368.79	4368.79	M5	通用安装工程	☐	☐	✔	✔	分部分项工程费中定额人工费+分部 程费中定额机械费×8%
031301009001	特殊地区施工增加费	项	公式组价	VZ_RGF+VZ_JXF+CS_RGF+CS_J	0	1	0	0	M6	通用安装工程	☐	☐	✔	✔	定额人工费+定额机械费

项目编号:BC-1 合价:1600 工程量:1 单价: 1600 人工:0 材料:1600 机械:0

工料机构成 工作内容 换算信息 工程量计算 单价分析 降效增加费

审定单价构成:

序号	费用名称	费用代号	费用计算表达式	费率%	费用金额	单位	输出	说明
1	人工费	DJ1	DERGF	100	0	元	✔	Σ(工程量清单所含工作内容的工程量×定额人工费)/清单项目工程量
2	材料费	DJ8	DJ2+DJ5+DJ7	100	1600	元	✔	<2.1>+<2.2>+<2.3>
2.1	辅材费	DJ2	CLF	100	1600	元	✔	Σ[工程量清单所含工作内容的工程量×(辅材消耗量×辅材单价)]/清单项目工程量

工程总造价：459800.91 单方造价：459800.91 技术支持电话：400-0755-699（深圳）400-001-9606（昆明）13987113789 操作提示：在单元格内按空格键进入编辑状态

图 6.6.1 总价措施项目

6.6.2 单价措施

单价措施项目清单可以根据上述分部分项工程量清单的录入方法和组价方式，进行措施清单项目的录入和组价操作，操作界面如图 6.6.2 所示。

文件(F) 招投标 计量支付(Q) 辅助功能(T) 数据库 工具 窗口(W) 帮助(H)

新建 打开 撤消 恢复 计算 保存 换算 费用 费率 增加 调价 自检 局部 字符 选项 操作 显示 列头 计算 Excel 退出

项目工程管理 工程信息 分部分项 单价措施 总价措施 其他项目 工料机汇总 取费文件 指标分析 报表打印 云南省通

编辑状态：【标准】

序号	类型	主要清单	项目编号	项目名称	单位	项目特征	工程量表达式	工程量	综合单价	最高限价	综合合价	综合单价 人工	综合单价 计价材	综合单价 机械
	部	☐		措施项目					49710.91		49710.91	28968.73	2494.58	36
1	清	☐	031301017001	脚手架搭拆	项	1.材料:钢管脚手架 2.内容:脚手架搭设和拆除 3.其他:场地内外运输，堆放和刷油防护等		1	5662.72	0	5662.72	1247.3	2494.58	12
	定	☐	2-1	电气设备安装工程 脚手架搭拆费(10KV以下架空线路除外)	项		1	1	3114.84	0	3114.84	686.09	1372.17	68
	定	☐	8-1	给排水、采暖、燃气工程脚手架搭拆费	项		1	1	2547.88	0	2547.88	561.21	1122.41	56
2	清	☐	031301010001	安装与生产同时进行施工增加	项	安装与生产同时进行施工增加		1	3011.42	0	3011.42	1185.6	0	11
	定	☐	2-22	电气设备安装工程 安装与生产同时进行增加的费用	项		1	1	3011.42	0	3011.42	1185.6	0	11
3	清	☐	031301011001	在有害身体健康环境中施工增加	项	在有害身体健康环境中施工增加		1	3011.42	0	3011.42	1185.6	0	11
	定	☐	2-23	电气设备安装工程 有害身体健康的环境中施工增加的费用	项		1	1	3011.42	0	3011.42	1185.6	0	11
4	清	☐	031302007001	高层施工增加	项	高层施工增加		1	26287.91	0	26287.91	17525.27	0	
	定	☐	2-11	电气设备安装工程 33层(110m)以下高层建筑增加费	项		1	1	6757.92	0	6757.92	4505.28	0	
	定		8-10	给排水、采暖、燃气工程	项		1	1	12795.51	0	12795.51	8530.34	0	

项目编号:8-10 综合合价:12795.51 综合单价:12795.51 人工:8530.34 计价材:0 机械:0 管理费:2559.1 利润:1706.07

工料机构成 工作内容 换算信息 工程量计算 单价分析表 关联定额 降效增加费

编号	类型	名称	规格	单位	实际含量	增加量	数量	定额单价	市场单价	市场合价	暂估	锁量	供应方	显示名称
RGJX	人工降效	人工降效		%	19	0		0	0				乙方	☐

工程总造价：459800.91 单方造价：459800.91 技术支持电话：400-0755-699（深圳）400-001-9606（昆明）13987113789 操作提示：在单元

图 6.6.2 单价措施项目

6.7 其他项目清单编制

其他项目包含如图 6.7.1 所示费用，除“材料暂估价”外，其他金额可以根据工程实际情况直接录入金额。

项目工程管理 | 工程信息 | 分部分项 | 单价措施 | 总价措施 | 其他项目 | 工料机汇总 | 取费文件 | 指标分析 | 报表打印 　云南省房屋建筑与装饰工程消耗量定额

编辑状态：【标准】

其他项目
- 暂列金额
- 材料(工程设备)暂估价
- 专业工程暂估价
- 计日工
- 总承包服务费

项目编号	项目名称	单位	计算表达式	费率(%)	工程量	单价	合价	代号	打印	统计	备注
1	暂列金额	项		100	1	0	0	Z1	✔	✔	
2	暂估价	项	Z22	100	1	0	0	Z2	✔	✔	
2.1	材料(工程设备)暂估价	项	VZ_CLZGJ	100	1	0	0	Z21	✔	☐	按工程量清单中招标人提供的材料(工程设备)暂估价计入综合单价
2.2	专业工程暂估价	项		100	1	0	0	Z22	✔	✔	
3	计日工	项	Z31+Z32+Z33+Z34	100	1	0	0	Z3	✔	✔	
3.1	人工	项		100	1	0	0	Z31	✔	✔	
3.2	材料	项		100	1	0	0	Z32	✔	✔	
3.3	施工机械	项		100	1	0	0	Z33	✔	✔	
3.4	管理费和利润	项	Z31+Z33*0.08	50	1	0	0	Z34	✔	✔	定额人工费+定额机械费×8%
4	总承包服务费	项	Z41+Z42	100	1	0	0	Z4	✔	✔	
4.1	发包人发包专业工程	项		100	1	0	0	Z41	✔	✔	
4.2	发包人提供材料	项	MJ_JGCLF	1	1	0	0	Z42	✔	✔	
5	其他	项	Z51+Z52+Z53+Z54	100	1	0	0	Z5	✔	✔	
5.1	人工费调差	项	JC_RGF+(SCRG-DERG)*1	100	1	0	0	Z51	✔	✔	非省建设行政主管部门发布的人工费调整文件规定计算的市场价差
5.2	机械费调差	项	JC_JXPB+(TBRG-DETBR	100	1	0	0	Z52	✔	✔	非省建设行政主管部门发布的机械费调整文件规定计算的市场价差
5.3	风险费	项		0	1	0	0	Z53	✔	✔	依据招标文件计算
5.4	索赔与现场签证	项		100	1	0	0	Z54	✔	✔	详见明细表

图 6.7.1 其他项目

项目编号:03020756 综合合价:40576.8 综合单价:507.21 人工:296.4 计价材:62.61 机械:0 管理费:88.92 利润:59.28

工料机构成 | 工作内容 | 换算信息 | 工程量计算 | 单价分析表 | 关联定额 | 降效增加费

编号	类型	名称	规格	单位	实际含量	增加量	数量	定额单价	市场单价	市场合价	暂估	锁量	供应方	显
29070197_1	未计价材	电缆	YJV22-10-4(3×25)+16	m	101	0	8080	0	0		✔	☐	乙方	
40010061	人工	人工费		元	296.4	0	23712	1	1	23712			乙方	
18250012	计价材	镀锌电管卡子 32		个	20.2	0	1616	0.36	0.36	581.6	☐	☐	乙方	
29060013	计价材	电缆吊挂3×50		套	7.11	0	568.8	3.25	3.25	1848.8	☐	☐	乙方	
34130006	计价材	标志牌 塑料扁形		个	6	0	480	0.45	0.45	216	☐	☐	乙方	
40010035	计价材	其他材料费		元	29.53	0	2362.4	1	1	2362.4	☐	☐	乙方	

工程总造价：459800.91 单方造价：459800.91 技术支持电话：400-0755-699（深圳） 400-001-9606（昆明）13987113789 操作提示：在单元

图 6.7.2 材料暂估价选择

关于“材料暂估价”，根据招标清单确定，在分部分项输入窗口，工料机构成中相应的主材后面勾选，其他项目清单中有汇总金额，具体材料在相关报表中会详细列出。操作界面如图 6.7.2 所示，在图 6.7.2 所示的表中，人工费调差需要在“取费文件”中指定不同的人工费市场价，详见 6.9 节；材料费调差需要在“工料机汇总”中取定不同的油电价格，才能在此表中体现。

6.8 人、材、机调整及汇总（工料机汇总）

6.8.1 暂估价材料

实例工程中暂定“电缆”为暂估价材料，上节在“工料机构成”界面将暂估价的工料类型设为“暂估价材料”；也可以在“工料机汇总”界面将暂估价的工料类型设为“暂估价材料”，操作界面如图 6.8.1 所示。

项目工程管理 工程信息 分部分项 单价措施 总价措施 其他项目 工料机汇总 取费文件 指标分析 报表打印

工料机汇总 三材汇总 甲方指定评审材料 甲方指定暂估价材料 发包人供应材料和设备 承包人提供主要材料

所有材料 / 人工 / 计价材 / 机械 / 未计价材 / 配比材料 / 主要材料 / 甲供材料 / 暂估材料 / 锁价材料 / 价差材料 / 补充材机 / 商品砂浆 / 商品混凝土

☑隐藏数量=0工料机

工料机分解类型：☑机械 ☑物料 ☑主材 ☐材料 ☐商砼 ☐商浆

打印	暂估	主要材料	编号	名称	单位	规格	数量	其中甲供数量	单价 定额单价	单价 市场单价	单价 价差	市场合价	价差合计	类型	分解	取定额价
✔	☐	☐	03210156	钩头成对斜垫铁 Q195～Q244 1#	kg		314.4	0	11	11	0	3458.4	0	计价材		✔
✔	☐	☐	03210251	平垫铁 Q195～Q236 1#	kg		254	0	7.98	7.98	0	2026.92	0	计价材		✔
✔	☐	☐	04030004	矿渣硅酸盐水泥 P.S 42.5	kg		6235	0	0.4	0.4	0	2494	0	计价材		✔
✔	☐	☐	04050017	砂子	m³		11.6	0	62	62	0	719.2	0	计价材		✔
✔	☐	☐	04110071	碎石(混合粒径)	m³		10.7	0	80	80	0	856	0	计价材		✔
✔	☐	☐	05030029	木板	m³		0.9	0	800	800	0	720	0	计价材		✔
✔	☐	☐	14030006	煤油	kg		189	0	8	8	0	1512	0	计价材		✔
✔	☐	☐	14070008	机械油 20#～30#	kg		44.9	0	3.08	3.08	0	138.29	0	计价材		✔
✔	☐	☐	14070017	铅油	kg		19.8	0	15.98	15.98	0	316.4	0	计价材		✔
✔	☐	☐	14090012	钙基酯	kg		15.2	0	15	15	0	228	0	计价材		✔
✔	☐	☐	14310082	香蕉水	kg		10	0	7.2	7.2	0	72	0	计价材		✔
✔	☐	☐	15130030	聚酯乙烯泡沫塑料	kg		5.5	0	30.74	30.74	0	169.07	0	计价材		✔
✔	☐	☐	17030016	镀锌钢管DN25	m		10048.5	0	15.25	15.25	0	153239.63	0	计价材		✔
✔	☐	☐	18030213	室外镀锌钢管接头零件 DN25	个		1900.8	0	1.5	1.5	0	2851.2	0	计价材		✔
✔	☐	☐	18250012	镀锌电管卡子 32	个		1616	0	0.36	0.36	0	581.76	0	计价材		✔
✔	☐	☐	29060013	电缆吊挂3×50	套		568.8	0	3.25	3.25	0	1848.6	0	计价材		✔
✔	☐	☐	34110019	水	m³		79.2	0	5.6	5.6	0	443.52	0	计价材		✔
✔	☐	☐	34130006	标志牌 塑料扁形	个		480	0	0.45	0.45	0	216	0	计价材		✔
✔	☐	☐	40010035	其他材料费	元		2708.6	0	1	1	0	2708.6	0	计价材		✔
✔	☐	☐	@JXClF	降效增加材料费	元		2494.58	0	1	1	0	2494.58	0	计价材		✔
✔	☐	☐	CLFBC-1	二次搬运费 计价材费	项		1	0	1600	1600	0	1600	0	计价材		✔
✔		☐	34110004	电	kWh		1029.489	0	0.73	0.73	0	751.53	0	机械		✔
✔		☐	40010023	机械人工费	元		1587.418	0	1	1	0	1587.42	0	机械		✔
✔		☐	99110080	叉式装载机	台班	5t	20	0	155.69	155.69	0	3113.8	0	机械		✔
✔		☐	99460187	折旧费及检修费等	元		871.257	0	1	1	0	871.26	0	机械		✔
✔		☐	@JXJxF	降效增加机械费	元		3618.5	0	1	1	0	3618.5	0	机械		✔
✔	✔	✔	29070197_1	电缆	m	YJV22-10-4(	8080	0	79.68	79.68	0	643814.4	0	未计价材		☐
✔	☐	✔	38010034	电焊条	kg		21	0	0	0	0	0	0	未计价材		✔
												968908.75	0			

工程总造价：1127702.22 单方造价：1127702.22 技术支持电话：400-0755-699（深圳） 400-001-9606（昆明）13987113789 操作提示：在单元格内按空格键进入编辑状态

图 6.8.1 工料机汇总页面设材料暂估价

6.8.2 甲供材料、设备

可以通过以下两种方式指定材料的供应方。

方式一：在定额子目的工料机构成页面选择材料供应方，如图 6.8.2 所示，此做法仅会改变当前定额所包含材料的供应方，不会改变此材料在其他定额的供应方。

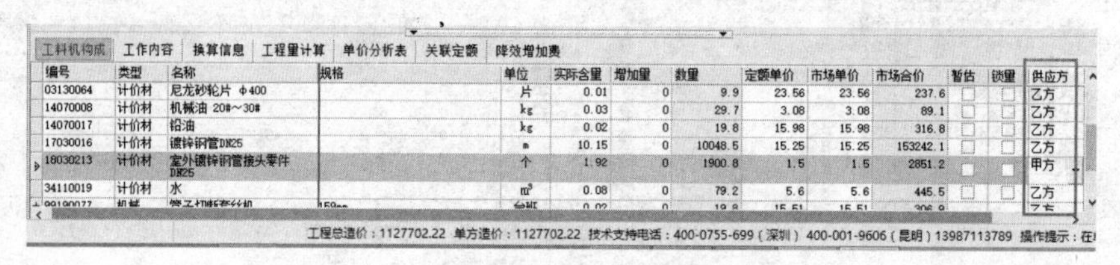

工料机构成 工作内容 换算信息 工程量计算 单价分析表 关联定额 降效增加费

编号	类型	名称	规格	单位	实际含量	增加量	数量	定额单价	市场单价	市场合价	暂估	锁量	供应方
03130064	计价材	尼龙砂轮片 φ400		片	0.01	0	9.9	23.56	23.56	237.6	☐	☐	乙方
14070008	计价材	机械油 20#～30#		kg	0.03	0	29.7	3.08	3.08	89.1	☐	☐	乙方
14070017	计价材	铅油		kg	0.02	0	19.8	15.98	15.98	316.8	☐	☐	乙方
17030016	计价材	镀锌钢管DN25		m	10.15	0	10048.5	15.25	15.25	153242.1	☐	☐	乙方
18030213	计价材	室外镀锌钢管接头零件 DN25		个	1.92	0	1900.8	1.5	1.5	2851.2	☐	☐	甲方
34110019	计价材	水		m³	0.08	0	79.2	5.6	5.6	445.5	☐	☐	乙方

工程总造价：1127702.22 单方造价：1127702.22 技术支持电话：400-0755-699（深圳） 400-001-9606（昆明）13987113789 操作提示：在

图 6.8.2 工料机构成页面改变供应方

方式二；在工料机汇总页面，设置材料供应方为甲供，“0”表示供应方为乙方，“1”表示供应方为甲方，如图 6.8.3 所示。

项目工程管理 工程信息 分部分项 单价措施 总价措施 其他项目 工料机汇总 取费文件 指标分析 报表打印

工料机汇总 三材汇总 甲方指定评审材料 甲方指定暂估价材料 发包人供应材料和设备 承包人提供主要材料

所有材料 / 人工 / 计价材 / 机械 / 未计价材 / 配比材料 / 主要材料 / 甲供材料 / 暂估材料 / 锁价材料 / 价差材料 / 补充材机 / 商品砂浆 / 商品混凝土

☑隐藏数量=

工料机分解类型：☑机械 ☑物料 ☑主材 ☐材料 ☐商砼 ☐商浆

打印	暂估	主要材料	编号	名称	单位	规格	数量	其中甲供数量	单价 定额单价	单价 市场单价	单价 价差	市场合价	价差合计	类型	分解	取定额价	供应方	主产地
✔	☐	☐	03210156	钩头成对斜垫铁 Q195～Q244 1#	kg		314.4	0	11	11	0	3458.4	0	计价材		✔	0	
✔	☐	☐	03210251	平垫铁 Q195～Q236 1#	kg		254	0	7.98	7.98	0	2026.92	0	计价材		✔	0	
✔	☐	☐	04030004	矿渣硅酸盐水泥 P S 42.5	kg		6235	0	0.4	0.4	0	2494	0	计价材		✔	0	
✔	☐	☐	04050017	砂子	m³		11.6	0	62	62	0	719.2	0	计价材		✔	0	
✔	☐	☐	04110071	碎石(混合粒径)	m³		10.7	0	80	80	0	856	0	计价材		✔	0	
✔	☐	☐	05030029	木板	m³		0.9	0	800	800	0	720	0	计价材		✔	0	
✔	☐	☐	14030006	煤油	kg		189	0	8	8	0	1512	0	计价材		✔	0	
✔	☐	☐	14070008	机械油 20#～30#	kg		44.9	0	3.08	3.08	0	138.29	0	计价材		✔	0	
✔	☐	☐	14070017	铅油	kg		19.8	0	15.98	15.98	0	316.4	0	计价材		✔	0	
✔	☐	☐	14090012	钙基酯	kg		15.2	0	15	15	0	228	0	计价材		✔	0	
✔	☐	☐	14310082	香蕉水	kg		10	0	7.2	7.2	0	72	0	计价材		✔	0	
✔	☐	☐	15130030	聚酯乙烯泡沫塑料	kg		5.5	0	30.74	30.74	0	169.07	0	计价材		✔	0	
✔	☐	☐	17030016	镀锌钢管DN25	m		10048.5	0	15.25	15.25	0	153239.63	0	计价材		✔	0	
✔	☐	☐	18030213	室外镀锌钢管接头零件 DN25	个		1900.8	1900.8	1.5	1.5	0	2851.2	0	计价材		✔	1	
✔	☐	☐	18250012	镀锌电管卡子 32	个		1616	0	0.36	0.36	0	581.76	0	计价材		✔	0	
✔	☐	☐	29060013	电缆吊挂3×50	套		568.8	0	3.25	3.25	0	1848.6	0	计价材		✔	0	
✔	☐	☐	34110019	水	m³		79.2	0	5.6	5.6	0	443.52	0	计价材		✔	0	
✔	☐	☐	34130006	标志牌 塑料扁形	个		480	0	0.45	0.45	0	216	0	计价材		✔	0	
✔	☐	☐	40010035	其他材料费	元		2708.6	0	1	1	0	2708.6	0	计价材		✔	0	
✔	☐	☐	@JXClF	降效增加材料费	元		2494.58	0	1	1	0	2494.58	0	计价材		✔	0	
✔	☐	☐	CLFBC-1	二次搬运费 计价材费	项		1	0	1600	1600	0	1600	0	计价材		✔	0	
✔		☐	34110004	电	kWh		1029.489	0	0.73	0.73	0	751.53	0	机械		✔	0	
✔		☐	40010023	机械人工费	元		1587.418	0	1	1	0	1587.42	0	机械		✔	0	
✔		☐	99110080	叉式装载机	台班	5t	20	0	155.69	155.69	0	3113.8	0	机械		✔	0	
✔		☐	99460187	折旧费及检修费等	元		871.257	0	1	1	0	871.26	0	机械		✔	0	
✔		☐	@JXJxF	降效增加机械费	元		3618.5	0	1	1	0	3618.5	0	机械		✔	0	
✔	✔	✔	29070197_1	电缆	m	YJV22-10-	8080	0	79.68	79.68	0	643814.4	0	未计价材		☐	0	
✔	☐	✔	38010034	电焊条	kg		21	0	0	0	0	0	0	未计价材		✔	0	
												968908.75	0					

工程总造价：1127702.22 单方造价：1127702.22 技术支持电话：400-0755-699（深圳） 400-001-9606（昆明）13987113789 操作提示：在单元格内按空格键进入编辑状态

图 6.8.3 工料机汇总页面改变供应方

6.8.3 甲方指定评标材料

在“工料机汇总”界面点击“甲方指定评标材料”切换至甲方指定评标材料操作界面，如图 6.8.4 所示。双击右侧菜单“本工程人材机”中相应材料，可选定评标材料，并进入左侧的材料表中。

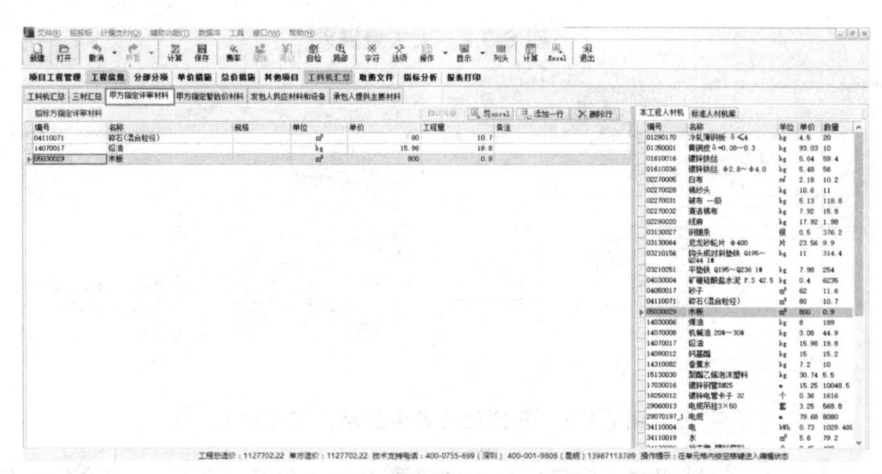

图 6.8.4 甲方指定评标材料操作界面

6.9 单位工程造价汇总（取费文件）

点击任务栏的“取费文件”，切换至取费文件窗口，如图 6.9.1 所示，在此界面可修改计费程序的费率，编辑费用计算表达式，添加、删除费用项，以及建立多个专业取费文件等操作。

图 6.9.1 取费文件

根据云南省 2013 计价规范，人工费可以进行调差，在调差界面中，填入市场人工单价，且不同于定额单价时，软件自动调差，调差金额计入“其他项目”的“人工费调差”中，如图 6.9.2、6.9.3 所示。

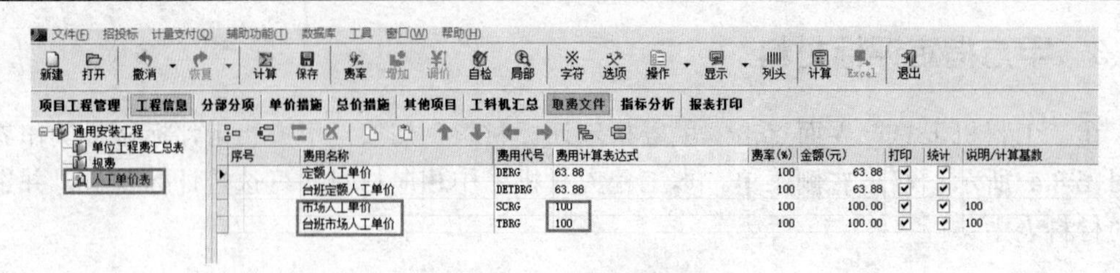

图 6.9.2 人工费调差

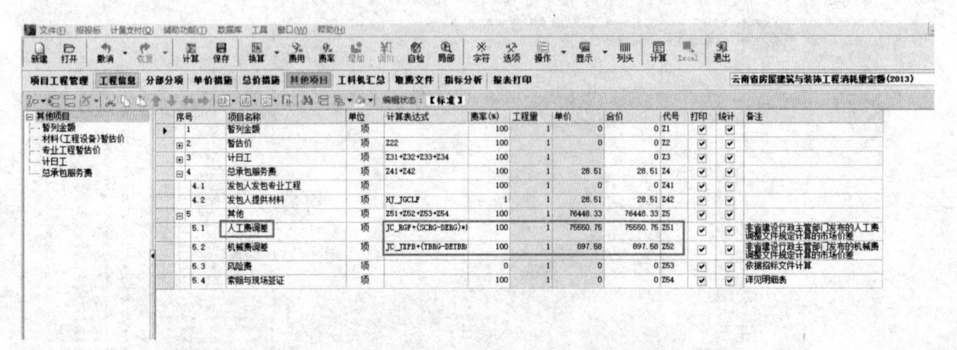

图 6.9.3 其他项目表中显示人工费调差

需要注意的是，如果调整了定额人工单价，那么就不仅是“调差”，将会导致价差部分进一步计取管理费、利润和规费等，与有关省市计价文件相抵触，因而这种调价方式仅限于建设单位允许调整时，才可以进行定额人工单价调整。

6.10 工程报表

6.10.1 报表选择和打印

切换至报表打印页面，如图 6.10.1 所示项目工程报表打印和图 6.10.2 所示单位工程报表打印，提供报表打印、设计、输出 Excel，以及封面编辑、打印功能等。

图 6.10.1 项目工程报表打印

注意：在图 6.10.2 中选择报表时，软件自动按照点取的顺序设定打印页面的顺序。安装虚拟打印机，比如 PDF 的虚拟打印机，可以一次把选定的所有报表均打印成 PDF 格式。

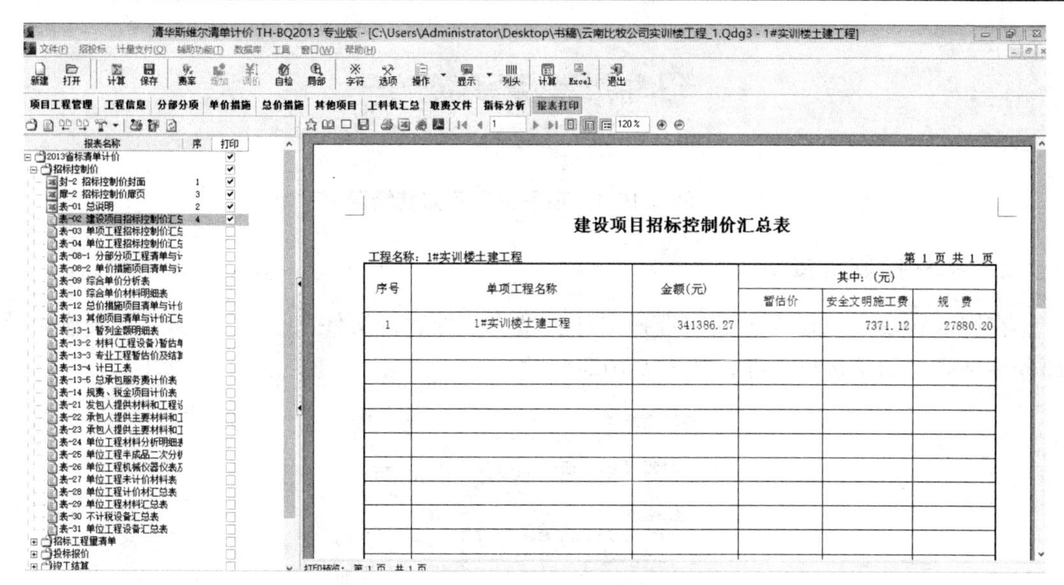

图 6.10.2 单位工程报表打印

6.10.2 生成接口文件

1. 招标接口

上述操作完之后重新回到建设项目界面，点击“ ”按钮，弹出“生成标书”操作界面，如图 6.10.3 所示对话框，选择目标文件保存路径和文件名，选择文件类型为“招标文件”，点击“确定”按钮，导出商务标招标接口文件。

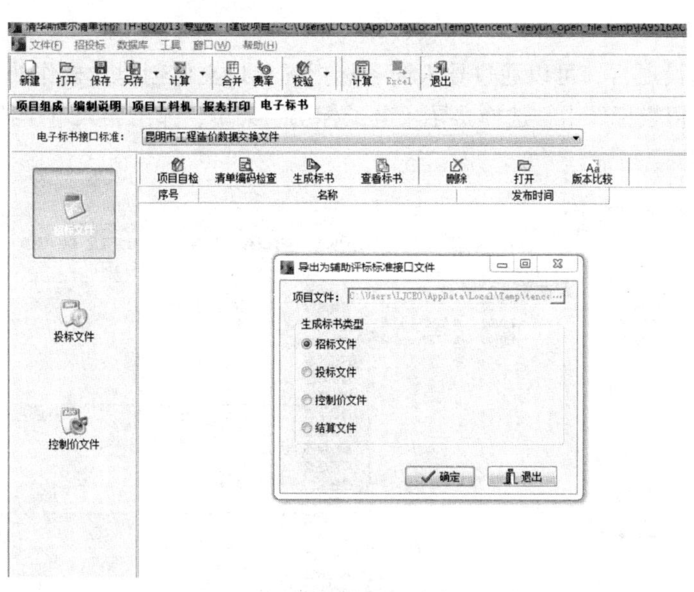

图 6.10.3 导出建设工程商务标招投标

操作完成后，若跳出如图 6.10.4 所示错误窗口，则是因为在项目的“项目组成”中的“项目属性”有关内容没有填写完整。

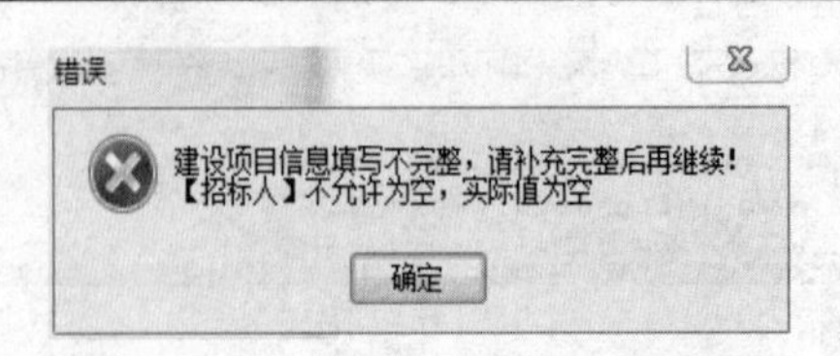

图 6.10.4　项目信息不完整错误

2. 招标控制价接口

在图 6.10.3 所示操作界面，选择文件类型为“控制价文件”，点击“确定”按钮，导出商务标标底控制价接口文件，如图 6.10.5 所示。

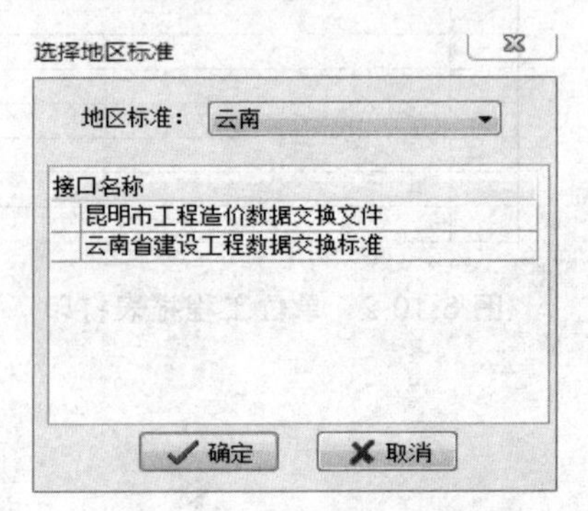

图 6.10.5　导出接口文件

3. 投标报价接口

投标报价和招标控制价操作基本一致，本章仅介绍差异部分。

1）新建项目

投标报价建设项目，可以通过导入商务标招标接口文件创建，操作如下：

在主菜单“招投标”中，选择“导入电子标书”菜单，弹出导入电子招标文件操作界面，如图 6.10.6 所示。

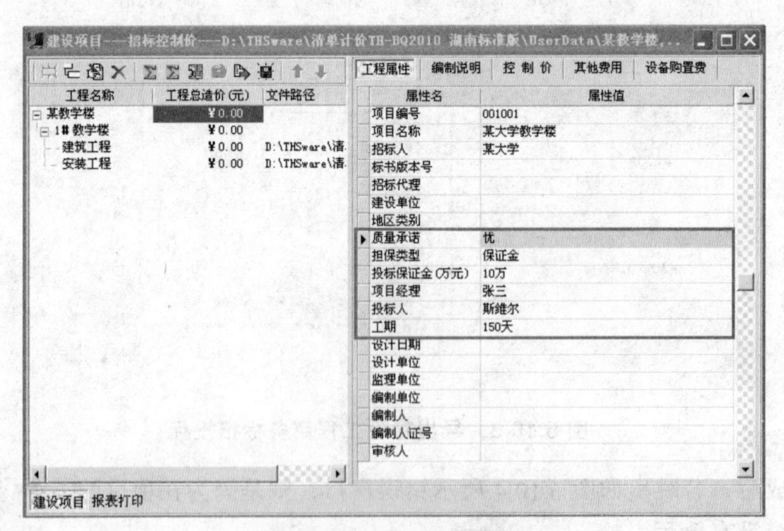

图 6.10.6　导入电子标书

在图 6.10.6 所示操作界面，选择招标文件和目标文件保存路径，点击“确定”按钮导入电子标书文件数据，软件将自动创建一个建设项目管理文件（包括所包含的单位工程），并自动打开该建设项目管理文件，如图 6.10.6 所示，输入投标人信息。

2）分部分项

（1）编制工程量清单。投标报价时，工程量清单应遵循“五统一”原则，即投标单位不能修改、增删清单项目，而且必须保证清单编码、清单名称、工程量、计量单位、项目特征和招标文件一致。

（2）清单组价。根据国标清单在招投标活动中“控制量、竞争价”的原则，企业可自主报价，即投标报价活动时，企业可使用社会定额、企业定额，甚至可根据经验自主报价。

（3）综合单价。根据国标清单在招投标活动中“控制量、竞争价”的原则，投标报价活动时，企业管理费、利润可作为竞争性费用，可通过修改单价分析表费率实现，具体操作参照第 6.9 小节。

3）措施项目清单

包括单价措施费和总价措施费。

注意：根据招投标法要求，安全文明施工增加费列入不可竞争性费用，在投标报价时，应根据招标文件填写或按标准费率计算。

4）其他项目清单

暂列金额：招标人根据工程建设实际情况，参照费率标准进行估算；投标人应按招标人列出的金额填写。

专业工程暂估价：招标人根据工程建设实际情况，参考工程技术经济指标或已完工工程经验数据等编制。投标人应按招标人列出的金额填写。结算时应按中标价或发包人、总承包人与专业工程承包人最终确认的价款计算。

5）工料机汇总

暂估价材料：在招标控制价、投标价编制时，材料设备暂估价应按招标人在其他项目清单列出的单价计入综合单价。在竣工结算编制时，材料设备暂估价应按发、承包双方最终确认的价格调整价差，价差部分不计算利润。

甲供材料、设备：应根据招标文件要求设置，具体操作参见第 6.8 小节。

甲方指定评标材料：在工料机汇总页面可以将工料机子目和甲方指定评标材料建立关联，具体操作参见第 6.8 小节。

6）造价调整

根据国标清单在招投标活动中“控制量、竞争价”的原则，在投标报价活动中可以通过以下几种方式，快速调整工程造价。

（1）分部分项调价：可快速按比例批量调整基价、工程量、定额含量和人材机批量换算，从而达到快速调整工程造价的目的，具体操作如下：

在分部分项界面点击右键菜单“批量操作”，弹出调价操作界面，如图 6.10.7 所示，选择调整方式，输入调整比例，点击“确定”按钮，实现分部分项费用批量调整操作。

注意：建议调价之前选择备份，以免失误。

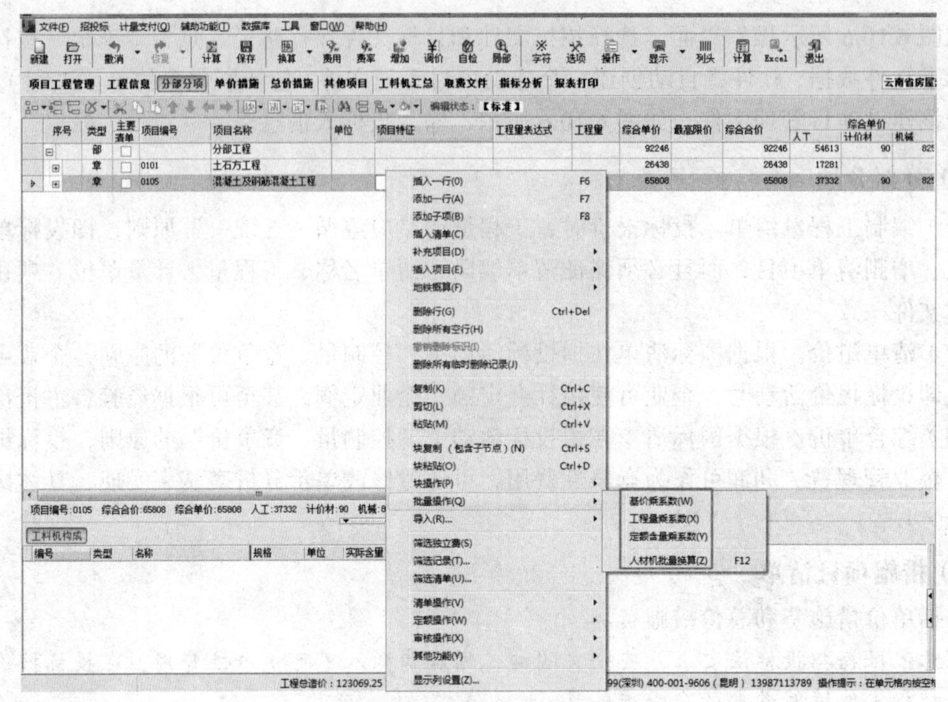

图 6.10.7 分部分项调价

（2）快速调价。快速按比例调整总价，并可通过撤销调价操作，恢复至调整前造价，具体操作如下：

在主菜单“工具”中，选择“调价”菜单，弹出快速调价操作界面，如图 6.10.8 所示，输入调整系数，点击“确定”按钮，实现按比例调整造价。

在图 6.10.8 所示操作界面，点击“撤销调整”按钮，实现撤销调价操作，恢复至调整前造价。

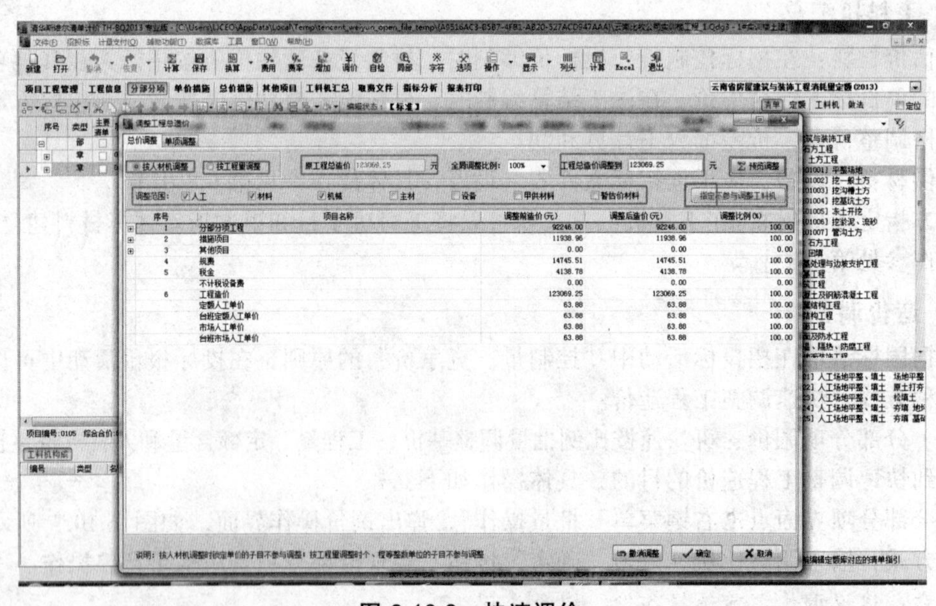

图 6.10.8 快速调价

7）生成投标接口文件

一般情况投标报价接口文件格式和招标控制价接口文件一致，操作也相同，详见软件帮助。

在项目管理界面，如图 6.10.9 中，有个“校验”按钮，利用此功能可以统一相同清单、定额的组价。如果有多个类似的单位工程，可以仅对其中一个单位工程组价，而后利用此功能将其组价一次性导入其他工程的相同清单中，省时省力，而且保证清单和定额组价一致。如果已经有多个类似单位工程，但是经校验，发现组价不一致，也可以通过合并功能，保证工料机中相同材料价格一致后，进行校验。

文件(F) 招投标 数据库 工具 窗口(W) 帮助(H)

新建 打开 保存 另存 计算 新增 子项 上移 下移 删除 合并 调价 费率 校验 计算 Excel 退出

项目组成 编制说明 项目工料机 报表打印 电子标书

建设项目自检(W)
清单编码唯一性校验设置(X)
相同清单组价不一致检查(Y)
相同定额组价一致性检查(Z)

序号	类别	项目编号	项目名称	汇总	工程总造			…计	其中 其他项目合计
1	建设项目		梁河龙城华府住宅小区工程	✔	16842556			…3	-16805.7…
1	单项工程		1栋	✔	813304…			…1	-689.9…
1	单位工程		梁河龙城华府住宅小区工程——1栋	✔	427490.74	2.54	275975.85	119091.12	-834.2…
2	单位工程		梁河龙城华府住宅小区工程——1栋	✔	306444.6	1.82	249473.12	24582.33	-55.…
3	单位工程		梁河龙城华府住宅小区工程——1栋	✔	33041.18	0.2	30295.84	737.28	
4	单位工程		梁河龙城华府住宅小区工程——1栋	✔	46328.23	0.28	39045.79	2409.28	
2	单项工程		2栋	✔	1653216.54	9.82	1196804.23	308378.28	-1777.1…
1	单位工程		梁河龙城华府住宅小区工程——2栋	✔	871812.45	5.18	547890.82	256947.92	-1713.5…
2	单位工程		梁河龙城华府住宅小区工程——2栋	✔	591420.56	3.51	482935.8	43883.95	-63.5…
3	单位工程		梁河龙城华府住宅小区工程——2栋	✔	54959.89	0.33	50295.96	1269.91	
4	单位工程		梁河龙城华府住宅小区工程——2栋	✔	135023.64	0.8	115681.65	6276.5	
3	单项工程		3栋	✔	2446075.83	14.52	1790037.04	436293.03	-2575.…
1	单位工程		梁河龙城华府住宅小区工程——3栋	✔	1312359.92	7.79	857484.04	353457.99	-2423.8…
2	单位工程		梁河龙城华府住宅小区工程——3栋	✔	873735.11	5.19	705845.63	72357.98	-151.8…
3	单位工程		梁河龙城华府住宅小区工程——3栋	✔	82090.63	0.49	75063.54	1899.97	
4	单位工程		梁河龙城华府住宅小区工程——3栋	✔	177890.17	1.06	151643.83	8577.09	
4	单项工程		4栋	✔	2361857.42	14.02	1747695.27	410515.24	-2054.…
1	单位工程		梁河龙城华府住宅小区工程——4栋	✔	1346912.44	8	913633.36	332492.14	-1870.5…
2	单位工程		梁河龙城华府住宅小区工程——4栋	✔	764023.85	4.54	614421.5	68209.42	-183.9…

图 6.10.9 巧用校验功能统一组价（一键复制组价）

第 7 章　雪飞翔计价软件

雪飞翔计价软件是在云南省使用较为广泛的工程造价管理软件，它由本地的软件公司研发，进行了“本地化”的开发，符合了本地的计价规范和要求，并且挂接上当地现行的“定额库”和“价格库”，并按当地建设行政主管部门规定的计价规则进行运算。

限于篇幅，本章以一项基于工程项目整体编制与管理的“清单计价软件”为例，介绍雪飞翔计价软件的应用，希望对读者起到抛砖引玉、举一反三的作用。

7.1　软件操作界面

“项目管理”是本软件特有的工程项目整体编制与管理的功能，无论工程项目包含多少单项工程与单位工程、预算范围有多广，只需编制一个项目造价软件即可。

7.1.1　启动及新建项目

安装好工程项目造价软件应用程序之后，双击桌面上“云南 2013 建设工程项目造价软件”快捷方式图标，在“创建项目文件”对话框（见图 7.1.1）中，选中“新建项目”，单击“确定”按钮。工程项目造价软件带有自动保存功能，若需打开已建项目工程，只需双击“更多文件”中的相应项目文件即可。

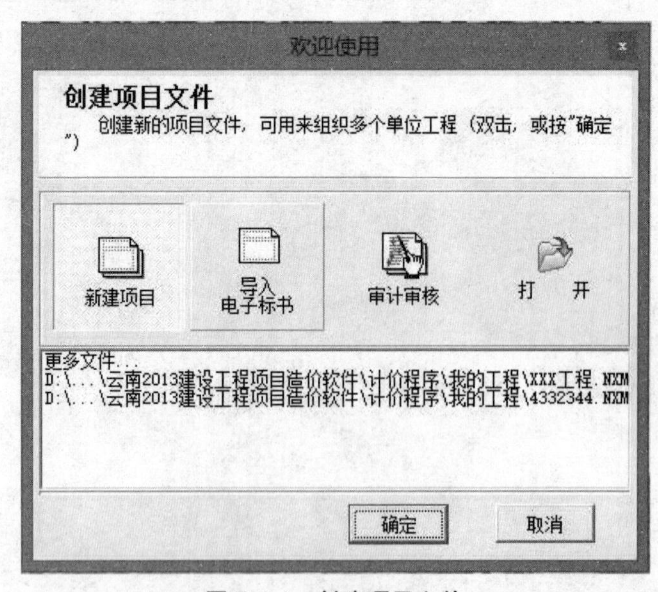

图 7.1.1　创建项目文件

在“设置名称及模板”对话框（见图 7.1.2）中，输入工程项目的名称，并在“项目模板”下拉列表中单击选择“建设工程清单计价项目模板”，单击“确定”按钮后进入“项目管理”主界面。

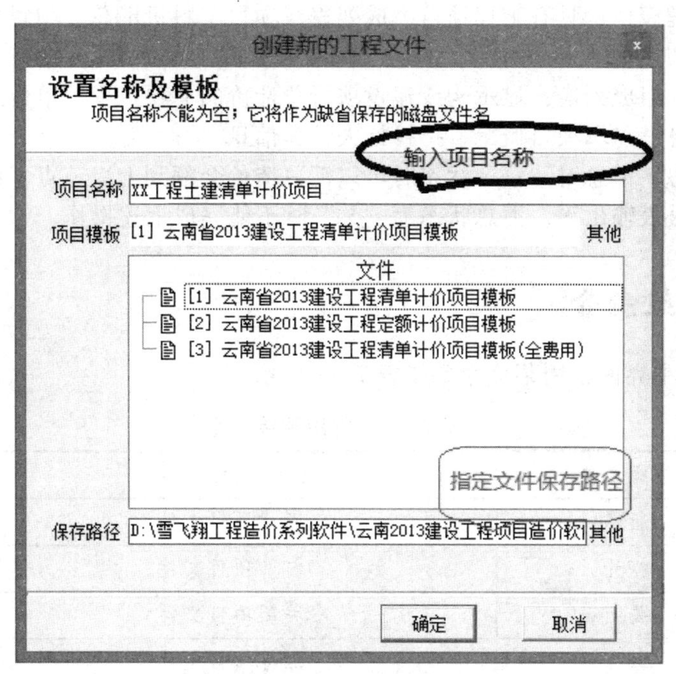

图 7.1.2　设置名称及模板

7.1.2　项目管理界面

“项目管理”主界面如图 7.1.3 所示。

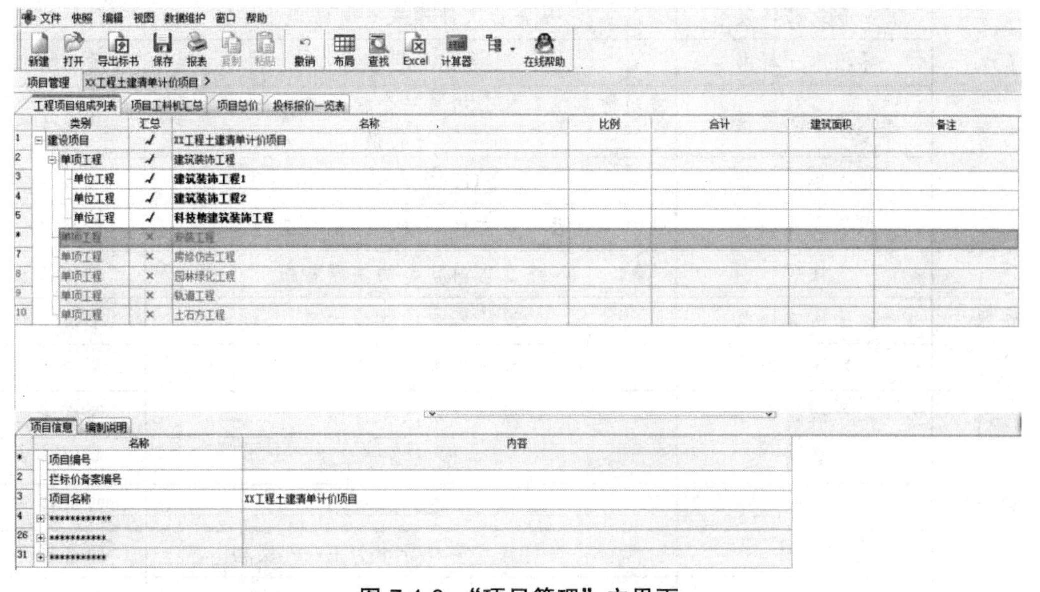

图 7.1.3　“项目管理”主界面

（1）标题栏：显示软件版本号及当前项目文件保存的路径。

（2）菜单栏：具有软件所有菜单命令功能。

（3）命令按钮：具有常用命令功能。

（4）项目管理窗口：具有工程项目组成列表、项目工料机汇总、项目总价、投标报价一览表等选项卡的切换功能。

（5）工程项目组成列表：显示构成建设项目总造价的单项工程、单位工程的费用组成。

（6）项目信息：显示项目概况、招投标人相关信息。

（7）汇总状态：汇总时“√”状态时可以汇总造价金额到上级节点、汇总该节点的工料机、导出标书、报表输出等，汇总状态为“×”时不能完成上述操作。

7.2 常用菜单命令

“项目管理”主界面常用菜单命令如表 7.2.1 所示。

表 7.2.1 常用菜单命令

主菜单	下级菜单	功能	应用范围
文件	新建	新建项目文件	项目文件
	打开	打开项目文件	项目文件
	关闭	关闭项目文件	项目文件
	保存	保存项目文件	项目文件
	全部保存	保存打开的多个项目文件	项目文件
	压缩项目文件	将项目文件优化压缩到 30%左右	项目文件
	另存	将当前项目保存为另一个文件	项目文件
	另存为模板	将工程项目或单位工程另存为模板	两者皆可
	从备份在恢复	从备份文件库恢复项目文件	项目文件
	导出电子标书	导出项目标书	项目文件
	导入单位工程模板	将当前单位工程套用另一个模板文件，实现模板应用转换	单位工程
	导入单位工程	导入一个 NGC 格式单位工程到项目	项目文件
	最近文件列表	最近项目文件列表，方便快速打开	项目文件
快照	快照	建立当前状态的快照备份	单位工程
	清除所有快照	清除所有的快照状态	单位工程
	快照列表	快照后列表，可恢复指定快照状态	单位工程
编辑	撤销	撤销此前的字符操作	两者皆可
	复制	复制所选择的字符	两者皆可
	粘贴	粘贴所选择的字符	两者皆可
	Excel	将当前焦点窗口导出为 Excel 文档	两者皆可
	查找	在当前界面查找关键字内容	单位工程

续表

主菜单	下级菜单	功能	应用范围
视图	工具栏	显示工具栏开关	两者皆可
	特殊符号	显示特殊符号开关	两者皆可
	计算器	打开计算器工具	两者皆可
	布局	对当前窗口设置显示项、行高、字号	两者皆可
	设置界面风格颜色	设置个性化的窗口显示风格	两者皆可
数据维护	主材	编辑主材库文件	两者皆可
	编辑信息价文件	编辑信息价格文件	两者皆可
	系统参数设置	设置系统后台备份时间等	两者皆可
窗口	展叠	多窗口排列方式	两者皆可
	水平平铺		两者皆可
	垂直平铺		两者皆可
帮助	操作入门	软件操作说明	两者皆可
	定额说明	定额与计价办法查看	两者皆可
	视频演示	演示教学	两者皆可
	产品注册	检测软件加密注册信息	两者皆可
	从单机版切换网络版	单机版切换到网络版（网络版需服务程序）	两者皆可
	设置软件启动密码	设置软件的启动密码	两者皆可
	关于	查看软件的内部版本信息	两者皆可
	公司主页	直接进入雪飞翔网站	两者皆可

7.2.1 常用功能操作

1. 项目管理窗口右键快捷菜单功能

项目管理窗口右键快捷菜单功能如表 7.2.2 所示。

表 7.2.2 项目管理窗口右键快捷菜单功能

菜单命令项	功 能
新建单位工程	在当前单项工程位置新建单位工程
打开当前工程	打开当前选定单位工程，双击也可以打开
导入单位工程文件	从其他项目中导入单位工程、也可导独立的扩展名为 NGC 的单位工程
导出单位工程	将当前鼠标选择的单位工程导出为一个独立的扩展名为 NGC 单位工程文件
复制单位工程	将选择的单位工程复制到内存中
粘贴单位工程	将此前复制的单位工程粘贴到当前位置

续表

菜单命令项	功　能
单位工程分期	再建立新的单位工程结点
删除	删除选定单位工程或单项工程
批量设置单位工程费率	将一个单位工程费率应用到其他单位工程
重排清单流水号	为确保清单编码唯一，对清单流水号整体重排
标记	对选择节点做红色标记
项目设置	对项目进行系统设置（二次开发用）
另存为项目模板	将当头项目保存为模板

2. 插入单项工程

在“工程项目组成列表”中，软件已经根据专业类别预设了不同专业的单项工程，如果需要增加新的单项工程，可以单击选中某个单项工程，右键选择“插入单项工程”，再单击该单项工程名称则可重新输入名称，如图 7.2.1 所示。

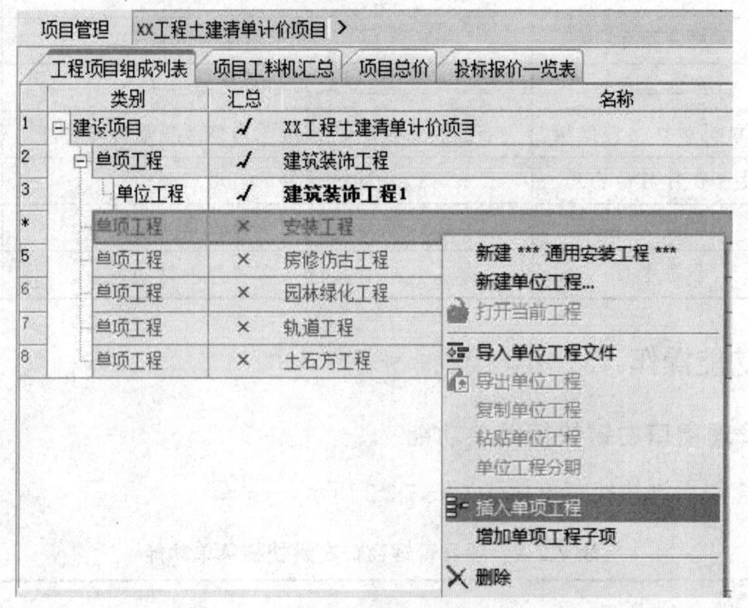

图 7.2.1　运用右键快捷菜单命令插入单项工程

3. 新建单位工程

单位工程必须建立在相应的单项工程节点之下。在软件中选择预设的单项工程并点击右键，执行快捷菜单命令“新建×××工程”，其中“×××”表示专业名称，如建筑工程、装饰装修工程、安装工程等，新建工程名称默认与单项工程同名，用户可以根据实际情况进行改写，如图 7.2.2 所示。

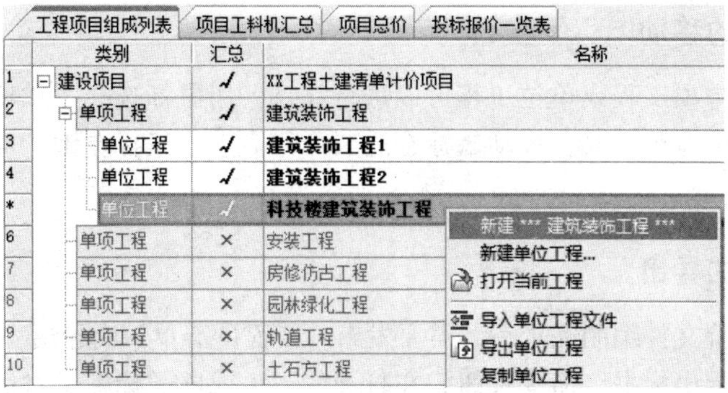

工程项目组成列表　项目工料机汇总　项目总价　投标报价一览表

	类别	汇总	名称
1	建设项目	✓	XX工程土建清单计价项目
2	单项工程	✓	建筑装饰工程
3	单位工程	✓	建筑装饰工程1
4	单位工程	✓	建筑装饰工程2
*	单位工程	✓	科技楼建筑装饰工程
6	单项工程	×	安装工程
7	单项工程	×	房修仿古工程
8	单项工程	×	园林绿化工程
9	单项工程	×	轨道工程
10	单项工程	×	土石方工程

新建 *** 建筑装饰工程 ***
新建单位工程...
打开当前工程
导入单位工程文件
导出单位工程
复制单位工程

图 7.2.2　运用右键快捷菜单命令新建单位工程

4. 单位工程的导入

从其他项目文件中导入一个或多个单位工程，也可直接将扩展名为.NGC 的单位工程文件导入到本项目工程中。

执行右键快捷菜单命令“导入单位工程”，在弹出的对话框中选择项目源文件，并选择项目内拟导入的单位工程，如图 7.2.3 和图 7.2.4 所示。

图 7.2.3　选择打开项目源文件

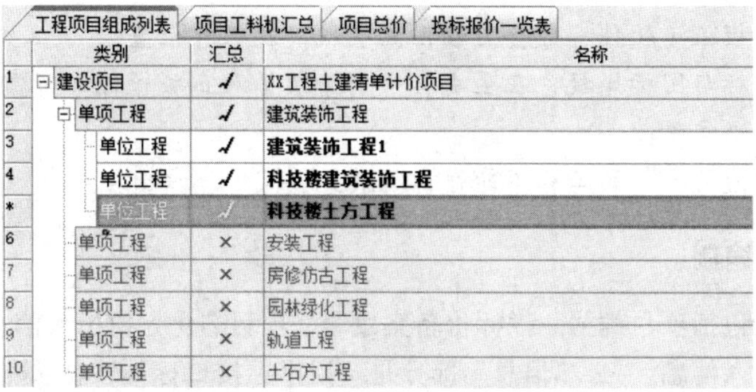

工程项目组成列表　项目工料机汇总　项目总价　投标报价一览表

	类别	汇总	名称
1	建设项目	✓	XX工程土建清单计价项目
2	单项工程	✓	建筑装饰工程
3	单位工程	✓	建筑装饰工程1
4	单位工程	✓	科技楼建筑装饰工程
*	单位工程	✓	科技楼土方工程
6	单项工程	×	安装工程
7	单项工程	×	房修仿古工程
8	单项工程	×	园林绿化工程
9	单项工程	×	轨道工程
10	单项工程	×	土石方工程

图 7.2.4　已导入的单位工程

5. 单位工程的移动

工程项目内各单项工程或单位工程可以进行移动，用鼠标选择“单项工程”或“单位工程”节点，按住鼠标左键不放，拖动鼠标在适当位置后放开鼠标左键，即可将选择的工程拖到任意位置。

6. 电子标书的导出

当工程项目造价文件编制完成后，需要发布“工程量清单”或导出“招标控制价”，可单击菜单工具栏中“导出标书”命令按钮，在打开的“生成电子标书”对话框中选择导出标书类型、指定导出文件保存位置，点击“生成电子标书”按钮，即可将当前项目按规定的“招投标接口标准”导出生成一个 XML 工程成果文件（××省后缀为.zbs 或.tbs；××市后缀为.YFJZ 或.YFJT），如图 7.2.5 所示。

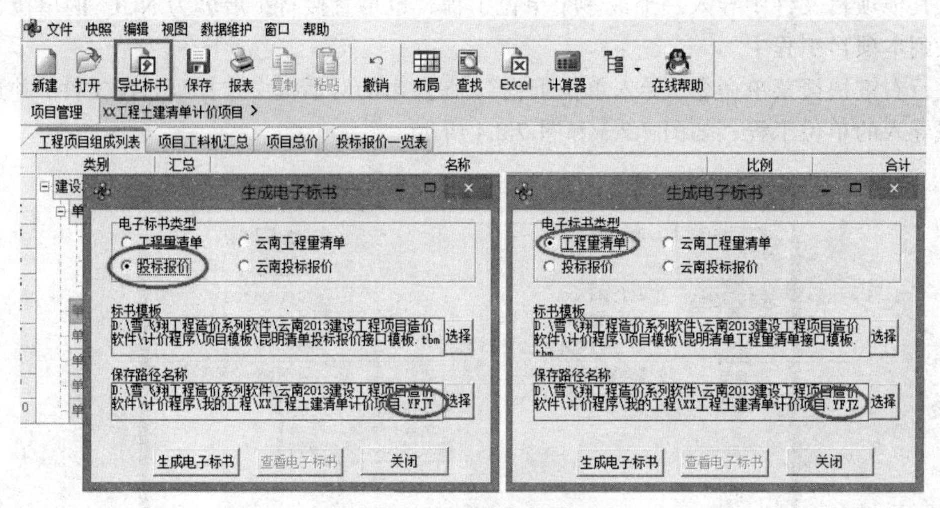

图 7.2.5　电子标书导出示意

注意：

（1）如果有多个单项工程，则在导出前执行右键菜单命令“重排清单流水号”。

（2）选择电子标书类型：

① 工程量清单：导出.zbs 或.yfjz 格式的招标清单；

② 投标报价：投标方导出.tbs 或.yfjt 格式的投标文件。

（3）选择标书模板（软件一般会自动匹配模板）及保存位置。

（4）为防止串标与围标嫌疑，在生成标书前必须插入正版软件加密锁，且不能一个软件加密锁编制多份标书文件。

（5）汇总状态为“×”的工程不能导出 XML 标书。

7. 项目信息编制

项目信息一般包括项目编号、拦标价备案编号、项目名称、招标人信息、投标人信息等，应根据编制要求填入信息。“必填信息”部分是“招投标接口标准”要求内容，必须完整无误地填写，以免影响招投标，如图 7.2.6 所示。

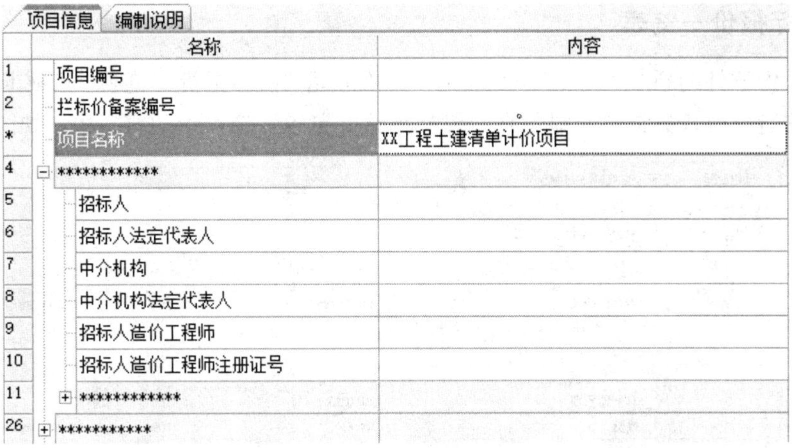

项目信息 | 编制说明

	名称	内容
1	项目编号	
2	拦标价备案编号	
*	项目名称	XX工程土建清单计价项目
4	⊟ ************	
5	招标人	
6	招标人法定代表人	
7	中介机构	
8	中介机构法定代表人	
9	招标人造价工程师	
10	招标人造价工程师注册证号	
11	⊞ ************	
26	⊞ ***********	

图 7.2.6 项目信息填写示意

8. 项目工料机汇总

该软件的最大特色之一就是能将项目内各单项工程、单位工程的人工、材料与机械消耗汇总到“项目工料机汇总”选项卡的窗口中，对汇总状态为“√”的工程的工料机进行集中调价，可应用到各单位工程中，如图 7.2.7 所示。

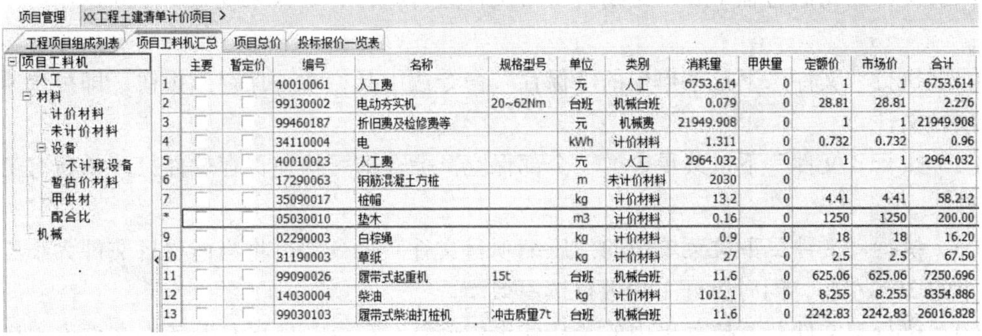

项目管理 | XX工程土建清单计价项目 >

工程项目组成列表 | 项目工料机汇总 | 项目总价 | 投标报价一览表

⊟ 项目工料机
- 人工
- ⊟ 材料
  - 计价材料
  - 未计价材料
  - ⊟ 设备
    - 不计税设备
  - 暂估价材料
  - 甲供材
  - 配合比
- 机械

	主要	暂定价	编号	名称	规格型号	单位	类别	消耗量	甲供量	定额价	市场价	合计
1			40010061	人工费		元	人工	6753.614	0	1	1	6753.614
2			99130002	电动夯实机	20~62Nm	台班	机械台班	0.079	0	28.81	28.81	2.276
3			99460187	折旧费及检修费等		元	机械费	21949.908	0	1	1	21949.908
4			34110004	电		kWh	计价材料	1.311	0	0.732	0.732	0.96
5			40010023	人工费		元	人工	2964.032	0	1	1	2964.032
6			17290063	钢筋混凝土方桩		m	未计价材料	2030	0			
7			35090017	桩帽		kg	计价材料	13.2	0	4.41	4.41	58.212
*			05030010	垫木		m3	计价材料	0.16	0	1250	1250	200.00
9			02290003	白棕绳		kg	计价材料	0.9	0	18	18	16.20
10			31190003	草纸		kg	计价材料	27	0	2.5	2.5	67.50
11			99090026	履带式起重机	15t	台班	机械台班	11.6	0	625.06	625.06	7250.696
12			14030004	柴油		kg	计价材料	1012.1	0	8.255	8.255	8354.886
13			99030103	履带式柴油打桩机	冲击质量7t	台班	机械台班	11.6	0	2242.83	2242.83	26016.828

图 7.2.7 工料机集中调价示意

9. 项目总造价

“汇总状态”为“√”时的造价合计数据可显示在“项目总价”选项卡的窗口中，如图 7.2.8 所示。

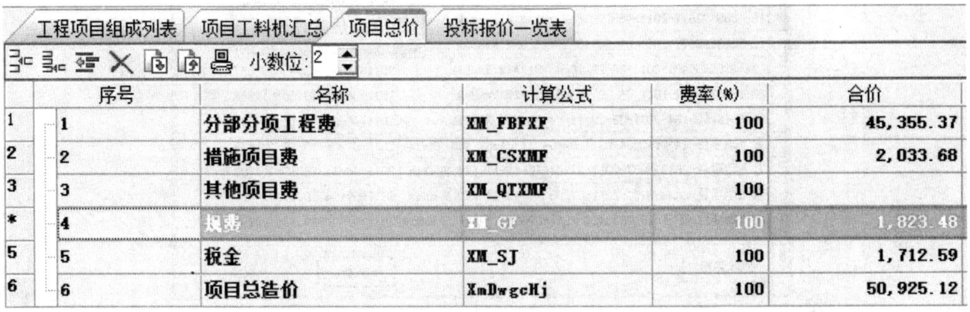

工程项目组成列表 | 项目工料机汇总 | 项目总价 | 投标报价一览表

小数位: 2

	序号	名称	计算公式	费率(%)	合价
1	1	分部分项工程费	XM_FBFXF	100	45,355.37
2	2	措施项目费	XM_CSXMF	100	2,033.68
3	3	其他项目费	XM_QTXMF	100	
*	4	规费	XM_GF	100	1,823.48
5	5	税金	XM_SJ	100	1,712.59
6	6	项目总造价	XmDwgcHj	100	50,925.12

图 7.2.8 项目总价汇总示意

10. 投标报价一览表

雪飞翔计价软件的新版本中，“项目管理”界面新增“投标报价一览表”选项卡，“汇总状态”为“√”时的造价合计数据也可显示在“投标报价一览表”选项卡的窗口中，如图 7.2.9 所示。

项目管理 | XX工程土建清单计价项目

工程项目组成列表 | 项目工料机汇总 | 项目总价 | 投标报价一览表

小数位: 2

	序号	名称	计算公式	费率(%)	合价
*	1	分部分项工程费	XM_FBFXF	100	45,355.37
2	2	措施项目费	XM_CSXMF	100	2,033.68
3	2.1	环境保护、临时设施、安全文明费的合计	XM_AQWM	100	1,473.47
4	2.2	脚手架、模板、垂直运输大机进出场及安:	XM_DJCS	100	
5	2.3	其他措施费	XM_QTWX + XM_TSDQ	100	560.21
6	3	其他项目费	XM_QTXMF	100	
7	4	规费	XM_GF	100	1,823.48
8	5	税金	XM_SJ	100	1,712.59
9	6	投标总价	XmDwgcHj	100	50,925.12
10	7	质量承诺			
11	8	工期承诺			
12	9	说明			

图 7.2.9　投标报价一览表示意

11. 项目保存、优化、从备份中恢复

项目文件在编制过程中要不定期对项目文件进行保存，确保系统意外中断退出时不丢失数据。

（1）执行“文件”下拉菜单中的“保存”命令或工具栏中“保存”按钮，即可快速保存当前项目文件。

（2）执行“文件”下拉菜单中的“全部保存”命令即可快速保存软件打开的所有工程项目文件。

（3）执行“文件”下拉菜单中的“压缩项目文件”命令即可将当前项目文件大小压缩到原大小的 30%左右，同时提升工程数据读写效率。

（4）执行“文件”下拉菜单中的“从备份中恢复”命令，即可打开备份文件库，选择欲恢复工程文件后，点“恢复”命令按钮，实现快速恢复，如图 7.2.10 所示。

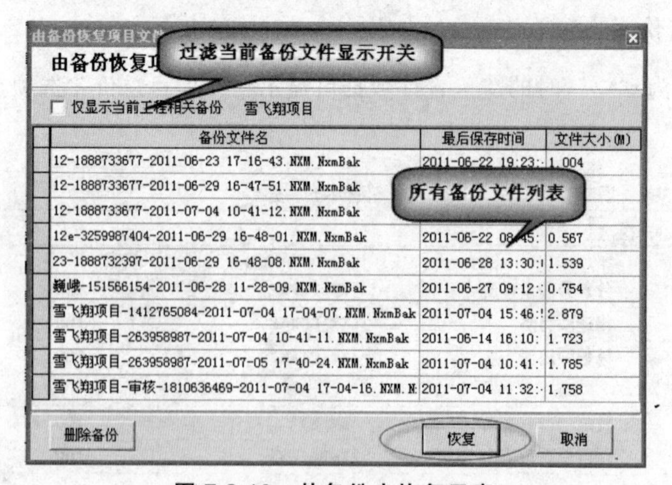

图 7.2.10　从备份中恢复示意

12. 项目整体措施费及其他费

当需要发生项目整体措施费直接列项时操作，一般情况不需要编制。

7.2.2　单位工程窗口

在“工程项目组成列表”选项卡窗口中相应单项工程下新建单位工程后，双击该单位工程，即可进入单位工程编制窗口。

在单位工程编制窗口的操作界面上，会有一个区域显示当前工程项目的信息。依次是：工程文件名称→单项工程名称→单位工程名称→当前选项卡名称。

在操作界面上方，依次排列“工程信息”“分项分部”“单价措施”“工料机汇总”“总价措施”“其他项目费”“取费计算”等选项卡，切换后可进行不同项目的操作。

“工程信息”选项卡左边导航栏由“工程概况”“编制说明”“费率变量”与“设置”4 个子窗口组成。

点击“工程概况”输入单位工程的概况信息，单位工程名称根据项目管理窗口中命名自动生成，如图 7.2.11 所示。

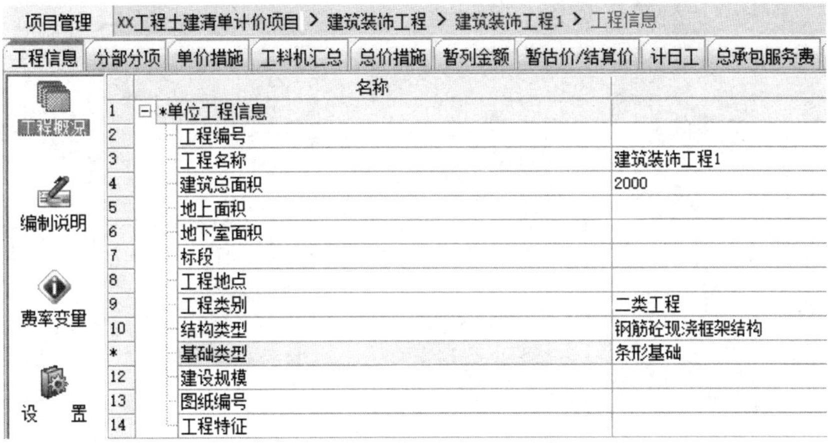
项目管理
XX工程土建清单计价项目 > 建筑装饰工程 > 建筑装饰工程1 > 工程信息
工程信息
分部分项
单价措施
工料机汇总
总价措施
暂列金额
暂估价/结算价
计日工
总承包服务费
工程概况
编制说明
费率变量
设　置
名称
1 *单位工程信息
2 工程编号
3 工程名称　建筑装饰工程1
4 建筑总面积　2000
5 地上面积
6 地下室面积
7 标段
8 工程地点
9 工程类别　二类工程
10 结构类型　钢筋砼现浇框架结构
* 基础类型　条形基础
12 建设规模
13 图纸编号
14 工程特征

图 7.2.11　单位工程信息

附　实训楼图纸（二维码）

建筑施工图

结构施工图

参考文献

[1] 张晓丽，谢根生. 工程造价软件应用[M]. 成都：西南交通大学出版社，2013.

[2] 广联达软件股份有限公司. 透过案例学算量[M]. 北京：中国建筑工业出版社，2010.

[3] 广联达软件股份有限公司. 清清楚楚算钢筋 明明白白用软件[M]. 北京：中国建材工业出版社，2010.

[4] 广联达软件股份有限公司. 广联达工程造价类软件实训教程-钢筋软件篇[M]. 2版. 北京：人民交通出版社，2010.

[5] 云南省工程建设技术研究室. 云南省房屋建筑与装饰工程消耗量定额[S]. 云南：云南科技出版社，2013.

[6] 云南省建设工程造价计价规则及机械仪器表台班费用定额. 云南：云南科技出版社，2013.

[7] 建设工程工程量清单计价规范（GB 50500—2013）[S].

[8] 房屋建筑与装饰工程工程量计算规范（GB 50854—2013）[S].

[9] 张必超，王全杰等. 建筑工程计量与计价实训教程（云南版）[M]. 重庆：重庆大学出版社，2014.

[10] 王全杰，胡晓娟，等. 工程量清单计价实训教程（四川版）[M]. 重庆：重庆大学出版社，2014.

[11] 王全杰，张冬秀，等. 钢筋工程量计算实训教程[M]. 重庆：重庆大学出版社，2014.